核动力装置智能控制与故障诊断

（第二版）

周　刚　编著

中国原子能出版社

图书在版编目(CIP)数据

核动力装置智能控制与故障诊断 / 周刚编著．—2版．
—北京：中国原子能出版社，2021.3
ISBN 978-7-5221-1329-6

Ⅰ．①核…　Ⅱ．①周…　Ⅲ．①核动力装置-智能控制
②核动力装置-故障诊断　Ⅳ．①TL99

中国版本图书馆CIP数据核字(2021)第055006号

内容简介

本书介绍了核动力装置智能控制与故障诊断的发展状况，阐述了核动力装置智能控制与故障诊断的基本概念、基本原理和主要方法，主要包括核动力装置模糊诊断方法、神经网络诊断方法、专家系统诊断方法以及基于智能优化算法、信息处理的诊断方法；核动力装置神经网络辨识方法、神经网络控制方法、模糊控制方法以及智能优化算法控制方法。

本书可作为高等院校核动力装置监测与控制类专业及相关专业的研究生教材，也可供核工程相关专业的师生和科技人员参考。

核动力装置智能控制与故障诊断（第二版）

出版发行	中国原子能出版社(北京市海淀区阜成路43号 100048)
责任编辑	付　真
责任校对	宋　巍
责任印制	赵　明
印　　刷	北京厚诚则铭印刷科技有限公司
经　　销	全国新华书店
开　　本	787 mm×1092 mm　1/16
印　　张	20.25　　**字　数**　505千字
版　　次	2021年3月第2版　2021年3月第1次印刷
书　　号	ISBN 978-7-5221-1329-6
定　　价	100.00元

网址：http://www.aep.com.cn　　**E-mail：atomep123@123.com**

发行电话：010－68452845

第1版　序

核能是一种重要的能源形式，目前世界上许多国家对于核能的开发和利用都很重视。核动力装置是核能系统的主要组成部分，其结构复杂且具有严格的安全要求。在核动力装置运行过程中，一旦发生故障，不仅会造成重大经济损失，而且还可能造成严重的、甚至灾难性的后果。因此，核动力装置运行的安全性与可靠性一直受到国际社会的广泛关注。

核动力装置监测、控制与故障诊断是核动力装置运行管理的重要环节，关系到核动力装置运行安全性、可靠性与经济性。如何提高核动力装置状态监测、故障诊断与控制的能力，一直是核动力领域科研人员高度关注和致力研究的问题。近年来，国内外在核动力装置智能控制与智能诊断方面进行了大量的研究，并取得了不少研究成果。周刚副教授多年来一直从事核动力装置监测、控制与故障诊断方面的教学与科研工作，非常关注核动力装置智能控制与智能诊断的研究与发展。近年来，他在分析和总结国内外专家学者和自己研究成果的基础上，编著了《核动力装置智能控制与故障诊断》一书，这项工作无疑具有重要的意义。

本书具有如下特点：

1. 介绍了核动力装置智能控制与故障诊断的发展状况，反映了国内外专家学者以及作者在该领域的最新研究成果，内容新颖。

2. 阐述了核动力装置智能控制与故障诊断的基本概念、基本原理和主要方法，对核动力装置智能控制与故障诊断方法进行了很好地分析、综合和阐述，内容比较全面，是一本非常完整的介绍核动力装置控制与故障诊断的专著，具有很好的实际参考与应用价值。

3. 内容编排合理，重点突出，层次分明，系统性和逻辑性都比较强，具有很好的可读性，便于读者使用和参考。

本书出版，对于相关领域教学与科研人员掌握核动力装置智能控制与智能诊断理论和方法，以及了解其发展状况都具有很好的参考价值。祝贺本书出版成功。是为序。

2013 年 3 月 29 日

第1版 前 言

人工智能在核动力装置控制与故障诊断中的应用研究已有三十余年，目前仍在不断研究和发展之中。由于核动力装置是一个高度复杂和具有严格安全性要求的工程系统，而核动力装置监测、控制与故障诊断是核动力装置运行控制和管理的重要环节，是关系到核动力装置运行安全性、可靠性与经济性的重要问题，因此，长期以来，世界上拥有核电的国家无不重视核动力装置监测、控制与故障诊断技术的研究。人工智能理论的出现，使核能界研究人员能够从一个新的角度研究和探索核动力装置监测、控制与故障诊断问题，并在这方面开展具有科学与工程意义的研究和实践。

人工智能(Artificial Intelligent，AI)的起源可以追溯到20世纪40年代。它是研究、模拟和利用人类智能的科学。人工智能在20世纪70年代获得应用，20世纪80年代以来取得了较大的发展。人工智能涉及范围很广，包括神经网络、模糊理论、遗传算法、专家系统和粗糙集等理论和方法。其中，神经网络、模糊理论和专家系统被认为是典型的人工智能方法。作为一门新兴学科，人工智能概念与人工智能学科仍然在不断地发展。20世纪80年代以来，人工智能引起了国内外核动力领域研究人员的关注。从20世纪80年代初开始，国外研究人员开展了人工智能方法在核动力领域的应用研究，并取得了具有重要意义的研究成果。

在核动力装置故障诊断领域，人工智能被广泛应用于核电厂状态监测、故障诊断、瞬态识别、振动监测、参数预测和智能决策等方面的研究。其中，神经网络技术已成功应用于核电厂松动部件在线监测与定位。在核动力装置控制领域，人工智能被广泛应用于核动力系统过程辨识、建模与仿真以及系统控制研究之中。模糊控制在核电厂硼酸浓度控制和蒸汽发生器水位控制中已获得实际应用。近年来，人工智能在核动力装置控制与故障诊断中的应用研究越来越受到人们的重视。该书是为方便相关科研人员和学生了解核动力装置智能控制与智能诊断方法及其发展状况，在分析和总结国内外学者和本人近年来研究成果的基础上编写而成。

本书主要介绍核动力装置神经网络、模糊逻辑和专家系统控制方法与故障诊断方法。在智能诊断方法中，神经网络诊断方法在核动力装置故障诊断中的应用研究最为广泛和活跃；专家系统诊断方法由于存在知识获取、表达和建立完善知识库等方面的困难，因而在核动力装置故障诊断中的应用研究不是很多；而模糊理论在核动力装置故障诊断中一般与专家系统、神经网络等其他方法相结合，单独应用的并不多。

在智能控制方法中，模糊控制与神经网络控制在核动力装置控制中的应用研究比较多，专家系统在核动力装置中的应用则难以见到。由于模糊诊断方法和专家控制方法在核动力装置诊断与控制中应用研究很少，因此本书对于这两方面的内容不作详细介绍。

本书内容分为5篇12章。第1篇包括第1章和第2章，主要介绍核动力装置的基本原理和核动力装置控制与故障诊断方法及其发展。其中，第1章简要介绍核动力装置的基本原理、核动力装置监测、控制与故障诊断系统的主要任务、核动力装置控制与故障诊断方法的分类，以及核动力装置常规控制与诊断方法。第2章介绍核动力装置的智能控制与诊断方法研究进展及其发展状况。

第2篇包括第3章，介绍核动力装置智能控制研究中常用的数学模型。

第3篇包括第4、5、6章，主要介绍模糊理论和核动力装置模糊诊断方法和模糊控制方法。其中，第4章介绍模糊理论的基本概念。第5章介绍核动力装置模糊诊断方法。第6章介绍核动力装置模糊控制方法。

第4篇包括第7～11章，主要介绍神经网络基本概念、核动力装置神经网络诊断、辨识与控制方法。其中，第7章介绍神经网络的基本概念和常用神经网络。第8章介绍基于单神经网络的核动力装置故障诊断方法。第9章介绍核动力装置集成神经网络与信息融合诊断方法。第10章介绍基于神经网络的核动力装置过程辨识方法。第11章介绍核动力装置神经网络控制方法。

第5篇包括第12章。主要介绍专家系统及其在核动力装置故障诊断中的应用。

本书得到中国博士后科学基金第四十四批面上资助项目(20080441291)和海军工程大学专著出版基金(2007)的资助。

本书承中国工程院张金麟院士主审，提出了宝贵的修改意见，并在百忙之中为本书撰写了序言，在此表示衷心感谢！本书在编写中，引用了国内外大量参考文献和他们的成果与论述，在此对各文献作者表示由衷的感谢。本书在编写过程中，受到张大发教授的指导、关心和热心帮助并始终受到张大发教授的大力支持，贾铭椿教授与彭威博士分别给予了支持和协助；在本书出版过程中，中国原子能出版社付真编辑给予了很大的支持和帮助，在此一并致以诚挚的谢意。

智能控制与智能诊断理论是一个新领域，在理论上还不是十分严密和成熟，在理论体系上还不够完善，仍在进一步发展之中。对于核动力装置智能控制和智能诊断，目前还难以建立完善的理论体系，编写本书的目的并不在于建立完善的核动力装置智能诊断和控制体系，而是希望能够起着抛砖引玉的作用。由于作者水平有限，本书难免存在不当和错误之处，本书中的一些观点可能还存在商榷之处，衷心希望各位专家和读者批评指正，在此不胜感激。

编著者

2013 年 3 月

第2版 前 言

近年来世界各国普遍认识到人工智能研究与开发的深远意义，一些国家在人工智能的研究与开发上投入大量资源，以抢占人工智能研究与开发的制高点，力争在人工智能研究与开发方面取得领先的技术优势。同时，人工智能技术也正通过各种方式渗透到人类社会广泛的活动之中，并逐渐成为人类社会活动不容忽视的一项新技术。在科技创新和人类活动需求的推动下，人工智能以迅猛和强劲的势头向前发展。现在人工智能技术在不同领域受到了广泛的重视，并将其作为提高技术水平、竞争能力和效率的技术手段。

在核动力领域，人工智能强劲的发展态势也自然地推动了它在核动力领域的应用研究。编著一部有关人工智能及其在核动力领域应用的图书，既可以帮助相关科研人员和师生了解人工智能及其在核动力领域应用方法和应用研究发展状况，又可以起到抛砖引玉的作用，在一定程度上普及或推动人工智能及其在核动力领域应用研究的进一步发展，这也是编写本书的初衷和重要源泉。

本书第1版于2013年出版，出版以来受到相关单位、科技人员和师生的关注和好评。该书第1版具有专著与教材的双重特点，出版后不久就被作为研究生相关课程的教材或参考书。在本校经过研究生相关课程教学试用和选用后，目前正式遴选为博士生精品教材。本书第1版是本着探索和抛砖引玉的思想出版的，出版后受到相关专家和读者的支持与鼓励，希望在原有的基础上进一步完善和更新。本书第2版以第1版内容框架为基础，对其内容进行了适当的增删，以适应人工智能技术的发展和读者的需求。

(1)根据人工智能在核动力装置控制与故障诊断领域应用研究发展情况，对第1版第1章和第2章的相关内容进行了修订和更新。

(2)将第1版第8章和第9章的内容进行修订后合并，作为专门阐述神经网络诊断方法的一章。

(3)对第1版第10章“神经网络过程辨识方法”的内容进行修订，提高内容的精练性。

(4)根据核动力装置控制与故障诊断研究进展，增加新的一章“智能优化算法控制及相关诊断方法”，以丰富和完善图书内容，突出图书内容的先进性。

(5)本书第2版内容包括绪论(第1、2章)、核动力装置及其重要设备的数学模型(第3章)、核动力装置模糊控制与诊断方法(第4、5、6章)、神经网络控制与诊断方法(第7、8、9、10章)、专家控制与专家系统诊断方法(第11章)和基于智能算法的控制及相关诊断方法(第12章)等6个模块。

本书出版得到海军工程大学研究生院的大力支持和海军工程大学首批精品教材建设项目(2018)的资助。

本书第1版承中国工程院张金麟院士主审，提出了宝贵的修改意见，并在百忙之中为本书撰写了序言，在此再次表示衷心感谢！

本书在编写中，引用了国内外大量参考文献和相关成果论述，在此对各文献和成果作者表示衷心感谢。本书再版过程中，受到人工智能专家贲可荣教授的热情指导和大力支持，王少明教授给予了热心支持和帮助；在本书出版过程中，中国原子能出版社付真编审给予了热心支持和帮助，在此一并致以诚挚的谢意。

人工智能是一个仍在探索、研究和不断发展的新科学技术领域，远未达到成熟的境地。受人工智能理论发展的制约，智能控制与诊断理论在体系上还有待完善，仍在进一步探索、研究和发展之中。因此，本书虽经修改和补充，仍难免有内容和体系框架上的不足，加之作者水平有限，也难免存在不当和错误之处，本书中的某些观点可能还存在商榷之处，诚请各位专家和读者批评指正，在此表示衷心感谢。

编著者

2020年8月

目 录

第1章 绪 言

1.1 核能与核动力装置

核能是20世纪逐渐发展起来的一种能源。自20世纪50年代初世界上第一座试验性核电厂建成以来，核能的利用日益受到世界各国的重视，核工业也因此获得了巨大发展。目前世界上有400余台核电机组在投入运行，此外，还有众多的船用核动力装置投入使用。核能已经成为当今世界的一种重要能源，它有助于解决日益突出的能源短缺、化石燃料造成的环境污染和全球气候变化问题[1]。

核能是核反应所产生的能量，是指核裂变或核聚变反应所产生的能量。目前所利用的核能都是原子核裂变反应所产生的能量。从核能到电能的转换，是通过一系列复杂工程系统的运行来实现的。实现核能到热能、机械能再到电能转换的能量转换体系，通常简称为核动力装置[2]。核动力装置是核电厂和船用核动力系统的主体。

从目前世界上核电厂所采用的核反应堆堆型来看，装机容量最多的为压水堆。因此，本书在以后各章关于核动力装置状态监测、控制与故障诊断的讨论中，也主要以压水堆核动力装置及其系统和设备为研究对象。在没有明确说明时，所提到的反应堆主要指压水堆，所论及的核动力装置系统与设备主要指压水堆核动力装置系统与设备。

压水堆核动力装置主要由核反应堆、一回路系统、二回路系统和相应的辅助系统组成[3]。核反应堆是实现可控链式核裂变反应以产生核能的设备。一回路系统是将核反应堆核裂变反应所产生的能量(以热能形式)带出核反应堆并传递给二回路给水，使之产生蒸汽的系统。一回路系统包括一回路主系统与辅助系统两大组成部分。一回路主系统又称反应堆冷却剂系统，一般由2～4个独立和对称并联的冷却剂环路组成。每个冷却剂回路各由一台蒸汽发生器、一台主冷却剂泵及相应的管系、阀门等组成。几个环路共用一台稳压器。一回路辅助系统的主要功能是保证核反应堆和一回路冷却剂系统的正常运行，并为一些重大的事故提供必要的安全保护措施，以防止放射性物质的扩散和污染。二回路系统主要由蒸汽发生器二次侧、汽轮机、冷凝器、冷凝水泵、给水加热器、汽水分离再生器、辅助系统以及相应的管系、阀门等组成。二回路系统的主要功能[2]是将蒸汽发生器所产生的高压蒸汽送往汽轮机，推动汽轮机运转，带动发电机发电，完成从热能到机械能再到电能的转换；在变工况下或一、二回路功率不平衡时将反应堆的剩余释热或衰变热带走，确保反应堆的安全。

核动力装置原理流程图如图1.1所示[4]。在核反应堆中，核能主要以热能的形式释放出来。一回路高压冷却水在流经核反应堆的堆芯时，吸收了核燃料裂变释放出的热能，然后流进蒸汽发生器，通过蒸汽发生器传热管壁将热能传递给蒸汽发生器二次侧的给水，再由冷却剂泵唧送回核反应堆，并维持其循环流动。蒸汽发生器的给水吸收了一回路的热量变成高压蒸汽，然后利用高压蒸汽推动汽轮机运转，以带动发电机发电。从蒸汽发生器进入汽轮机的高压蒸汽是合格的干饱和蒸汽，经多次膨胀做功后，蒸汽的湿度增加。为了提高汽轮机的相对效率和减轻液滴对低压汽轮机叶片的侵蚀，通常在高、低压汽缸之间设置汽水分离设备，对蒸汽进行中间除湿，以提高蒸汽干度。然后，再让除湿后的蒸汽进入低压汽轮机作功。做功后的乏汽在冷凝器内冷却而凝结成水，冷凝水由主凝结水泵送经主抽气器、低压加热器，然后由水泵送到高压加热器。加热后的给水重新返回蒸汽发生器中，通过吸收一回路冷却剂的热量再蒸发，如此往复循环。通过这种工作方式，压水堆核动力装置完成核能到热能、机械能再到电能的转换。

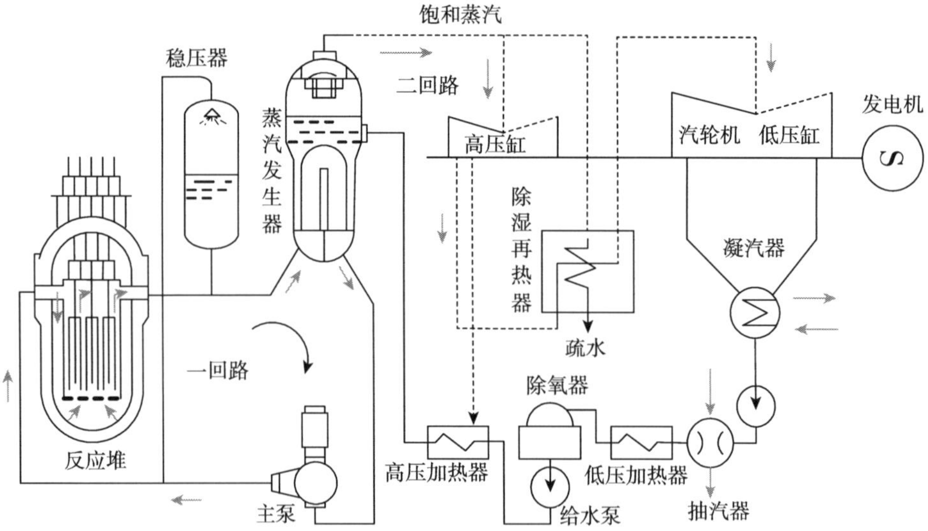

图 1.1　核动力装置原理流程图[4]

1.2　核动力装置监测与控制概述

1.2.1　监测与控制系统的作用

核能的应用为人类提供了宝贵的能源。同时，伴随核能应用而出现的一个重要问题是核安全问题。与其他动力装置相比，核动力装置不仅是一个高度复杂的工程系统，而且是一个具有严格安全性要求的工程系统。核能的利用是一把双刃剑，利害并存。在核动力装置运行过程中，一旦发生事故，不仅会造成经济上的重大损失，而且还可能导致严重的、甚至灾难性的后果。因此，对核动力装置而言，无论是建造、设计还是运行，核安全始终是第一位的。为确保核安全和核动力装置运行的安全性、可靠性与经济性，就必须对核动力装置各系统与设备在正常运行、预计运行事件和事故工况下的有关参数和状态进行全程监测和控制，给操作员提供这些参数和状态的实时数值显示、参数越限报警和设备故障信号。

在核动力装置的各种系统中，核动力装置状态监测与控制系统是实现核动力装置各种工况下状态监测、信号显示、故障与异常状态报警以及各种控制的系统。核动力装置状态监测与控制系统的主要任务是[2,4]：

(1)核动力装置系统、设备参数变量和状态监测与显示;

(2)参数越限(超过规定的限值或范围)、故障和异常状况报警;

(3)核动力装置系统、设备及参数变量等手动与自动控制;

(4)核动力装置保护控制。

核动力装置状态监测与控制系统是操作人员掌握核动力装置及其系统、设备运行状态,对其实施操作和控制的主要手段。操作员对核动力装置的操作管理和各种工况下的状态监测与控制都是通过状态监测与控制系统完成的。在核动力装置运行过程中,通过对核动力装置及其系统、设备的实时监测与控制,操作人员可以随时掌握核动力装置的运行状态,判断其运行是否正常以及执行必要的控制操作。因此,核动力装置状态监测与控制系统是实现核动力装置监测、控制与故障隔离,确保反应堆及其动力装置安全运行的关键系统,被形象地称为核动力装置的中枢神经系统。

1.2.2 核动力装置监测与控制方法分类

1.2.2.1 核动力装置监测与诊断方法分类

核动力装置状态监测与故障诊断技术是涉及多学科领域理论与技术的综合性技术,并随着现代科学技术的进步而发展。核动力装置状态监测与故障诊断方法的发展与现代故障诊断理论发展的关系十分密切。故障诊断理论的内容十分丰富,对故障诊断方法也有多种分类方法。若不考虑诊断对象,单纯从故障诊断理论的角度来说,故障诊断方法一般可分为基于模型的诊断方法、基于信号处理的诊断方法和基于人工智能的诊断方法[5]。对于核动力装置状态监测与故障诊断方法,也可根据上述方法作类似的分类。文献[6]系统分析了将核动力装置状态监测与故障诊断方法及其发展状况,并将核动力装置状态监测与故障诊断方法分为基于模型的诊断方法、基于数据驱动的方法以及基于信号处理的方法(Jianping Ma,Jin Jiang,2011)。

本书对核动力装置状态监测与故障诊断方法分类问题不作详细讨论,而是根据阐述问题的方便将核动力装置状态监测与故障诊断方法简单地分为常规监测与诊断方法和智能监测与诊断方法。这里所说的常规监测与诊断方法是相对于智能监测与诊断方法而言的。常规监测与诊断方法是长期以来核动力装置实际状态监测中普遍采用的方法,有时称为传统监测与诊断方法。常规监测与诊断方法在理论和技术上都很成熟,且可靠性高,因而长期以来一直在核动力装置实际状态监测与控制中被广泛应用。智能监测与诊断方法基本上是20世纪80年代以来发展起来的以人工智能理论为基础的一种新方法,目前还在进一步研究和发展之中。

1.2.2.2 核动力装置控制方法分类

在核动力装置控制理论及其应用研究中,目前已经提出了多种控制方法。如果根据控制理论特点分类,可以将核动力控制方法分为经典控制方法、现代控制方法(包括先进控制方法)和智能控制方法。本书将核动力装置实际控制系统中常用的以经典控制理论和现代控制理论为基础的控制方法简单地称之为常规控制方法,以人工智能理论为基础的或人工智能与其他控制理论相结合的控制方法称之为智能控制方法。

1.2.3 常规监测与控制方法

1.2.3.1 常规监测与诊断方法

核动力装置广泛采用的常规监测与诊断方法是基于参数监测的方法，这种方法在有些文献中称为基于参数阈值监测的方法。

基于参数监测的方法是通过对核动力装置系统与设备相关参数的监测来实现核动力装置运行状态异常监测和设备故障诊断的。参数监测包括核参数监测、过程参数监测、设备状态监测及特征参数监测等。参数监测方法一直是核动力装置状态监测与异常诊断中广泛采用的方法。在以后各章节中，在不至于引起混淆的情况下，我们姑且称之为参数监测诊断方法。基于参数监测的诊断方法原理如图 1.2 所示。这种方法通过监测核动力装置系统、设备运行参数或特征参数是否超过规定的限值或范围（设定值即阈值），以判断核动力装置运行状态或核动力装置系统与设备是否存在异常或故障。

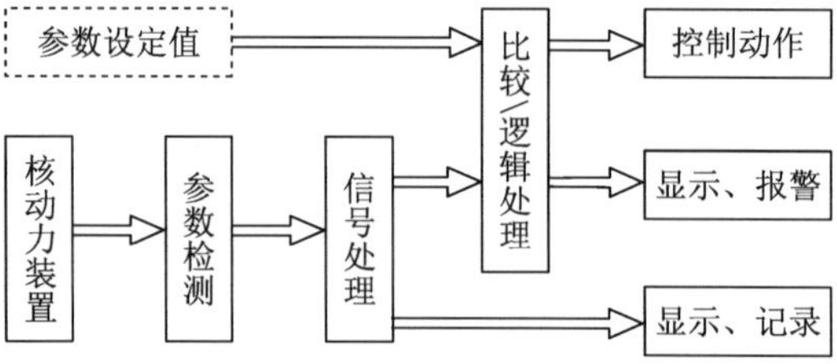

图 1.2 基于参数监测的诊断方法原理

参数监测诊断方法的主要优点表现在以下方面：

(1)监测参数种类多

对于同一个设备或运行模式可以从不同的角度考虑设置不同的监测参数，如同时监测温度和压力参数等。

(2)监测参数数量大

从硬件实现方面来说，由于各监测参数之间都是独立的，对一个参数的监测不受其他监测参数的影响，因而对于同一个设备、同一个运行模式或同一个变量都可以根据需要重复设置多个监测参数或进行冗余监测，并且各监测系统之间可以做到互不影响。

(3)监测范围广

从装置、系统与设备等不同层面上，其监测范围涵盖了整个核动力装置的系统与设备；从单个监测参数来说，可以满足不同量程范围的测量要求。

(4)提供保护信号

通过冗余监测和独立监测，可以为核反应堆保护系统提供必需的输入信号。而监测信号通过与设定值比较或与其他重要参数进行逻辑符合与运算，可以为核动力装置的运行提供必要的报警信号和保护信号，且当被监测参数的信号超过了规定的限值时，执行保护动作，以满足核动力装置安全保护的需要。

(5)实时性强

可对各参数进行连续和实时监测，满足核动力装置在线监测的需要。

虽然参数监测方法在核动力装置状态监测与故障诊断中具有众多的优点，但也存在着明显的不足。参数监测方法只能提供被监测参数目前的数值或该参数与正常设定值之间的偏差，而难以提供参数发生异常的原因和异常的发展趋势。当多个参数的监测值同时显示出异常时，往往无法确定初始故障原因。而且，使用这种方法进行状态监测，当检测出异常情况时，就可能已经发展到难以处理的地步[7]。为解决参数监测诊断方法存在的不足，随着人工智能理论的发展，从20世纪80年代以来，国内外研究人员不断研究和探索核动力装置智能诊断方法。关于核动力装置智能诊断方法研究与发展状况，将在第2章中进一步介绍。

1.2.3.2 常规控制方法[8]

常规控制方法泛指以经典控制理论和现代控制理论为基础的控制方法。

核动力装置发展初期所采用的控制技术是以经典控制理论为基础的常规控制技术。在常规控制技术中，控制系统的设计主要采用频域方法，而建立在经典控制理论基础上的PI(D)控制方法，则是核动力装置控制系统中常用的方法。在早期核动力装置控制系统中，其重要变量如反应堆功率、稳压器压力、稳压器水位以及蒸汽发生器(SG)水位的控制普遍采用PI(D)控制方案的模拟控制系统。采用这种控制技术的主要原因在于：(1)控制理论发展的制约，20世纪50年代前后，控制理论的发展处于经典控制理论阶段；(2)实现技术的限制，20世纪60年代中期以前，数字电子技术和计算机技术发展的水平不高，控制系统设计一般采用模拟控制技术，先进的控制方案与复杂的控制算法难以实现；(3)可靠性要求，经典控制在理论比较完善，在技术上已经发展成为成熟和可靠的技术；(4)以经典控制理论基础的PI(D)控制方法具有简单、易于实现和鲁棒性好等优点。

由于PI(D)控制方法易于设计和实现，因而一直是核动力装置控制系统中最重要的控制方法。但是传统的PI(D)控制方法也存在着一些缺点，如PI(D)控制器的参数一般是固定的且难以在线整定。随着控制理论和计算机技术的发展，在传统的PI(D)控制技术的基础上，人们将PI(D)控制方法与其他控制理论和方法相结合，提出了多种新型PI(D)控制方法，如自适应PI控制[9-11]、预测PI控制[10]、模糊PI控制[12-18]、神经网络PI(D)控制[10,19-22]等。新型PI(D)控制是PI(D)控制技术发展的重要方向，它在一定程度上弥补了传统PI(D)控制方法的不足，使其更适用于系统控制。

20世纪60年代中后期，随着计算机技术和现代控制理论的发展，现代控制技术也逐渐被用于反应堆系统的控制。早在20世纪60年代后期，在日本的TTR－1堆及经济合作与发展组织(Organization for Economic Cooperation and Development，OECD)的Halden反应堆控制项目研究中，就开展现代控制理论的应用研究[23]。其他控制方法如最优控制[24-30]、LQG/LTR控制[31,32]以及基于观测器或反馈控制[33-39]等在核动力装置控制中的应用研究不断发展。

经典控制理论和现代控制理论的应用需要精确的数学模型，这对于缺乏精确数学模型的控制系统的设计是非常不利的。而先进控制理论在解决多参数、时变、严重非线性和强耦合系统的控制方面则具有显著优点。20世纪90年代以来，一些先进的控制方法如自适应控制[40-49]、预测控制[50-57]、鲁棒控制[58-66]、滑模控制[67-76]以及变结构控制[77]等在核动力装置中的应用研究逐渐出现或增多。

在核动力装置控制系统研发技术方面，简单地说，其发展过程是从模拟控制系统、数字控制系统向基于网络的控制系统方向发展的。

在核电发展初期，由于研发技术的限制，核动力装置控制系统几乎毫无例外地为模拟控制系统。控制系统的设计广泛采用模拟电路设计技术，控制器控制算法和控制系统中的参数计算广泛采用电信号运算方法或机电转换等运算方法。核动力装置重要控制系统如核反应堆功率控制、稳压器压力与水位控制、蒸汽发生器水位控制系统等均采用分立元件的模拟电路设计技术。模拟控制系统的优点是其设计技术成熟、系统可靠性好和工作性能比较稳定。但是，模拟控制系统也存在着许多不足，如系统设计成功后难以更改、复杂的控制算法和控制方案难以实现、模拟电子元器件易产生漂移、一些元器件通用性差、模拟电路控制设备笨重等。

随着计算机技术的发展，20 世纪 60 年代中后期，在核动力装置控制系统中逐渐引入了计算机控制[23]。20 世纪 70 年代，国外一些核电厂就研制了全数字化的控制系统。但是，由于当时计算机技术发展状况以及计算机控制系统的可靠性尤其是软件的可靠性问题，使计算机及数字化技术在核动力领域的应用存在许多不同的看法，也使得计算机及数字化控制技术在核动力装置中的实际应用发展过程比较缓慢。为确保核动力装置运行安全性和可靠性，这一时期的全数字化的核电厂控制系统一般是与模拟控制系统并行使用的。直到 20 世纪 80 年代中后期以来，随着计算机技术和数字化技术的迅速发展，计算机及数字化控制技术在核动力领域的实际可用性才被广泛认可，计算机与数字化技术才被作为一种通用的技术引入核动力装置控制系统[78]。

进入 21 世纪以来，随着数字化技术和计算机技术的成熟和不断发展，单片机、可编程控制器以及微型计算机开始广泛应用于核动力装置仪表与控制系统（I&C），核动力装置仪表与控制系统的数字化程度也越来越高，并且实现了基于网络的分布式控制。核动力装置仪表与控制系统由单机测控系统进入分布式控制系统（DCS）和监督控制阶段。随着智能仪表与网络技术的发展，核动力装置控制系统正向基于网络的分级控制系统方向发展。

核动力装置控制理论与技术的发展与自动控制理论、相关理论与方法以及电子技术、计算机技术、数字技术、信息技术、网络技术和软件等相关理论和技术的发展密切相关，随着这些理论与技术的发展而发展。20 世纪 80 年代以来，先进控制理论、智能控制理论和数字技术、计算机技术、智能仪表技术以及网络技术的发展，为核动力控制理论、方法与技术的研究提供了丰富的技术手段和广阔的发展空间。特别值得一提的是，正是数字技术、计算机技术和智能仪表技术的发展，才使先进控制方法、智能控制方法和复杂的控制算法能够比较容易地实现，而这些往往是模拟控制系统难以完成的。随着科学技术的发展，核动力装置控制技术与控制系统将进一步向网络化、智能化方向发展。

1.3 核动力装置智能控制与诊断方法

核动力装置控制系统性能、异常监测与故障诊断能力是关系到核动力装置运行的安全性、可靠性与经济性的关键问题。如何提高核动力装置控制系统性能、异常监测与故障诊断能力，一直是核动力领域长期探索和研究的课题。随着人工智能理论与技术的发展，智能控制、监测与诊断方法引起了国内外核动力领域研究人员的关注。在 20 世纪 80 年代初，开始出现人工智能在核电厂状态监测和故障诊断中的应用研究；在 20 世纪 90 年代初，人工智能在核动力装置控制中的应用研究也逐渐发展起来。经过国内外研究人员多年的广泛探索和深入研究，目前在这两个方面的研究内容不断丰富并取得了一定的进展。

核动力装置智能控制是在智能控制理论的基础上发展起来的。在核动力装置实际控制系统中，广泛采用常规控制方法。常规控制方法是建立在精确数学模型的基础上，主要以线性定常系统为对象的控制方法。对于高度复杂、高度非线性、时变和不确定性的控制问题难以获得好的控制效果。随着人工智能的出现，在人工智能与控制理论相结合的基础上发展起来的智能控制理论，则适于解决高度复杂、高度非线性、时变和不确定性系统的控制问题。智能控制方法的突出优点是适于解决用传统控制方法难以处理的复杂非线性系统控制问题，因而引起控制领域的广泛关注。智能控制有多个分支体系，并且还在不断地丰富和发展，目前具有代表性的是模糊控制、神经网络控制、专家控制和学习控制。在核动力领域，研究比较多的智能控制方法是模糊控制和神经网络控制方法。

在有关核动力装置故障诊断方法的研究中，基于人工智能的故障诊断方法是 20 世纪 80 年代以来研究比较多的方法，而且仍在进一步发展。在核动力装置异常监测与故障诊断研究中，已经研究或提出的方法有基于神经网络、模糊逻辑、专家系统、遗传算法、粗糙集以及支持向量机等诊断方法。其中，基于神经网络的诊断方法，以及多种方法综合的诊断方法研究的比较多。一些智能方法如模糊逻辑、遗传算法和粗糙集等方法一般是与其他方法相结合用于故障诊断的研究，而遗传算法、粗糙集和粒子群算法在故障诊断中的作用是优化计算或约简计算，单独应用的并不多。

1.4 本章小结

本章在介绍核动力装置基本组成的基础上，根据核电系统从核能到热能、机械能再到电能转换的思路，阐述了核动力装置的基本原理。从核动力装置安全运行的要求出发，指出了其全程监测和控制的重要性，进而介绍了核动力装置监测与控制系统的主要任务。为便于掌握核动力装置监测与控制方法及其发展规律，对核动力装置监测与控制方法进行了分类，并重点阐述了核动力装置常规监测与控制方法发展特点。最后，引出并描述了核动力装置智能控制与诊断方法的概况。

复习思考题

1.核动力装置监测与控制系统的主要任务是什么？

2.为什么要对核动力装置进行全程监测？全程监测的重点是什么？

3.试分析核动力装置基于参数监测的异常诊断方法的优缺点。

4.核动力装置故障监测与诊断方法有哪些？各有什么特点？

5.核动力装置控制方法包括哪几种类型？各有什么特点？

6.目前核动力装置主要采用哪些控制方法？

第 2 章　核动力装置智能控制与故障诊断方法及其发展

2.1　引言

核动力装置监测、控制与故障诊断是核动力装置运行控制和管理的重要环节，是关系到核动力装置运行安全性、可靠性与经济性的重要问题。在核能的利用中，由于核裂变反应与核能转换的复杂性和放射性裂变产物的存在，使核能的应用成为一个复杂的问题，并对核动力装置运行状态监测与控制提出了严格的要求。长期以来，世界上拥有核电的国家无不重视核动力装置监测、控制与故障诊断技术的研究与发展。三哩岛核事故以后，核动力装置状态监测与故障诊断问题更加引起核能界的关注，并通过广泛和深入地研究，提出了多种方法与措施，以避免发生核事故。为了提高核动力装置运行安全性、可靠性与经济性，核动力装置监测、控制与故障诊断问题越来越多的引起人们的重视。人工智能理论与技术的发展，使核能界研究人员能够从一个新的角度研究和探索核动力装置监测、控制与故障诊断问题，并在这方面开展了广泛研究和探索。尤其是近年来，随着人工智能技术的迅猛发展，世界各国都认识到人工智能的重要性，并加大对人工智能研究的力度，这也给人工智能在核动力领域的应用提供了良好的契机。在阐述核动力装置智能控制与故障诊断方法之前，本章先介绍人工智能相关知识和核动力装置智能控制与故障诊断研究发展状况，以便对核动力装置智能控制与故障诊断的发展有一个宏观上的认识。

2.2　人工智能概述

(1)人工智能的定义

关于人类智能的研究由来已久，而正式提出“人工智能(Artificial Intelligence，AI)”这一概念的是 1956 年在美国召开的达特茅斯会议(Dartmouth Conference)。人工智能这一概念的提出标志着人工智能学科的诞生。自人工智能提出以来，人工智能在争议中发展，逐渐形成几个研究学派，并经历了“冷潮”和“热潮”交替的几个发展阶段。随着人工智能的发展及其实际应用能力的卓越表现，人工智能对人类发展的重要意义已获得社会的普遍认可，成为当今世界广泛关注和重点发展的科技领域。

虽然近年来人工智能发展势头迅猛，但是，对于什么是人工智能却没有统一的定义。下面给出几位著名的人工智能专家和研究人员关于人工智能的定义。

Marvin Minsky 的定义[79]：人工智能是一门科学，是使机器做那些人需要通过智能来做的事情。

Nils Nilsson 的定义[79]：人工智能是关于知识的科学，所谓知识的科学就是研究知识的表示、获取和运用。

Partrick Winston 的定义[79]：人工智能是那些使知觉、推理和行为成为可能的计算的研究。

Stephen Lucci 与 Danny Kopec 的定义[80]：人工智能是由人类(People)、想法(Idea)、方法(Method)、机器(Machine)和结果(Outcome)组成的。

我国学者蔡自兴等从人工智能能力角度给出的定义是[81]：人工智能(能力)是智能机器所执行的通常与人类智能有关的智能行为，这些智能行为涉及学习、感知、思考、理解、识别、判断、推理、证明、通信、设计、规划、行动和问题求解等活动。

(2)人工智能学派

根据对人工智能认知的不同，形成了不同的学派。目前人工智能主要有符号主义、连接主义以及行为主义三大学派。

1)符号主义(Symbolicism)

符号主义又有逻辑主义(Logicism)、计算机学派(Computerism)或心理学派(Psychlogism)等不同称谓。符号主义学派的特点是提出了符号系统的假设，认为只要在符号计算上实现了功能，在现实世界就实现了相应的功能。

2)连接主义(Connectionism)

连接主义也称为生理学派(Physiologism)和仿生学派(Bionicsism)。连接主义将生物大脑作为智能的基础，关注生物大脑结构、神经元、神经元相互连接及大脑和神经元信息处理的机制，通过揭示人类智能的机理，以实现其在机器上的模拟。

3)行为主义(Actionism)

行为主义也称为控制论学派(Cyberneticsism)或进化主义学派(Evolutionism)。行为主义注重感知和行动表现，认为不需要知识及其表示和推理，受到控制论思想的影响。

(3)强人工智能与弱人工智能

强人工智能与弱人工智能反映了两个学派对人工智能的不同看法。强人工智能学派主要关注人类生物智能的可行性，即当机器展现智能行为时，是否能够表现人类所使用的相同方法；弱人工智能学派认为，机器是否使用与人类相同的方式处理问题并不重要，重要的是程序能够正确地执行，是得到满意的执行结果。

(4)人工智能主要方法

人工智能学派是从宏观上反映了人类对于人工智能的不同认识和发展思想。从人工智能的具体方法来说，每种方法则体现了其产生的根源和工作的机理。目前已经提出的人工智能方法很多，各种方法加起来有一百多种，而尤以智能优化算法居多。在这些人工智能方法中，有的是对人脑生物神经网络的模拟，如人工神经网络；有的是对人类思维或推理行为的模拟，如模糊理论、专家系统等；有的是对生物机体内机理行为的模拟，如免疫算法、内分泌算法、人工代谢算法等；有的是对生物个体行为的模拟，如布谷鸟算法、蝙蝠算法；有的是对生物群体行为的模拟，如遗传算法、粒子群算法、候鸟优化算法等。表 2.1 给出了几种常见的人工智能方法。

表 2.1 常见的人工智能方法

智能方法	英文及简写	提出者或奠基者
模糊逻辑	Fuzzy logic, FL	L.A.Zadeh, 1965
专家系统	Expert system, ES	起源于 1940 年代,产生于 1960 年代
人工神经网络	Artifical neural network, ANN	W.S.McCulloch and W.Pitts, 1943; D.O.Hebb, 1949; F.Rosenblatt, 1950s; B.Windrow and M.E.Hoff, 1960, et al
模拟退火算法	Simulated annealing, SA	Metropolis, 1954
支持向量机	Support vector machine, SVM	Vladimir N. Vapnik, et al, 1960s
遗传算法	Genetic algorithm, GA	J. H. Holland, 1970 年代
粗糙集方法	Rough sets,RS	Z.Pawlak, 1982
免疫算法	Immune algorithm, IA	Farmer,1986; Bernini, 1990, et al
禁忌搜索算法	Tabu search, Taboo search, TS	Glover, 1986
蚁群优化算法	Ant colony optimization algorithm, ACOA	M.Dosigo, 1991
粒子群优化算法	Particle swarm optimization,PSO	J.Kennedy and R.Eberhart, 1995
蜂群算法/蜂群优化	Marriage in honey-bees optimization, MBO Artifical bee colony, ABC	Abbass, 2001 Karaboga, 2005
量子搜索算法	Quantum search algorithm, QSA	Grover,1996

2.3 核动力装置智能诊断方法及其发展[82]

20 世纪 80 年代以来,人工智能的发展引起了国内外核动力领域研究人员的关注。从 20 世纪 80 年代初开始,国外研究人员开展了智能方法在核电厂状态监测和故障诊断中的应用研究,并取得了相关研究成果。基于人工智能的异常监测与故障诊断方法是 20 世纪 80 年代以来核动力装置故障诊断研究比较多的方法,而且目前仍在进一步发展。在核动力装置故障智能诊断方法研究中,对基于神经网络的故障诊断方法研究比较多,一些智能方法如遗传算法、粗糙集等方法一般是与其他方法相结合,用于优化计算或简约计算,单独应用的并不多。因此,下面主要介绍模糊逻辑、专家系统和神经网络在核电厂状态监测和故障诊断中的应用研究状况,简要介绍遗传算法等其他智能方法在核动力装置故障诊断中的应用研究。

2.3.1 基于模糊逻辑的核电厂诊断方法

模糊逻辑(也称模糊理论、模糊集或模糊工程)是由美国加利福尼亚大学著名学者 Zadeh L A 教授于 1965 年首先提出的。模糊集合的引入可将人的判断与思维过程用比较简单的数学形式直接表达出来,从而对复杂系统作出合乎实际及人类思维方式的处理成为可能,因而被广泛用于系统建模、控制、诊断与决策之中。20 世纪 80 年代,模糊逻辑被用于核电厂事故分析。1995 年,比利时核研究中心的 Ruan D[83] 报道了模糊逻辑在核科学与技术中的应用研究工作。2000 年以来,国内外先后出现了一些关于模糊逻辑在核电厂监测与诊断中的应用研究的报道。

2003 年，Marseguerra M 等应用模糊逻辑方法分别建立了蒸汽发生器水位预测模型[84]和核反应堆动力学模型[85]，用来检测系统故障和过程参数偏差。2004、2005 年，Marseguerra M[86]与 Zio E[87]等分别将模糊逻辑建模方法用于蒸汽发生器的瞬态辨识。2005 年，Zio E[88]等应用神经－模糊方法识别核电厂设备状态。2007 年，Zio E 等[89]研究了基于模糊逻辑的核电厂给水系统瞬态在线信号趋势辨识问题；Guimarães A C F 等[90,91]将模糊推理方法用于核动力系统的风险分析。2011 年，Baraldi P 等[92]研究了模糊集成分类器在核动力装置瞬态辨识中的应用；Maio F D[93]研究了模糊 D－均方聚类在核动力系统故障分类中的应用。2015 年，Prusty M R 等[94]研究了基于模糊规则的核电厂瞬态辨识系统性能。2017 年，Wu G 等[95]将符号定向图与模糊理论结合起来研究了核电厂在线诊断问题。这些研究获得了满意的效果。但是，从发表的文献看，模糊逻辑单独在核动力装置诊断中的应用研究并不多，其研究进展主要体现在与专家系统和神经网络等方法的结合方面。

模糊诊断方法的主要缺点是存在推理规则难以确定的问题，尤其当需诊断的故障类型和故障数量较多时，规则的数量和推理运算的复杂性都会迅速增加。此外，在模糊系统设计中，隶属度函数没有很好的确定方法，一般是根据设计者的经验来选择具体的隶属度函数。

2.3.2 基于专家系统的核电厂诊断方法

专家系统（Expert System，ES）起源于 20 世纪 60 年代中期，是一个使用知识和推理的智能计算机程序系统，用来解决人类专家都很难解决的问题。专家系统在核动力装置故障诊断中的应用研究始于 20 世纪 80 年代初。1979 年 3 月 28 日美国三哩岛核电厂发生的事故对专家系统在核电厂故障诊断中的应用研究起着重要的推动作用。在三哩岛核电厂事故开始的几秒钟内，控制室内至少有上百个警报器报警。面对众多的报警信息，操作员因判断失误而采取了错误的行动，结果导致堆芯部分融化和部分放射性物质外逸事故。此后，人们深感研制操作员辅助决策系统的必要性。

1982 年美国的 Nelson W R 研制了一个诊断和处理核反应堆事故的专家系统 REACTOR[96]。REACTOR 系统集成了彩色图形显示、响应树（Response Tree）[96－97]和专家系统技术。REACTOR 研制成功对核电厂专家诊断方法的发展具有深远的意义。

在 Nelson W R 的研究工作之后，美国、法国、日本和韩国等国家先后开展了类似的研究。1988 年，美国核管理委员会的 Beltracchi L[98]研究了专家显示系统。作者认为图形比数字更容易识别，通过图形技术与专家推理结合来显示最重要的数据，可减轻操作员从显示屏上寻找数据的负担。1989 年，韩国的 Yang J O 等[99]采用浅知识与深知识相结合的方法研究了核电厂诊断专家系统 HYPOSS。当核电厂发生异常而操作员又难以识别时，该系统能够给操作员提供决策指导。为了帮助操作员在众多的报警信号中识别初始原因引起的报警和快速诊断故障，1993 年，韩国的 Cheon S W 等[100]研究了核电厂多报警处理与诊断专家系统 ESAPD。1994 年，Chou G H 等[101]为诊断核电厂热效率降低问题研究了核电厂热性能诊断专家系统 TPDES。该系统通过热性能偏差的早期检测以减少能量损失。为给操作员提供清晰的报警图像和系统范围的故障信息，1995 年，Choi S S 等[102]将模糊逻辑与专家推理相结合研究了在线模糊专家系统——报警滤波与诊断系统 AFDS。验证结果表明，AFDS能够协助操作员减少核电厂异常工况。1996年，Lee M R等[103]研究了专家系统在核电厂总运行程序监测中的应用。Benoist B等[104]在1995年、Upadhyaya B R等[105]在1999年分别研究了专家系统在蒸汽发生器管道缺陷诊断中的应用。2010年，Park S Y等[106]研究了核电厂严重事故管理支持专家系统。2013年，Cilliers A C[107]将专家故障检测与诊断系统用于三哩岛事故诊断研究。

传统的核电厂报警系统是一个传感器对应一个指示仪表的硬线连接形式的报警系统。这种报警系统会产生大量的报警信号。在核电厂瞬态期间，“海量”的报警信号容易使操作员产生误解。为解决这个问题，2001年，韩国的Kim J T等[108]设计了集成报警与诊断的操作员专家系统ADIOS。在ADIOS系统中，通过应用设备状态、电厂模式、报警产生、因果关系和多定值点关系等报警属性处理技术及报警分类等方法，对核电厂报警信号显示次序进行优先权处理，并将结果显示在一总的电厂过程示意图上，为操作员提供清晰的报警优先次序信号。实时测试结果证明了ADIOS系统的有效性。

21世纪以来，核电厂诊断专家系统应用研究的一个重要特点是专家系统与神经网络等其他方法的结合。2002年，Nabeshima K等[109]将神经网络与专家系统相结合，研究了核反应堆混合监测系统。付明玉等[110]结合专家系统、模糊推理和神经网络理论建立了核动力装置管理运行专家系统。2005年，陈志辉等[111]将Rough集与专家推理相结合建立了诊断专家系统。2016年，Wang W等[112]将专家系统与多层流方法结合起来研究了核电厂实时过程监督与诊断系统。

通过文献分析可看出：

(1)由于受三哩岛核电厂事故的影响，早期的核电厂诊断专家系统研究主要集中在报警信号处理和操作员辅助决策方面。

(2)专家系统在核电厂诊断中的应用研究并不是很多，其主要原因是知识获取、表达和建立完善知识库的困难。

(3)核动力装置专家系统诊断方法的研究进展主要表现在专家系统与其他方法的结合方面。

专家系统故障诊断方法的显著优点是，它能够利用人类专家的知识，对被诊断对象的状态作出符合人类专家分析和判断的结果，从而提高诊断系统的自动化和智能化水平。其主要缺点是：在建立复杂设备或系统的诊断专家系统时，在知识获取、表达和建立完善知识库方面都存在较大的困难；当待诊断的故障类型或数量较多时，所需的知识和规则的数量都会迅速增加，而且难以表达故障间的耦合关系；专家系统难以诊断事先没有设计到的故障类型。由于存在上述缺点，使基于专家系统的故障诊断方法在核动力装置复杂系统故障诊断中的适应性较差，一般与其他方法相结合用于核动力装置故障诊断的研究。

2.3.3 基于神经网络的核电厂诊断方法

神经网络是人工神经网络(Artificial Neural Network，ANN)的简称，它是人脑神经网络结构和功能的某种简化、抽象和模拟的人工系统。人工神经网络的研究工作始于20世纪40年代McCulloch W S和Pitts W提出的M-P模型，在20世纪80年代达到了理论和应用研究的热潮。1988年美国田纳西大学的Uhrig R E等[113]率先开展了神经网络在核电厂中的应用研究。随后，日本、韩国、德国、瑞典、挪威，以及印度等国家的研究人员也先后开展了该方面的研究。美国是开展神经网络在核动力领域应用研究较早的国家，其研究工作也比较深入。现在，神经网络在核动力领域的可用性已获得美国权威机构——美国核管理委员会的认可[113]。

基于神经网络的故障诊断方法是核电厂智能诊断方法研究最为广泛和活跃的领域。神经网络用于故障诊断，主要利用了它具有类似人脑的学习、记忆、联想、自组织、分类和非线性建模等能力，它在核电厂监测与诊断领域的应用方式可归结为：(1)故障识别或分类；(2)异常早期检测和预测；(3)基于多神经网络的故障识别和监测；(4)与其他方法结合建立智能诊断系统。

(1)神经网络用于核电厂故障识别

神经网络具有很强的模式识别能力，把神经网络作为模式识别器或故障分类器对核电厂进行故障诊断，是神经网络在核电厂故障诊断中的一种典型应用形式。

国内外将神经网络用于核电厂故障识别或分类的研究比较多[113,114]。1991 年，Bartlett E B 等[115]以主蒸汽管道破裂、控制棒弹棒、蒸汽发生器传热管破裂、主给水管道破裂等故障模式为诊断内容，研究了核电厂神经网络状态诊断方法。1994 年，Bartal Y 等[116]研究了概率神经网络在核电厂的瞬态诊断中的应用。1996 年，Ding 等[113]应用神经网络研制了核电厂松动部件监测系统并将其应用于核电厂可能发生松动的部件的在线检测之中。2007 年，印度的 Santosh V 等[117-119]研究了神经网络在核电厂几种管道破裂识别中的应用。Hadad K 等[120,121]在 2008 年和 2011 年，先后研究了神经网络在核电厂典型故障诊断中的应用。验证结果表明，神经网络在核电厂故障识别中具有良好的性能。

神经网络在核电厂设备故障诊断方面研究较多的是蒸汽发生器故障诊断[105,113]。Yan 与 Upadhyaya B R[105,122]将涡流检测、神经网络与数字技术相结合研究了蒸汽发生器无损检测数据自动处理系统。

除上述研究外，还有许多关于神经网络在核电厂设备故障识别中的应用研究[113-114]，如控制棒定位与磨损认知、阀门状态识别、重水堆(PHWR)的排管容器内管(冷却蛇管，CT)与压力管(PT)连接处的状态检测[123]、高温汽冷堆系统故障诊断[124]以及给水加热器泄漏检测[125]等。

虽然神经网络用于核电厂故障识别的研究比较多，但其基本原理并无本质的不同，只是在神经网络输入参数、识别对象、诊断的故障模式、神经网络类型和学习算法等方面存在差别。该方面研究的主要进展体现在学习算法的改进上。然而，由于受神经网络理论本身发展的限制，神经网络在核动力装置故障诊断在线应用方面并没有取得实质性的突破。

(2)基于神经网络的核电厂异常早期检测

神经网络在核电厂监测与诊断中应用研究的一个重要进展是基于神经网络的核电厂实时监测方法的研究。其原理是将神经网络作为核动力装置的动力学模型，在实时监测时，通过检测核动力装置的实际运行参数值与其神经网络模型预测值之间偏差的大小来确定系统是否发生故障。这种方法以核电厂神经网络动态过程辨识或建模为基础。

Uhrig R E 等[113]在 1989 年、Guo 等[126]在 1992 年分别应用神经网络研究了核电厂瞬态辨识问题。1992 年，Upadhyaya B R 等[127]开发了基于自联想神经网络的全核电厂监测系统。1994 年，Basu A 等[128]应用动态神经网络研究了核电厂的故障检测问题。在核电厂故障检测中，Basu A 等采用了两个 BP 网络。其方法是，先用第 1 个网络确定核电厂是否处于正常运行状态，若核电厂不是处于正常运行状态，再用第 2 个网络对核电厂偏离正常状态的情况进行辨识。1997 年，Adali T 等[129]应用递归多层感知器辨识核反应堆动力学行为。2008 年，Ayaz E 等[130]研究了自联想神经网络在 Borssele 核电厂宽范围监测中的应用。大量研究结果表明，在核电厂瞬态辨识中，神经网络辨识方法优于传统的辨识方法。

1998 年，Nabeshima K 等[131]研究了基于神经网络的核电厂实时监测方法。该方法使用一个 3 层自联想神经网络建立核电厂的动态模型，采用具有自适应学习能力的误差反传算法进行训练，在此基础上并开发了全核电厂在线监测系统。该系统用荷兰 Borssele 核电厂的监测数据进行测试。实验证实，自适应学习方法能够使模型随着反应堆动态特性的变化而改变，且该系统可精确地检测出小异常情况的征兆。这种监测系统在早期阶段就能检测出异常情况，从而为操纵员提供了足够时间处理这些异常情况。

(3)基于多神经网络的核电厂故障监测与诊断

在基于神经网络的故障诊断方法的研究中，一般采用单个神经网络。但是，单个神经网络因训练不充分或因训练样本缺乏可能导致神经网络的鲁棒性较差。近些年来，出现了基于多神经网络的核电厂故障诊断方法。

2000 年以来，Roverso D [132]在 OECD 资助的 Halden 反应堆项目中研究了多个神经网络在核电厂瞬态识别与故障诊断中的应用。结果表明，多个神经网络的识别效果优于单个神经网络。2005 年，韩国的 Lee S J 等[133]应用动态神经网络研究了核电厂事故诊断咨询系统 ADAS。ADAS 的特点是在事故诊断中应用了两种神经网络：(1)一个改进的动态神经网络用于处理阀门状态、保护参数、设备状态和报警信号等数字信号；(2)一个动态模糊神经网络用于处理检测仪表的模拟信号。对反应堆失水事故的诊断结果表明，通过两种神经网络输出的综合，得到更加确定的诊断结果。2007 年，韩国的 Mo K 等[134]研究了用于核电厂瞬态诊断动态神经网络综合模型。该模型采用两级神经网络诊断结构。第 1 级分类器采用 1 个神经网络，用来识别核电厂瞬态的类型；第 2 级分类器应用多个神经网络，分别用来识别核电厂瞬态的类型、位置和故障的严重水平。仿真试验表明，与单神经网络模型相比，动态神经网络综合模型可给出更加精确的诊断结果。2007 年，刘永阔等[135]研究了 BP-RBF 混合神经网络在核电厂故障诊断中的应用，仿真结果证实了该方法的有效性。

由于基于多神经网络的故障诊断方法在泛化能力和鲁棒性等方面比单神经网络方法更具优势，因而是核电厂神经网络诊断方法的一种重要发展趋势。

2.3.4 基于多智能方法的核电厂故障诊断

在核电厂智能诊断方法研究中，将模糊逻辑、专家系统和神经网络等多种智能方法相结合是核电厂智能诊断方法的重要发展趋势[88,102,109,113,114,136-143]。Zio E[88]、Tsoukalas[113]和 Nabeshima K[109]、Cayenne S W[136]等的研究工作均证实了多种智能方法相结合的核电厂故障诊断方法的有效性。

2002 年，Nabeshima K[109]等将神经网络与基于规则的实时专家系统相结合，提出了核反应堆混合监测系统。该系统由数据获取系统、神经网络模型、实时专家系统和显示系统等几个部分组成。在美国 822 MW 压水堆核电厂 Surry-1 的仿真机上的试验结果表明，该系统的神经网络能成功地对核电厂的异常征兆进行早期检测，而实时专家系统能够有效地诊断核电厂的状态，显示系统给操作员提供清晰的诊断结果，从而进一步提高了核电厂监测效果。这种多种智能方法相结合的故障诊断方法可以给操作员工作提供功能性的支持。

近年来,关于多种智能方法相结合的核电厂故障诊断方面的研究逐渐增多。如,2003年 Fantoni P F 等[138]将模糊—神经模型用于核电厂全范围信号确认,在法国 EDF、西班牙 Tecnatom 和意大利 ENEA 等多个公司的压水堆核电厂成功完成了离线测试,并在 Halden 的重水堆上进行了在线测试;2006 年,Evsukoff A 等[139]将递归神经网络与模糊推理相结合,研究了其在反应堆故障检测与隔离中的应用。这些研究结果表明,把多种智能方法相结合用于核电厂故障监测与诊断,往往会获得更好的诊断效果。

2.3.5 其他智能诊断方法

在人工智能方法中,除模糊逻辑、神经网络和专家系统外,还有粗糙集、支持向量机以及进化智能、群智能和仿生智能等多种方法。在核动力装置故障诊断研究中已经应用的有遗传算法、粗糙集和支持向量机等方法。

遗传算法是一种模拟生物遗传机制的优化算法,其基本功能是优化计算或寻优搜索。在故障诊断中,遗传算法由于其算法本身特点,一般很少单独应用,而是与其他方法结合起来应用于故障诊断。2000 年以来,遗传算法在核动力装置故障诊断中逐渐有所研究[144-149]。但是,总的来看,遗传算法在核动力装置故障诊断中的应用研究还不多。

粗糙集(Rough Set)是一种用于数据处理的智能计算理论,它是波兰数学家 Pawlak Z 于 1982 年提出和创立的。我国对于粗糙集及其应用研究起步较晚,在 20 世纪 80 年代末才开始引入我国[150],20 世纪 90 年代初开始该方面的研究。从粗糙集理论提出以来,粗糙集在核动力装置故障诊断中有少量的应用研究[151,152]。

支持向量机(Support Vector Machine,SVM)是建立在统计学习理论基础上的、按监督学习(Supervised Learning)方法对数据进行分类的分类器,也是一种机器学习算法。支持向量机在小样本机器学习、高维数据处理以及泛化能力方面具有明显的优点。支持向量机起源于 20 世纪 60 年代,发展于 20 世纪 90 年代。在 20 世纪后期,支持向量机逐渐被应用于核动力装置故障诊断方面的研究[153-161]。目前基于支持向量机在核动力装置故障诊断方面的研究也不是很多,该方面的研究还在进一步发展中。

2.3.6 发展趋势

从目前核动力装置智能诊断方法研究进展与相关领域的发展状况,未来核动力装置智能诊断方法研究的发展趋势可归纳为以下几个主要方面:

(1)基于神经网络的诊断方法研究仍将是核动力装置智能诊断方法最为广泛和活跃的研究领域,基于多神经网络的核动力装置诊断方法研究将成为一个新的研究方向。

(2)模糊逻辑、专家系统与神经网络等多种智能方法相结合的诊断方法的研究是核动力装置智能诊断方法研究的一个重要发展趋势。

(3)多智能方法在核动力装置故障诊断中的应用是核动力装置智能诊断方法研究的另一个重要发展趋势。

(4)随着人工智能的迅猛发展,人工智能方法在核动力装置监测与诊断中的实际应用将受到重视并逐渐发展。

基于人工智能的故障诊断方法的优点之一是不需要被诊断对象的数学模型,只需被诊断对象重要参数的监测值和有关经验知识。由于智能诊断方法在实际应用中除增加数据获取与采集系统外，一般不需更改或增加更多的设备，不对实际系统或设备造成不良后果，因而值得深入研究和探索。智能诊断方法的出现，为解决核动力装置传统监测方法的不足提供了可能性，为核动力装置故障诊断和预测提供了一种新的途径。

2.4 核动力装置智能控制方法及其发展[8]

在核动力装置智能控制方法研究中，模糊控制与神经网络控制在核动力装置控制中的应用研究比较多，其他智能方法在核动力装置控制中的研究相对较少。因此，下面主要介绍核动力装置模糊控制与神经网络控制方法研究状况，简要介绍它智能控制方法。

2.4.1 核动力装置模糊控制方法

模糊控制是一种典型的和重要的智能控制方法，模糊控制理论是智能控制理论的一个重要分支。20 世纪 80 年代以来，模糊控制技术的发展及其在其他领域的成功应用引起了核动力界的重视，从而推动了模糊技术在核动力装置控制中的应用研究。

模糊技术在核动力装置控制中应用研究较多的是反应堆功率控制。1991 年，Akin H L 等[162]研究了用于核电厂功率控制的模糊逻辑控制器，并将该控制器与 Robinson H B 核电厂使用的最优控制器的性能进行比较。仿真结果表明，模糊逻辑控制器具有鲁棒性。由于传统的 PI(D)控制器仅适用于线性控制系统，其增益是固定的，因而从系统分析中所获得的初始增益不适用于变化的系统的控制。针对该问题，1997 年，Kim D Y 等[12]研究了模糊增益调节 PI 控制器。对反应堆平均温度和功率控制的仿真结果表明，该控制器的性能优于传统的 PI 控制器。1998 年，Ruan D 等[163]在核反应堆功率控制中研究了模糊逻辑控制方法，并将模糊逻辑控制方法与比利时 BR1 堆的常规控制器进行了比较。2000 年，Fodil M S 等[164]针对压水堆轴向功率偏差与控制棒棒位不易控制的问题，研究了控制棒棒位与轴向功率偏差模糊控制方法，设计了模糊控制器。试验结果表明，模糊控制方法是一种灵活的控制方法，它可以方便地改变控制策略。2003 年，Marseguerra M 等[165]在反应堆系统的控制中，提出了反应堆功率模糊跟踪控制方法。作者通过一个固定的自适应率来修改模糊规则库中的规则，使控制器自动跟踪期望的参考轨迹。

在核动力装置控制中对于模糊控制方法研究较多的是反应堆功率控制和蒸汽发生器水位控制。模糊理论在核动力装置控制中研究较多且比较深入的是蒸汽发生器水位控制[166-173]。1995 年，Iijima T 等[170]设计了模糊逻辑控制系统，并将其成功应用到电功率 165 MW 的 Fugen 机组的蒸汽发生器的给水控制中。

在核动力装置的控制中，多输入-多输出控制系统是比较少见的。2004 年，Huang Z 等[173]针对先进沸水堆核电厂反应堆压力、水位以及汽轮机输出功率的控制问题，设计了多输入-多输出沸水堆模糊自适应滑模递归控制器(FARSMC)。在控制器设计中，采用递归的形式处理模型的不确定性和外部干扰，通过采用参数自适应模糊逻辑算法提高了控制器的性能。仿真结果显示，FARSMC 的性能优于传统的 PI 控制器，在功率变化和抗外部干扰方面具有鲁棒性。

从目前国内外对于核动力装置模糊控制研究的情况看，已经研究和提出了多种模糊控制方法，如基于规则的模糊逻辑控制[162,163－166,174－178]、模糊自适应控制[16,167]、模糊自校正控制[168]、模糊自组织（自学习）控制[171]、模糊 PI(D)控制[179－182]、模糊预测控制[184－186]、模糊解耦控制[187]、多变量模糊控制[188]、多变量模糊自适应滑模控制[173,189]、基于模糊模型的控制[190]、基于模糊状态观测器的控制[191]以及模糊神经网络控制等方法。

模糊控制在核动力装置中的应用研究结果表明，模糊控制器在某些方面具有优于常规调节器的控制品质。现在模糊控制技术在蒸汽发生器水位控制和核电站硼酸浓度调节中已获得应用，这是核动力控制技术的一个重要发展。模糊技术与神经网络及先进控制理论相结合在核动力装置控制中应用是目前核动力装置模糊控制方法研究的一个重要发展趋势。

2.4.2 核动力装置神经网络控制方法

神经网络控制是在人工神经网络（简称神经网络）理论与自动控制理论相结合的基础上发展起来的一种智能控制理论，是智能控制的另一个重要分支。人工神经网络能够以任意精度逼近任意连续非线性函数，具有信息并行处理、信息综合、优化计算等能力。神经网络良好的非线性系统建模能力使其非常适用于非线性系统的控制。神经网络控制方法一般用于解决复杂非线性系统的动态控制问题，尤其是那些难以建立被控过程或对象精确数学模型的非线性系统的控制问题。近 30 年来，神经网络控制方法及其应用研究日益广泛。20 世纪 80 年代以来，随着神经网络控制理论研究的发展，神经网络在核动力装置控制中的应用逐渐受到核动力领域研究人员的关注，国内外一些研究人员先后开展了核动力装置神经网络控制方法的研究。

1990 年，Jouse 等[192]研究了神经网络在反应堆加热瞬态控制中的应用。1992 年，Ku C C 等[193]研究了对角递归神经网络（DRNN）在反应堆温度控制中的应用。作者提出的 DRNN 控制包括神经网络控制器和神经网络辨识器两个部分，网络训练采用具有自适应学习率的动态 BP 算法。仿真结果表明，DRNN 控制器能够提高反应堆温度控制的性能。1995 年，Park M G 等[194]提出了基于神经网络的核反应堆功率自校正控制方法，并利用 KMRR（Korea Mutipurpose Research Reactor）的仿真模型对该方法进行了应用验证研究。结果表明，所提出的控制器具有优良的功率跟踪性能和鲁棒性。1998 年，Na M G 等[195]研究了神经模糊控制器对核反应堆进行轴向功率分布控制。2001 年，Parlos A G 等[196]将递归神经网络用于蒸汽发生器水位预测控制研究。2002 年，Khajavi M N 等[197]设计了反应堆功率神经网络控制器（NNC）。作者将一个鲁棒最优自校正调节器（ROSTR）的响应作为参考轨迹，以确定神经网络控制器反馈、前馈和观测器的增益。仿真结果表明，与 ROSTR 和模糊自适应鲁棒逻辑控制器（FAROC）相比，在反应堆宽的功率运行区域内神经网络控制器具有良好的稳定性和控制性能且计算时间比较短。2003 年，Boroushaki M 等[198]将模糊系统与递归神经网络相结合，设计了满足负荷跟踪运行的核反应堆智能堆芯控制器。仿真结果表明，与其他控制系统相比，Boroushaki M 等所提出的方法简单、可靠且可以提高控制响应的效果。2005 年，Munasinghe S R 等[41]设计了蒸汽发生器水位自适应神经模糊控制器。2008 年，Fakhrazari A 等[43]设计了基于自适应评判的蒸汽发生器水位神经模糊控制器（ACNFC）。该控制器的特点是将神经网络、模糊逻辑和先进的自适应评判方法结合起来，在抗干扰、鲁棒性和不确定模型系统的控制方面具有良好的性能。

从核动力装置神经网络控制方法研究来看，自 20 世纪 90 年代以来，先后研究和提出了多种方法。目前已经研究和提出的方法主要包括神经网络 PI(D)控制[19-22,199-202]、神经网络自适应控制[41,193]、神经网络自校正控制[194]、神经网络自适应评判控制[43,203]、神经网络预测控制[204,205]、神经网络监督控制[206]、神经网络混合控制[22,198]、神经网络多输入多输出控制[207]、神经网络滑模控制[208]以及模糊神经控制等方法。在核动力装置神经网络控制方法中，从总的研究情况来看，对神经网络与其他控制理论或方法相结合的研究相对较多。

在基于神经网络的控制系统中或涉及神经网络的控制系统中，神经网络的作用主要体现在以下几个方面：(1)神经网络直接作为控制器，产生控制信号，作用于控制系统的执行结构，使其执行控制动作；(2)神经网络作为被控对象或过程的数学模型或预测模型，完成被控系统建模、系统辨识或参数预测；(3)神经网络作为优化工具，对控制器参数进行优化和调节；(4)神经网络与传统控制器结合构成混合控制系统；(5)神经网络与其他控制理论结合形成复合控制方案。

根据神经网络控制系统中的作用以及神经网络与控制方案的关系，可以将神经网络控制分为神经网络直接逆模型控制（神经网络直接作为控制器）、神经网络复合控制（神经网络与其他控制理论或方法结合）、神经网络优化控制（神经网络作为优化工具）、神经网络混合控制（神经网络控制器与其他控制器并联组成混合控制系统）以及神经网络嵌入式控制（神经网络不直接作为控制器，而是作为控制系统回路的一个部分）等主要类型。

在神经网络控制系统结构中，最直接的神经网络控制方法是神经网络直接逆模型控制。由于神经网络直接逆模型控制没有反馈校正作用，控制系统精度依赖于逆模型的精度，且鲁棒性差，因此，在复杂非线性动态系统控制研究中，直接逆模型控制用的比较少。常见的方法是将神经网络与其他控制理论或方法相结合，形成不同的控制方案，如神经网络 PI(D)控制、神经网络监督控制、神经网络自适应控制、神经网络内模控制、神经网络自适应评判控制（或称神经网络再励控制）以及神经网络预测控制、神经模糊控制等方法。

神经网络控制方法的特点使其在核动力装置优化控制、非线性动态控制和协调控制中具有较大的发展潜力。虽然神经网络控制方法在核动力装置控制中的应用研究取得了一定的进展，但尚未获得实质性的应用，仍需进行大量的探索、研究和验证。神经网络与模糊技术及先进控制理论的结合、基于神经网络的协调控制、基于网络环境下的核动力装置智能控制的研究是核动力装置神经网络控制研究的发展特点和值得关注的课题。

2.4.3 核动力装置其他智能控制方法

在核动力装置控制研究中，除模糊控制和神经网络控制外，还有一些基于智能优化算法的控制方法研究，如基于粒子群优化算法[209-214]、遗传算法[214-217]、支持向量机[218]、免疫算法[219-220]等算法的的控制。在这些智能控制方法中，一般是利用智能优化算法来优化控制器的相关参数，智能优化算法在控制方案设计中主要起着参数优化的作用。

2.5 存在的问题

根据人工智能理论和核动力装置智能控制与故障诊断的发展状况可知，核动力装置智能控制与故障诊断应用存在的问题在一定程度上是相似的，可归纳如下：

(1)对核动力装置智能控制与故障诊断方法还缺乏更广泛、系统和深入地研究,在实际应用研究方面还缺乏重大突破和实质性的进展。目前对核动力装置智能控制与故障诊断方法的研究,大部分属于理论上的分析和探索;由于在线验证存在着很大的困难,对核动力装置智能控制与故障诊断方法的验证,目前一般采用仿真机或仿真程序进行验证,其结果与实际在线应用要求尚存在一定的差距。因此,目前核动力装置智能控制与故障诊断方法在核电厂实际在线应用并不多见。

(2)由于应用于核动力的技术必须是十分成熟且经过充分验证的,而对于智能控制与故障诊断方法的可靠性目前还缺乏完善、可靠的评价和验证方法,这是智能诊断方法在核动力装置实际应用重要的限制因素。

(3)目前,核动力装置智能控制与故障诊断方法的研究进展表明,核动力装置智能控制与故障诊断方法及其应用研究的发展在本质上是受到人工智能理论发展制约的。人工智能理论的发展还不是很成熟,还不能形成严密的理论体系。人工智能理论的发展跟不上实际应用的需求,有些理论问题还需要解决,从而限制了智能方法在核动力装置智能控制与故障诊断中的应用。

2.6 本章小结

本章介绍了核动力装置智能控制与诊断研究的发展状况。根据各智能方法在核动力装置控制与诊断中中所受到的关注程度,主要介绍了模糊逻辑、专家系统和神经网络在核电厂控制、状态监测和故障诊断中的的应用研究状况,简要介绍了遗传算法等其他智能方法在核动力装置控制与故障诊断方面的相关研究。各智能方法相比较而言,在控制方面,神经网络与模糊理论在核动力装置控制中的应用研究比较多;在故障监测与诊断方面,神经网络在核动力装置故障诊断中的应用研究比较多;遗传算法等智能方法一般与其他方法相结合应用于核动力装置控制与故障诊断问题的研究。

复习思考题

1.什么是人工智能?试分析几种人工智能定义的异同。

2.人工智能方法主要有哪些?

3.试分析神经网络在核动力装置控制与故障诊断中应用研究特点。

4.试分析模糊理论在核动力装置控制与故障诊断中应用研究特点。

5.专家系统在核动力装置控制与故障诊断中的应用研究各有什么特点?

6.智能优化算法在核动力装置控制与故障诊断中应用研究有什么特点?

7.人工智能在核动力装置控制与故障诊断中应用的主要问题是什么?

8.试分析人工智能在核动力装置控制与故障诊断中应用研究的发展特点。

第3章 核动力装置及其重要设备的数学模型

3.1 概述

在控制系统设计与分析中,往往需要建立被控对象或过程的数学模型。在核动力装置智能控制方法研究中,同样要用到核动力装置系统和设备的数学模型。核动力装置是一个高度复杂的非线性动态系统,系统与设备众多,而且一些系统或设备之间存在比较强的耦合性,建立核动力装置及其系统与设备精确的数学模型是一项困难而繁杂的工作。由于建立数学模型不是本书重点讨论的内容,因此,在本书中不详细讨论核动力装置系统与设备数学模型的建模问题。本章仅简要介绍在核动力装置智能控制方法分析和描述时常用的数学模型。在核动力装置控制中,典型控制问题包括反应堆功率控制、负荷跟踪控制、蒸汽发生器水位控制以及稳压器压力与水位控制等。这里介绍核动力装置系统与设备的数学模型主要包括核反应堆核动力学模型、蒸汽发生器水位动力学模型以及核动力装置系统的简化模型。

3.2 压水堆核动力装置简化模型[193, 221-223]

3.2.1 反应堆简化模型

在核动力装置智能控制的研究中,常用的反应堆数学模型一般为简化模型,即点堆动力学模型。该模型描述了具有一组缓发中子和燃料与冷却剂温度反馈的点堆动力学特性。点堆动力学模型是一个理想化的模型,在对实际的核动力装置上进行控制系统设计和控制方案验证时,则需要对具体的反应堆模型进行分析和建模。

具有一组缓发中子的核反应堆点堆动力学简化模型如下

$$\frac{\mathrm{d}n}{\mathrm{d}t}=\frac{\rho-\beta}{l}n+\lambda c \tag{3.2.1}$$

$$\frac{\mathrm{d}c}{\mathrm{d}t}=\frac{\beta}{l}n-\lambda c \tag{3.2.2}$$

式(3.2.1)、(3.2.2)中,n 表示中子密度;c 表示先驱核密度;ρ 为反应性;l 为中子一代时间;λ 表示衰变常数;β 为缓发中子的总份额。

l 定义如下

$$l=l_0/k_{\mathrm{eff}} \tag{3.2.3}$$

式(3.2.3)中,l_0 为中子寿命;k_{eff} 为反应堆有效增殖因数。

为了计算方便,式(3.2.1)、(3.2.2)可用等效规范的形式表示如下

$$\frac{\mathrm{d}n_r}{\mathrm{d}t}=\frac{\rho-\beta}{l}n_r+\frac{\beta}{l}c_r \tag{3.2.4}$$

$$\frac{\mathrm{d}c_r}{\mathrm{d}t}=\lambda n_r-\lambda c_r \tag{3.2.5}$$

式(3.2.4)、(3.2.5)中，n_r 表示中子相对密度，$n_r=n/n_0$，n_0 为额定功率下稳态中子密度；c_r 表示先驱核相对密度，$c_r=c/c_0$，这里 c_0 表示额定功率下稳态先驱核密度。

利用规范化的点堆动力学方程，反应堆功率 P_R 可以表示如下

$$P_R(t)=P_{R0}n_r(t) \tag{3.2.6}$$

式(3.2.6)中，P_{R0} 为额定功率。

从燃料元件传递给冷却剂的功率 $P_c(t)$ 和冷却剂传输出去的功率 $P_e(t)$ 可分别表示为

$$P_c(t)=\Omega(T_{fav}-T_{cav}) \tag{3.2.7}$$

$$P_e(t)=M(T_{out}-T_{in}) \tag{3.2.8}$$

式(3.2.7)、(3.2.8)中，T_{fav} 与 T_{cav} 分别为反应堆燃料平均温度和冷却剂平均温度；T_{out} 与 T_{in} 分别为反应堆冷却剂出口温度和入口温度；Ω 为反应堆燃料与冷却剂之间的传热系数；M 为质量流量与水热容的乘积。

燃料元件与冷却剂之间的热平衡方程为

$$f_f P_R(t)=\mu_f\frac{\mathrm{d}T_{fav}}{\mathrm{d}t}+P_c(t) \tag{3.2.9}$$

$$(1-f_f)P_R(t)+P_c(t)=\mu_c\frac{\mathrm{d}T_{out}}{\mathrm{d}t}+P_e(t) \tag{3.2.10}$$

式(3.2.9)、(3.2.10)中，f_f 表示沉积在燃料元件中的反应堆功率份额；μ_f 为燃料的热容量；μ_c 为冷却剂的热容量。

考虑控制棒位置和温度反馈作用时，反应性 $\Delta\rho$ 可表示如下

$$\Delta\rho=\Delta\rho_r+\alpha_f(T_{fav}-T_{fav0})+\alpha_c(T_{cav}-T_{cav0}) \tag{3.2.11}$$

式(3.2.11)中，ρ_r 表示控制棒移动引入的反应性；α_f 表示燃料温度反应性系数；α_c 表示冷却剂温度反应性系数；T_{fav0} 表示反应堆燃料初始平衡状态(稳态)平均温度；T_{cav0} 表示冷却剂初始平衡状态(稳态)平均温度。

$\Delta\rho_r$ 与控制棒移动速度 z_r 之间的关系可表示如下

$$\frac{\mathrm{d}\Delta\rho_r}{\mathrm{d}t}=G_r z_r \tag{3.2.12}$$

式(3.2.12)中，G_r表示单位长度的控制棒价值，可认为是控制棒增益，它是一个与功率水平、燃耗以及控制棒在堆芯物理位置有关的时变参数；z_r 表示控制棒移动速度。

3.2.2 反应堆模型线性化与状态空间描述

在 3.2.1 节中所给出的反应堆模型是非线性数学模型。在反应堆控制研究中，往往需要对反应堆非线性数学模型进行线性化处理。为了得到反应堆线性化模型，Edwards R M[221−223] 等采用分区的方法将反应堆运行特性分为 9 个不同的区域。通过将运行特性定义在不同的运行点上，以获得反应堆相应运行区域的线性化模型。反应堆运行特性分区如表 3.1 所示。

表 3.1 反应堆运行分区

G_r/n_{r0}	0.1	0.5	1.0
0.0290	区域 3	区域 4	区域 5
0.0145	区域 2	区域 1	区域 6
0.0070	区域 9	区域 8	区域 7

下面简要介绍反应堆数学模型线性化与状态空间模型表示方式。

在反应堆数学模型中，用Δ表示状态变量(n_r，c_r，T_f，T_{out}，ρ_r)偏离平衡态的偏差。当$\Delta\rho\ \Delta n_r$可忽略时(为高阶无穷小项)，式(3.2.4)与式(3.2.5)的线性化形式可表示如下

$$\frac{d\Delta n_r}{dt}=\frac{-\beta}{l}\Delta n_r+\frac{\beta}{l}\Delta c_r+\frac{\Delta\rho}{l}n_{r0}$$

$$\frac{d\Delta c_r}{dt}=\lambda\Delta n_r-\lambda\Delta c_r \tag{3.2.13}$$

式(3.2.13)中，n_{r0}为平衡态中子密度。

其余方程的线性化与上述方程的线性化类似。从而可得状态方程

$$\dot{\boldsymbol{x}}=\boldsymbol{Ax}+\boldsymbol{Bu}$$

$$\boldsymbol{y}=\boldsymbol{Cx} \tag{3.2.14}$$

式(3.2.14)中

$$\boldsymbol{x}=\begin{bmatrix}\Delta n_r\\ \Delta c_r\\ \Delta T_f\\ \Delta T_{out}\\ \Delta\rho_r\end{bmatrix},\boldsymbol{y}=[\Delta n_r],\boldsymbol{u}=[z_r]$$

相应的 **A**、**B**、**C** 矩阵分别为

$$\boldsymbol{A}=\begin{bmatrix}-\beta/l & \beta/l & n_{r0}^{i}\alpha_f/l & n_{r0}^{i}\alpha_c/2l & n_{r0}^{i}/l\\ \lambda & -\lambda & 0 & 0 & 0\\ f_f p_{0a}/\mu_f & 0 & -\Omega/\mu_f & \Omega/2\mu_f & 0\\ (1-f_f)p_{0a}/\mu_c & 0 & \Omega/\mu_c & -(2M+\Omega)/2\mu_c & 0\\ 0 & 0 & 0 & 0 & 0\end{bmatrix}$$

$$\boldsymbol{B}=\begin{bmatrix}0\\0\\0\\0\\G_r^i\end{bmatrix}$$

$$\boldsymbol{C}=[1,0,0,0,0]$$

矩阵 **A** 中，n_{r0}^{i} 为功率水平；矩阵 **B** 中，G_r^i 为第 i 区的控制棒价值。

在每个运行点，线性模型(3.2.14)是确定的。系统矩阵中的系数是运行点的函数，分别表示如下

$$\alpha_f(n_{r0}) = (n_{r0} - 4.24) \times 10^{-5} \frac{\Delta k}{k} / ℃$$

$$\alpha_c(n_{r0}) = (-4.0 n_{r0} - 17.3) \times 10^{-5} \frac{\Delta k}{k} / ℃$$

$$\mu_c(n_{r0}) = \left(\frac{160}{9} n_{r0} + 54.022\right) \text{MWs}/℃$$

$$\Omega(n_{r0}) = \left(\frac{5}{3} n_{r0} + 4.9333\right) \text{MW}/℃$$

$$M(n_{r0}) = (28.0 n_{r0} + 74.0)\ \text{MW}/℃$$

式中，$k = k_{\text{eff}}$，表示中子有效倍增因数。

系统矩阵中其余的常数如表 3.2 所示。

表 3.2 系统矩阵中的常数

λ	0.15s^{-1}
β	0.006 019
f_f	0.92
l	0.000 1s
μ_f	26.3 MW/℃
P_{0a}	2 500.0 MW

3.3 先进沸水堆核动力装置模型[173]

3.3.1 先进沸水堆核动力装置简化模型

(1)沸水堆核动力学模型

在这里，沸水堆核动力学模型采用具有两组缓发中子的点堆中子动力学方程，表示如下

$$\frac{dn_r(t)}{dt} = \frac{\Delta\rho(t) - \beta}{l} \cdot n_r(t) + \sum_{i=1}^{2} \frac{\beta_i}{l} c_{ri}(t) \tag{3.3.1}$$

$$\frac{dc_{ri}(t)}{dt} = \lambda_i \cdot n_r(t) - \lambda_i c_{ri}(t) \tag{3.3.2}$$

式(3.3.1)和式(3.3.2)中，$n_r(t)$ 表示规范化中子密度，简写为 n_r；$c_{ri}(t)$ 表示第 i 组规范化先驱核密度，简写为 c_{ri}，$i=1,2$；l 表示中子一代时间；β 表示缓发中子总份额，$\beta = \sum_{i=1}^{2} \beta_i$；$\beta_i$ 第 i 组缓发中子份额。

设反应堆产生的热量为 Q_t，则

$$Q_t = Q_f + (1 - f_f)[(1 - f_d) n_r + Q_d] \tag{3.3.3}$$

式(3.3.3)中，Q_f 与 Q_d 分别为燃料棒产生的热量和衰变热；f_f 为燃料棒产热份额；f_d 为衰变热份额。

Q_t 与 Q_d 的导数可表示如下

$$\dot{Q}_t=(f_f Q_g-Q_f)/\tau_f \tag{3.3.4}$$

$$\dot{Q}_d=(f_d n_r-Q_d)/\tau_d \tag{3.3.5}$$

式(3.3.4)中，Q_g 表示裂变释热率；τ_f 表示燃料棒热传递时间常数；式(3.3.5)中，τ_d 表示衰变热时间常数。

(2)沸水堆热工水力模型

根据质量与能量守恒方程，可建立反应堆热工水力模型，即

$$\dot{P}_v=\left\{Q_t+m_{fw}\frac{h_{fw}-u_{ie}}{(h_g-h_{fw})_R}-m_s\frac{h_g-u_{ie}}{(h_g-h_{fw})_R}\right\}/\tau_v \tag{3.3.6}$$

$$m_g=\frac{(h_g-h_{fw})_R}{h_g-h_f}\left[Q_t-m_{fw}\frac{h_f-h_{fw}}{(h_g-h_{fw})_R}-\tau_c\dot{P}_v\right] \tag{3.3.7}$$

$$\tau_{dcR}\Delta\dot{h}_{sc}=m_{fw}[1+C_h(1-\tilde{m}_{fw})]-m_r\Delta h_{sc} \tag{3.3.8}$$

$$\dot{\tilde{m}}_{fw}=(m_{fw}-\tilde{m}_{fw})/\tau_{fw} \tag{3.3.9}$$

$$\delta\alpha=a_\alpha(\delta x_e)+b_\alpha(\delta\Delta h_{sc})+c_\alpha(\delta x_e)(\delta\Delta h_{sc}) \tag{3.3.10}$$

$$L=L_1+L_2+L_3+L_4 \tag{3.3.11}$$

上述式中，各符号的含义如下

u_{ie} ——内能；

P_v ——规范化反应堆压力；

m_{fw} ——给水质量流量；

m_s ——蒸汽流量；

m_g ——堆芯蒸汽质量流量；

m_r ——再循环流量；

$\tilde{m}_{fw}$ ——有关给水延迟的中间变量；

h_{fw} ——给水焓；

h_g ——蒸汽焓；

h_f ——饱和流体焓；

Δh_{sc} ——堆芯入口欠冷度；

$\delta\Delta h_{sc}$ ——堆芯入口欠冷度偏差；

τ_v ——堆压力时间常数；

τ_c ——堆芯质量传递时间常数；

τ_{fw} ——给水时间常数；

τ_{dcR} ——额定下水时间常数；

α ——堆芯空泡份额；

a_α、b_α、c_α ——分别为系数；

x_e ——堆芯出口蒸汽品质；

δx_e ——堆芯出口蒸汽品质偏差；

L——堆芯水位与设定值之间的偏差；

L_1——由给水流量与蒸汽流量不平衡引起的水位变化；

L_2——由堆芯区域空泡引起的水位变化；

L_3——由堆芯区域空泡份额引起的水位变化；

L_4——由堆芯出口汽腔空泡份额引起的水位变化；

C_h——系数。

式(3.3.11)中，$L_2 \sim L_4$是与反应堆空泡份额变化和蒸汽质量流量动力学特性等有关的量，L_1反映了给水流量与蒸汽流量之间的失配对反应堆水偏差的贡献。

$$\dot{L}_1 = a_L (m_{fw} - m_s) \tag{3.3.12}$$

(3)汽轮机模型

汽轮机节流阀压力 P_t与反应堆正常压力 P_v有关，即

$$P_t = P_v - C_{\Delta P} m_s^2 \tag{3.3.13}$$

式(3.3.13)中，$C_{\Delta P}$ 为蒸汽压力损失系数。

由于正常运行时，可以不考虑汽轮机旁通阀的影响，因此，蒸汽流量可以表示为

$$m_s = P_t A_{cv} \tag{3.3.14}$$

式(3.3.14)中，A_{cv} 为汽轮机节流阀开度。

先进沸水堆(ABWR)核电厂运行要求汽轮机压力设定值 P_t随负荷需求而变化，即

$$P_t = 1 + (x - x^2)/12 \tag{3.3.15}$$

式(3.3.15)中，x 为规范化负荷需求。

汽轮机功率可表示为

$$W_t = f_{hp} m_{hp} + f_{ip} m_{ip} \tag{3.3.16}$$

式(3.3.16)中，f_{hp} 为高压透平机械功率分布因子；f_{ip} 为中压透平机械功率分布因子；m_{hp} 与 m_{ip} 分别为高压透平和中压透平蒸汽流量。

$$\begin{aligned} \frac{\mathrm{d}m_{hp}}{\mathrm{d}t} &= (m_s - m_{hp})/\tau_{hp} \\ \frac{\mathrm{d}P_{ip}}{\mathrm{d}t} &= C_{ip}(m_{hp} - m_{ip}) \\ m_{ip} &= P_{ip} A_{iv} \end{aligned} \tag{3.3.17}$$

式中，C_{ip} 为中压透平入口压力变化率系数；A_{iv} 为截止阀开度；P_{ip} 为中压透平入口压力；τ_{hp} 为蒸汽传输时间常数。

3.3.2 模型线性化

(1)输入输出线性化

为简化设计，需得到反应堆系统标准的动力学模型，并降低动力学模型的阶数

$$\dot{n}_r(t) = \frac{\Delta\rho(t) - \beta}{l} \cdot n_r(t) + \frac{\beta}{l} c_r(t) \tag{3.3.18}$$

$$\dot{c}_r(t) = \lambda n_r(t) - \lambda c_r(t) \tag{3.3.19}$$

式(3.3.19)中，λ 为先驱核衰变常数。

设 λ_i $(i=1,2)$为第 i 组先驱核衰变常数，则

$$\lambda = \frac{\beta_1 + \beta_2}{\beta_1/\lambda_1 + \beta_2/\lambda_2} \tag{3.3.20}$$

对于瞬跳近似，可得中子密度为

$$n_r(t)=\frac{c_r(t)}{1-\Delta K} \tag{3.3.21}$$

式(3.3.21)中，$\Delta K=\Delta\rho/\beta$，表示净反应性变化。

因ΔK很小，由(3.3.21)式可得

$$n_r(t)=(1+\Delta K)c_r(t) \tag{3.3.22}$$

或可近似表示为

$$\begin{aligned} n_r(t)=&[1+C_D(Q_t-1)+C_v(b_\alpha\delta\Delta h_{sc}-a_\alpha x_{eR})]c_r \\ &+C_v a_\alpha x_{eR}[1-C_x(1-m_g)]m_g m_{ri} c_r \end{aligned} \tag{3.3.23}$$

式(3.3.23)中，C_D 为多普勒反应性反馈系数；C_v 为空泡反应性反馈系数；C_x 为关联常数。

式(3.3.4)～式(3.3.5)所描述的热转换过程可以近似为

$$\dot{Q}_t=(n_r-Q_t)/\tau_f \tag{3.3.24}$$

根据上述近似可得

$$\begin{aligned} \tau_f\dot{Q}_t=&[1+C_D(Q_t-1)+C_v(b_\alpha\delta\Delta h_{sc}-a_\alpha x_{eR})]c_r \\ &-Q_t+C_v a_\alpha x_{eR}[1-C_x(1-m_g)]m_g m_{ri} c_r \end{aligned} \tag{3.3.25}$$

根据式(3.3.13)、(3.3.14)，汽轮机入口压力可以表示为

$$P_t=P_v-C_{\Delta P}A_{cv}^2P_v^2 \tag{3.3.26}$$

式(3.3.26)中，$C_{\Delta P}$ 为蒸汽压力损失系数。

(2)输入/输出关系描述

根据上面所建立的 ABWR 动力学方程，ABWR 系统输入与输出之间的关系可描述为

$$\begin{bmatrix} \dddot{W}_t \\ \ddot{L}_t \\ \ddot{P}_t \end{bmatrix}=\begin{bmatrix} f_W(\boldsymbol{x}) \\ f_L(\boldsymbol{x}) \\ f_P(\boldsymbol{x}) \end{bmatrix}+\boldsymbol{G}\begin{bmatrix} m_{ri} \\ \dot{m}_{fw} \\ \ddot{A}_{cv} \end{bmatrix} \tag{3.3.27}$$

式(3.3.27)中，$f_w(\boldsymbol{x})$、$f_L(\boldsymbol{x})$与 $f_P(\boldsymbol{x})$是 3 个输入变量和系统其他状态的函数；m_{ri} 表示来自于 m_r 的新输入 $m_{ri}=1/m_r$；$\boldsymbol{G}$ 为 3×3 的增益矩阵，可表示为

$$\boldsymbol{G}=\begin{bmatrix} g_{11} & g_{12} & g_{13} \\ g_{21} & g_{22} & g_{23} \\ g_{31} & g_{32} & g_{33} \end{bmatrix} \tag{3.3.28}$$

式(3.3.28)中，g_{ij}是系统输入变量和系统其他状态的函数，$i,j=1,2,3$。

3.4 蒸汽发生器及其数学模型

3.4.1 蒸汽发生器

在核动力装置中，核动力蒸汽发生器是把一回路冷却剂从反应堆堆芯带出的热量传给二回路水的关键性设备，同时也是反应堆冷却剂压力边界的重要组成部分，属于核安全一级设备。蒸汽发生器有几种类型。本节主要介绍核动力装置中常用的 U 形管蒸汽发生器。在压水堆核动力装置中，典型的立式 U 形管蒸汽发生器的基本结构如图 3.1 所示。

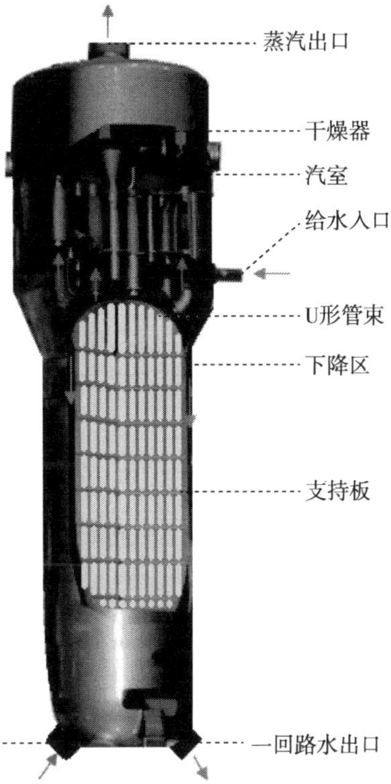

图 3.1 蒸汽发生器结构示意图

3.4.2 蒸汽发生器水位动力学特性[224]

蒸汽发生器是一个高度复杂的非线性、时变的非最小相位系统。蒸汽发生器运行中的"收缩"与"膨胀"现象引起的逆动力学效应使蒸汽发生器水位呈现瞬时"虚假水位"现象。蒸汽发生器的输入量为一回路冷却剂的传热和二回路给水流量，输出量为蒸汽负荷。蒸汽发生器水位以下部分是饱和水与蒸汽的两相混合物，它们之间的平衡是由给水流量与蒸汽流量匹配维持，表现为蒸汽发生器水位不变。蒸汽发生器水位随蒸汽流量或给水流量的变化过程可视为一个简单的积分过程，但给水流量和蒸汽流量的变化对其水位的影响是不同的。

(1)给水流量扰动下的水位特性

假设蒸汽发生器蒸汽流量 Q_s 不变，在给水流量 Q_w 阶跃输入时，一方面由于给水温度比蒸汽发生器内饱和水温度低，所以当给水进入后要先吸收热量，从而使液相的汽泡数量减小，导致水位下降，如图 3.2 中的曲线 L_1 所示；另一方面由于给水流量的增加，使得给水量大于蒸汽负荷而水位线性增加，如图 3.2 中的曲线 L_2 所示。将曲线 L_1 和 L_2 合成后，就是实际的水位变化曲线 L。因此，由图 3.2 可以看出，当给水流量出现阶跃变化后，蒸汽发生器水位初期呈下降趋势，滞后一定时间后缓慢上升。滞后时间大小取决于给水的欠热度，当给水温度越低，滞后时间越长。反之，给水流量出现负阶跃变化时，水位变化呈现相反的趋势。

(2)蒸汽负荷扰动下的水位特性

假设蒸汽发生器给水流量 Q_w 不变，若蒸汽负荷 Q_s 出现正阶跃变化，一方面由于蒸汽流量大于给水流量使得水位下降，如图3.3中的曲线 L_1 所示；另一方面，随着蒸汽负荷的增加，使蒸汽发生器汽相压力降低，则液相表面的汽泡体积增大，造成水位增加，如图3.3中的曲线 L_2 所示。将曲线 L_1 和曲线 L_2 合成后，实际的水位变化如图3.3曲线 L 所示。因此，当蒸汽负荷出现正阶跃变化后，水位特性变化初期出现水位增加趋势，达到一定的峰值后，水位才随蒸汽负荷增加而降低。

这种给水流量阶跃增加而蒸汽发生器初期水位下降和蒸汽流量阶跃增加而蒸汽发生器初期水位上升的现象称为“虚假水位”现象。由于虚假水位的存在，对蒸汽发生器水位辨识与控制提出较高的要求，如果处理不当，会使蒸汽发生器出现“满水”或“干锅”事故，严重影响核动力装置的运行并危及核安全。因此，在蒸汽发生器水位控制系统设计中，对蒸汽发生器水位动力学特性正确的辨识具有重要的实际意义。

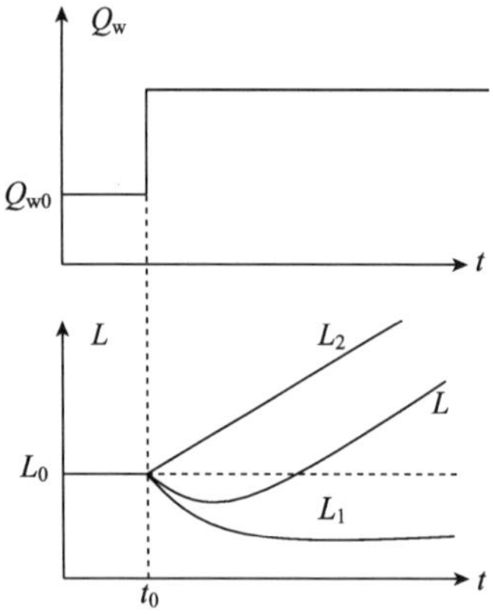

图3.2　给水流量扰动下的水位特性

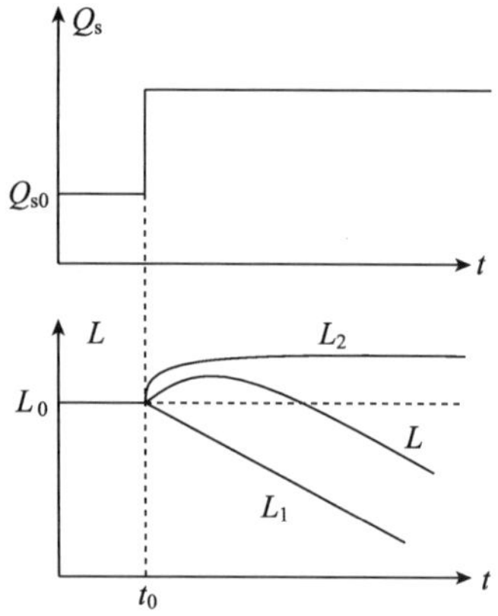

图3.3　蒸汽流量扰动下的水位特性

3.4.3　U形管蒸汽发生器及其数学模型

(1)Irving 蒸汽发生器水位模型[40,226]

为了简化蒸汽发生器水位控制系统设计，1980年，Irving E 等[40]建立了压水堆核电厂蒸汽发生器水位动力学特性数学模型(下面简称 Irving-SG 水位模型)。Irving-SG 水位模型后来被广泛应用于蒸汽发生器水位控制的研究之中。Irving-SG 水位模型有两种描述形式：一种是传递函数描述形式，另一种是状态方程描述形式。下面分别介绍这两种形式。

1)Irving-SG 水位传递函数模型

Irving-SG 水位模型以简单的传递函数形式描述，如下式所示

$$y(s)=\left(\frac{G_1}{s}-\frac{G_2}{1+\tau_2 s}\right)[Q_w(s)-Q_s(s)]+\frac{G_3 s}{s^2+2\tau^{-1}+\tau^{-2}+4\pi^2 T^{-2}}Q_w(s) \tag{3.4.1}$$

式(3.4.1)中，y 为蒸汽发生器水位；Q_w 表示给水流量；Q_s 表示蒸汽流量；s 为复变量。G_1、G_2、G_3、T、τ_1、τ_2 为模型参数，它们与反应堆功率、一回路压力的变化量和给水温度的变化量有关。

对于不同的运行功率，蒸汽发生器传递函数模型中各参数是不同的。蒸汽发生器传递函数模型各参数与运行功率之间的对应关系如表3.3所示。

表 3.3 不同运行功率下蒸汽发生器模型参数

$(P/P_s)/\%$	$Q_s/(\mathrm{kg/s})$	G_1/p	G_2/p	G_3/p	τ_2/p	τ/p	T/p
5	57.4	0.058	9.63	0.181	48.4	41.9	119.6
15	180.8	0.058	4.46	0.226	21.5	26.3	60.5
30	381.7	0.058	1.83	0.310	4.5	43.4	17.7
50	660	0.058	1.05	0.215	3.6	34.8	14.2
100	1435	0.058	0.47	0.105	3.4	28.6	11.7

表 3.3 中，P 表示运行功率，P_s为反应堆额定运行功率。

Irving E 提出的蒸汽发生器数学模型的优点是：

——数学模型形式简单；

——描述了蒸汽发生器的水位特性；

——描述了蒸汽发生器的机械振动特性；

——描述了蒸汽发生器的逆动力学效应；

——反映了运行功率变化对蒸汽发生器水位特性的影响。

2) Irving SG 水位状态空间模型[40,225]

Irving E 等提出的数学模型还可以用状态方程表示如下

$$\begin{aligned}
\dot{x}_1(t) &= G_1(P)[Q_e(t)-Q_v(t)] \\
\dot{x}_2(t) &= \tau_2^{-1}(P)x_2(t)-\frac{G_2(P)}{\tau_2(P)}[Q_e(t)-Q_v(t)] \\
\dot{x}_3(t) &= 2\tau^{-1}(P)x_3(t)+x_4(t)-G_3(P)Q_e(t) \\
\dot{x}_4(t) &= -[\tau_2^{-2}(P)+4\pi T^{-1}(P)]x_3(t) \\
\dot{x}_5(t) &= -x_5(t)+u(t) \\
y(t) &= x_1(t)+x_2(t)+x_3(t)
\end{aligned} \tag{3.4.2}$$

$$Q_e(t)=x_5(t) \tag{3.4.3}$$

将上述方程组以状态空间方程描述，可得

$$\begin{aligned}
\dot{\boldsymbol{x}}(t) &= \boldsymbol{A}(P)\boldsymbol{x}(t)+\boldsymbol{B}_1(P)Q_v(t)+\boldsymbol{B}_2(P) \\
y(t) &= \boldsymbol{C}\boldsymbol{x}(t)
\end{aligned} \tag{3.4.4}$$

式(3.4.4)中，$\boldsymbol{x}(t)$、$\boldsymbol{A}$、$\boldsymbol{B}_1$、$\boldsymbol{B}_2$ 与 $\boldsymbol{C}$ 分别如下式所示

$$\boldsymbol{x}(t)=[x_1(t),x_2(t),x_3(t),x_4(t),x_5(t)]^{\mathrm{T}} \tag{3.4.5}$$

$$\boldsymbol{A}=\begin{bmatrix}0&0&0&0&a_{15}\\0&a_{22}&0&0&a_{25}\\0&0&a_{23}&1&a_{35}\\0&0&a_{43}&0&0\\0&0&0&0&a_{55}\end{bmatrix},\boldsymbol{B}_1=\begin{bmatrix}b_{11}\\b_{12}\\0\\0\\0\end{bmatrix},\boldsymbol{B}_2=\begin{bmatrix}0\\0\\0\\0\\1\end{bmatrix},\boldsymbol{C}=\begin{bmatrix}1\\1\\1\\0\\0\end{bmatrix}^{\mathrm{T}} \tag{3.4.6}$$

式(3.4.6)中，各参数分别为

$$a_{15}=G_1(P),a_{22}=-\tau_2^{-1}(P),a_{25}=-G_2(P)/\tau_2(P),a_{33}=-2\tau^{-1}(P),a_{35}=G_3(P),$$
$$a_{43}=-\tau^{-2}(P)-4\pi^2T^{-2}(P),a_{55}=-1,b_{11}=-G_1(P),b_{12}=G_2(P)/\tau_2(P)$$

式(3.4.2)中变量(t)表示控制输入。

(2)蒸汽发生器水位过程仿真模型[226]

Zhao F 等[226]根据蒸汽发生器水位过程物理分析和实际控制系统运行历史数据建立了 Qinshan 核电站蒸汽发生器水位过程的仿真模型。Zhao F 等建立的蒸汽发生器水位过程仿真模型为传递函数表示的数学模型,它描述了蒸汽发生器水位动力学的主要特性。

压水堆核动力装置使用的 U 形管式蒸汽发生器水位特性主要包括蒸汽流量和给水流量对蒸汽发生器水位动力学特性的影响,这种影响可用下式描述

$$y(s)=G_1(s)Q_w(s)+G_2(s)Q_s(s) \tag{3.4.7}$$

式(3.4.7)中,y 为蒸汽发生器水位;Q_w为给水流量;Q_s为蒸汽流量;s 为复变量。$G_1(s)$为给水流量对蒸汽发生器水位的影响;$G_2(s)$为蒸汽流量(负荷)对蒸汽发生器水位的影响。

$G_1(s)$ 与 $G_2(s)$ 的具体表达式分别为

$$G_1(s)=\begin{cases}\dfrac{3.19e^{-5s}}{s(29s+1)(3s+1)}, & (90\%P_S) \quad (a)\\[2ex] \dfrac{3.19e^{-5s}}{s(29s+1)(3s+1)}\dfrac{0.415}{(28s+1)}, & (15\%P_S) \quad (b)\end{cases} \tag{3.4.8}$$

$$G_2(s)=-\frac{3.19e^{-8s}}{s(24s+1)}+\frac{0.398}{4s+1}, \quad (90\%P_S) \tag{3.4.9}$$

式(3.4.8-a)、式(3.4.8-b)、式(3.4.9)中,P_S为额定负荷。负荷在 15%～90%P_S 范围内时,蒸汽发生器水位特性用式(3.4.8-a)与式(3.4.9)式描述;负荷在 0～15%P_S范围内时,用(3.4.8-b)与式(3.4.9)式描述。

3.5 本章小结

本章介绍了核动力装置及其重要设备的数学模型,主要包括核反应堆核动力学模型、蒸汽发生器水位动力学模型以及核动力装置系统的简化模型。这些模型是核动力装置智能控制方法研究中常用的数学模型。掌握这些数学模型有助于学习核动力装置智能控制方法或开展核动力装置智能控制方法的研究。

复习思考题

1.反应堆非线性数学模型进行线性化的方法是什么?

2.反应堆线性化数学模型有什么特点?

3.先进沸水堆线性化模型与压水堆线性化数学模型有什么不同?

4.蒸汽发生器水位动力学特性有什么特点?

5.Irving 蒸汽发生器水位模型考虑了哪些因素?

6.Irving 蒸汽发生器水位模型与 Zhao F 等提出的蒸汽发生器水位过程仿真模型有什么区别?

第4章 模糊理论基础

4.1 概述

模糊(Fuzzy)理论(也称模糊数学、模糊集、模糊逻辑或模糊工程)诞生于20世纪60年代中期,它是由美国加利福尼亚大学著名教授Zadeh L A首先提出的。1965年,Zadeh L A首先在其学术论文“Fuzzy Sets”中提出用隶属函数(Membership Function)来描述模糊概念。Zadeh L A在此基础上创立模糊集合理论。随后,在短短几十年间,模糊理论得到迅速发展,模糊技术也得到广泛的应用。在自动化论域,模糊理论被广泛应用于系统建模、控制器设计、故障诊断以及预测与决策之中。

本章简要介绍与模糊控制及故障诊断有关的模糊理论基本概念、运算方法和推理方法等知识。对于比较深入的模糊理论知识,可参阅模糊数学内容或相关参考文献。

4.2 普通集合与模糊集合

4.2.1 普通集合

设U为某论域,集合$A \subset U$,u为U中的任意元素。对于元素u来说,要么$u \in A$,要么$u \notin A$,二者必居其一,而不存在模棱两可的情形。具有这种特性的集合A就是我们常见的普通集合。

普通集合A可以用特征函数来描述。若U中属于集合A的元素用实数1表示,不属于集合A的元素用实数0表示,则U中的每个元素都对应着一个实数1或0。这种对应关系就形成了一种对应关系,或者说形成了一种映射关系。设这种映射关系为f_A,则可表示为

$$f_A : U \to \{0,1\}$$

$$f_A(u) = \begin{cases} 1 & u \in A \\ 0 & u \notin A \end{cases} \tag{4.2.1}$$

$f_A(u)$称为子集A的特征函数,其定义域为U,值域为$\{0,1\}$。

由此可见,论域U上的普通集合A可以由其特征函数唯一确定。

论域U上的所有子集所构成的集合称为幂集,记为$P(U)$。

4.2.2 模糊集合

4.2.2.1 模糊集合

“模糊”是相对清晰和精确而言的,模糊集合也是相对确定性集合即普通集合而言的。对于论域U上的普通集合A而言,它可由其特征函数$f_A(u)$唯一确定。$f_A(u)$的值表示u

属于 A 的程度，也可以说是隶属程度。由于对于元素 u 来说，要么 $u \in A$，要么 $u \notin A$，因此，$f_A(u)$的值只能取 1 或者 0。$f_A(u)$的这种取值反映了要么 u 绝对属于 A，要么 u 绝对不属于 A 这两种清晰、精确和绝对的情况。但是，在客观现实中，并不是每种情况都是绝对的，而是还存在另一种情况，即 u 既不绝对属于某论域 U 上的集合 $\tilde{A}$，也不 u 绝对不属于 $\tilde{A}$，u 隶属于 $\tilde{A}$ 的程度是不清晰的、模糊的。这时，集合 $\tilde{A}$ 的特征函数 $f_{\tilde{A}}(u)$ 的取值范围为 $[0,1]$。这种亦此亦彼的、不清晰的和模糊的情况可用模糊概念来描述。

定义 4.2.1 设在某论域 U 上给定一个映射

$$\mu_{\tilde{A}}: U \to [0,1]$$
$$u \to \mu_{\tilde{A}}(u)$$

则称 $\tilde{A}$ 为 U 上的模糊集合(Fuzzy set)，$\mu_{\tilde{A}}(u)$ 称为 $\tilde{A}$ 隶属函数或 u 对 $\tilde{A}$ 的隶属度。

如用特征函数 $f_A(u)$ 描述论域 U 上的普通集合 A 类似，模糊集合 $\tilde{A}$ 可用隶属函数 $\mu_{\tilde{A}}(u)$ 来描述。一般情况下，将模糊集合简称 F 集。为表示模糊集合与普通集合的区别，用带符号“～”的字母表示模糊集合，不带符号“～”的字母表示普通集合。

在给定论域 U 上可以有多个 F 集，论域 U 上 F 集的全体记为 $F(U)$，即

$$F(u) = \{\tilde{A} \mid \tilde{A}: U \to [1,0]\}$$

称 $F(U)$为论域 U 上的 F 幂集。

显然，$F(U)$为一普通集合，且存在如下关系

$$F(U) \subseteq P(U)$$

在 F 集合与普通集合的关系中，两者相互转化中有一个重要概念，即 λ 水平截集，下面给出其定义。

定义 4.2.2 设 $\tilde{A} \in F(U)$，$\forall \lambda \in [0,1]$，若

(1) $\tilde{A}_\lambda = \{u \mid u \in U, A(u) \geqslant \lambda\}$

则称 $\tilde{A}_\lambda$ 为 $\tilde{A}$ 的一个 λ -截集，λ 称为阈值或置信水平。

(2) $\tilde{A}_\lambda = \{u \mid u \in U, A(u) > \lambda\}$

则称 $\tilde{A}_\lambda$ 为 $\tilde{A}$ 的一个强 λ -截集，λ 称为阈值或置信水平。

根据 λ -截集的定义可知，$\tilde{A}_\lambda$ 为一普通集合。

4.2.2.2 模糊集表示方法[227-230]

模糊集合的论域可分为有限离散论域、无限离散论域、有限连续论域和无限连续论域等几种情况。对于不同的论域，模糊集合一般采用不同的表示方法。

(1)论域为有限离散论域

当论域为有限离散论域时，模糊集合可采用 Zadeh 表示法、向量表示法和序偶法。

设论域 $U=\{x_1, x_2, \cdots, x_n\}$ 为有限离散论域，$\tilde{A}(x_i)=\mu_i (i=1,2,\cdots,n)$ 为 U 上的模糊子集。

1)Zadeh 表示法

根据 Zadeh 表示法，$\tilde{A}$ 可表示为

$$\tilde{A}=\frac{\mu_1}{x_1}+\frac{\mu_2}{x_2}+\cdots+\frac{\mu_n}{x_n} \tag{4.2.2}$$

式(4.2.2)中，$\frac{\mu_i}{x_i}(i=1,2,\cdots,n)$ 不是表示数学中的分数，而是表示元素 x_i 属于 $\tilde{A}$ 的隶属度为 μ_i；符号"+"也不表示数学中的加法，而是表示模糊集合的一种记号。

2)向量表示法

采用向量表示法可将 $\tilde{A}$ 表示如下

$$\tilde{A}=(\mu_1,\mu_2,\cdots,\mu_n) \tag{4.2.3}$$

式(4.2.3)中，μ_i 表示元素 x_i 属于 $\tilde{A}$ 的隶属度；向量中隶属度为0的项不能省略，各项的次序不能颠倒。

3)序偶法

根据序偶表示法，$\tilde{A}$ 可表示为

$$\tilde{A}=\{(x_1,\mu(x_1)),(x_2,\mu(x_2)),\cdots,(x_n,\mu(x_n))\} \tag{4.2.4}$$

式(4.2.4)中，$\mu(x_i)(i=1,2,\cdots,n)$ 表示元素 x_i 属于 $\tilde{A}$ 的隶属度。

(2)论域为无限离散论域

设论域 $U=\{x_1,x_2,\cdots,x_n,\cdots\}$ 为无限离散论域，$\tilde{A}(x_i)=\mu_i(i=1,2,\cdots,n)$ 为 U 上的模糊子集。

1)论域为可数

根据 Zadeh 表示法，$\tilde{A}$ 可表示为

$$\tilde{A}=\int_1^{\infty}\frac{\tilde{A}(x_i)}{x_i} \tag{4.2.5}$$

式(4.2.5)中，$\frac{\tilde{A}(x_i)}{x_i}$ 是一种表示记号，不表示分数。

2)论域为不可数

根据 Zadeh 表示法，$\tilde{A}$ 可表示为

$$\tilde{A}=\int_U\frac{\tilde{A}(x)}{x} \tag{4.2.6}$$

(3)论域为连续论域

根据 Zadeh 表示法，$\tilde{A}$ 可表示为

$$\tilde{A}=\int_U\frac{\tilde{A}(x)}{x} \tag{4.2.7}$$

当论域 U 为一实数区间时，其模糊子集可用实函数表示；

当论域 U 为有限连续论域时，其模糊子集可用解析方法表示，即可用隶属函数的解析式表示。

4.3 模糊集合运算

4.3.1 模糊子集运算

在两个模糊子集之间所作的运算,实际上是对其隶属函数进行相应的运算。为了说明模糊子集之间的运算方法,需要先定义模糊子集之间的关系。

定义 4.3.1 设 $\tilde{A}$、$\tilde{B} \in F(U)$,若

$$\forall u \in U, \tilde{B}(u) \leqslant \tilde{A}(u)$$

则称 $\tilde{A}$ 包含 $\tilde{B}$,记为 $\tilde{B} \subseteq \tilde{A}$。符号∀表示"对任意"。

如果 $\tilde{B} \subseteq \tilde{A}$,且 $\tilde{A} \subseteq \tilde{B}$,则称 $\tilde{A}$ 与 $\tilde{B}$ 相等,记作 $\tilde{A} = \tilde{B}$。

对于 $F(U)$上的模糊集合 $\tilde{A}$、$\tilde{B}$、$\tilde{C}$,包含关系具有以下性质:

(1)自反性　$\forall \tilde{A} \in F(U), \tilde{A} \subseteq \tilde{A}$;

(2)反对称性　若 $\tilde{A} \subseteq \tilde{B}, \tilde{B} \subseteq \tilde{A}$,则 $\tilde{A} = \tilde{B}$;

(3)传递性　若 $\tilde{A} \subseteq \tilde{B}, \tilde{B} \subseteq \tilde{C}$,则 $\tilde{A} \subseteq \tilde{C}$。

定义 4.3.2 设 $\tilde{A}$、$\tilde{B} \in F(U)$,称运算 $\tilde{A} \cup \tilde{B}$、$\tilde{A} \cap \tilde{B}$ 分别为 $\tilde{A}$ 与 $\tilde{B}$ 的并集和交集。称 $\tilde{A}^{C}$ 为 $\tilde{A}$ 的补集。并集、交集和补集的隶属函数分别为

$$(\tilde{A} \cup \tilde{B})(u) = \tilde{A}(u) \vee \tilde{B}(u) = \max\{\tilde{A}(u), \tilde{B}(u)\}$$

$$(\tilde{A} \cap \tilde{B})(u) = \tilde{A}(u) \wedge \tilde{B}(u) = \min\{\tilde{A}(u), \tilde{B}(u)\}$$

$$\tilde{A}^{C}(u) = 1 - \tilde{A}(u)$$

两个 F 集上的并或交的运算可以推广到任意多个 F 集上去。

4.3.2 模糊子集运算性质

设 $\tilde{A}$、$\tilde{B}$、$\tilde{C}$ 为 $F(U)$上的模糊子集,其并集、交集和补集运算具有下列性质:

(1)幂等律　$\tilde{A} \cup \tilde{A} = \tilde{A}, \tilde{A} \cap \tilde{A} = \tilde{A}$;

(2)交换律　$\tilde{A} \cup \tilde{B} = \tilde{B} \cup \tilde{A}, \tilde{A} \cap \tilde{B} = \tilde{B} \cap \tilde{A}$;

(3)结合律　$(\tilde{A} \cup \tilde{B}) \cup \tilde{C} = \tilde{A} \cup (\tilde{B} \cup \tilde{C})$,

$(\tilde{A} \cap \tilde{B}) \cap \tilde{C} = \tilde{A} \cap (\tilde{B} \cap \tilde{C})$;

(4)吸收律　$(\tilde{A} \cup \tilde{B}) \cap \tilde{A} = \tilde{A}, (\tilde{A} \cap \tilde{B}) \cup \tilde{A} = \tilde{A}$;

(5)分配律　$(\tilde{A} \cup \tilde{B}) \cap \tilde{C} = (\tilde{A} \cap \tilde{C}) \cup (\tilde{B} \cap \tilde{C})$,

$(\tilde{A} \cap \tilde{B}) \cup \tilde{C} = (\tilde{A} \cup \tilde{C}) \cap (\tilde{B} \cup \tilde{C})$;

(6)零壹律 $\tilde{A} \cup \varnothing = \tilde{A}$,$\tilde{A} \cap \varnothing = \varnothing$,

$\tilde{A} \cup U = U$,$\tilde{A} \cap U = \tilde{A}$;

(7)复原律 $(\tilde{A}^C)^C = \tilde{A}$;

(8)对偶律 $(\tilde{A} \cup \tilde{B})^C = \tilde{A}^C \cap \tilde{B}^C$,$(\tilde{A} \cap \tilde{B})^C = \tilde{A}^C \cup \tilde{B}^C$。

4.4 模糊关系与模糊矩阵

4.4.1 模糊关系

定义 4.4.1 设 $\tilde{R}$ 是论域 $U \times V$ 上的一个 F 子集,其隶属函数为

$$\mu_{\tilde{R}}: U \times V \to [0,1]$$

$$(u,v) \mapsto \tilde{R}(u,v)$$

确定了 U 中的元素 u 与 V 中的元素 v 的关系程度,称 $\tilde{R}$ 为从 U 到 V 的一个模糊关系,简称 F 关系。

模糊关系 $\tilde{R}(u,v)$ 描述了:(1)元素 u 与元素 v 的关系程度;(2)从 U 到 V 的方向,可表示如下

$$U \xrightarrow{\tilde{R}} V$$

模糊关系也是 F 集,F 集的一些运算性质对模糊关系同样成立。

设模糊关系 $\tilde{R}_1$、$\tilde{R}_2 \in F(U \times V)$,则模糊关系运算可描述如下:

(1)相等 $\tilde{R}_1 = \tilde{R}_2 \Leftrightarrow \forall (u,v) \in U \times V, \tilde{R}_1(u,v) = \tilde{R}_2(u,v)$;

(2)包含 $\tilde{R}_1 \subseteq \tilde{R}_2 \Leftrightarrow \forall (u,v) \in U \times V, \tilde{R}_1(u,v) \leqslant \tilde{R}_2(u,v)$;

(3)并 $(\tilde{R}_1 \cup \tilde{R}_2)(u,v) = \tilde{R}_1(u,v) \vee \tilde{R}_2(u,v), \forall (u,v) \in U \times V$;

(4)交 $(\tilde{R}_1 \cap \tilde{R}_2)(u,v) = \tilde{R}_1(u,v) \wedge \tilde{R}_2(u,v), \forall (u,v) \in U \times V$;

(5)补 $\tilde{R}^C(u,v) = 1 - \tilde{R}(u,v), \forall (u,v) \in U \times V$;

(6)分解定理

$$\tilde{R} = \bigcup_{\lambda \in [0,1]} \lambda \tilde{R}_\lambda \tag{4.4.1}$$

式(4.4.1)中,$\tilde{R}_\lambda$ 称为 λ 截关系,$\tilde{R}_\lambda = \{(u,v) \mid \tilde{R}(u,v), u \in U, v \in V\}$

定义 4.4.2 设 $\tilde{R} \in F(U \times V)$,对模糊关系有如下定义

(1)自反关系 如果 $\forall u \in U$,有 $\tilde{R}(u,u) = 1$,则称 $\tilde{R}$ 为具有自反性的模糊关系,简称自反关系。

(2)反自反关系 如果 $\forall u \in U$,有 $\tilde{R}(u,u) = 0$,则称 $\tilde{R}$ 为反自反关系。

(3)对称关系 如果 $\forall u,v \in U$,有 $\tilde{R}(u,v) = \tilde{R}(v,u)$,则称 $\tilde{R}$ 为对称关系。

(4)传递关系 如果 $\forall u,v,w \in U$、$\lambda \in [0,1]$,有

$$\tilde{R}(u,v)\geqslant\lambda,\tilde{R}(v,w)\geqslant\lambda\Rightarrow\tilde{R}(u,w)\geqslant\lambda$$

总成立,则称 $\tilde{R}$ 为传递关系。

(5)相似关系　如果论域 U 上的关系 $\tilde{R}$ 是自反的和对称的,则称 $\tilde{R}$ 为 U 上的相似关系。

(6)等价关系　如果论域 U 上的关系 $\tilde{R}$ 具有自反性、对称性和传递性,则称 $\tilde{R}$ 为 U 上的等价关系。

(7)恒等关系　如果 $\forall(u,v)\in U\times U$,若关系 $\tilde{I}$ 满足

$$I(u,v)=\begin{cases}1, & u=v\\0, & u\neq v\end{cases}\tag{4.4.2}$$

则称 $\tilde{I}$ 为 U 上的恒等关系。

4.4.2　模糊矩阵

在讨论模糊集合时,当论域为有限集时,F 关系可用一个矩阵 $\tilde{\boldsymbol{R}}$ 表示,这个矩阵称为模糊矩阵。

定义 4.4.3　设矩阵

$$\tilde{\boldsymbol{R}}=(r_{ij})_{m\times n},r_{ij}\in[0,1]\tag{4.4.3}$$

则称 $\tilde{\boldsymbol{R}}$ 为模糊矩阵,简称 F 矩阵。r_{ij} 为 F 矩阵的元素。

设有限论域 $U=\{u_1,u_2,\cdots,u_m\}$,$V=\{v_1,v_2,\cdots,v_n\}$,F 矩阵 $\tilde{\boldsymbol{R}}$ 的元素为 $r_{ij}=\tilde{\boldsymbol{R}}(u_i,v_j)$,则 $\tilde{\boldsymbol{R}}=(r_{ij})_{m\times n}$ 表示从 U 到 V 的一个模糊关系。也可以说,F 矩阵 $\tilde{\boldsymbol{R}}$ 确定了一个模糊关系。

显然,当矩阵的元素 $r_{ij}\in\{0,1\}$ 时,$\tilde{\boldsymbol{R}}=(r_{ij})_{m\times n}$ 表示从 U 到 V 的一个普通关系。由此可见,普通关系是模糊关系的一种特殊情况。需要指出的是,对 F 矩阵来说,除了限制其元素在[0,1]之中外,其运算方法也与普通矩阵不同。F 矩阵的运算与 F 集的运算类似。

关于 F 矩阵的运算方法,在模糊数学中有下面的定义。

定义 4.4.4　设 $\mu_{m\times n}$ 表示 m 行 n 列的 F 矩阵,$\tilde{\boldsymbol{R}}=(r_{ij})\in\mu_{m\times n}$,$\tilde{\boldsymbol{S}}=(\boldsymbol{S}_{ij})\in\mu_{m\times n}$,规定:

(1) $\tilde{\boldsymbol{R}}$ 与 $\tilde{\boldsymbol{S}}$ 相等　$\tilde{\boldsymbol{R}}=\tilde{\boldsymbol{S}}\Leftrightarrow\forall i,j,r_{ij}=s_{ij}$;

(2) $\tilde{\boldsymbol{R}}$ 与 $\tilde{\boldsymbol{S}}$ 包含　$\tilde{\boldsymbol{R}}\subseteq\tilde{\boldsymbol{S}}\Leftrightarrow\forall i,j,r_{ij}\leqslant s_{ij}$;

(3) $\tilde{\boldsymbol{R}}$ 与 $\tilde{\boldsymbol{S}}$ 的并　$\tilde{\boldsymbol{R}}\cup\tilde{\boldsymbol{S}}\triangleq(r_{ij}\vee s_{ij})\in\mu_{m\times n}$;

(4) $\tilde{\boldsymbol{R}}$ 与 $\tilde{\boldsymbol{S}}$ 的交　$\tilde{\boldsymbol{R}}\cap\tilde{\boldsymbol{S}}\triangleq(r_{ij}\wedge s_{ij})\in\mu_{m\times n}$;

(5) $\tilde{\boldsymbol{R}}$ 的补　$\tilde{\boldsymbol{R}}^{C}\triangleq(1-r_{ij})\in\mu_{m\times n}$;

(6) $\tilde{\boldsymbol{R}}\leqslant\tilde{\boldsymbol{S}}$　$\forall i,j,r_{ij}\leqslant s_{ij}$,则称 $\tilde{\boldsymbol{R}}$ 小于等于 $\tilde{\boldsymbol{S}}$。

设任意 $\tilde{\boldsymbol{R}}_1,\tilde{\boldsymbol{R}}_2,\tilde{\boldsymbol{R}}_3\in\mu_{m\times n}$,则 F 矩阵的运算具有下述运算律:

(1)交换律　$\tilde{\boldsymbol{R}}_1 \cup \tilde{\boldsymbol{R}}_2 = \tilde{\boldsymbol{R}}_2 \cup \tilde{\boldsymbol{R}}_1, \tilde{\boldsymbol{R}}_1 \cap \tilde{\boldsymbol{R}}_2 = \tilde{\boldsymbol{R}}_2 \cap \tilde{\boldsymbol{R}}_1$；

(2)结合律　$(\tilde{\boldsymbol{R}}_1 \cup \tilde{\boldsymbol{R}}_2) \cup \tilde{\boldsymbol{R}}_3 = \tilde{\boldsymbol{R}}_1 \cup (\tilde{\boldsymbol{R}}_2 \cup \tilde{\boldsymbol{R}}_3), (\tilde{\boldsymbol{R}}_1 \cap \tilde{\boldsymbol{R}}_2) \cap \tilde{\boldsymbol{R}}_3 = \tilde{\boldsymbol{R}}_1 \cap (\tilde{\boldsymbol{R}}_2 \cap \tilde{\boldsymbol{R}}_3)$；

(3)分配律　$(\tilde{\boldsymbol{R}}_1 \cup \tilde{\boldsymbol{R}}_2) \cap \tilde{\boldsymbol{R}}_3 = (\tilde{\boldsymbol{R}}_1 \cap \tilde{\boldsymbol{R}}_3) \cup (\tilde{\boldsymbol{R}}_2 \cap \tilde{\boldsymbol{R}}_3)$，

$(\tilde{\boldsymbol{R}}_1 \cap \tilde{\boldsymbol{R}}_2) \cup \tilde{\boldsymbol{R}}_3 = (\tilde{\boldsymbol{R}}_1 \cup \tilde{\boldsymbol{R}}_3) \cap (\tilde{\boldsymbol{R}}_2 \cup \tilde{\boldsymbol{R}}_3)$；

(4)幂等律　$\tilde{\boldsymbol{R}} \cup \tilde{\boldsymbol{R}} = \tilde{\boldsymbol{R}}, \tilde{\boldsymbol{R}} \cap \tilde{\boldsymbol{R}} = \tilde{\boldsymbol{R}}$；

(5)吸收律　$(\tilde{\boldsymbol{R}}_1 \cup \tilde{\boldsymbol{R}}_2) \cap \tilde{\boldsymbol{R}}_2 = \tilde{\boldsymbol{R}}_2, (\tilde{\boldsymbol{R}}_1 \cap \tilde{\boldsymbol{R}}_2) \cup \tilde{\boldsymbol{R}}_2 = \tilde{\boldsymbol{R}}_2$；

(6)复原律　$(\tilde{\boldsymbol{R}}^{C})^{C} = \tilde{\boldsymbol{R}}$；

(7)对偶律　$(\tilde{\boldsymbol{R}}_1 \cup \tilde{\boldsymbol{R}}_2)^{C} = \tilde{\boldsymbol{R}}_1^{C} \cap \tilde{\boldsymbol{R}}_2^{C}, (\tilde{\boldsymbol{R}}_1 \cap \tilde{\boldsymbol{R}}_2)^{C} = \tilde{\boldsymbol{R}}_1^{C} \cup \boldsymbol{R}_2^{C}$。

(8)德・摩根定律　$\overline{\tilde{\boldsymbol{R}}_1 \cup \tilde{\boldsymbol{R}}_2} = \tilde{\boldsymbol{R}}_1 \cap \tilde{\boldsymbol{R}}_2, \overline{\tilde{\boldsymbol{R}}_1 \cap \tilde{\boldsymbol{R}}_2} = \tilde{\boldsymbol{R}}_1 \cup \tilde{\boldsymbol{R}}_2$。

在 F 集中 $\tilde{A}$ 的 λ 截集 $\tilde{A}_\lambda$ 的概念，可进一步推广到 F 矩阵 $\tilde{\boldsymbol{R}}$ 之中，即可定义 λ 截矩阵。

定义 4.4.5　设 $\tilde{\boldsymbol{R}} = (r_{ij}) \in \mu_{m \times n}$，$\forall \lambda \in [0,1]$，定义

$$\tilde{\boldsymbol{R}}_\lambda = [r_{ij}(\lambda)]_{m \times n} \tag{4.4.4}$$

式(4.4.4)中，$r_{ij}(\lambda)$ 为

$$r_{ij}(\lambda) = \begin{cases} 1 & r_{ij} \geqslant \lambda \\ 0 & r_{ij} < \lambda \end{cases} \tag{4.4.5}$$

则称 $\tilde{\boldsymbol{R}}_\lambda$ 为 $\tilde{\boldsymbol{R}}$ 的 λ 截矩阵。

可用 λ 截矩阵表示 λ 截关系，即 $\forall (u,v) \in U \times V$

$$\tilde{\boldsymbol{R}}_\lambda(u,v) = 1 \Leftrightarrow \tilde{\boldsymbol{R}}(u,v) \geqslant \lambda, \forall \lambda \in [0,1]$$

λ 截矩阵具有以下性质：

(1) $\tilde{\boldsymbol{R}} \subseteq \tilde{\boldsymbol{S}} \Leftrightarrow \lambda \in [0,1], \tilde{\boldsymbol{R}}_\lambda \subseteq \tilde{\boldsymbol{S}}_\lambda$；

(2) $(\tilde{\boldsymbol{R}} \cup \tilde{\boldsymbol{S}})_\lambda = \tilde{\boldsymbol{R}}_\lambda \cup \tilde{\boldsymbol{S}}_\lambda, (\tilde{\boldsymbol{R}} \cap \tilde{\boldsymbol{S}})_\lambda = \tilde{\boldsymbol{R}}_\lambda \cap \tilde{\boldsymbol{S}}_\lambda$。

4.4.3 模糊关系合成

定义 4.4.6　设 $\tilde{R}_1 \in F(U \times V), \tilde{R}_2 \in F(V \times W)$，则 $\tilde{R}_1$ 与 $\tilde{R}_2$ 的合成运算定义如下

$$\tilde{R}_1 \circ \tilde{R}_2 = \bigvee_{v \in V} [\tilde{R}_1(u,v) \wedge \tilde{R}_2(v,w)] \tag{4.4.6}$$

当 $\tilde{R} \in F(U \times U)$ 时，记

$$\tilde{R}^2 = \tilde{R} \circ \tilde{R} \tag{4.4.7}$$

$$\tilde{R}^n = \tilde{R}^{n-1} \circ \tilde{R} \tag{4.4.8}$$

在有限论域中，F 关系合成可用 F 矩阵的乘积来表示。

定义 4.4.7　设 $\tilde{A} \in F(U \times V), \tilde{B} \in F(V \times W)$

$$\tilde{A} = (a_{ik})_{m \times s} \in F(U \times V)$$

$$\tilde{B} = (b_{kj})_{s \times n} \in F(U \times W)$$

$$\tilde{C}=\tilde{A}\circ\tilde{B}=(c_{ij})_{m\times n}\in F(U\times W) \tag{4.4.9}$$

则 $\tilde{A}$ 与 $\tilde{B}$ 的合成可表示为

$$(c_{ij})_{m\times n}=\bigvee_{k=1}^{s}(a_{ik}\wedge b_{kj}) \tag{4.4.10}$$

模糊关系合成具有下述性质：

(1)结合律　$(\tilde{A}\circ\tilde{B})\circ\tilde{C}=\tilde{A}\circ(\tilde{B}\circ\tilde{C})$；

(2)对∪分配律　$\tilde{A}\circ(\tilde{B}\cup\tilde{C})=(\tilde{A}\circ\tilde{B})\cup(\tilde{A}\circ\tilde{C}),(\tilde{A}\cup\tilde{B})\circ\tilde{C}=(\tilde{A}\circ\tilde{C})\cup(\tilde{B}\circ\tilde{C})$；

(3)对∪分配律　$\tilde{A}\circ 0=0\circ\tilde{A}=0,\tilde{A}\circ\tilde{I}=\tilde{I}\circ\tilde{A}=\tilde{A}$。其中 0 为零关系，$0(u,v)=0$；$\tilde{I}$ 为恒等关系；

(4) $\tilde{A}\subseteq\tilde{B}\longrightarrow\tilde{A}\circ\tilde{C}\subseteq\tilde{B}\circ\tilde{C}$，$\tilde{A}\subseteq\tilde{B}\longrightarrow\tilde{A}^n\subseteq\tilde{B}^n$；

(5)设 $\tilde{A}\in\mu_{m\times s},\tilde{B}\in\mu_{s\times n}$，则 $(\tilde{A}\circ\tilde{B})_\lambda=\tilde{A}_\lambda\circ\tilde{B}_\lambda,(\tilde{A}^n)_\lambda=(\tilde{A}_\lambda)^n$；

(6) $(\tilde{A}\circ\tilde{B})^{\mathrm{T}}=\tilde{B}^{\mathrm{T}}\circ\tilde{A}^{\mathrm{T}},(\tilde{A}^n)^{\mathrm{T}}=(\tilde{A}^{\mathrm{T}})^n$。

模糊关系合成具有下述定理。

定理 4.4.1　设 $\tilde{A}\in F(U\times V),\tilde{B}\in F(V\times W)$，则

$$\tilde{A}\circ\tilde{B}=\bigcup_{\lambda\in[0,1]}\lambda(\tilde{A}_\lambda\circ\tilde{B}_\lambda) \tag{4.4.11}$$

4.5　模糊逻辑

在普通逻辑中，逻辑变量只有两个取值，即“1”和“0”（分别代表“真”和“假”的事实或状态），取值范围可表示为{1,0}，所以普通逻辑为二值逻辑。在客观世界中，存在这样的现象，即一些命题（反映事物的情况或状态）是不清晰的，无法用绝对的“真”和“假”来描述。在模糊理论中，对不清晰的命题可以用模糊逻辑来描述。模糊逻辑可以看作二值逻辑的推广。在模糊逻辑中，逻辑变量的取值可为区间[0,1]中的任意实数值。

在模糊理论中，将一个具有模糊性的陈述句称为模糊命题，简称为 F 命题。在模糊命题中，没有绝对的真和假，只是表达真和假的程度。用来度量 F 命题真和假的程度的数值，称为 F 命题的真值。

对于 F 命题的真值，可定义一种真值函数。

定义 4.5.1　设 F 命题的集合为 Γ，$\forall\tilde{P},\tilde{Q}\in\Gamma$，若映射

$$S:\Gamma\longrightarrow[0,1]$$

满足：

(1) $S(\tilde{P}\vee\tilde{Q})=S(\tilde{P})\vee S(\tilde{Q})$

(2) $S(\tilde{P}\wedge\tilde{Q})=S(\tilde{P})\wedge S(\tilde{Q})$

(3) $S(\bar{\tilde{P}})=1-S(\tilde{P})$

则称若映射 S 为 Γ 上的真值函数，$S(\tilde{P})$ 称为 F 命题的 $\tilde{P}$ 的真值。$\bar{\tilde{P}}$ 表示对 $\tilde{P}$ 取“否”。

一个 F 命题也可以看作取值范围在闭区间[0,1]上的变量，称为 F 命题变量，简称为 F

变量。F 命题可以用一种 F 命题公式来描述，而 F 命题公式可以看作 n 个 F 变量的函数。

在模糊逻辑中，n 个 F 变量的函数可以用映射描述。设有如下的映射

$$f:[0,1]^n \longrightarrow [0,1]$$

称此映射为 F 逻辑函数。

4.6 模糊推理

4.6.1 模糊语言与语言变量

语言是一种表达某种信息的或具有某种功能的符号系统。一般称表达信息不清晰的、具有模糊性的语言为模糊语言。

在模糊理论中，语言变量是指以自然语言的词句为变量，用词句来描述对象、状态或过程。Zadeh L A 认为，语言变量由一个五元体（N，U，$T(N)$，G，M）来表征。其中，N，U，$T(N)$，G，M 的含义分别为[228]：

(1)N 为语言变量的名称；

(2)U 是 N 的论域；

(3)$T(N)$为语言变量值的集合；

(4)G 表示语法规则；

(5)M 表示语义规则。

4.6.2 模糊语句

将含有模糊概念的、按照给定的句法规则构成的语句称为模糊语句。常见的模糊语句有模糊陈述句、模糊判断句、模糊条件句和模糊推理句[231]。这几种模糊语句可简单地归纳为模糊直言语句和模糊条件语句。

(1)模糊直言语句

模糊直言语句可分为模糊陈述句和模糊判断句。模糊陈述句通过模糊语言陈述某种事实，模糊判断句应用模糊语言描述某种判断。模糊直言语句也称模糊命题。

模糊直言语句可应用句型表示如下

$$\widetilde{A} \text{ 是 } \widetilde{B}$$

或表示为

$$\widetilde{A} \text{ is } \widetilde{B}$$

(2)模糊条件语句[227-228]

模糊条件语句又可分为模糊条件句和模糊推理句。

下面是一些常见的模糊条件语句句型。

1)若 $\widetilde{A}$ 则 $\widetilde{B}$。

或表示为：If $\widetilde{A}$ then $\widetilde{B}$

2)若 $\widetilde{A}$ 则 $\widetilde{B}$ 否则 $\widetilde{C}$。

或表示为:If $\tilde{A}$ then $\tilde{B}$ else $\tilde{C}$

3)若 $\tilde{A}$ 且 $\tilde{B}$ 则 $\tilde{C}$。

或表示为:If $\tilde{A}$ and $\tilde{B}$ then $\tilde{C}$。

除上述简单的模糊条件语句外,还有多重模糊条件语句和复合模糊条件语句。

1)多重模糊条件语句

多重模糊条件语句可以表示如下:

若 $\tilde{A}_1$ 则 $\tilde{B}_1$,否则

若 $\tilde{A}_2$ 则 $\tilde{B}_2$ 否则

……

若 $\tilde{A}_n$ 则 $\tilde{B}_n$

或者表示为:

$$\text{If } \tilde{A}_1 \text{ then } \tilde{B}_1 \text{ else if } \tilde{A}_2 \text{ then } \tilde{B}_2 \text{ else} \cdots \text{else If } \tilde{A}_n \text{ then } \tilde{B}_n$$

2)复合模糊条件语句

复合模糊条件语句有多种形式,下面给出几种简单的形式:

①若 $\tilde{A}_1$ 且 $\tilde{B}_1$ 则 $\tilde{C}_1$,否则

若 $\tilde{A}_2$ 且 $\tilde{B}_2$ 则 $\tilde{C}_2$,否则

……

若 $\tilde{A}_n$ 且 $\tilde{B}_n$ 则 $\tilde{C}_n$

或者表示为:

$$\text{If } \tilde{A}_1 \text{ and } \tilde{B}_1 \text{ then } \tilde{C}_1 \text{ else if } \tilde{A}_2 \text{ and } \tilde{B}_2 \text{ then } \tilde{C}_2 \text{ else} \cdots \text{else If } \tilde{A}_n \text{ and } \tilde{B}_n \text{ then } \tilde{C}_n$$

②若 $\tilde{A}_1$ 或 $\tilde{B}_1$ 则 $\tilde{C}_1$,否则

若 $\tilde{A}_2$ 或 $\tilde{B}_2$ 则 $\tilde{C}_2$,否则

……

若 $\tilde{A}_n$ 或 $\tilde{B}_n$ 则 $\tilde{C}_n$

或者表示为:

$$\text{If } \tilde{A}_1 \text{ or } \tilde{B}_1 \text{ then } \tilde{C}_1 \text{ else if } \tilde{A}_2 \text{ or } \tilde{B}_2 \text{ then } \tilde{C}_2 \text{ else} \cdots \text{else If } \tilde{A}_n \text{ or } \tilde{B}_n \text{ then } \tilde{C}_n$$

4.6.3 模糊推理

在逻辑学中,常见的推理形式有直接推理、归纳推理、演绎推理和类比推理。在模糊推理中,常见的推理方法是模糊似然推理和模糊条件语句推理两种方法[227-228]。

设 $\tilde{R}$ 是集合 $\tilde{X}$ 到 $\tilde{Y}$ 中的一个模糊关系,$\tilde{R}$ 是直积空间 $\tilde{X}\times\tilde{Y}$ 的一个模糊子集;$\tilde{A}$ 与 $\tilde{A}'$ 与 $\tilde{B}$ 与 $\tilde{B}'$ 以及 $\tilde{C}$ 分别为 $\tilde{X}$、$\tilde{Y}$ 与 $\tilde{X}\times\tilde{Y}$ 上的模糊子集。

(1)似然推理

模糊似然推理的语言形式为:若 x 是 a ($a\in\tilde{A}$),则 y 是 b ($b\in\tilde{B}$)。

“若 x 是 a $(a\in\tilde{A})$，则 y 是 b $(b\in\tilde{B})$”，其 x 与 y 的模糊关系可以表示为：

$$\tilde{R}(x,y)=\tilde{A}\times\tilde{B} \tag{4.6.1}$$

式(4.6.1)用隶属函数可以表示为

$$\mu_{\tilde{A}\to\tilde{B}}(x,y)=[1-\mu_{\tilde{A}}(x)]\vee\mu_{\tilde{B}}(y) \tag{4.6.2}$$

“若 x 是 $a'(a'\in\tilde{A}')$，则 y 是 $b'(b'\in B')$”的推理规则可以表示为：

$$\tilde{B}'=\tilde{A}'\circ\tilde{R} \tag{4.6.3}$$

式(4.6.3)就是模糊似然推理的运算表达式。

(2)模糊条件推理

模糊条件语句语言形式为：若 x 是 $a(a\in\tilde{A})$，则 y 是 $b(b\in\tilde{B})$，否则 y 是 $c(c\in\tilde{C}')$。

x 与 y 的模糊关系可以表示为

$$\tilde{R}(x,y)=\tilde{A}\times\tilde{B}\cup\tilde{A}^{c}\times C \tag{4.6.4}$$

式(4.6.4)用隶属函数可以表示为

$$\mu_{\tilde{A}\to\tilde{B}}(x,y)=[\mu_{\tilde{A}}(x)\wedge\mu_{\tilde{B}}(y)]\vee[1-\mu_{\tilde{A}}(x)]\wedge\mu_{\tilde{C}}(y) \tag{4.6.5}$$

若输入 $\tilde{A}'$ 时，则“若 x 是 $a(a'\in\tilde{A}')$，则 y 是 $b'(b'\in\tilde{B})$，否则 y 是 $c'(c'\in\tilde{C}')$”的推理合成规则可以表示为

$$\tilde{B}'=\tilde{A}'\circ\tilde{R}=\tilde{A}'\circ[\tilde{A}\times\tilde{B}\cup\tilde{A}^{C}\times\tilde{C}] \tag{4.6.6}$$

式(4.6.6)就是模糊条件语句推理规则的运算表达式。

模糊条件语句可以进一步推广到多重或复合条件语句的推理模型形式。

4.7 模糊聚类与模糊综合评判

4.7.1 模糊聚类[227,230,232-234]

聚类也称为聚类分析，简单地说就是将被研究对象集合中的元素按照一定的规则或方法划分为不同的类别(子集)。根据聚类分析规则，同一个聚合类别中的元素在某种属性上具有较高的相似性测度。聚类分析在数据分析和模式识别中具有重要的应用。

聚类方法可分为谱系聚类方法、图论方法和目标函数方法。下面给出一些常见聚类算法。

(1)欧氏距离法

$$r_{ij}=\sqrt{\frac{1}{n}\sum_{k=1}^{n}(x_{ik}-x_{jk})^{2}} \tag{4.7.1}$$

(2)数量积法

$$r_{ij}=\begin{cases}1, & \text{当 } i=j \text{ 时}\\ \dfrac{1}{n}\sum\limits_{k=1}^{n}x_{ik}x_{jk}, & \text{当 } i\neq j \text{ 时}\end{cases} \tag{4.7.2}$$

(3)相关系数法

$$r_{ij}=\frac{\sum_{k=1}^{n}(x_{ik}-\bar{x}_i)(x_{jk}-\bar{x}_j)}{\sqrt{\sum_{k=1}^{n}(x_{ik}-\bar{x}_i)^2}\sqrt{\sum_{k=1}^{n}(x_{jk}-\bar{x}_j)^2}} \tag{4.7.3}$$

式(4.7.3)中，$x_i=\frac{1}{m}\sum_{i=1}^{m}x_{ik}$

$x_j=\frac{1}{m}\sum_{j=1}^{m}x_{jk}$

(4)指数相似法

$$r_{ij}=\frac{1}{n}\sum_{k=1}^{n}\mathrm{e}^{-\frac{3}{4}\cdot\frac{(x_{ik}-x_{jk})2}{s_k^2}} \tag{4.7.4}$$

式(4.7.4)中，s_k 为适当选择的整数。

(5)最大最小法

$$r_{ij}=\frac{\sum_{k=1}^{n}\min(x_{ik},x_{jk})}{\sum_{k=1}^{n}\max(x_{ik},x_{jk})} \tag{4.7.5}$$

(6)算术平均最小法

$$r_{ij}=\frac{\sum_{k=1}^{n}\min(x_{ik},x_{jk})}{\frac{1}{2}\sum_{k=1}^{n}(x_{ik}+x_{jk})} \tag{4.7.6}$$

(7)平均最小法

$$r_{ij}=\frac{\sum_{k=1}^{n}\min(x_{ik},x_{jk})}{\frac{1}{2}\sum_{k=1}^{n}\sqrt{x_{ik}\cdot x_{jk}}} \tag{4.7.7}$$

(8)绝对值指数法

$$r_{ij}=\mathrm{e}^{-\sum_{i=1}^{n}|x_{ik}-x_{jk}|} \tag{4.7.8}$$

(9)绝对值倒数法

$$r_{ij}=\begin{cases}1, & \text{当 } i=j \text{ 时}\\ \dfrac{1}{\sum_{i=1}^{n}|x_{ik}-x_{jk}|}, & \text{当 } i\neq j \text{ 时}\end{cases} \tag{4.7.9}$$

(10)绝对值减数法

$$r_{ij}=\begin{cases}1, & \text{当 } i=j \text{ 时}\\ 1-c\sum_{i=1}^{n}|x_{ik}-x_{jk}|, & \text{当 } i\neq j \text{ 时}\end{cases} \tag{4.7.10}$$

(11)夹角余弦法

$$r_{ij}=\frac{\sum_{k=1}^{n}x_{ik}x_{jk}}{\sqrt{\sum_{k=1}^{n}x_{ik}^{2}}\sqrt{\sum_{k=1}^{n}x_{jk}^{2}}} \tag{4.7.11}$$

(12)模糊 C 均值算法

模糊 C 均值聚类方法是常用的模糊聚类方法,它是通过对目标函数的优化和迭代运算来获得样本集的模糊分类。模糊 C 均值聚类方法的目标函数定义为样本与聚类中心之间距离的平方和。

设 $X=\{x_1,x_2,\cdots,x_n\}$ 为某个待分类样本集合,m 为类别数目,$c_j(j=1,2,\cdots,m)$为各个聚类的中心,$\mu_j(x_i)$ 是第 i 个样本对第 j 个类别的隶属度函数。模糊聚类的目标函数可定义如下

$$J_F=\sum_{j=1}^{m}\sum_{i=1}^{n}\left[\mu_j(x_i)\right]^a\|x_i-c_j\|^2 \tag{4.7.12}$$

式(4.7.12)中,$a(a>1)$表示可控制聚类结果的模糊程度常数。

通过在不同的隶属度定义方法下极小化目标函数,就可得到不同的模糊聚类方法。在模糊 C 均值算法中,要求满足以下条件

$$\sum_{j=1}^{m}\mu_j(x_i)=1,i=1,2,\cdots,n \tag{4.7.13}$$

在满足上述条件的情况下,利用目标函数 J_F分别对 c_j 和 $\mu_j(x_i)$ 求导并令其偏导数为0,可得到 C 均值方法的必要条件

$$c_j=\frac{\sum_{i=1}^{n}\left[\mu_j(x_i)\right]^a x_i}{\sum_{i=1}^{n}\left[\mu_j(x_i)\right]^a},j=1,2,\cdots,m \tag{4.7.14}$$

$$\mu_j(x_i)=\frac{(\|x_i-c_j\|^2)^{\frac{1}{a-1}}}{\sum_{k=1}^{m}(\|x_i-c_j\|^2)^{\frac{1}{a-1}}},i=1,2,\cdots,n;j=1,2,\cdots,m \tag{4.7.15}$$

式(4.7.14)、式(4.7.15)为迭代计算公式,这种迭代求解方法就是模糊 C 均值算法。

4.7.2 模糊综合评判[228,235]

综合评判可以理解为对被考察对象进行综合性的评价。模糊综合评判是利用模糊数学方法对对被考察对象进行综合评价。模糊综合评判可分为一级综合评判和多级综合评判。

定义 4.7.1 设 n 个变量的函数 $f:[0,1]^n\longrightarrow[0,1]$ 满足下述条件

(1) $f(0,0,\cdots,0)=0,\ f(1,1,\cdots,1)=1$;

(2)如果 $x_i\leqslant x'_i$,则 $f(x_1,x_2,\cdots,x_n)\leqslant f(x'_1,x'_2,\cdots,x'_n)$;

(3) $\lim\limits_{x_i\to x_{i0}}f(x_1,x_2,\cdots,x_n)=f(x_{10},x_{20},\cdots,x_{n0})$;

(4) $f(x_1+x'_1,x_2+x'_2,\cdots,x_n+x'_n)=f(x_1,x_2,\cdots,x_n)+g(x'_1,x'_2,\cdots,x'_n)$。

则称 f 为评判函数。其中,g 为 $g:[0,1]^n \longrightarrow [0,1]$。

定理 4.7.1 设 f 是评判函数,则

(1) $f(x_1,x_2,\cdots,x_n)=\sum_{i=1}^{n}a_ix_i$;

(2) $\sum_{i=1}^{n}a_i=1,a\geqslant 0$。

定理 4.7.2 如果 $\sum_{i=1}^{n}a_i=1,a\geqslant 0$,则评判函数 $f\in[0,1]$。

上述两个定理表明,在综合评判运算中,可以采用实数运算中"加"、"乘"运算来代替模糊运算中的"∨"、"∧"运算,而运算结果仍然为 F 集。

下面介绍模糊综合评判方法。

设评判问题的因素可用集合 U 描述,$U=\{u_1,u_2,\cdots,u_n\}$,称为模糊综合评判的因素集;对问题的评价语言集合可用集合 V 描述,$V=\{v_1,v_2,\cdots,v_m\}$,称为模糊综合评判的判断集;对第 i 个因素 $u_i(i=1,2,\cdots,n)$的单因素评判为 $\tilde{R}_i=(r_{i1},r_{i2},\cdots,r_{im})$,$\tilde{R}_i$ 为 V 上的一个模糊子集,它是从 U 到 V 的一个模糊映射。

一级模糊综合评判问题可描述如下

设有模糊集合

(1)设 $\tilde{A}$ 为集合 U 上的一个模糊集合,$\tilde{A}=(a_1,a_2,\cdots,a_n)$,$\sum_{i=1}^{n}a_i=1,a\geqslant 0$;

(2) $\tilde{R}=(r_{ij})_{n\times m},r_{ij}\in[0,1]$;

(3) $\tilde{B}=(b_1,b_2,\cdots,b_n)$,$\tilde{B}$ 表示总评判结果;

(4) $b_j=\sum_{i=1}^{n}a_ir_{ij}=1,\ j=1,2,\cdots,m$。

则模糊评判可用表达式表示如下

$$\tilde{B}=\tilde{A}\circ\tilde{R} \tag{4.7.16}$$

式(4.7.16)中,"∘"表示模糊算子。

$\tilde{R}$ 称为评判矩阵可表示如下

$$\tilde{\boldsymbol{R}}=\begin{bmatrix}\tilde{\boldsymbol{R}}_1\\ \tilde{\boldsymbol{R}}_2\\ \vdots\\ \tilde{\boldsymbol{R}}_n\end{bmatrix}=\begin{bmatrix}r_{11} & r_{12} & \cdots & r_{1m}\\ r_{21} & r_{22} & \cdots & r_{2m}\\ \vdots & \vdots & \vdots & \vdots\\ r_{n1} & r_{n2} & \cdots & r_{nm}\end{bmatrix} \tag{4.7.17}$$

在对某个问题的综合评判中,如果评判因素太多,采用一级评判难以确定评判权数分配,则可以采用多级评判方法。

假设 $\tilde{A}_k\in\tilde{A}$,表示第 k 类因素集;$\tilde{R}_k\in\tilde{R}$,表示第 k 类因素评判矩阵;$\tilde{B}_k\in\tilde{B}$,表示对于第 k 类因素评判的一级结果,则二级模糊评判结果可表示如下

$$\tilde{C}=\tilde{A}\circ\boldsymbol{R}=\tilde{A}\circ\begin{bmatrix}\tilde{A}_1\circ\tilde{R}_1\\ \tilde{A}_2\circ\tilde{R}_2\\ \vdots\\ \tilde{A}_k\circ\tilde{R}_k\end{bmatrix}=\tilde{A}\circ\begin{bmatrix}\tilde{B}_1\\ \tilde{B}_2\\ \vdots\\ \tilde{B}_k\end{bmatrix}=\tilde{A}\circ(b_{ij})_{k\times m} \tag{4.7.18}$$

式(4.7.18)中，$\tilde{C}$ 表示二级综合评判结果。

与二级综合评判类似，可定义 $M(M>2)$ 级综合评判模型。

4.8 本章小结

模糊理论是一种以模糊集合和隶属函数为基础的数学理论。本章从模糊集合、隶属度定义、模糊集合运算、模糊关系与模糊矩阵、模糊逻辑、模糊推理、模糊聚类与模糊综合评判等方面，简要介绍了与模糊控制及故障诊断相关的模糊理论基本概念、运算方法和推理方法。这些知识是模糊理论的基础知识，也是模糊控制和模糊诊断研究的基础。

复习思考题

1.什么是模糊集合？模糊集合与普通集合的差别是什么？

2.什么是隶属度函数？什么是 λ 水平截集？

3.模糊集合主要有哪些表示方法？

4.什么是模糊关系？什么是模糊矩阵？模糊关系是如何合成的？

5.什么是模糊逻辑？什么是 F 逻辑函数？

6.什么是模糊语句？模糊语句主要有哪几种？

7.模糊推理的方法主要有哪些？各有什么特点？

8.什么是模糊聚类？模糊聚类算法主要有哪些？各有什么特点？

9.什么是模糊综合评判？模糊一级评判与二级评判的主要不同体现在哪里？

第 5 章　核动力装置模糊诊断方法

5.1　概述

模糊理论的提出，为描述和处理人类社会和自然界中广泛存在的模糊问题提供了一种数学工具。通过模糊集合方法，可将人类的判断与思维过程用数学形式表达出来，从而对复杂系统作出合乎实际和人类思维方式的处理提供了基础。在系统和设备故障诊断中，许多故障征兆和现象都是不清楚的和模糊的。随着模糊理论和模糊技术的发展，人们将模糊逻辑应用于故障诊断的研究，从而逐渐发展和形成了模糊诊断方法。模糊诊断方法是一种典型的人工智能诊断方法。在故障诊断中，常用的模糊处理方法有模糊推理方法、模糊综合评判方法、模糊模式识别方法和模糊聚类分析方法。除此之外，模糊故障树和模糊 Petri 网方法在故障诊断中的应用也有一些研究。模糊理论与神经网络或专家系统等结合起来用于故障诊断则是比较常见的诊断方法。

在核动力领域，在 20 世纪 80 年代，模糊逻辑就被用于核电厂事故分析。此后，国内外先后发表了一些模糊逻辑用于核动力装置瞬态识别与故障诊断研究的文献。本章简要介绍模糊诊断方法及其在核动力装置故障诊断中的应用。

5.2　模糊诊断原理

模糊诊断的基本原理可以用图 5.1 表示。它是通过对表征系统或设备故障征兆的模糊输入向量进行模糊推理，以求得反映系统或设备状态的模糊输出向量，然后根据判断准则确定被诊断的系统或设备是否发生了故障[235]。

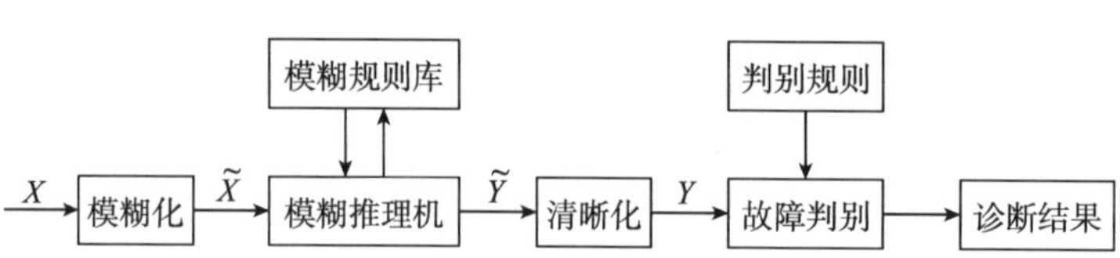

图 5.1　模糊诊断原理

图 5.1 中，$\boldsymbol{X}$ 表示表征系统或设备故障征兆的输入向量，$\tilde{\boldsymbol{X}}$ 表示 $\boldsymbol{X}$ 的模糊化向量，$\tilde{\boldsymbol{Y}}$ 表示反映系统或设备状态的模糊输出向量，$\boldsymbol{Y}$ 表示对应于 $\tilde{\boldsymbol{Y}}$ 的清晰化输出向量。

在模糊诊断中，常用的故障判别准则有模糊聚类准则、模糊集的贴近度准则和最大隶属度准则。

5.3 模糊聚类方法[227,230-233,236]

模糊聚类以模糊数学理论为基础,可分为基于模糊等价关系的聚类方法和基于模糊相似关系的聚类方法。

5.3.1 基于模糊等价关系的聚类方法

基于模糊等价关系的聚类方法包括以下几个步骤:建立模糊相似关系;将模糊相似关系改造为等价关系,求得模糊关系的传递闭包;根据模糊等价关系对待分类对象进行聚类。

(1)建立模糊相似关系

设 $U=\{u_1,u_2,\cdots,u_n\}$ 为待分类对象全体构成的集合。在分类对象集合中,每一个待分类对象可以表示为 $u_i=(x_{i1},x_{i2},\cdots,x_{im})$。这样,聚类的问题就是如何建立对象 u_i 与 u_j 之间的相似关系。建立 u_i 与 u_j 之间的相似关系的方法有多种,如前面章节中介绍的欧氏距离法、数量积法、相关系数法和最大最小法等。

(2)将模糊相似关系改造为等价关系

设论域 U 上的一个模糊关系 $\tilde{R}\in F(U\times U)$,若 $\forall\lambda\in[0,1]$,有

$$\mu_{\tilde{R}}(x,y)\geqslant\lambda,\mu_{\tilde{R}}(y,z)\geqslant\lambda\Rightarrow\mu_{\tilde{R}}(x,z)\geqslant\lambda$$

则称 $\tilde{R}$ 为模糊传递关系。

包含 $\tilde{R}$ 而又被任意包含 $\tilde{R}$ 的传递关系所包含的关系称为 $\tilde{R}$ 的传递闭包,记作 $t(\tilde{R})$。即传递闭包可描述为

1) $t(\tilde{R})\supseteq\tilde{R}$;

2) $\tilde{Q}$ 是任意传递模糊关系,$\tilde{Q}\supseteq\tilde{R}$ 且 $\tilde{Q}\supseteq t(\tilde{R})$。

传递闭包是所有包含 $\tilde{R}$ 的最小的传递关系。

在模糊聚类中,通过建立模糊相似关系而得到的 $\tilde{R}$ 仅满足对称性和自反性,还需将其改造为等价关系。这可通过逐步乘幂法得到 $\tilde{R}$ 的传递闭包 $t(\tilde{R})$,而 $t(\tilde{R})$ 即为所求的等价关系,即

$$R^2=R\cdot R,R^4=R^2\cdot R^2,\cdots,R^*=R^k\cdot R^k=R^k \tag{5.3.1}$$

式(5.3.1)中,R^* 即为等价关系。

5.3.2 基于模糊相似关系的聚类方法

基于模糊等价关系的聚类方法是用 $\tilde{R}$ 的传递闭包 $t(\tilde{R})$ 来取代 $\tilde{R}$。由于求 $t(\tilde{R})$ 时比较复杂而且计算量大,因此可直接利用模糊相似矩阵对分类对象进行聚类。这种聚类方法称之为直接聚类方法。常见的直接聚类方法有模糊图法、编网法和最大树法。

(1)模糊图[231,236]

模糊图可以认为是图论中的赋权图移植而来的一种连接图。两者的区别在于,模糊图中的连接权为 [0,1] 之间的数;模糊图可以表示两个模糊集合之间的模糊关系。

设论域$U=\{u_1,u_2,\cdots,u_n\}$中含有n个节点，则论域U上的模糊图$\tilde{G}$可用下述三元组表示

$$\tilde{G}=\{U,\tilde{P},\tilde{R}\}$$

式中，$\tilde{P}$为论域U上的一个模糊子集，$\tilde{R}$是论域$U\times U$上的一个模糊关系。

$\tilde{R}$可用模糊矩阵表示如下

$$\tilde{\boldsymbol{R}}=\begin{bmatrix} r_{11} & r_{12} & \cdots & r_{1j} & \cdots & r_{1n} \\ r_{21} & r_{22} & \cdots & r_{2j} & \cdots & r_{2n} \\ \vdots & \vdots & \vdots & \vdots & \vdots & \vdots \\ r_{i1} & r_{i2} & \cdots & r_{ij} & \cdots & r_{in} \\ \vdots & \vdots & \vdots & \vdots & \vdots & \vdots \\ r_{m1} & r_{m2} & \cdots & r_{mj} & \cdots & r_{mn} \end{bmatrix} \tag{5.3.2}$$

式(5.3.2)中，$r_{ij}=\mu_{\tilde{R}}(u_i,u_j)$ $(i=1,2,\cdots,m;j=1,2,\cdots,n)$；$0\leqslant r_{ij}\leqslant 1$。

根据模糊关系$\tilde{R}$，对模糊图说明如下

1)在模糊图中，r_{ij}称为结点u_i与u_j之间的连接强度(或称为模糊度)。

2)当$r_{ij}\neq 0$时，表示结点u_i与u_j之间有一条连接边；当$r_{ij}=0$时，表示结点u_i与u_j之间没有边连接；当$r_{ij}=1$时，表示结点u_i与u_j之间有清晰的边连接；当$0<r_{ij}<1$时，表示结点u_i与u_j之间有强度为r_{ij}模糊边。

3)当$\tilde{R}$为对称矩阵时，则模糊图也具有对称性。

4)当$\mu_{\tilde{P}}(u_i)\mu_{\tilde{P}}(u_j)=0$时，$r_{ij}=0$。即当隶属度为0时，不允许结点$u_i$与$u_j$之间有连接边存在。

如果由一个模糊图的某部分构成一个新的模糊图时，则称这个新模糊图为原模糊图的子模糊图。

在上述模糊图定义的基础上，可定义有向模糊图、多重有向图和模糊图的截图。

在模糊图的运算中，模糊关系的一些运算对模糊图的运算也是适用的。

(2)编网[227,236]

设模糊相似矩阵为$\tilde{\boldsymbol{R}}$，其λ($\lambda\in[0,1]$)水平截矩阵为$\tilde{\boldsymbol{R}}_\lambda$。将$\tilde{\boldsymbol{R}}_\lambda$对角线上为1的元素删去，以代表样本的元素编号填入。在对角线左下方，以“＊”代替$\tilde{\boldsymbol{R}}_\lambda$中的1，以空格代替0。“＊”所在的位置称为节点。由节点向对角线引经线(竖线)和纬线(横线)，将经过节点的经、纬线捆在一起(打结)，这就是编网。在编网中，通过打结而又能互相连接起来的点即属于同一类。

编网的步骤如下

1)根据样本特点和实际需要，采用适当算法求得相似系数r_{ij}，建立模糊相似矩阵$\tilde{\boldsymbol{R}}$。

2)编网。

3)调整λ($\lambda\in[0,1]$)的水平截集值，求得符合要求的分类。

(3)最大树法[236]

在模糊相似矩阵$\tilde{\boldsymbol{R}}$中，按照r_{ij}的大小顺序将元素连接起来，并在连接线上标上连接强

度。如果在某一步出现回路，则不画这一步。根据上述方法，直到所有元素连通为止，从而得到一棵树形连接图，这就是所说的最大树。

设 G 代表一普通图，可表示为

$$G=(V,E,\phi)$$

这里，V 为图 G 顶点的集合、E 为图 G 中弧的集合，ϕ 表示关联函数。

G 也简单可表示为

$$G=(V,E)$$

该式称为 G 的基础图

设 $\sigma(v)$ 表示顶点到 $[0,1]$ 内的映射，$\mu(e)$ 为 E 到 $[0,1]$ 内的映射，即

$$\sigma(v):V\longrightarrow[0,1]$$

$$\mu(e):E\longrightarrow[0,1]$$

对于任意 $e\in E$，$\mu(e)$ 满足

$$\mu(e)\leqslant\sigma(u_e)\wedge\sigma(v_e)$$

这里，u_e 和 v_e 表示 e 的两个端点。

设 G 为模糊图 $\tilde{G}$ 的基础图，将其端点和边相间排列(不包含相同边的序列)。上述排列可表示为

$$W=\{v_0e_1v_1e_2\cdots e_nv_n\}\quad(e_i\neq e_j)$$

上式称为基础图的链，n 称为链的长度。

如果基础图的链中顶点不相同，则称这个链为通路。

设 u、v 为 G 中的两个顶点。如果在图 G 中存在一条 (u,v) 的通路，则称顶点 u 和 v 为连通路。如果某通路的起点和终点重合或相同，则称该通路为回路。

设 T 是 G 的一个连通的且没有回路的子图，则称 T 是 G 的一棵树。连接 G 中一切点的树称为支撑树，用 T' 表示。$\tilde{G}$ 的模糊支撑树 $\tilde{T}'$ 可表示为

$$\tilde{T}'=(T,\sigma(v),\mu(e))$$

对于 $\tilde{G}$ 的一切模糊支撑树 $\tilde{T}'$，如果满足

$$\sum_{e\in E(T')}\mu(e)\leqslant\sum_{e\in E(T)}\mu(e)$$

则称 $\tilde{T}$ 是 $\tilde{G}$ 的最大树。

设 u、v 分别为通路 (u,v) 的起点和终点，$\tilde{T}$ 中每边连接权数的最小值

$$\mu(e_1)\wedge\mu(e_2)\wedge\cdots\wedge\mu(e_n)$$

称为通路 (u,v) 的强度。

$\tilde{T}$ 是 $\tilde{G}$ 的最大树的充要条件是，$\tilde{T}$ 中具有唯一的强度最大的通路(称为最强路)。

求最大树的步骤如下

1)根据样本特点，选取合适的相似系数 r_{ij}，建立模糊相似矩阵 $\tilde{\boldsymbol{R}}$。

2)当 $r_{ij}\neq 0$ 时，先画出顶点(样本)集中某一顶点 i，然后按照 r_{ij} 从大到小的顺序依次连接，直到所有顶点都连通为止，而且在连接的过程中不产生回路。这样，就得到一棵最大树。

3)选取适当的 λ 值,求最大树的 λ 水平截集,可得到互不连通的几棵子树。子树的数目就是类别数,每棵子树的顶点集就是该类别的所有样本数。

5.4 模糊识别方法[227,230,236]

5.4.1 模糊集的贴近度

(1)模糊集的贴近度

设 $\widetilde{A},\widetilde{B},\widetilde{C} \in F[U]$,若映射

$$N: F(U) \times F(U) \longrightarrow [0,1]$$

满足条件:

1) $N(\widetilde{A},\widetilde{B}) = N(\widetilde{B},\widetilde{A})$;

2) $N(\widetilde{A},\widetilde{A}) = 1, N(U,\phi) = 0$;

3) $\widetilde{A} \subseteq \widetilde{B} \subseteq \widetilde{C}$,则 $N(\widetilde{A},\widetilde{C}) \leqslant N(\widetilde{A},\widetilde{B}) \wedge N(\widetilde{B},\widetilde{C})$;

则称 $N(\widetilde{A},\widetilde{B})$ 为模糊集 $\widetilde{A}$ 与 $\widetilde{B}$ 的贴近度,N 称为 $F[U]$ 上的贴近度函数。

(2)常见模糊集的贴近度

上述贴近度定义只是一个一般的概念,下面给出几种常见的具体贴近度表示形式

1)海明(Hamming)贴近度

设 $U = \{u_1, u_2, \cdots, u_n\}$,则海明(Hamming)贴近度为

$$N(\widetilde{A},\widetilde{B}) = 1 - \frac{1}{n}\sum_{i=1}^{n} |\widetilde{A}(u_i) - \widetilde{B}(u_i)| \tag{5.4.1}$$

当 U 为实数域上的闭区间 $[a,b]$ 时,则

$$N(\widetilde{A},\widetilde{B}) = 1 - \frac{1}{b-a}\int_a^b |\widetilde{A}(u_i) - \widetilde{B}(u_i)| \mathrm{d}u \tag{5.4.2}$$

2)欧几里德(Euclid)贴近度

设 $U = \{u_1, u_2, \cdots, u_n\}$,则欧几里德贴近度表示为

$$N(\widetilde{A},\widetilde{B}) = 1 - \frac{1}{\sqrt{n}}\left(\sum_{i=1}^{n}(\widetilde{A}(u_i) - \widetilde{B}(u_i))^2\right)^{\frac{1}{2}} \tag{5.4.3}$$

当 U 为实数域上的闭区间 $[a,b]$ 时,则

$$N(\widetilde{A},\widetilde{B}) = 1 - \frac{1}{\sqrt{b-a}}\left(\int_a^b (\widetilde{A}(u_i) - \widetilde{B}(u_i))^2 \mathrm{d}u\right)^{\frac{1}{2}} \tag{5.4.4}$$

3)黎曼贴近度

若 U 为实数域,被积函数为黎曼可积,且广义积分收敛,则黎曼贴近度表示为

$$N_1(\widetilde{A},\widetilde{B}) = \frac{\int_{-\infty}^{+\infty}(\widetilde{A}(u_i) \wedge \widetilde{B}(u_i))\mathrm{d}u}{\int_{-\infty}^{+\infty}(\widetilde{A}(u_i) \vee \widetilde{B}(u_i))\mathrm{d}u} \tag{5.4.5}$$

$$N_1(\tilde{A},\tilde{B})=\frac{2\int_{-\infty}^{+\infty}(\tilde{A}(u_i)\wedge\tilde{B}(u_i))\mathrm{d}u}{\int_{-\infty}^{+\infty}\tilde{A}(u_i)\mathrm{d}u+\int_{-\infty}^{+\infty}\tilde{B}(u_i)\mathrm{d}u} \tag{5.4.6}$$

5.4.2 模糊识别原则

模糊识别原则有多种，常见的有最大隶属原则和择近原则。下面分别介绍这两种原则。

(1)最大隶属原则

设 $\tilde{A}_i\in F[U]\ (i=1,2,\cdots,n)$，对于 $u_0\in U$，如果满足

$$\mu_{\tilde{A}_i}(u_0)=\max\{\mu_{\tilde{A}_1}(u_0),\mu_{\tilde{A}_2}(u_0),\cdots,\mu_{\tilde{A}_n}(u_0)\} \tag{5.4.7}$$

则认为 u_0 相对地隶属于 $\tilde{A}_i$，即元素 u_0 应属于 $\tilde{A}_i$。

(2)择近原则

设 $\tilde{A}_i,\tilde{B}\in F[U]\ (i=1,2,\cdots,n)$，若存在 i_0 使得

$$N(\tilde{A}_{i0},\tilde{B})=\max\{N(\tilde{A}_1,\tilde{B}),N(\tilde{A}_2,\tilde{B}),\cdots,N(\tilde{A}_n,\tilde{B})\} \tag{5.4.8}$$

则认为 $\tilde{B}$ 与 $\tilde{A}_i$ 最贴近，即认为 $\tilde{B}$ 与 $\tilde{A}_i$ 为同一类。

5.5 模糊逻辑在核动力装置故障诊断中的应用

在核动力装置故障诊断中，模糊逻辑被用于参数预测[84]、模式识别[85－88,92]、信号分析[93]、风险评估[90]以及失效分析[91]等方面的研究。本节主要介绍模糊逻辑在核动力装置参数预测与模式识别中的应用方法。

5.5.1 基于模糊逻辑的蒸汽发生器水位预测[84]

基于参数预测的故障检测方法是一种基于模型的方法。在系统状态监测中，通过建立系统参数预测模型，然后检测参数预测模型的预测值与实际测量值之间的偏差，再根据偏差的大小来确定系统是否出现故障或故障的严重程度。文献[84]提出了一种基于模糊逻辑的参数预测方法并将其应用于蒸汽发生器水位预测研究。这种方法的基本步骤是先使用系统的输入/输出数据建立参数模糊预测模型，然后应用所建立的模糊预测模型进行参数预测。

(1)建立模糊模型规则库

建立模糊模型的核心问题是利用系统的输入/输出数据构建模糊模型规则库(Rule Base of Fuzzy Logic Model，FRB)。下面简要介绍基于输入/输出数据的模糊模型规则库构建方法。

设 $\boldsymbol{X}^{(s)}$ 与 $\boldsymbol{Y}^{(s)}$ (l$=1,2,\cdots,s$)分别为输入/输出向量对构成的集合 S。数据集可以用三元组清晰数据构成的集合 S 描述，即

$$\{x_1^{(1)},x_2^{(1)};y^{(1)}\mid x_1^{(2)},x_2^{(2)};y^{(2)}\mid\cdots\mid x_1^{(s)},x_2^{(s)};y^{(s)}\}$$

将输入/输出空间划分为交叠的模糊集 FS(Fuzzy Set，FS)，这些交叠的模糊集构成了

向量 $\boldsymbol{X}$ 和 $\boldsymbol{Y}$ 的语言项数值基础。将每个变量的论域划分为 $2N+1$ 个模糊集，这里 N 表示论域中所划分的不相交的等距子区间的数目，同时 N 也代表了信号的分辨率。上述 $2N+1$ 个模糊集可分别表示为 SN(小 N)，…，$S1$(小 1)，CE(中心)，$B1$(大 1)，…，BN(大 N)。模糊集的隶属度函数可定义为三角形隶属度函数，用 $\mu(\cdot)$ 表示。

模糊规则可采用 If－Then 规则。在各离散时刻，通过测量得到系统的输入和输出数据。将这些输入和输出数据分别作为 If－Then 规则的前件或后件。在 t_i 时刻，设输入值为 $x_1^{(i)}$ 和 $x_2^{(i)}$，输出值为 $y^{(i)}$。如果预测第 τ 步信号，则 $x_{1,2}^{(i)}=x_{1,2}(t_i-\tau)$，$y^{(i)}=y(t_i)$。将测量得到的三元组数据模糊化为单元素，并分别确定 3 个数值属于对应模糊集的隶属度 $\mu(\cdot)$。由于将清晰数据模糊化为单元素，因此，这些隶属度仅仅是对应于各清晰值的每个论域的隶属度函数值。在由 $x_s^{(i)}$ 激励的模糊集中，在规则中将 $x_s^{(i)}$ 关联到具有最大隶属度的模糊集。如果用这种方法得到的规则是一个新规则且与模糊规则库中已有的规则不存在冲突，就将这个规则作为新规则加入到模糊规则库之中。如果根据三元输入/输出数据得到的规则相互矛盾，就给各规则赋予一个信任度 $D(r)$(Degree of Belief)，然后将这些冲突的规则中具有最大信任度 $D_{\max}$ 保留下来。在每创建一个规则时，都对其定义一个信任度(前件与后件的积)，并对其进行评价。

模糊规则采用 If－Then 规则，其形式如下

$$\text{If } x_1 \text{ is } A \text{ and } x_2 \text{ is } B \quad \text{Then } y \text{ is } C$$

通过上述方法建立输入/输出数据的模糊规则，由这些模糊规则构成参数预测模型的模糊规则库，并由此建立了参数模糊预测模型。

(2)去模糊化运算

在应用参数模糊预测模型进行参数预测时，需要将模糊规则推理结果去模糊化，以便得到清晰的参数预测值。在这里，为了阐述去模糊化方法，下面先给出一个关于规则"强度"的概念。

设一个 m 维清晰值输入向量 $\boldsymbol{X}^{(*)}$ 与 k 维清晰值输出向量 $\boldsymbol{Y}^{(*)}$，对于 FRB 中的第 r 个规则 R，其强度定义为规则前件隶属度的积，即

$$R_r(\boldsymbol{X}^{(*)})=\prod_{p=1}^{m}\mu_{\widetilde{X}_{pr}}(x_p^{(*)}) \tag{5.5.1}$$

式(5.5.1)中，$\widetilde{X}_{pr}$ 表示属于第 r 个规则的第 p 个前件的模糊集。

设 y_q^r 为模糊集 $\widetilde{Y}_{qr}$ 的中点，即第 r 个被激励规则的后件，则第 q 个输出的清晰值可由第 q 个输出 y_q^r 的加权和确定，权值即为规则的强度。将输出规范化为单位量，可表示如下

$$y_q^{(*)}=\frac{\sum_{r=1}^{R_r}R_r(\boldsymbol{X}^{(*)})y_q^r}{\sum_{r=1}^{R_r}R_r(\boldsymbol{X}^{(*)})} \tag{5.5.2}$$

由 $2N+1$ 个模糊集得到的阶数为 m 的输入向量的规则总数目很大，而训练期间可能并不激励任何规则，这时模糊模型将没有输出。为解决这个问题，这里引入一个"距离"概念，这个距离并非严格数学意义上的距离，而是将其定义为一个给定的输入向量 $\boldsymbol{X}^{(*)}$ 与一个给定的规则 r 之间的距离，用下式表示

$$d_r(\boldsymbol{X}^*) = \sqrt{\sum_{p=1}^{m}(x_p^r - x_p^{(*)})^2 w_p} \tag{5.5.3}$$

式(5.5.3)中，$x_p^{(*)}$ 为输入的第 p 个清晰值，x_p^r 为第 p 个规则中对应于模糊集 $\widetilde{X}_{pr}$ 的中点，w_p 为加权重要度(分析给出)。由于输入变量可能存在本质上的不同，因此需要进行规范化。

这样，对于规则总数为 R 的 FRB，仅有简单的单输出变量的模糊模型，其输出的清晰值(去模糊化值)可表示为如下形式

$$y^{(*)}(\boldsymbol{X}^{(*)}) = \frac{\sum_{r=1}^{R}\frac{y^r}{d_r^2(\boldsymbol{X}^*)}}{\sum_{r=1}^{R}\frac{1}{d_r^2(\boldsymbol{X}^*)}} \tag{5.5.4}$$

(3)在 SG 水位预测中的应用

文献[8]所提出的基于模糊逻辑的蒸汽发生器水位模糊预测原理如图 5.2 所示。模糊预测系统的输入量为水位 L(在 t，$t-1$，$t-2$ 时刻水位的测量值)、一回路冷却剂出口温度 T_{po}(在 t，$t-1$，$t-2$ 时刻的测量值)、沸腾通道出口温度 T_b(在 t，$t-1$，$t-2$ 时刻的测量值)和蒸汽压力 P_s(在 t，$t-1$，$t-2$ 时刻的测量值)，输出为 $t+1$ 时刻蒸汽发生器水位预测值 $L(t+1)$。

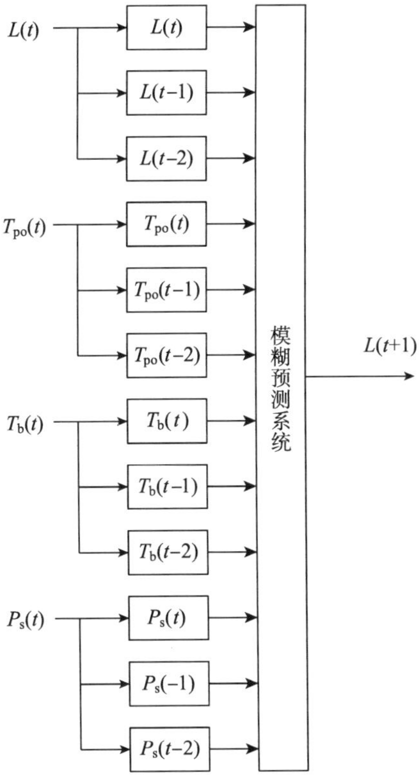

图 5.2　SG 水位模糊预测原理框图

根据上述蒸汽发生器水位模糊预测原理和选定的输入/输出参数，首先通过仿真得到不同瞬态下的输入/输出参数数据。然后，通过最优划分获得然后前件和输出变量论域的模糊子集，并利用前面介绍的模糊规则构建方法建立水位模糊预测的模糊规则库，从而得到蒸汽发生器水位模糊预测模型。文献[84]利用上述水位模糊预测模型和建立水位模糊预测规则库时没有使用过的新瞬态数据对蒸汽发生器水位预测进行，得到了满意的预测结果。

5.5.2 核动力装置故障模糊识别方法[92]

基于模糊聚类的故障诊断方法是一种典型的模糊故障诊断方法。2011 年，Baraldi P 等在沸水堆给水系统统瞬态(故障)识别的研究中提出了模糊 C-均值(FCM)分类器集成瞬态(故障)识别方案。在集成瞬态(故障)识别模型的设计中，以有监督模糊 C-均值分类器作为基本分类器，采用 Bagging(Bootstrap Aggregating)方法对各分类器进行集成。

(1)有监督最优进化 FCM 分类器

假设 $\boldsymbol{X}_k$ 为 N 个模式构成的集合，其先验分类 Γ_k^t 已知。下标 t 表示 $\boldsymbol{X}_k$ 已知先验物理分类。N 个模式 $\boldsymbol{X}_k$ 总分类数目为 c，这样 Γ_k^t 的值在$(1,2,\cdots,c)$之中。已知的信息即第 k 个模式物理分类 Γ_k^t 用于监督进化算法。通过进化算法寻找最优 Mahalanobis 度量 c。最优 Mahalanobis 度量 c 定义为尽可能接近已知先验物理类的 c 几何聚类。Mahalanobis 度量由矩阵 $\boldsymbol{M}_i$ $(i=1,2,\cdots,c)$定义，其元素通过有监督最优进化算法识别，以便极小化 $\boldsymbol{X}_k^i$ 和分类原型 $\boldsymbol{V}_i^*$ 之间的距离 $\boldsymbol{s}_{ik}=(\boldsymbol{X}_k^i-\boldsymbol{V}_i^*)^{\mathrm{T}}\boldsymbol{M}_i(\boldsymbol{X}_k^i-\boldsymbol{V}_i^*)$。

FCM 分类器总体迭代训练方案如下

1)初始化($\tau=1$)。将所有聚类 c 的度量规范化到欧几里德度量空间。

2)在总迭代步骤 τ 下，运行 FCM 聚类算法，在当前度量 $M_i(\tau)$ 和有监督初始划分 $\Gamma^t=(\Gamma_1^t,\Gamma_2^t,\cdots,\Gamma_N^t)$ 的基础上，将 N 个训练数据划分为 c 个聚类。令 $\Gamma_k(\tau)$ 为第 k 个模式赋予的聚类。则 $\Gamma(\tau)=(\Gamma_1(\tau),\Gamma_2(\tau),\cdots,\Gamma_N(\tau))$ 是与所得到的最优划分 Γ^* 相等的集合。

3)计算已知先验物理类与几何聚类的距离。在首次迭代($\tau=1$)时，初始化最佳距离 D^+ 为 $D(\Gamma^t,\Gamma(1))$，D_i 为 $D(\Gamma_i^t,\Gamma_i(1))$，最佳度量 M_i^+ 为 $M_i(1)$。转第 5)步。

4)如果 $\Gamma(\tau)$ 接近于 Γ^t，或迭代数 τ 大于预定最大允许迭代数 $\tau_{\max}$，停止。则 $\Gamma(\tau)$ 为最优聚类划分 Γ^*。否则，修正 D^+ 为 $D(\Gamma^t,\Gamma(\tau))$，M_i^+ 为 $M_i(\tau)$，$D_i^+=D(\Gamma_i^t,\Gamma_i(\tau))$。

5)$\tau=\tau+1$。修正 M_i^+。

6)返回到步骤 2)。

(2)Bagging 集成训练

模糊 C-均值(FCM)集成分类器瞬态识别方案如图 5.3 所示。所有集成模型包括两个关键性部分：

1)建立多样性分类器的策略

多样性可通过 Bagging 方法和训练数据自举复制方法获得。其方法是通过置换的方式从整个训练数据集随即抽取数据，以得到不同的训练子集。在每个 Bagging 迭代时，在原始数据集的基础上，创建一个新的数据子集。每个数据子集用于训练不同的 FCM 型分类器。

2)单个分类器输出组合策略

通过输出组合的策略，放大正确的决策，抵消错误的决策。各分类器输出组合方法可采用多数表决技术。

基于集成的分类思想是，通过建立多个分类器并采用某种方式对各分类器的输出进行综合，以提高单个分类器的性能。这需要单个分类器在不同的特征空间区域能够很好地工作，并得出不同模式的误差。如果每个分类器得到不同的误差，那么通过采用分类器组合策略可减少总误差。因此，每个分类器应尽可能不同，尤其决策边界能够与其他分类器充分区别开来的分类器。

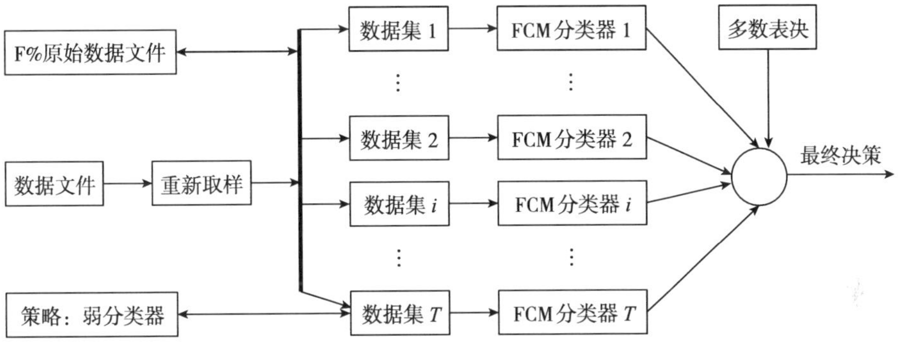

图 5.3 基于 FCM 集成方案的主要结构

为了使集成分类器中的基本模型具有多样性，可以对集成分类器中的各分类器采用不同的训练技术。例如，使用不同的训练参数、使用不同的训练模式、使用不同的训练子集以及不同的的学习方法。

文献[92]采用不同的数据集训练单个分类器，从而使集成分类器中的基本模型具有多样性。通过 Bagging 重新抽样技术得到数据集，数据集中的训练数据是通过使用置换技术随机抽样得到的。Bagging 方法是最早的、直觉和简单的基于集成的算法之一。在 Bagging 算法中，将不同的训练数据集用于训练相同类型的不同分类器。然后，应用多数表决方法对各分类器的结果进行综合。为了保证在各数据子集中具有足够的训练样本，在每个数据子集的数据采样中，采用相对大比例的采样率(75％～100％)。这将导致个别训练子集严重重叠，相同的事例会在多个子集中出现，并且在一个给定的子集中，一些事例会重复出现多次。在这种情况下，为了保证多样性，通过采用相对不稳定模型以得到不同训练数据集中小干扰情况下充分不同的决策边界。

下面简要介绍 Bagging 训练方法。

给定已知实际/物理分类标签 Γ_k^t（$\Gamma_k^t=1,2,\cdots,c$）的 N 个模式的训练集 S；令 T 为迭代的次数，F 为构成每个自举复制训练模式总数份额，则 Bagging 程序训练步骤如下

1)令 $\alpha=1,2,\cdots,T$；

2)建立自举采样集。用置换方法从原始数据集 S 中随机抽取 $F\times N$ 个模式，得到自举复制集 S_α；

3)在 S_α 上训练分类器 h_α；

4)将 h_α 添加到集成 E 上。结束。

(3)表决综合

表决综合是最直观和最简单的分类决策综合方法。这种方法在于给多数单分类器支持的类 $\boldsymbol{X}$ 赋予类标签。对于一个给定的无标签测试模式 $\boldsymbol{X}$，则多数表决综合方法的步骤

如下

1)令 $\alpha=1,2,\cdots,T$;

2)从集成 E 上调用分类器 h_α 对测试模式 $\boldsymbol{X}$ 进行分类;

3)令 Γ^α 为分类器 h_α 赋予 $\boldsymbol{X}$ 的类;

4)令 $v_{\alpha,j}$ 为分类器 h_α 投给类别 j 的票

$$v_{\alpha,j}=\begin{cases}1, & \text{如果 } \Gamma^\alpha=j \\ 0, & \text{其他}\end{cases}$$

5)得到每个分类收到的总票数 V_j,即

$$V_j=\sum_{\alpha=1}^{T} v_{\alpha,j}, \quad j=1,2,\cdots,c$$

6)将得到最大总票数的类选择为指定类;

7)如果不同的类得到票数相等,则在得到最大总票数的分类器中随机选择一个分类器作为指定类。

为避免集成性能出现过估计或估计不足,应用 K 层交叉验证方案对结果进行交叉验证。采用交叉验证的 Bagging 算法的总体结构如图 5.4 所示。交叉验证方法是,将原始数据集划分为 K 组,各组大小均等,并将其中一组作为测试数据子集,其余的 $K-1$ 组组合起来构成训练数据子集。交叉验证是每次用不同的的数据组作为测试数据集重复测试 K 次。Bagging 算法也因而重复 K 次(K 层),且每次训练子集不同。K 层交叉验证估计误差为 K 个估计误差的平均值。

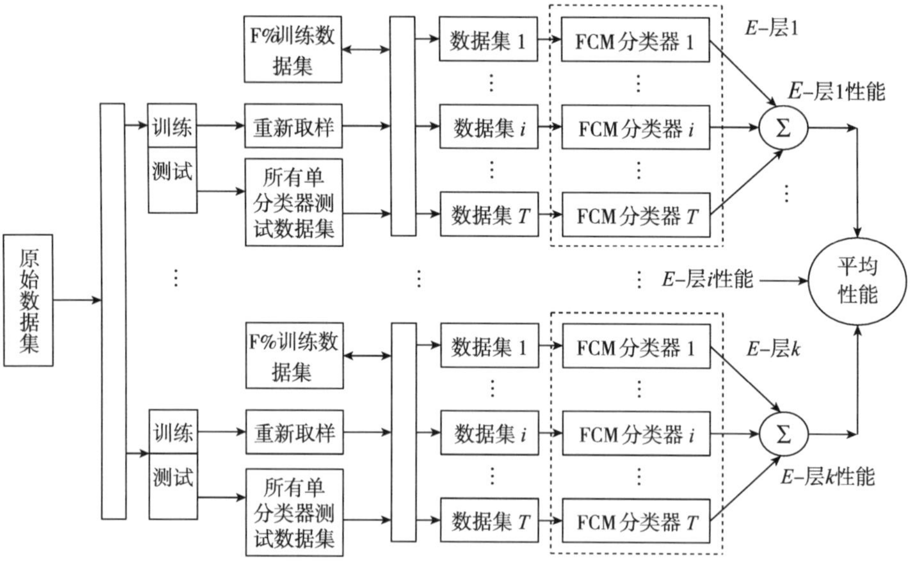

图 5.4 基于 FCM 集成方案的主要结构

如果数据集为小规模的数据集,就采用所谓的“遗漏(Leave－one－out)”交叉验证方法。“遗漏”交叉验证法使用原始数据集中的单个模式作为测试模式,其余 $N-1$ 个模式作为训练模式。在交叉验证时,重复 N 次,以便数据集中的每个模式都有作为测试数据的经历。

(4)在沸水堆给水系统故障(瞬态)识别中的应用

根据上述 Bagging 集成方法,Baraldi P 等[92]建造了 FCM—Bagging 集成分类器并将其用于沸水堆给水系统故障(瞬态)的识别,仿真试验结果表明,FCM—Bagging 集成分类器的性能优于 FCM 分类器,而且能够提高故障(瞬态)识别的精度。

5.6 本章小结

本章介绍了模糊诊断方法的基本原理,以及模糊诊断方法常用的故障判别准则。在模糊诊断方法中,常用的故障判别准则主要有模糊聚类准则、模糊集的贴近度准则和最大隶属度准则。在模糊聚类方法中,介绍了基于模糊等价关系的聚类方法和基于模糊相似关系的聚类方法。在模糊识别方法中,介绍了模糊集的贴近度与模糊识别原则。最后,介绍了模糊逻辑在核动力装置故障诊断中的两个应用研究事例,即模糊逻辑在蒸汽发生器水位预测和核动力装置故障识别中的应用。需要指出的是,由于模糊方法本身的局限使其直接用于故障诊断方面的并不是很多,比较常见的是将模糊方法与神经网络或专家系统等方法相结合用于故障诊断的研究。

复习思考题

1.模糊诊断方法的基本思路是什么?模糊诊断方法包含哪几个主要环节?

2.基于模糊等价关系的聚类方法与基于模糊相似关系的聚类方法有什么不同?

3.什么是模糊集的贴近度?主要有哪些表示方法?

4.模糊识别原则主要有哪些?

5.模糊在故障诊断中的应用方法主要有哪些?

第6章 核动力装置模糊控制方法

6.1 概述

模糊控制(Fuzzy Control,FC)是在模糊理论与自动控制理论结合的基础上发展起来的一种智能控制理论。模糊控制的概念起源于20世纪70年代,在一些文献中,将模糊控制称为模糊逻辑控制(Fuzzy Logic Control,FLC)。1974年,英国伦敦大学教授 Mamdani E H 研制了第一个模糊控制器并将其用于锅炉和蒸汽机的控制[237-238]。试验结果表明,模糊控制器的性能优于常规控制器。此后,模糊控制理论及其应用研究日益增多,模糊控制理论与模糊控制技术得到了迅速发展。现在,模糊控制技术的应用十分广泛。

20世纪80年代以来,模糊控制理论与技术的发展引起了核能界的重视,从而推动了模糊控制在核动力系统控制中的应用研究。现在,模糊控制技术已在核动力装置一些控制系统如蒸汽发生器水位控制、压水堆核电厂硼酸浓度控制等系统中获得了实际应用,并且显示出优于常规控制技术的控制性能。

从目前核动力装置模糊控制研究情况看,已经提出了多种模糊控制方法,如基于规则的模糊逻辑控制[162,164,169,170]、模糊 PI(D)控制[12,13,21,180,224,239]、模糊预测控制[183,184]、模糊自适应控制[44,167]、模糊神经网络控制[41,43]、模糊自组织(自学习)控制[171]、模糊解耦控制[187]、多变量模糊控制[188]、多变量模糊自适应滑模控制[173]以及模糊$-H_\infty$控制[240]等。这些模糊控制方法分别应用于反应堆功率控制、控制棒棒位控制、蒸汽发生器水位控制、压水堆核电厂硼酸浓度控制、沸水堆水位控制、核动力装置二回路系统控制等方面的研究。

本章首先介绍模糊控制的基本原理,然后介绍核动力装置模糊控制研究中所提出一些典型的或具有代表性的模糊控制方法。

6.2 模糊控制系统

6.2.1 模糊控制系统组成与工作原理

(1)模糊控制系统的基本组成

模糊控制系统的基本组成原理框图如图6.1所示。模糊控制系统一般由模糊控制器(Fuzzy Controller,FC)、执行机构、被控对象、比较单元、测量单元、信号转换以及信号放大单元等部分组成[228,231]。图6.1中,$r(k)$为给定值,$y(t)$为被控参数,$e(k)$为给定值与被控参数测量值之间的偏差。

从图6.1可以看出,在系统组成上,模糊控制系统与一般自动控制系统是基本相似的,除控制器部分外,其他单元并无太大差别。模糊控制系统与一般自动控制系统的主要不同之处在于,模糊控制系统中的控制器是采用模糊理论设计的模糊控制器,而一般自动控制系统中的控制器是根据其他控制理论设计的控制器。因此，本章在介绍模糊控制系统组成与工作原理时，重点阐述模糊控制器单元，对模糊控制系统其他单元不作具体介绍。

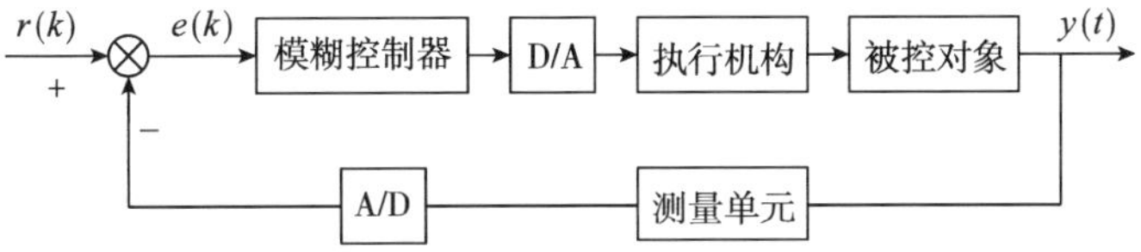

图 6.1　模糊控制原理框图

(2)模糊控制系统的工作原理

模糊控制系统基本工作原理如图 6.2 所示[241]。

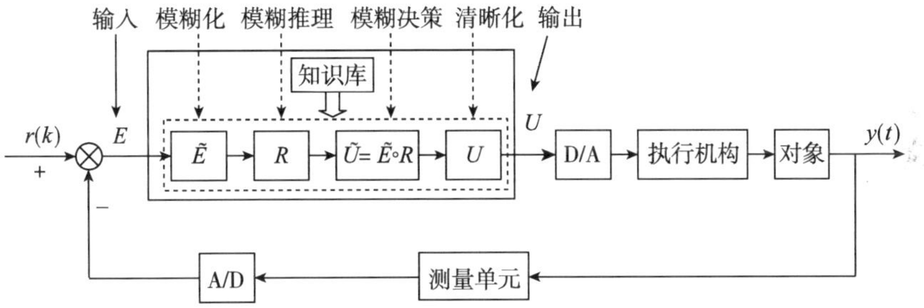

图 6.2　模糊控制系统工作原理示意图[241]

在模糊控制系统中，模糊控制器的控制规律(控制算法)通过计算机编程实现。实现一步模糊控制算法的过程描述如下：计算机经中断采样获取被控制量的精确值，然后将此测量值与给定值比较得到误差信号 E。一般选误差信号 E 作为模糊控制器的一个输入量，并将误差信号 E 的精确值进行模糊化变成模糊量。误差的模糊量可用相应的模糊语言表示(模糊条件语句或模糊推理规则)，得到误差 E 的模糊语言集合的一个模糊子集 $\widetilde{E}$（$\widetilde{E}$ 是一个模糊矢量)，再由 $\widetilde{E}$ 和模糊控制规则 R(模糊算子)根据推理的合成规则进行模糊决策，得到模糊控制量 $\widetilde{U}$。上述模糊推理合成可用下述算式表示

$$\widetilde{U}=\widetilde{E}\circ R \tag{6.2.1}$$

模糊控制量 $\widetilde{U}$ 经过清晰化(去模糊化)接口处理，得到控制量的精确值(清晰值)U。该精确值经过变换、放大等处理后，作用于控制系统的执行结构，从而完成对被控制量的调节和控制。

(3)模糊控制系统分类

1)模糊控制的类型

从模糊控制的概念出现以来，已提出和发展了多种模糊控制方案。对这些模糊控制方案可以采用多种分类方式进行分类。如果按照控制系统中模糊理论的应用方式来分，可分为直接模糊控制与组合(集成)模糊控制。在直接模糊控制系统中，模糊控制系统的核心部分是模糊控制器，即控制器是根据模糊算法设计的模糊逻辑控制器。在模糊集成控制系统中，一般是将模糊理论与其他控制理论和方法结合起来设计控制系统。除此以外，还有多种分类方法。如果按照控制器所采用的控制方案(控制算法)分类，则可分为基于规则的模

糊逻辑控制、模糊 PI(D)控制、模糊模型预测控制、模糊自适应控制、模糊神经网络控制、模糊自组织(自学习)控制、模糊解耦控制，以及模糊自适应滑模控制等。

2)单变量与多变量模糊控制系统

在模糊控制系统分类中，如果按照系统被控变量的多少分类，可将模糊控制系统分为单变量与多变量模糊控制系统[231]。如果系统的输入量和输出量均为一个，则称为单变量模糊控制系统，其控制器称为单变量模糊控制器(Single Variable Fuzzy Controller, SVFC)；如果系统的输入量和输出量均为多个，则称为多变量模糊控制系统，其控制器称为多变量模糊控制器(Multiple Variable Fuzzy Controller，MVFC)。

6.2.2 模糊控制器

6.2.2.1 单变量与多变量模糊控制器[231]

(1)单变量模糊控制器

在单变量模糊控制系统中，虽然控制系统的输入量和输出量分别为一个变量，但是模糊控制器的输入量并非仅有一个变量。在设计模糊控制器时，根据系统设计需求的不同，可以将被控量的偏差作为模糊控制器的输入量，也可以将被控量的偏差、偏差的变化率甚至偏差变化率的变化率作为模糊控制器的输入量。当将被控量的偏差 E、偏差的变化率 EC 或偏差变化率的变化率 ECC 作为模糊控制器的输入量时，模糊控制器就具有多个输入量。这与经典控制理论中控制器只有一个输入量的情况是不同的。通常将单变量模糊控制系统模糊控制器输入量的个数称为模糊控制器的维数，如分别将具有 1 个输入量、2 个输入量和 3 个输入量的模糊控制器称为一维模糊控制器、二维模糊控制器和三维模糊控制器，如图 6.3 所示。

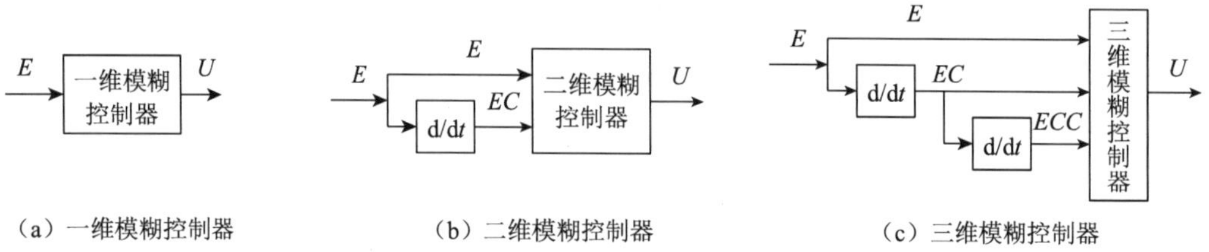

图 6.3 单变量模糊控制器

(2)多变量模糊控制器

多变量模糊控制器如图 6.4 所示。模糊控制器具有多个输入量和多个输出量(MIMO)。在一个复杂的动态系统中，由于系统各变量之间一般都具有耦合作用，因此设计一个多变量模糊控制器往往是比较困难的。在多变量模糊控制器设计中，可采用类似于常规控制中解耦控制的方法，通过模糊关系分解，对控制器的结构进行解耦，将一个多变量模糊控制器分解成若干个多输入—单输出的模糊控制器。

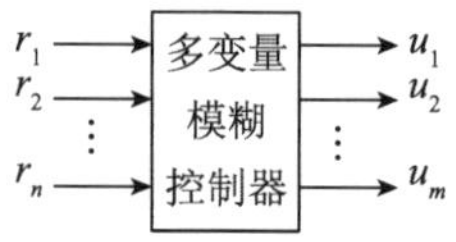

图 6.4 多变量模糊控制器

6.2.2.2 模糊控制器的基本组成

模糊控制器是模糊控制系统的核心部分。在模糊控制器中,控制律或控制算法采用模糊逻辑运算方法。由于模糊控制器所采用的模糊控制规则是由模糊条件语句来描述的,因此,模糊控制器是一种语言控制器,有时也称为模糊语言控制器。模糊控制器一般由模糊化接口、知识库、模糊推理机和清晰化(去模糊化)接口等部分组成,如图 6.5 中虚线框中部分所示[228,231]。

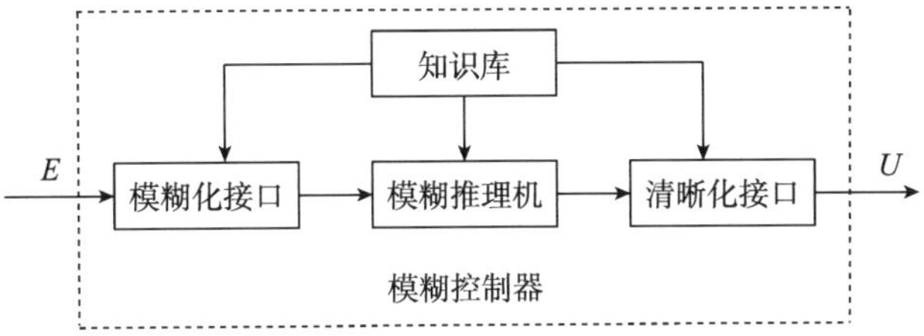

图 6.5 模糊控制器基本结构

下面简要介绍模糊控制器各功能单元的作用。

(1)模糊化接口

在模糊控制系统中,输入信号一般为清晰值。而模糊推理机在推理过程中所使用的变量均为模糊变量。因此,模糊控制器的输入信号必须通过模糊化转换为模糊量才能用于模糊控制算法的求解。模糊化接口实际上是模糊控制器的输入接口,其主要作用是将实际输入的确定量(精确量)转换为一个模糊矢量。对于一个输入变量 E,其模糊子集可以作如下方式划分:

1) $\tilde{E}=NB,NS,ZO,PS,PB$

2) $\tilde{E}=NB,NM,NS,ZO,PS,PM,PB$

3) $\tilde{E}=NB,NM,NS,NO,ZO,PO,PS,PM,PB$

上述各式中,$NB,NM,\dots,PB$ 等各符号的含义如表 6.1 所示(除特别说明外,在以下各节表中符号的含义相同)。

表 6.1 推理规则中有关符号含义

序号	符号	含义
1	NB	负大
2	NM	负中
3	NS	负小
4	NO	负零
5	ZO	零
6	PO	正零
7	PS	正小
8	PM	正中
9	PB	正大

(2)知识库

知识库一般由数据库和规则库两部分构成。

1)数据库

数据库所存放的是所有输入、输出变量的全部模糊子集的隶属度矢量值(即经过论域等级离散化以后对应值的集合),若论域为连续域则为隶属度函数。数据库在规则推理的模糊关系方程求解过程中向模糊推理机提供数据。

2)规则库

规则库是用来存放全部模糊控制规则的,在推理时为推理机提供控制规则。模糊控制器的规则是基于专家知识或熟练操作人员的经验而设计的,它是按照人类的直觉推理的一种语言表示形式。模糊规则通常由一系列的关系词连接而成,如 if-then、else、and 等。关系词必须经过“翻译”才能将模糊规则数值化。例如,某模糊控制系统输入变量为 e(误差)和 ec(误差变化),它们对应的语言变量为 E 和 EC,可给出一组模糊规则:

R1:IF E is NB and EC is NB then $\tilde{U}$ is PB

R2:IF E is NB and EC is NS then $\tilde{U}$ is PM

模糊规则的基本结构可归纳为:If $\tilde{A}$ and $\tilde{B}$ then $\tilde{U}$。其中,$\tilde{A}$ 为论域 V 上的一个模糊子集,$\tilde{B}$ 是论域 W 上的一个子集。根据人工控制经验,可离线组织其控制决策表 $\tilde{R}$,$\tilde{R}$ 是笛卡尔乘积集 $V\times W$ 上的一个模糊子集,则某一时刻控制量由下式给出

$$\tilde{U}=(\tilde{A}\times\tilde{B})\circ\tilde{R} \tag{6.2.2}$$

(3)模糊推理机

模糊推理机是实现模糊推理运算的功能单元。模糊推理机根据输入的模糊量,应用知识库中的数据和模糊控制规则,按照一定的推理方式进行推理并获得推理结果。

(4)清晰化接口

经过模糊推理机推理所获得的结果是一个模糊矢量,不能直接用来作为控制量。因此,必须将模糊量转换为清晰值,得到清晰的控制量。这种转换过程即为解模糊或称为清晰化(去模糊化)。一般把模糊系统输出端具有转换功能的部分称为解模糊接口或清晰化接口。

6.3 模糊控制系统设计方法

模糊控制是以模糊理论和控制理论为基础的,模糊控制系统的设计既要遵从一般控制系统设计的规律,同时也要遵从模糊理论的方法和算法。

模糊控制系统设计的可以概括为解决以下几个主要方面的问题:

(1)确定控制目标

如同常规控制系统的设计一样,在设计一个模糊控制系统时,首先必须确定控制目标,即解决被控对象是某个过程还是某个变量以及控制系统要达到的性能指标等问题。

(2)选择控制方案

从前面分析可以看出,模糊控制已从早期的模糊逻辑控制方案发展为多种控制方式。在设计模糊控制系统时,需要根据控制目标选择或研究一个合理的控制方案。

(3)确定模糊控制器的输入和输出变量

确定了控制目标和控制方案之后,就可根据控制目标和控制方案的特点,确定模糊控

制器的输入和输出变量。

(4)确定模糊控制器的结构

当控制系统直接采用模糊逻辑控制器时,应根据控制要求选择合适的控制器结构,如单变量模糊控制器和多变量模糊控制器;一维模糊控制器、二维模糊控制器和三维模糊控制器等;当控制系统采用组合(集成)模糊控制时,需要将模糊理论与其他控制理论结合起来设计模糊控制器。

(5)建立模糊规则库

模糊规则是模糊逻辑推理的基础,模糊规则数量和质量的高低也在很大程度上决定了模糊控制器的性能。因此,建立模糊规则是模糊控制的关键环节。模糊规则一般在对被控对象全面特点分析和掌握的基础上,根据专家或熟练操作人员的经验进行设计。

(6)确定模糊化和清晰化(去模糊化)方法

在模糊控制器中,控制算法是采用模糊推理运算方式,输入到控制器的精确值要经过模糊化转换为模糊量后,才能进行模糊推理运算。而通过模糊控制算法得到的模糊控制量 $\tilde{U}$,要经过去模糊化得到其精确值后,才能作用于信号变换、放大等单元,然后驱动执行结构。变量的模糊化和清晰化(去模糊化、解模糊)是通过预先确定的算法实现的。因此,在设计模糊控制器时,要根据需要和经验确定模糊化和清晰化(去模糊化)方法。

(7)确定模糊控制器的参数

与常规控制器设计类似,要使所设计的模糊控制系统具有良好的控制性能,在设计模糊控制器时,需要根据控制方案的特点合理地选择模糊控制器的参数,如:比例因子、量化因子和自适应因子等。

(8)模糊控制算法编程

模糊控制器中的模糊推理、模糊控制算法和清晰化算法等一般通过计算机软件编程实现。

(9)硬件实现

在完成上述设计工作后,可以进行控制系统硬件设计。控制系统硬件设计完成后,进行控制系统软件安装和软硬件调试、试验或修改,直到满足规定的控制系统性能指标。

6.4 基于规则的模糊逻辑控制

6.4.1 基于规则的模糊逻辑控制系统

基于规则的模糊逻辑控制系统是最基本的模糊控制系统。在这种模糊控制系统中,控制器一般为简单、直观的模糊逻辑控制器。基于规则的模糊逻辑控制器的控制算法是直接根据规则库中的模糊规则进行模糊推理运算,从而得到控制量,而不与其他控制理论和控制规律如 PID 控制、最优控制、预测控制等控制规律相结合控制方式。基于规则的模糊逻辑控制方法原理简单,易于设计,应用广泛。下面结合 Iijima T 等[170]设计的蒸汽发生器水位控制系统来说明基于规则的模糊逻辑控制系统的原理和设计方法。

6.4.2 基于模糊逻辑规则的 SG 水位控制系统[170]

早在 20 世纪 80 年代末期,Iijima T 等开展了模糊逻辑在蒸汽发生器水位控制中的应用研究，并在 1988 完成了仿真研究，1991 年完成了具有在线支持功能的模糊逻辑控制原型系统(FLCS)的研制。1992 年，在原型系统基础上开发的实际模糊逻辑控制系统被应用于日本 Fugen 堆的给水控制。Iijima T 等设计的蒸汽发生器水位模糊逻辑控制系统是一种典型的基于模糊逻辑规则的控制系统。下面介绍 FLCS 原理和模糊控制方法。

(1)Fugen 核动力装置蒸汽与给水系统

日本 Fugen 堆是功率为 165 MW 的、采用重水慢化和轻水冷却的反应堆，其蒸汽与给水系统简图如图 6.6 所示。

Iijima T 等设计的模糊逻辑控制系统主要由数据处理设备、模糊推理机和工作站组成。系统输入信号如水位、阀门开度、反应堆输出等在数据处理设备中转换为模糊推理机可以接受的形式。模糊推理计算分别在 3 个推理机中进行，模糊推理包括 A、B、C 三个模块。经综合后的模糊推理计算结果、FLCS 给出的低流量阀开度及其实际开度通过显示单元一并显示出来。Fugen 堆蒸汽发生器水位模糊控制推理流程如图 6.7 所示。

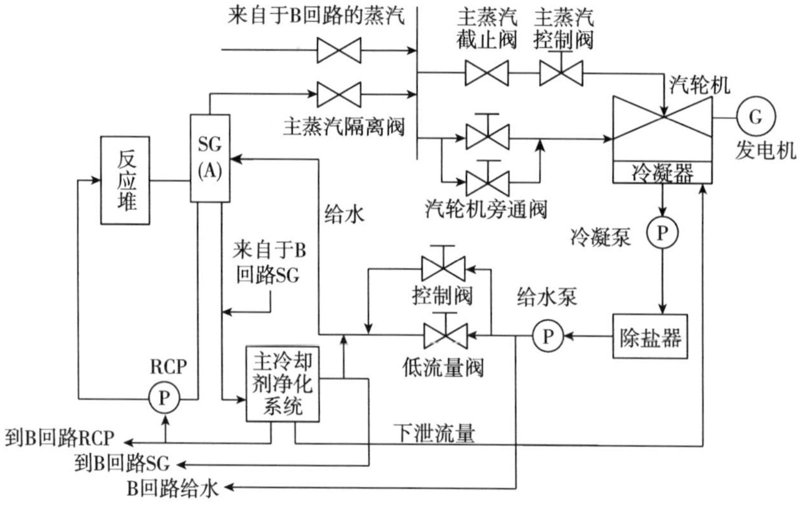

图 6.6 Fugen 核动力装置蒸汽与给水系统简图

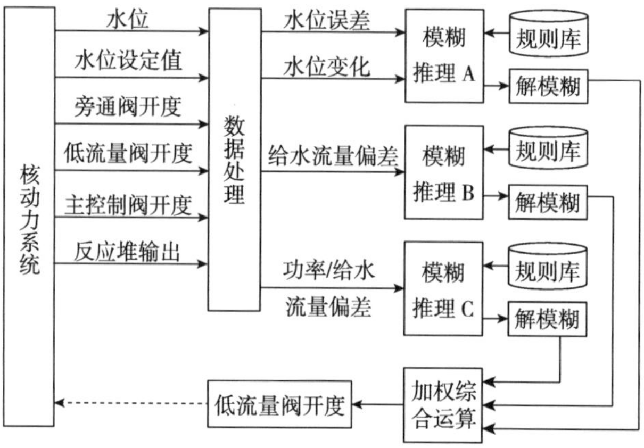

图 6.7 Fugen 核动力装置 SG 水位模糊控制推理流程框图

(2)模糊推理模块

1)A 推理模块

A 推理模块的功能是,根据蒸汽发生器实际水位与期望水位之间的偏差 L_E 以及水位的变化率 $\dot{L}$ 推断出低流量阀合适的调节值 U_1。L_E 与 $\dot{L}$ 可分别表示为

$$L_E(t)=L_R(t)-L_S(t) \tag{6.4.1}$$

$$\dot{L}(t)=\mathrm{d}L_R(t)/\mathrm{d}t \tag{6.4.2}$$

式(6.4.1)、式(6.4.2)中,$L_S(t)$ 为水位的设定值,t 为时间;$L_R(t)$ 表示蒸汽发生器实际水位。

A 推理部分模糊语言推理规则的形式为

$$\text{IF}\quad \tilde{L}_E \quad \text{is}\quad ZO \quad \text{and}\quad \tilde{\dot{L}}\quad \text{is}\quad ZO,\text{then}\quad \tilde{U}\quad \text{is}\quad ZO$$

$$\text{IF}\quad \tilde{L}_E \quad \text{is}\quad PB \quad \text{and}\quad \tilde{\dot{L}}\quad \text{is}\quad NS,\text{then}\quad \tilde{U}\quad \text{is}\quad NB$$

$$\text{IF}\quad \tilde{L}_E \quad \text{is}\quad NS \quad \text{and}\quad \tilde{\dot{L}}\quad \text{is}\quad NS,\text{then}\quad \tilde{U}\quad \text{is}\quad PM$$

…………………………………………………………

(共 35 条规则)

上述规则中,NB,NM,…,PB 等各符号的含义如表 6.1 所示。

这些语言变量分别由隶属度函数确定,而隶属度函数则反映了熟练操作员的经验。

2)B 推理模块

B 推理模块的功能是,根据蒸汽发生器流入与流出之间的偏差 F_{E1} 推断出低流量阀合适的调节值 U_2。

B 推理部分模糊语言推理规则的形式为

$$\text{If}\quad \tilde{F}_{E1}\quad \text{is}\quad PB\quad \text{then}\quad \tilde{U}\quad \text{is}\quad NB$$

$$\text{If}\quad \tilde{F}_{E1}\quad \text{is}\quad ZO\quad \text{then}\quad \tilde{U}\quad \text{is}\quad ZO$$

$$\text{If}\quad \tilde{F}_{E1}\quad \text{is}\quad NB\quad \text{then}\quad \tilde{U}\quad \text{is}\quad NB$$

…………………………………………………

(共 7 条规则)

Fugen 反应堆冷却剂系统由 A 和 B 两个冷却剂回路组成,每个回路分别安装了一台蒸汽发生器。因此,“F_{E1}”必须考虑整个回路流量变化情况。

$$F_{E1A}(t)=Q_{WA}(t)+Q_{JA}(t)+Q_{RCPA}(t)-Q_{BPVA}(t)-Q_{JWA}(t) \tag{6.4.3}$$

式(6.4.3)中:$F_{E1A}(t)$ ——A 回路流入与流出之间的偏差;

$Q_{WA}(t)$ ——A 回路给水流量;

$Q_{JA}(t)$ ——净化系统返回 A 回路的流量;

$Q_{RCPA}(t)$ ——A 回路循环泵和轴封水的注射率;

$Q_{BPVSA}(t)$ ——A 回路通过蒸汽旁通阀的蒸汽流量;

$Q_{JWA}(t)$ ——A 回路到净化系统的给水量。

在这些参数中,$Q_{RCPA}(t)$、$Q_{BPVSA}(t)$ 和 $Q_{JWA}(t)$ 是无法测量的。但是,由于 A、B 两个回路是对称设置的,因此,这些参数的不平衡可以忽略,则式(6.4.3)可以由下式代替

$$F_{\mathrm{E1A}}(t)=Q_{\mathrm{WA}}(t)-\{[Q_{\mathrm{BPVS}}(t)+Q_{\mathrm{BLOW}}(t)]/2\} \tag{6.4.4}$$

式(6.4.4)中，$Q_{\mathrm{BPVS}}(t)$ 为通过蒸汽旁通阀的蒸汽流量，$Q_{\mathrm{BLOW}}(t)$ 为净化系统到主冷凝器的流量。

式(6.4.4)中，$Q_{\mathrm{BLOW}}(t)$ 可以精确测量，而 $Q_{\mathrm{WA}}(t)$ 和 $Q_{\mathrm{BPVS}}(t)$ 在低功率范围内太小而难以精确测量，因而将 $Q_{\mathrm{WA}}(t)$ 和 $Q_{\mathrm{BPVS}}(t)$ 分别由模糊变量 $\widetilde{Q}_{\mathrm{WA}}(t)$ 和 $\widetilde{Q}_{\mathrm{BPVS}}(t)$ 代替。这些模糊变量可以从模糊隶属函数集中得到，它们取决于阀门的开度。

$$\widetilde{Q}_{\mathrm{WA}}(t)=\widetilde{F}_{\mathrm{mL}}[O_{\mathrm{LVA}}(t)]+\widetilde{F}_{\mathrm{mM}}[O_{\mathrm{MVA}}(t)] \tag{6.4.5}$$

$$\widetilde{Q}_{\mathrm{BPVS}}(t)=\widetilde{F}_{\mathrm{Tu}}[O_{\mathrm{Tu1}}(t)+O_{\mathrm{Tu2}}(t)] \tag{6.4.6}$$

式(6.4.5)、式(6.4.6)中，$\widetilde{F}_{\mathrm{mL}}[O_{\mathrm{LVA}}(t)]$ 为隶属函数集。$\widetilde{F}_{\mathrm{mL}}[O_{\mathrm{LVA}}(t)]$ 给出给水流量，作为一个模糊变量，它取决于 A 回路低流量阀门的开度 $O_{\mathrm{LVA}}(t)$。$\widetilde{F}_{\mathrm{mM}}[O_{\mathrm{MVA}}(t)]$ 为隶属函数集。$\widetilde{F}_{\mathrm{mM}}[O_{\mathrm{MVA}}(t)]$ 为隶属度函数集，它给出给水流量，作为一个模糊变量，它取决于 A 回路主流量阀门的开度 $O_{\mathrm{MVA}}(t)$；$\widetilde{F}_{\mathrm{Tu}}[O_{\mathrm{Tu1}}(t)+O_{\mathrm{Tu2}}(t)]$ 为隶属函数集，它给出蒸汽流量，作为一个模糊变量，它取决于汽轮机旁通阀阀门的开度 $O_{\mathrm{Tu1}}(t)$ 和 $O_{\mathrm{Tu2}}(t)$。这些隶属度函数集是在核电厂运行经验统计评估的基础上构造的。

3)C 推理模块

C 推理模块的功能是，根据给水流量和反应堆输出计算得到的理想流量之差"F_{E2}"推断出低流量阀合适的调节值 U_3。

C 推理部分模糊语言推理规则的形式为

If $\widetilde{F}_{\mathrm{E2}}$ is PB then $\widetilde{U}$ is NB

If $\widetilde{F}_{\mathrm{E2}}$ is ZO then $\widetilde{U}$ is ZO

If $\widetilde{F}_{\mathrm{E2}}$ is NB then $\widetilde{U}$ is PB

……………………………………

（共 7 条规则）

由于必须根据回路考虑 F_{E2}，因此 A 回路流量偏差可以描述如下

$$F_{\mathrm{E2A}}(t)=Q_{\mathrm{WA}}(t)-Q_{\mathrm{IWA}}(t) \tag{6.4.7}$$

式(6.4.7)中，$Q_{\mathrm{IWA}}(t)$ 为理想给水流量。

给出模糊变量 $Q_{\mathrm{IWA}}(t)$ 的隶属度函数集可以根据下述关系构造

$$\begin{aligned}\widetilde{F}_{\mathrm{mE2A}}(t)&=\widetilde{Q}_{\mathrm{WA}}(t)-\widetilde{Q}_{\mathrm{IWA}}(t)\\&=\widetilde{Q}_{\mathrm{WA}}(t)-\widetilde{F}_{\mathrm{mRA}}[P_{\mathrm{out}}(t)]\end{aligned} \tag{6.4.8}$$

式(6.4.8)中，$\widetilde{F}_{\mathrm{mRA}}[P_{\mathrm{out}}(t)]$ 为隶属函数集，给出理想给水流量，作为一个模糊变量，它取决于反应堆输出 $P_{\mathrm{out}}(t)$。

(3)模糊推理方法

根据上述各部分给出的模糊语言规则进行推理。这些规则如表 6.2～表 6.4 所示。各部分根据"最小—最大"方法进行推理。

$$\widetilde{U}_1(x)=\mathrm{Max}\{[W_i^1(\widetilde{L}_{\mathrm{E}})*W_j^1(\widetilde{\dot{L}})*X_{ij}^1(x)]\quad i=1-7;j=1-5\} \tag{6.4.9}$$

$$\widetilde{U}_2(x)=\text{Max}\{[W_i^2(\widetilde{F}_{E1}) * X_i^2(x)]i=1-7\} \tag{6.4.10}$$

$$\widetilde{U}_3(x)=\text{Max}\{[W_i^3(\widetilde{F}_{E2}) * X_i^3(x)]i=1-7\} \tag{6.4.11}$$

式(6.4.9)～式(6.4.11)中，$W_b^a(c)$ 表示 a 推理部分中规则 b 对于输入条件 c 的相容度；$X_b^a(x)$ 为 a 推理部分中规则 b 结果部分的隶属函数；*为极小化算子。

表 6.2　A 推理部分的语言规则

		水位误差 $\widetilde{L}_E$						
		NB	*NM*	*NS*	*ZO*	*PS*	*PM*	*PB*
$\widetilde{L}$	*NB*	*PB*	*PB*	*PB*	*PB*	*PS*	*ZO*	*NS*
	NS	*PB*	*PB*	*PM*	*PS*	*ZO*	*NM*	*NB*
	SO	*PB*	*PB*	*PS*	*ZO*	*NS*	*NB*	*NB*
	PS	*PB*	*PM*	*ZO*	*NS*	*NM*	*NB*	*NB*
	PB	*PS*	*ZO*	*NS*	*NB*	*NB*	*NB*	*NB*

表 6.3　B 推理部分的语言规则

流量偏差 $\widetilde{F}_{E2}$						
NB	*NM*	*NS*	*ZO*	*PS*	*PM*	*PB*
PB	*PM*	*PS*	*ZO*	*NS*	*NM*	*NB*

表 6.4　C 推理部分的语言规则

流量偏差 $\widetilde{F}_{E3}$						
NB	*NM*	*NS*	*ZO*	*PS*	*PM*	*PB*
PB	*PM*	*PS*	*ZO*	*NS*	*NM*	*NB*

模糊变量 $\widetilde{U}_1(x)$,$\widetilde{U}_2(x)$,$\widetilde{U}_3(x)$ 转换为清晰值的方法如下

$$U_n(x)=\frac{\int \widetilde{U}_n(x)x\,dx}{\int \widetilde{U}_n(x)\,dx},\ n=1\sim3 \tag{6.4.12}$$

将 3 部分推理结果通过加权综合得到结论

$$U=k_1\cdot U_1+k_2\cdot U_2+k_3\cdot U_3 \tag{6.4.13}$$

式(6.4.13)中，k_1、k_2、k_3 为加权增益，其值如表 6.5 所示。在验证测试中对这些参数进行调节，使系统具有良好的性能。

表 6.5　k_1、k_2、k_3 的加权增益

蒸汽压力	k_1	k_2	k_3
低于额定压力 (P_s<68 kg/cm^2)	1.0	0.5	0.1
高于额定压力 ($P_s \geqslant$68 kg/cm^2)	1.0	0.75	0.5

(4)Fugen 核动力装置蒸汽与给水控制

Iijima T 等将设计的模糊逻辑控制系统用于日本 Fugen 反应堆装置蒸汽发生器水位控制。实际应用情况表明,与常规 PI 控制系统相比,采用模糊逻辑控制系统能够使操作员更加有效地对蒸汽发生器水位进行控制。图 6.8 给出了低流量阀与主控制阀转换期间,蒸汽发生器水位模糊控制响应效果。

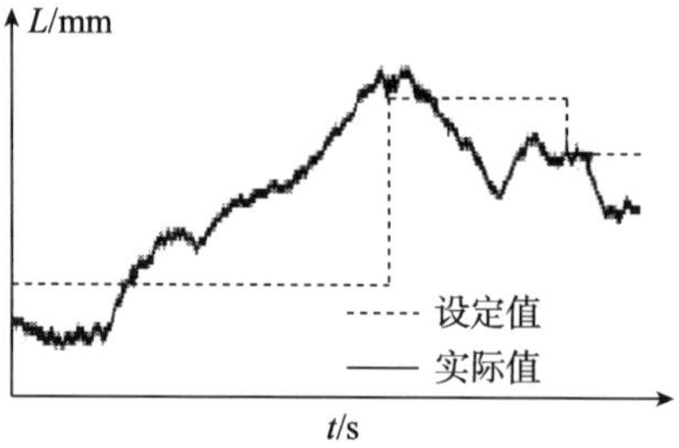

图 6.8　SG 水位模糊控制响应曲线

6.5　模糊 PI(D)控制

6.5.1　模糊 PI(D)控制分类

模糊 PI(D)控制是将模糊技术与传统的 PI(D)控制规律结合起来而形成的一种控制方法。根据模糊理论与 PI(D)控制方案的结合方式,可将模糊 PI(D)控制分为两种类型:(1)混合型。PI(D)控制器与模糊控制器组合起来构成混合型模糊 PI(D)控制器;(2)融入型。将 PI(D)规律与模糊运算结合起来构成模糊 - PI(D)控制器。

(1)混合型模糊 - PI(D)控制

混合型模糊 - PI(D)控制方案有几种不同的结构形式[228]。图 6.9 给出了一种混合型模糊 - PI(D)控制方案的原理框图。这种控制方案是将传统的 PI(D)控制器与模糊控制器结合(并联)起来,构成双模控制。当被控变量实际值与给定值之间的误差在某阈值以外时,采用模糊控制方式;当误差在某阈值以内时,采用 PI 控制方式。显然,这种混合型模糊 - PI(D)控制方案可以在一定程度上分别发挥 PI(D)控制与模糊控制各自的优点。

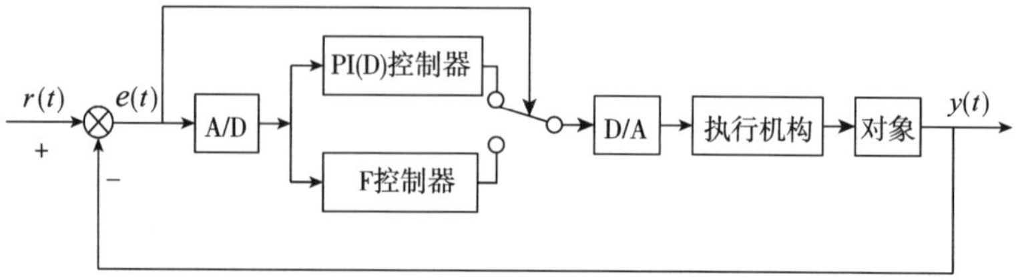

图 6.9　混合型模糊 - PI 双模控制原理框图[228]

图 6.10 给出了另一种混合型模糊 - PI(D)控制方案的原理结构图[231]。

如图 6.10 所示,整个控制器由一个常规 PI(D)控制器与一个二维模糊控制器构成。模

糊 - PI(D)控制器的输出为常规 PI 控制器和模糊控制器两者输出量的叠加，即 $U=u_{PI}+u_F$。这种混合型模糊 - PI(D)控制器可以消除系统余差和由模糊控制形成的极限环振荡。

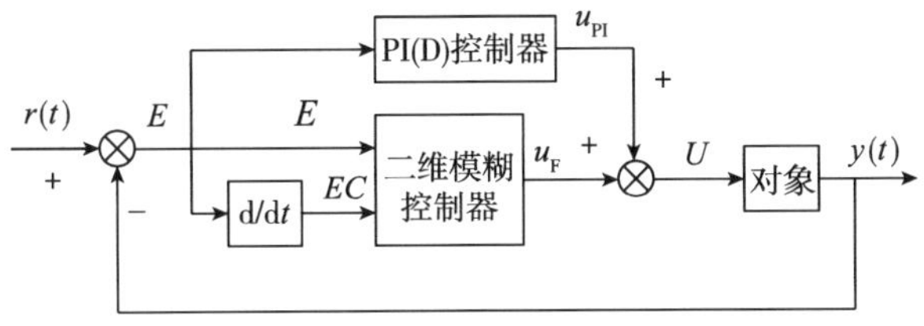

图 6.10 混合型模糊 - PI(D)控制原理框图[231]

(2)误差模糊积分 PI(D)控制

1988 年，Basseville 提出一种具有模糊积分项的模糊控制器，如图 6.11 所示[231]。这种模糊控制器除在控制器中对误差 E、EC 的模糊输入量进行模糊推理运算之外，还对误差 E 的模糊值进行积分运算，最后将模糊推理得到的清晰值与误差 E 模糊值积分运算所得值综合后的结果作为控制器的输出。控制器的优点是，它可以用来消除大的系统余差；缺点是要消除极限环振荡，就必须使模糊控制器输出的非零最小值 Δu_{min} 缩小。要解决这个问题，需要增加控制规则的数量，也因此增加了控制器设计的复杂性。

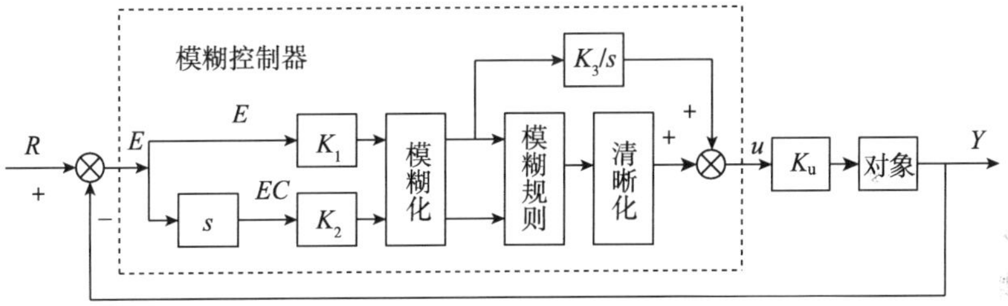

图 6.11 具有模糊积分项的模糊控制系统[231]

(3)模糊自适应 PI(D)控制

模糊自适应 PI(D)控制系统基本原理如图 6.12 所示，它主要由一个常规 PI(D)控制器和一个模糊推理机构组成。其中，常规 PI(D)控制器的参数 k_P、k_I、k_D 是可调的。模糊推理模块的输入为被控参数设定值与实际值的偏差和偏差的变化率。模糊推理模块在输入信号的作用下，根据设计时确定的推理规则和模糊算法进行推理和计算，得到当前 PI(D)控制器系数 k_P、k_I、k_D 的值，以获得良好的控制性能。

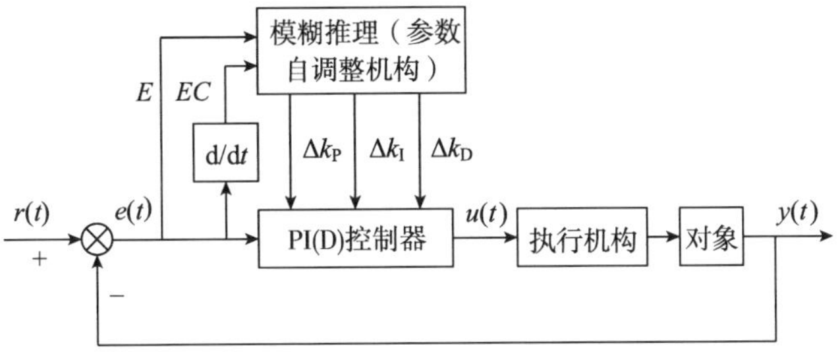

图 6.12 模糊自适应 PI(D)控制原理框图

6.5.2 蒸汽发生器水位模糊 PI 控制[224]

蒸汽发生器水位控制系统的作用是通过调节给水流量使蒸汽发生器水位维持在规定范围之内。但是,由于"假水位"现象的存在,使蒸汽发生器水位的控制成为一个复杂而不易解决的问题。为提高蒸汽发生器水位控制系统的性能,邱志强等[224]设计了蒸汽发生器水位参数自调整模糊 PI 控制器。

(1)蒸汽发生器水位模糊 PI 控制器的结构

邱志强等[224]设计的蒸汽发生器水位模糊 PI 控制器为水位参数自调整模糊控制器(简称为 F—PI),其结构框图如图 6.13 所示。

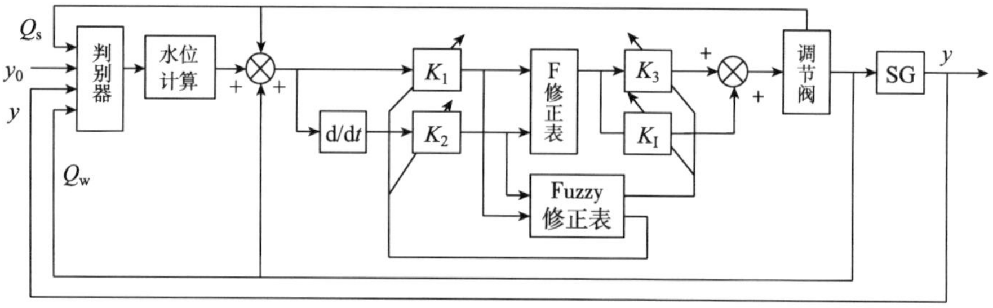

图 6.13 蒸汽发生器 F—PI 控制器结构框图[224]

(2)蒸汽发生器水位控制原理

在蒸汽发生器水位控制中,为获得良好的控制性能,一般采用三冲量控制方案,即蒸汽发生器水位控制器的输入为蒸汽流量、给水流量、实测水位和水位定值信号。在蒸汽发生器水位控制过程中,假水位是影响蒸汽流量、给水流量与水位三冲量调节品质的重要因素。蒸汽发生器动态过程中出现的假水位现象使三冲量水位控制器产生错觉,使给水调节阀门动作方向与实际要求的方向相反,从而加剧了蒸汽流量与给水流量之间的质量不平衡,使水位波动范围增大,调节时间延长。对蒸汽发生器水位来说,蒸汽流量与给水流量之差是系统主要的扰动,其中蒸汽流量扰动的影响更大,它严重地影响系统的安全和稳定。因此,在蒸汽发生器水位控制过程中,当蒸汽流量(负荷)变化时,应首先使蒸汽流量与给水流量快速达到平衡,使系统基本稳定。在此瞬态过程中,水位信号不参加误差信号的计算,从而避开虚假水位的影响。这样,在假水位期间,控制信号为蒸汽流量与给水流量两个冲量;当系统处于基本稳定状态时,水位信号重新参与控制,从而实现缩短控制时间,减小水位波动范围的目的。

(3)蒸汽发生器水位模糊 PI 控制方法

1)判别器与水位计算

根据上述蒸汽发生器水位控制原理,在变工况时,首先使蒸汽发生器水位趋于稳定,即使蒸汽流量与给水流量之间快速达到平衡。此时,图 6.13 所示控制系统外环输出为

$$Y_n = \frac{1}{\tau}\int_0^{t_{n-1}} \Delta y \, dt \tag{6.5.1}$$

变工况的判别依据为

$$|Q_{s,n} - Q_{s,n-1}| \geqslant e_1 \quad t/h/T \tag{6.5.2}$$

式(6.5.2)中,$Q_{s,n}$ 为当前时刻蒸汽流量;$Q_{s,n-1}$ 为上一时刻蒸汽流量;T 为为采样周期。

蒸汽流量与给水流量达到基本平衡的判别依据为

$$|Q_{w,n}-Q_{s,n}|\leqslant e_1 \quad \text{t/h} \tag{6.5.3}$$

式(6.5.3)中，$Q_{w,n}$ 为本时刻给水流量。

控制系统外环输出为

$$Y_n=y_0-y_n+\frac{1}{\tau}\int_0^{t_{n-1}}\Delta y\,\mathrm{d}t \tag{6.5.4}$$

式(6.5.4)中，积分项 $I=y\dfrac{1}{\tau}\int_0^{t_{n-1}}\Delta y\,\mathrm{d}t$ 的作用是为了补偿给水流量与蒸汽流量的测量误差。根据经验，τ 的值一般取为 4～8min。

在变工况时，不进行积分运算，以避开假水位的影响。直到蒸汽流量与给水流量达到基本平衡、假水位现象基本消失时，才重新进行累积。为防止在积分过程中产生积分饱和现象，采用积分分离法进行修正。即在偏差Δy 达到一定阈值范围之内时才进行积分，超出限制范围时则停止积分。通过采用这种方法，一方面防止开始有过大的控制量，另一方面即使进入饱和后，由于积分累积比较小，也能很快地退出，从而减少了超调量。由于蒸汽流量与给水流量平衡时，蒸汽发生器水位可处在任何位置，因此这时应对水位信号进行加权调节，体现水位信号控制的优势。水位信号权系数可取为 1～2。

2)输入/输出变量模糊化

下面定义蒸汽发生器水位 F－PI 控制器的输入/输出的模糊子集。

①输入变量 e

F－PI 控制器的输入变量 e 的论域定义为[-7,7]，并将论域划分为 10 个区间，每个区间对应于一个模糊子集。因此，输入变量 e 有 10 个模糊子集，将这些模糊子集简记为{负 4,负 3,负 2,负 1,负 0,正 0,正 1,正 2,正 3,正 4}。此外，定义同某一区间相对应的模糊子集的隶属度函数在该区间上的值为 1；在相邻区间内则是一条在该区间同相邻区间的分界处值为 1，而在相邻区间中点处值为零的直线。经计算可得输入变量模糊子集的隶属度表。

②输入变量 $\dot{e}$

论域为[-5,5]，将论域划分为 9 个区间，其模糊子集简记为{负 4,负 3,负 2,负 1,0,正 1,正 2,正 3,正 4}。同样，经过计算可得 $\dot{e}$ 模糊子集隶属度表。

③输出变量 C

输出变量 C 的论域为[-12,12]。根据经验，选取 9 个独点集，相应模糊子集简记为{负 4,负 3,负 2,负 1,0,正 1,正 2,正 3,正 4}。同时，定义输出论域 Y 的各模糊子集简记为独点集。假设共定义 s 个模糊子集，则在输出论域上根据经验选择 s 个点 $\{C_1,\cdots,C_s,C_ie\in Y\}$，相对应的模糊子集用 $\{\bar{C}_1,\cdots,\bar{C}_s\}$ 表示。输出变量模糊子集隶属度定义为

$$\mu_{c_i}(Y)=\begin{cases}1 & y=c_i,i=1,\cdots,s\\ 0 & y\neq c_i\end{cases} \tag{6.5.5}$$

经过计算可得输出变量模糊子集隶属度表。

3)模糊模型与运算方法

根据操纵人员实际经验和领域专家的知识，可以得出依赖于系统偏差和偏差的变化率来消除偏差的蒸汽发生器水位模糊控制规则。这些规则可用如下形式的模糊条件语句表

示。即

$$\text{If}\quad E\quad \text{is}\,\tilde{E}_i\ \text{and}\quad E_u\quad \text{is}\,\widetilde{EC}_j\ \text{then}\quad u=\tilde{C}_s$$

上述规则中，$\tilde{E}_i,\widetilde{EC}_j,\tilde{C}_s$ 分别为 E 和 E_uC 论域上模糊子集，$i=1,2,\cdots,10;j=1,2,\cdots,10;s=1,2,\cdots,9$。

蒸汽发生器水位模糊控制规则可以用表 6.6 列出。

表 6.6 模糊控制规则

$\tilde{C}$ $\tilde{E}$ \ $\widetilde{EC}$	负 4	负 3	负 2	负 1	0	正 1	正 2	正 3
负 4					正 4			
负 3		正 4				正 3		正 2
负 2		正 3			正 2		正 1	正 0
负 1		正 2				正 1		正 0
负 0		正 1				0		
正 0				0				负 1
正 1		0			负 1		负 2	
正 2	0		负 1		负 2		负 3	
正 3	负 2			负 3			负 4	
正 4					负 4			

通过上述模糊控制规则，建立蒸汽发生器水位控制的模糊算法，即建立模糊控制模型。

模糊推理合成采用 Max-Min 推理合成算法。根据 Max-Min 推理合成算法，可得到模糊关系矩阵 $\tilde{R}$

$$\tilde{R}_{165\times25}=\bigcup_{ijs}^{10,9,9}(\tilde{E}_i\times\widetilde{EC}_j\times\tilde{C}_s) \tag{6.5.6}$$

对于实测偏差信号 e 和 $\mathrm{d}e/\mathrm{d}t$，假设经过量化和模糊化后其模糊集分别为 $\tilde{E}$ 和 $\widetilde{EC}$，并假设其隶属函数值除所对应测量的级值为 1 外，其余皆为 0。即将 e 和 $\mathrm{d}e/\mathrm{d}t$ 转换为确定论域中的模糊单值。若 $\tilde{E}$ 为 i 级，$\widetilde{EC}$ 为 j 级，则可得

$$\tilde{C}_{ij}=(\tilde{E}\times\widetilde{EC})\circ\tilde{R}=R_{ij} \tag{6.5.7}$$

式(6.5.7)中，R_{ij} 是 $\tilde{R}$ 的第 $i\times j$ 行向量。

对于模糊判决，采用加权平均法，则

$$U_{i\times j}=\frac{\sum_{k=1}^{25}\mu[R_{i\times j}(Z_k)]\times R_{i\times j}(Z_k)}{\sum_{k=1}^{25}\mu[R_{i\times j}(Z_k)]} \tag{6.5.8}$$

式(6.5.8)中，$R_{i\times j}(Z_k)$ 是 $R_{i\times j}$ 的第 k 个分量。

对于不同的 i 和 j，可通过离线计算得到控制表。经测量计算得到 E，EC 时，查表即可得到对应于 E 和 EC 的控制等级 U。

4)参数自调整方法

蒸汽发生器水位模糊控制器参数的自调整采用“粗调”和“微调”相结合的方式，实现控制器参数的在线动态修改。当偏差 e 或偏差变化率 $\dot{e}$ 较大时，进行粗调控制。这时，可以降低 e 或 $\dot{e}$ 的分辨率，而采取较大的控制量。这可通过缩小 K_1 和 K_2，放大 K_3 和 K_I 来实现。当 e 和 $\dot{e}$ 较小时，也就是系统已经接近稳态，则进行细调控制。此时要提高对 ε 或 $\dot{\varepsilon}$ 的分辨率，而采用比较慎微的控制量的改变。这种情况要求放大 K_1 和 K_2，缩小 K_3 和 K_I。粗调控制决定了系统的动态性能，而精调控制则决定了系统的精度。

采用模糊理论，根据偏差及其变化率的大小，对模糊控制器输入量化因子 K_1、K_2 以及输出比例因子 K_3 和 K_I 的放大(或缩小)倍数进行修正调整。为方便起见，K_1 和 K_2 的放大(或缩小)倍数与 K_3 和 K_I 的放大(或缩小)倍数取值可相同。

假设放大倍数的语言变量 N 为下列 F 子集

$$\tilde{N}=\{大放,中放,小放,不变,小缩,中缩,大缩\}$$

N 的论域定义为

$$\left(\frac{1}{4},\frac{1}{3},\frac{1}{2},1,2,3,4\right)$$

规定偏差 E 和偏差变化率 EC 的 F 子集及其隶属度赋值与 F 控制器的相同，则可用一组修改的规则来表示参数的自调整过程。每条规则可用模糊条件语句表示为

$$\text{If}\quad E=\tilde{A}_i\ \text{and}\quad EC=\tilde{B}_j\ \text{then}\ N=\tilde{M}_s$$

上述规则中，$\tilde{A}_i$、$\tilde{B}_j$、$\tilde{M}_s$ 分别是 E，EC，N 的 F 子集。$i=1,2,\cdots,10$；$j=1,2,\cdots,9$；$s=1,2,\cdots,7$。

参数自调整模糊模型如表 6.7 所示。

表 6.7 模糊模型表

$\tilde{N}$ ($\tilde{E}$ \ $\widetilde{EC}$)	负 4	负 3	负 2	负 1	0	正 1	正 2	正 3	正 4
负 4	大缩	中缩	小缩	不变	不变	不变	小缩	中缩	大缩
负 3	中缩	小缩	不变	不变	不变	不变	小缩	中缩	大缩
负 2	小缩	不变	不变	不变	小放	不变	不变	不变	小缩
负 1	不变	不变	不变	小放	中放	小放	不变	不变	不变
负 0	不变	不变	小放	中放	大放	中放	小放	不变	不变
正 0	不变	不变	小放	中放	大放	中放	小放	不变	不变
正 1	不变	不变	不变	小放	中放	小放	不变	不变	不变
正 2	小缩	不变	不变	不变	小放	不变	不变	不变	小缩
正 3	中缩	小缩	不变	不变	不变	不变	不变	小缩	中缩
正 4	大缩	中缩	小缩	不变	不变	不变	小缩	中缩	大缩

利用前面所介绍的模糊控制器推理算法，可计算出参数自调整模糊修改表。

参数自调整算法步骤如下：①以原来的 K_1 和 K_2 对 e 和 $\dot{e}$ 进行量化；②查修改表得到放大(或缩小)倍数 n；③重新计算 $K_1=K_1\cdot n$，$K_2=K_2\cdot n$，$K_3=K_3/n$，$K_I=K_I/n$，作为模糊

控制器的新参数进行计算。模糊控制器参数自调整在一个周期内控制程序流程如图 6.14 所示。

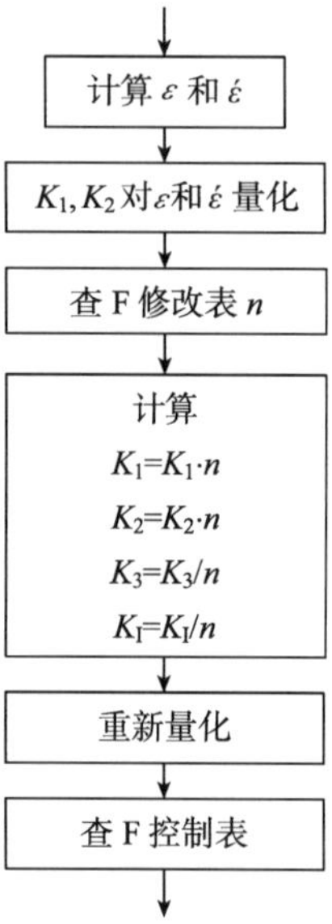

图 6.14　一个周期内的控制程序

5)积分器

典型的 F 控制器只具有类似于常规比例和微分控制的功能。由于模糊控制规则是操作员的经验依据制定的,而操作员无法及时估算被控参数偏离量的累积值,因此,难以确定积分形式的规则。由于上述原因,从本质上说一般模糊控制器是不能消除余差的。为改善控制性能,在蒸发器水位模糊控制器输出处引入积分器。该机构可能存在极限环振荡和稳态误差。这可通过调整的控制器参数,使一次输出 $|\Delta U|$ 的最小非 0 值完全包含在死区之内,从而避免出现极限环振荡,这样就可使稳态误差满足水位控制系统性能指标的要求。

根据上述方法设计的蒸汽发生器水位参数自调整模糊控制器一个周期内控制器程序框图如图 6.15 所示。

(4)控制实验

蒸汽发生器水位参数自调整模糊控制器控制性能实验在核动力装置训练模拟器上进行。为了便于比较,在同台模拟器上对原控制系统 PI(D)控制器进行同样试验。下面给出阶跃甩负荷试验结果。

实验工况设定为:核动力装置稳定运行在工况 6,主机转速为 n_6(转/分),蒸汽流量为 Q_6(t/h),反应堆功率调节自动控制,喷雾置手动工况,主泵状态为两泵高速,给水调节投入自动,蒸汽发生器水位为 Y_0(cm)。

1)$t=0$ 时,主机转速阶跃甩至 n_3 转/分(工况 3),蒸汽流量突然降至 Q_3(t/h)。蒸汽发生器水位参数自调整模糊控制和 PI(D)控制的结果如图 6.16 所示。

2)$t=0$ 时,主机转速阶跃甩至 n_1 转/分(工况 1),蒸汽流量阶跃降至 19.67%Q_H(t/h),Q_H 为额定流量,蒸汽发生器水位参数自调整模糊控制和 PI(D)控制的结果如图 6.17 所示。

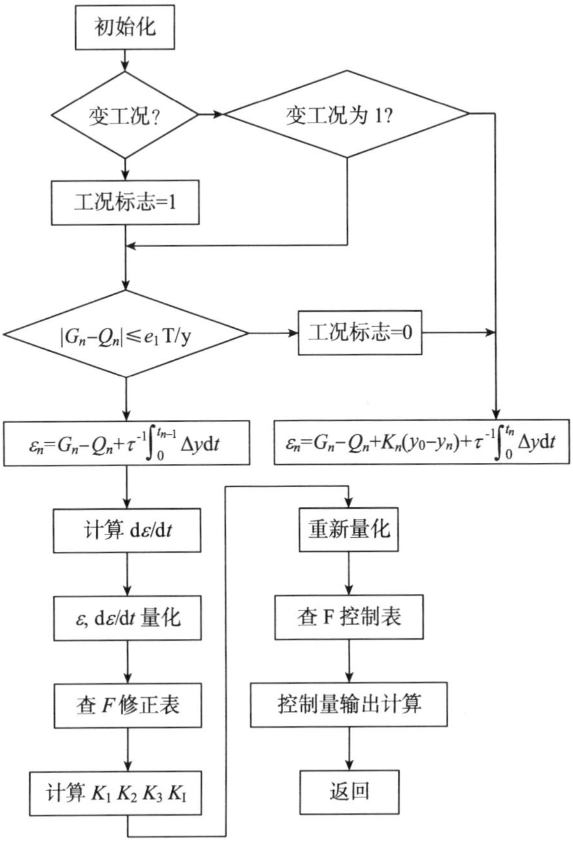

图 6.15　一个周期内控制器程序框图

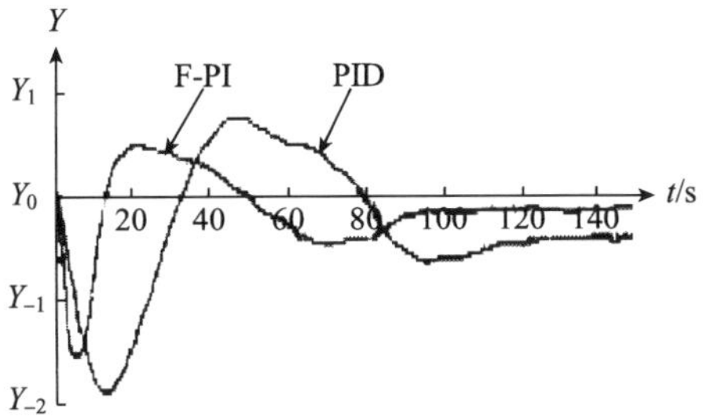

图 6.16　蒸汽流量阶跃下降至 Q_3 时控制效果

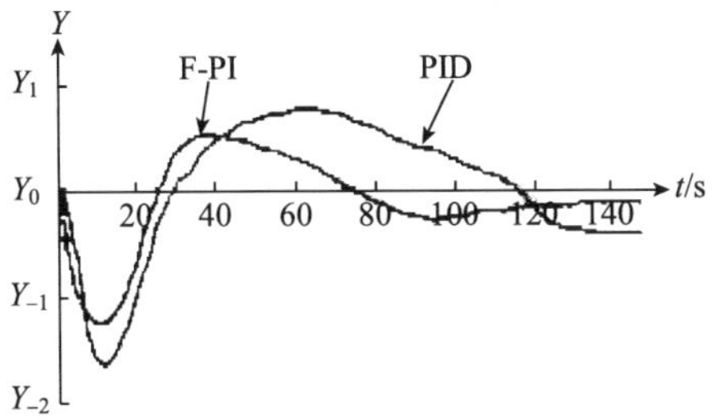

图 6.17　蒸汽流量阶跃下降至 Q_1 时控制效果

实验表明，无论甩负荷幅度多大，参数自调整模糊控制器都可以快速使给水流量跟踪负荷变化。与 PID 控制方法相比，参数自调整模糊控制器能更好地满足控制性能指标要求，在调节时间和超调量方面都优于原 PID 调节器，且具有更小的余差。

6.5.3 蒸汽发生器水位模糊自适应 PI(D)控制[180]

模糊自适应 PID 控制是将模糊技术、自适应调节和 PID 控制结合起来形成的一种控制方案。这种控制方案由于兼有模糊推理、参数自适应调节和 PID 控制三者的优点而受到一些研究人员的重视。文献[21]研究了基于自适应神经模糊推理系统(ANFIS)的 PID 控制方法、文献[180]研究了模糊自适应 PID 控制方法。仿真结果表明，与传统 PID 控制相比，模糊自适应 PID 控制器在超调量、调节时间，平稳度方面均有明显改善。下面介绍文献[180]提出的蒸汽发生器水位模糊自适应 PID 控制方法。

(1)控制系统原理

蒸汽发生器水位模糊自适应 PID 控制系统原理框图如图 6.18 所示[180]。

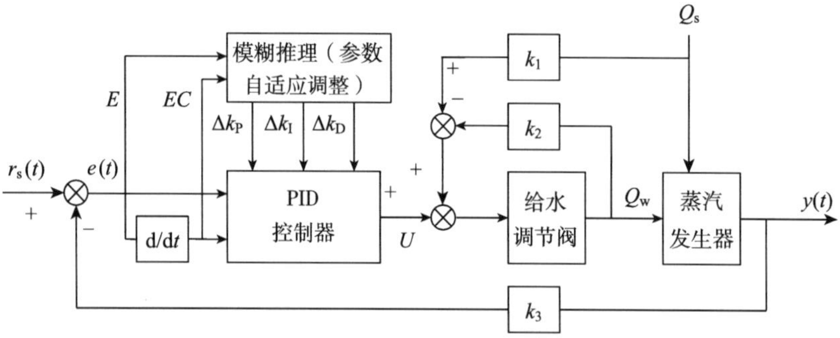

图 6.18　SG 水位模糊自适应 PID 控制系统结构[180]

如图 6.18 所示，在蒸汽发生器水位模糊自适应 PID 控制中，将水位偏差 E(误差量 e 的处理值)及其变化率 EC 作为模糊推理机的输入，其输出为 PID 控制参数 k_p，k_i，k_d 的增量。同时，将蒸汽流量前馈以克服“虚假水位”现象，将给水流量反馈以克服给水侧的波动。k_1、k_2 和 k_3 分别为给水流量、蒸汽流量和水位变送器的转换系数。为保证给水流量能匹配蒸汽流量，k_1 和 k_2 取值应相等，k_3 取为 1。

(2)模糊论域、模糊子集及隶属度函数

E，EC 及 Δk_P，Δk_I，Δk_D 的模糊论域均为[−6，6]，同时，都采用 7 个模糊子集即 NB(负大)、NM(负中)、NS(负小)、ZO(零)、PS(正小)、PM(正中)及 PB(正大)来描述。E、EC 及 Δk_P，Δk_I，Δk_D 均采用三角形隶属函数，如图 6.19 所示。

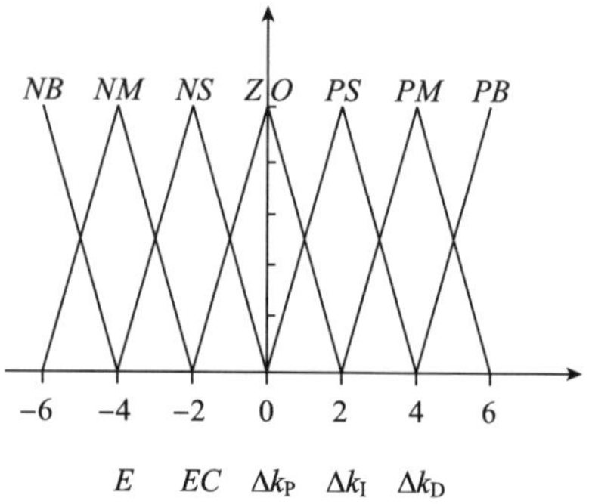

图 6.19　输入/输出变量的隶属函数

(3)模糊 PID 控制规则表

建立蒸汽发生器水位模糊 PID 控制规则的原则是：当误差较大时，输出控制量应以尽快消除误差为主；当误差较小时，输出控制量应以防止超调为主。当 EC 为负时表明水位有上涨趋势，如果此时水位为高，则应减小给水阀开度；反之，应开大给水阀开度。通过全面分析蒸汽发生器水位控制的专家经验，建立了蒸汽发生器水位模糊 PI(D) 控制规则，如表 6.8 所示。

表 6.8 模糊控制规则表

$\tilde{E}$	$\tilde{EC}$						
	NB	*NM*	*NS*	*ZO*	*PS*	*PM*	*PB*
NB	*PB/NB/PS*	*PB/NB/NS*	*PM/NM/NB*	*PM/NM/NB*	*PS/NS/NB*	*ZO/ZO/NM*	*ZO/ZO/PS*
NM	*PB/NB/PS*	*PB/NB/NS*	*PM/NM/NB*	*PS/NS/NM*	*PS/NS/NM*	*ZO/ZO/NS*	*NS/ZO/ZO*
NS	*PM/NB/ZO*	*PM/NM/NS*	*PM/NS/NM*	*PS/NS/NM*	*ZO/ZO/NS*	*NS/PS/NS*	*NS/PS/ZO*
ZO	*PM/NM/ZO*	*PM/NM/NS*	*PS/NS/NS*	*ZO/ZO/NS*	*NS/PS/NS*	*NM/PM/NS*	*NM/PM/ZO*
PS	*PS/NM/ZO*	*PS/NS/ZO*	*ZO/ZO/ZO*	*NS/PS/ZO*	*NS/PS/ZO*	*NM/PM/ZO*	*NM/PB/ZO*
PM	*PS/ZO/PB*	*ZO/ZO/PS*	*NS/PS/PS*	*NM/PS/PS*	*NM/PM/PS*	*NM/PB/PS*	*NB/PB/PB*
PB	*ZO/ZO/PB*	*ZO/ZO/PM*	*NM/PS/PM*	*NM/PM/PM*	*NM/PM/PS*	*NB/PB/PS*	*NB/PB/PB*

(4)推理过程与解模糊

模糊推理方式采用 Mamdani 型模糊推理系统。该模糊推理系统的基本属性设为："与"运算采用极小运算；"或"运算采用极大运算；模糊蕴涵采用极小运算；模糊规则综合采用极大运算；解模糊化采用中心法。

(5)仿真实例

蒸汽发生器水位模糊自适应 PID 控制仿真采用秦山核电站某压水堆蒸汽发生器水位过程传递函数模型(参见第 3 章蒸汽发生器水位过程仿真模型)。

控制系统的 k_1、k_2的值同取为 0.5。假设给水调节阀特性为线性，增益取为 4。模糊控制器 E,EC 的量化系数分别为 6 和 60，u 的比例系数为 0.5。仿真中限制控制量 u(即给水流量)在 0 kg/s 到额定流量 258 kg/s 之间。考虑期望水位由初始的 0 m 阶跃到 10 m，水位响应过程如图 6.20 中实线所示。与传统 PID 控制(点画线)相比，模糊自适应 PID 控制器在超调量、调节时间，平稳度方面均有明显改善。

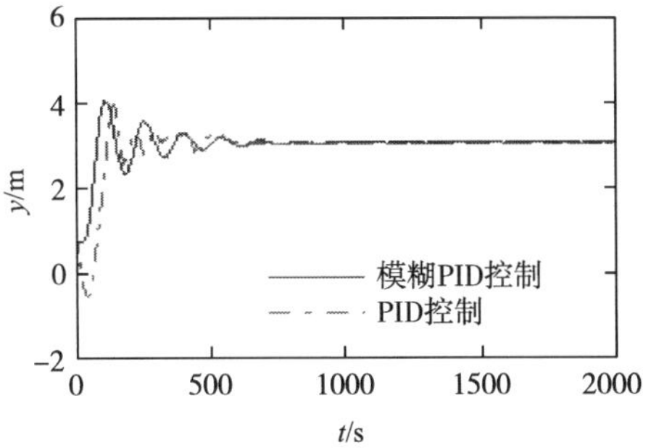

图 6.20 SG 水位阶跃响应曲线

6.6 自组织模糊逻辑控制

6.6.1 自组织模糊逻辑控制系统

从模糊控制的发展状况来说，模糊控制理论还没有发展成为一种严密的和完善的理论体系，模糊控制器的设计在很大程度上依赖于设计人员的经验。一般的模糊控制器设计成功后，模糊规则和模糊隶属函数也随之确定，且在控制系统工作过程中保持不变。对于动力学特性随运行工况而变化的高度非线性时变系统来说，采用一般的模糊控制器很难获得满意的控制效果。为克服模糊规则和隶属函数不能改变的问题，人们提出了自组织模糊逻辑控制器(Self Organizing Fuzzy Logic Controller，SOFLC)。一些文献也称自组织模糊逻辑控制为自学习模糊逻辑控制。常见的自组织模糊逻辑控制器主要有两种：具有性能指标表的自组织模糊逻辑控制器和具有性能函数的自组织模糊逻辑控制器，分别简称为性能指标表型 SOFLC 和性能函数型 SOFLC。

在自组织模糊逻辑控制器中，可以根据系统控制需要，通过自动修改模糊规则、改变隶属度以及修改指标表或通过优化性能函数等方法来实现自组织模糊逻辑控制。

性能指标表型自组织模糊逻辑控制系统基本原理如图 6.21 所示。这种模糊控制系统的主要特点是：①具有性能指标表；②通过性能指标表给出的指标来修正学习算法。

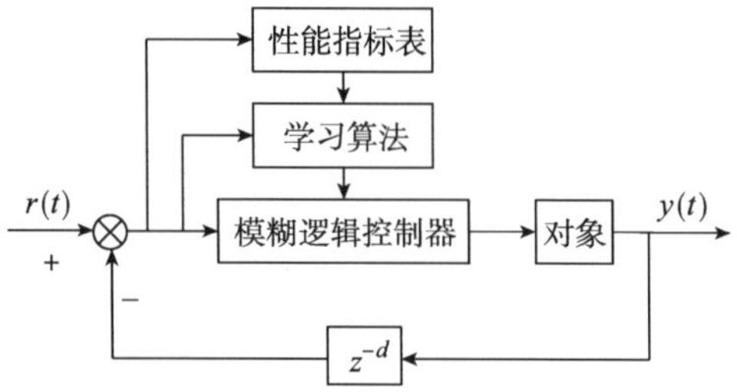

图 6.21 具有性能指标表的自组织模糊逻辑控制系统基本原理

性能函数型自组织模糊逻辑控制系统基本原理如图 6.22 所示。与性能指标表型自组织模糊逻辑控制系统相比，这种模糊控制系统的主要特点是：①具有一个性能函数，而没有性能指标表；②通过优化性能函数来修正学习算法。

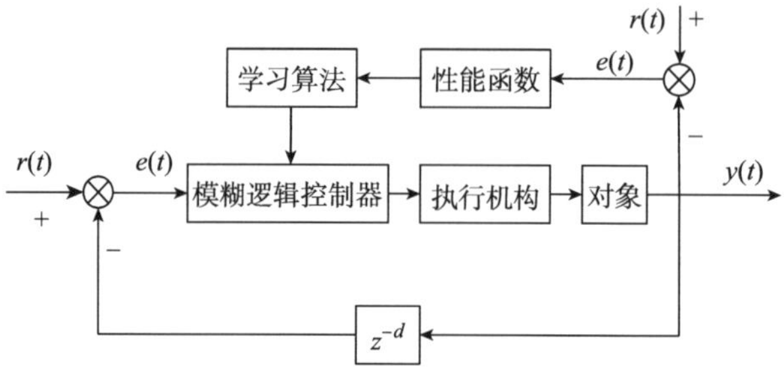

图 6.22 具有性能函数的自组织模糊逻辑控制系统基本原理

6.6.2 SG水位自组织模糊逻辑控制[171]

自组织模糊逻辑控制器(SOFLC)与一般模糊控制器的不同之处在于:它没有初始控制规则,在控制过程中,它通过产生控制规则和调节隶属函数等方法来实现控制作用;当发生不确定性扰动时,它通过梯度下降法来修改模糊控制器的结构。Park G Y 与 Seong P H[171] 研究了自组织模糊逻辑控制方法在蒸汽发生器水位控制中的应用,设计了蒸汽发生器水位自组织模糊逻辑控制器,并分别研究了性能指标表型和性能函数型两种自组织模糊逻辑控制器的性能。下面介绍蒸汽发生器水位自组织模糊逻辑控制方法。

(1)模糊逻辑控制器的结构

1)模糊逻辑控制器的结构

模糊逻辑控制器由隶属函数和规则库组成。隶属函数采用等腰三角形函数,模糊规则采用简化的 Takagi-Sugeno 型规则。

经过简化的 Takagi-Sugeno 规则表示如下

$$\text{If} \quad x_1 \quad \text{is} \quad \mu_{i1}, \cdots, x_m \quad \text{is} \quad \mu_{im} \quad \text{then} \quad u \quad \text{is} \quad w_i \qquad (i=1,\cdots,n)$$

这里,X^{T} 为输入向量,$X^{\mathrm{T}}=[x_1,x_2,\cdots,x_m]$;$\mu_{ij}$ 为第 i 个规则第 j 个输入的隶属函数;u 为第 i 个规则的输出;w_i 为推理结果;n 为规则数;m 为输入变量数目。

隶属函数 μ_{ij} 为

$$\mu_{ij}(x)=\begin{cases}1-\dfrac{2\mid x_j-a_{ij}\mid}{b_{ij}}, & \mid x_j-a_{ij}\mid\leqslant\dfrac{b_{ij}}{2}\\[2ex] 0, & \mid x_j-a_{ij}\mid>\dfrac{b_{ij}}{2}\end{cases} \tag{6.6.1}$$

式(6.6.1)中 a_{ij}、b_{ij} 分别为等腰三角形隶属函数的中心与宽度。

在推理机中,“与”算子定义为简单地相乘。因此,对于第 i 个隶属度为

$$\mu_i=\prod_{i=1}^{m}\mu_{ij}(x_j) \tag{6.6.2}$$

模糊控制器的输出 u 可以通过中心平均方法获得

$$u=\frac{\sum_{i=1}^{n}\mu_i w_i}{\sum_{i=1}^{n}\mu_i} \tag{6.6.3}$$

2)学习算法

在学习算法中,需要修正模糊控制器的参数。这些参数包括隶属函数的中心 a_{ij}、宽度 b_{ij} 以及规则库中控制增量 w_{ij}。学习算法采用梯度下降法,用表达式表示为

$$z_{\mathrm{p}}(t+1)=z(t+1)-K\left.\frac{\partial E}{\partial z_{\mathrm{p}}}\right|_t \tag{6.6.4}$$

式(6.6.4)中,z_{p}为需修正的参数,如 a_{ij}、b_{ij},K 为学习系数。

目标函数 E 定义为

$$E=\frac{1}{2}(u-u_{\mathrm{d}})^2 \tag{6.6.5}$$

式(6.6.5)中,u 为计算输出(模糊控制器输出);u_{d} 为期望输出。

极小化目标函数的优化算法如下

$$a_{ij}(t+1)=a_{ij}(t)-K_a\frac{w_i-u}{\sum_{i=1}^{n}\mu_i}\times\frac{\mu_i}{\mu_{ij}}\times\frac{2\mathrm{sgn}(x_j-a_{ij})}{b_{ij}}(u-u_{\mathrm{d}})\mid_t \tag{6.6.6}$$

$$b_{ij}(t+1)=b_{ij}(t)-K_b\frac{w_i-u}{\sum_{i=1}^{n}\mu_i}\frac{\mu_i}{\mu_{ij}}\times\frac{1-MF_{ij}}{b_{ij}}(u-u_{\mathrm{d}})\mid_t \tag{6.6.7}$$

$$w_i(t+1)=w_i(t)-K_w\frac{\mu_i}{\sum_{i=1}^{n}\mu_i}(u-u_{\mathrm{d}})\mid_t \tag{6.6.8}$$

式(6.6.6)～式(6.6.8)中，K_a、K_b、K_w分别为各参数的学习系数；sgn 为符号函数，即

$$\mathrm{sgn}(x_j-a_{ij})=\begin{cases}1, & x_j\geqslant a_{ij}\\ 0, & x_j<a_{ij}\end{cases} \tag{6.6.9}$$

利用上述算法，在每一时间步对模糊控制器的结构进行校正。模糊控制器具有非线性结构，学习算法的搜索空间也是非线性的。

对于每个控制量，如果隶属函数是适配的且能够覆盖整个控制量域，那么基函数可以定义为

$$\phi_i(x)=\frac{\mu_i(x)}{\sum_{i=1}^{n}\mu_i(x)} \tag{6.6.10}$$

式(6.6.3)中的控制器输出 u 可以修改为

$$u=\sum_{i=1}^{n}w_i\phi_i \tag{6.6.11}$$

则规则库中 w_i 的学习算法可以表示为

$$w_i(t+1)=w_i(t)-K_{\mathrm{w}}(u-u_{\mathrm{d}})\phi_i \tag{6.6.12}$$

当隶属函数是适配的时候，模糊逻辑控制器对于参数 w_i 来说为(6.6.11)所示的线性结构，因此，式(6.6.12)所表示的学习算法搜索空间为线性空间。当隶属函数和规则库的参数需要修正时，可以称为称非线性学习算法；仅仅是规则库的参数需要修正而其他参数保持不变时，可以称为称线性学习算法。

(2)性能指标表型 SOFLC

1)控制方案

为了实现前面的学习算法，必须给出期望输出 u_{d}。实现上述算法的控制器的总体方案如图 6.23 所示，性能指标表由设计者构造。其中，g_{p}、g_{f}、g_{l}、g_{u}为规范化因子，将输入输出值规范在[−1,1]区间内。SOFLC 由自组织层和基本层两个层次构成。如图 6.23 所示，图中虚线上面部分为自组织层(性能指标表与学习算法等部分)，虚线下面部分为基本层。

图 6.23 中，有关参数含义如下

$$\Delta Q_{\mathrm{fw}}^n(t)=\alpha R_1(1-\alpha)R_{\mathrm{f}}$$

$$Q_{\mathrm{fw}}^n(t)=\sum\Delta Q_{\mathrm{fw}}^n$$

$$k_1=m\cdot\Delta Q_{\mathrm{fw}}^n(t-d-1)$$

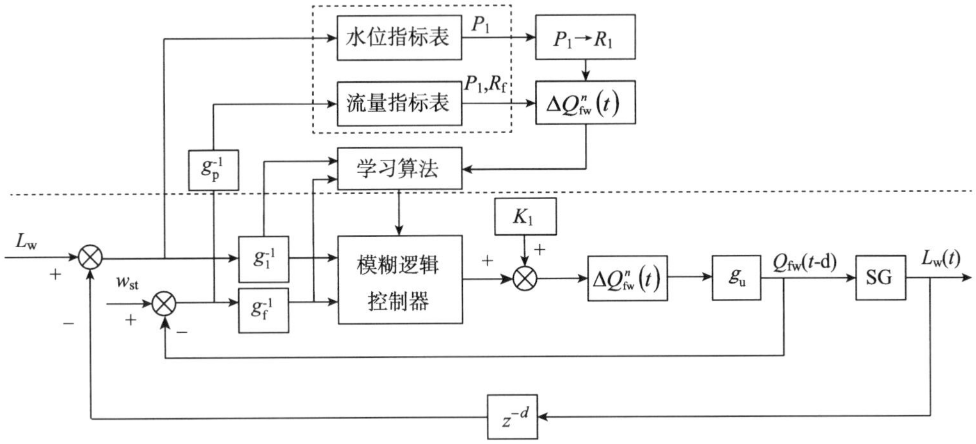

图 6.23 性能指标表型蒸汽发生器自组织模糊逻辑控制系统框图

性能指标表(即水位指标表、流量指标表)的功能是在水位误差和流量误差的基础上分别检测目前模糊控制器的性能。这些性能指标表分别产生修正值 P_1、P_f以减少误差。转换单元将水位修正值 P_1转换为流量修正值 R_1,即

$$R_1 = cP_1 \tag{6.6.13}$$

式(6.6.13)中,c 为转换因子。

将 R_1、P_f进行加权组合,可得到控制器期望输出 u_d。然后,根据 u_d 和学习算法来修正模糊控制器的结构。

2)控制算法实现

在水位误差和流量误差中,采用了 7 个相同的三角形函数作为蒸汽发生器水位控制的隶属函数,分别如图 6.24、图 6.25 所示。控制规则描述如下

If LE is μ_{i1} and FE is μ_{i2}, then ΔQ is w_i, for $i=1,2,\cdots,n$。

这里,LE——水位误差;FE——流量误差;μ_{ij}——第 i 个规则第 j 个输入的隶属函数;ΔQ——第 i 个规则的输出,w_i 为相应的真实值。

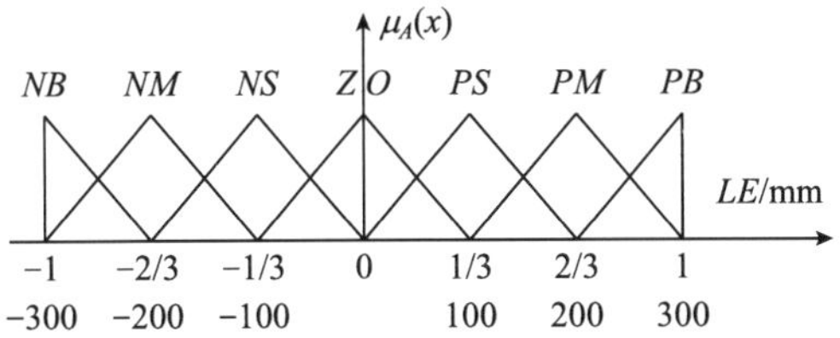

图 6.24 水位误差的初始隶属函数

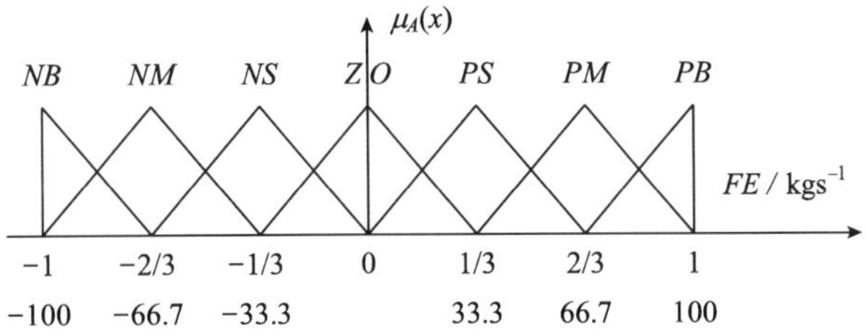

图 6.25 流量误差的初始隶属函数

蒸汽发生器水位自组织模糊逻辑控制器共有49条规则。规则库中 w_i 的初始值都置为0，也就是说模糊控制器在开始工作时没有任何规则。利用前面的学习算法来来调整隶属函数和产生所需要的规则。如表6.9所示，性能指标被量化为14个层次。对于稳定的学习过程，学习系数 K_a、K_b、K_w 分别置为0.001、0.01和1.0。延迟时间 d 置为1。

表 6.9 性能指标表

流量指标														
LE	−6	−5	−4	−3	−2	−1	−0	0	1	2	3	4	5	6
$P1$	6	6	4	4	2	1	0	0	−1	−2	−4	−4	−6	−6
水位指标														
FE	−6	−4	−4	−3	−2	−1	−0	0	1	2	3	4	5	6
P_f	6	5	4	3	2	1	0	0	−1	−2	−3	−4	−5	−6

(3)性能函数型SOFLC

1)控制方案

在前面所采用的学习算法是极小化控制器输出与期望输出之间误差关系的目标函数。这里所采用的目标函数为实际水位与期望水位误差以及蒸汽流量与给水流量误差平方关系构成的函数，即

$$J(t+d)=\frac{1}{2}[L_{sw}(t+d)-L(t+d)]^2+\frac{\lambda}{2}[Q_{st}(t)-Q_{fw}(t)]^2 \tag{6.6.14}$$

式(6.6.14)中，L 表示水位；L_s 表示水位设定值；Q_{fw} 表示给水流量；Q_{sw} 表示蒸汽流量；d 表示系统输出相对于输入的时间延迟；λ 为加权因子，$\lambda\in[0,1]$。

控制系统如图6.26所示，在SOFLC学习中采用线性学习算法。

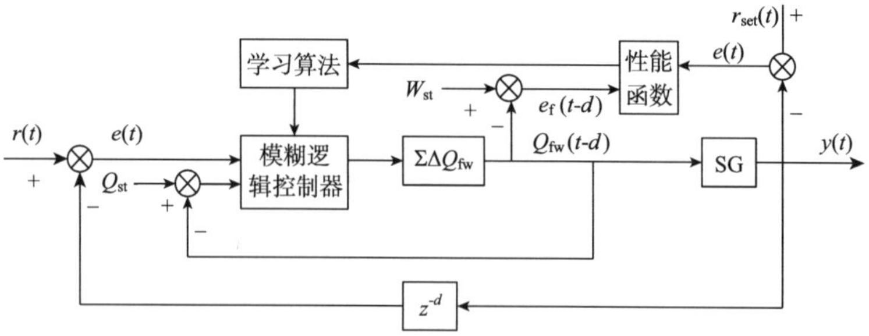

图 6.26 具有性能函数的SG水位自组织模糊逻辑控制系统

性能代价函数关于 w_i 的梯度下降可以表示为

$$-\frac{\partial J(t+d)}{\partial w_i(t)}=\left[e_1(t+d)\frac{\partial L_w(t+d)}{\partial Q_{fw}(t)}+\lambda e_f(t)\right]\times\frac{\partial Q_{fw}(t)}{\partial w_i(t)} \tag{6.6.15}$$

式(6.6.15)中：$e_1(t+d)\equiv L_w^{set}(t+d)-L_w(t+d)$

$e_f(t)\equiv Q_{st}(t+d)-Q_{fw}(t)$

用 ΔQ_{fw} 取代将式(6.6.11)中的 u，则式(6.6.15)中 $\partial Q_{fw}(t)/\partial w_i(t)$ 项可表示为

$$\partial Q_{fw}(t)/\partial w_i(t)=\phi_i \tag{6.6.16}$$

定义敏感因子为

$$S(t+d;t) \equiv \frac{\partial L_w(t+d)}{\partial Q_{fw}(t)} \quad (6.6.17)$$

根据上述描述，w_i 的学习算法可以表示为

$$w_i(t+1) \equiv w_i(t) + K_w\left[e_1(t+d)\frac{\partial L_w(t+d)}{\partial Q_{fw}(t)} + \lambda e_f(t)\right]\phi_i(t) \quad (6.6.18)$$

式(6.6.18)中，K_w 为学习因子。$S(t+d;t)$ 可通过估计得到(见参考文献[171])。

2)控制算法实现

在性能函数型 SOFLC 控制方案中，除控制输入/输出值不是规范化的数值之外，其模糊逻辑控制器的结构与性能指标表型控制方案中控制器的结构是相同的。控制输入的隶属函数如图 6.27、图 6.28 所示。时间延迟 d 设置为 $d=1$，K_w 设置为 $K_w=5$，λ(设置为 0.2)为加权因子，$\lambda \in [0,1]$。

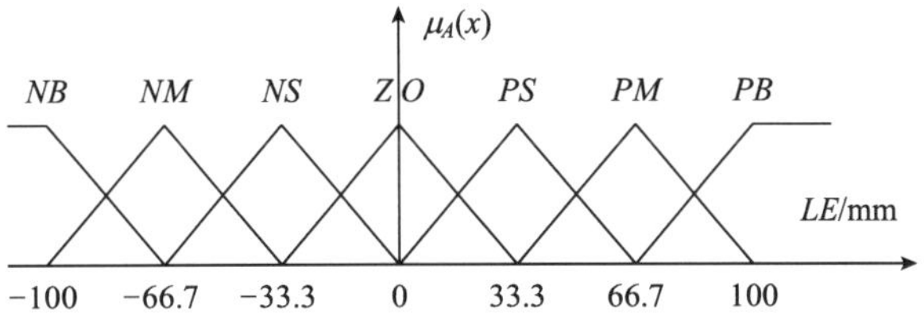

图 6.27 水位误差的初始隶属函数

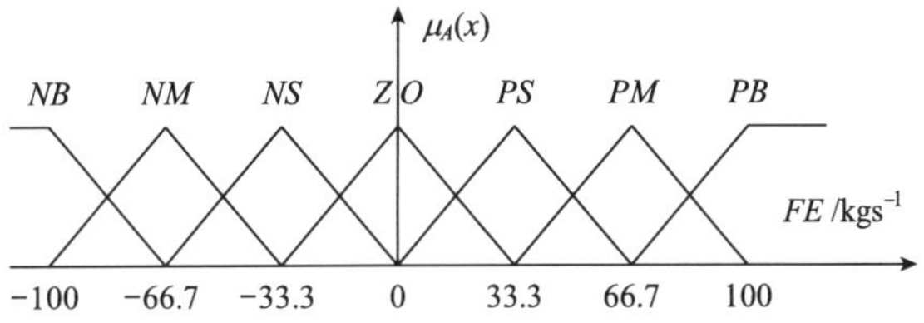

图 6.28 流量误差的初始隶属函数

不同工况下控制仿真结果表明，自组织模糊逻辑控制器在蒸汽发生器水位控制中具有良好的性能。

6.7 模糊预测控制

6.7.1 预测控制

(1)预测控制概述

预测控制(Predictive Control)是 20 世纪 70 年代后期提出来的一种控制方法。它先利用系统的预测模型来预估系统未来的输出状况与设定值之间的偏差，然后再采用优化算法计算当前的控制输入。预测控制是一种以模型预测和优化算法为基础的控制方法，因而它对被控对象的数学模型的依赖并不是很强。预测控制这种特点与古典控制方法中需要被控对象精确的数学模型是不同的。

预测控制的核心问题是预测控制算法。目前已经提出的预测控制算法比较多，常见的

算法主要有两类[242]：① 基于非参数模型的预测算法。这种算法以系统阶跃响应或脉冲响应为基础，通过被控系统输出预测，反馈校正和滚动优化等步骤计算当前和未来时刻的控制量，使系统输出响应符合预先设定的轨迹。基于非参数模型的主要预测算法包括动态矩阵控制(Dynamic Matrix Control，DMC)和模型算法控制(Model Algorithmic Control，MAC)；② 广义预测控制(Generalized Predictive Control，GPC)算法。GPC 算法以模型辨识和最小方差控制为基础。

虽然各种预测控制算法的形式不同，但是预测控制的基本步骤都有一定的相同之处，如图 6.29 所示的模型算法控制，一般包括模型预测、参考轨迹、在线校正、性能指标以及滚动优化等几个部分[243]。

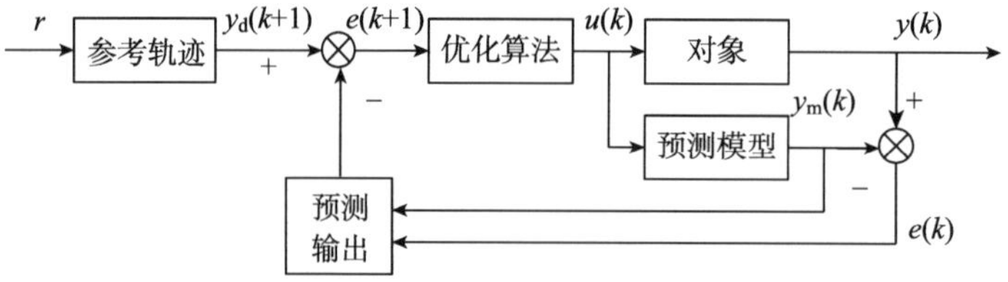

图 6.29 MAC 原理示意图[243]

为了掌握预测控制的基本思想，下面根据图 6.30 来阐述预测控制的原理[244]。图 6.30 中，y_s表示系统设定值曲线，$y_d(k)$表示系统输出的期望值曲线。$k=0$ 表示当前时刻，0 时刻左边的曲线(纵坐标轴左侧)代表过去的输出与控制量。利用预测控制方法，可以根据已知系统模型预测出系统在未来 P(称为预测步程)个时刻的输出 $y_M(k)$ $(k=1,2,\cdots,P)$。预测控制算法就是通过优化目标函数计算当前及未来 L(称为控制步程)个时刻的控制量 $u(k)$ $(k=0,1,2,\cdots,L-1)$，并使 $e(k)$最小。目标函数一般由预测输出与期望输出 $y_d(k)$(参考轨迹)的差 $e(k)$构成。

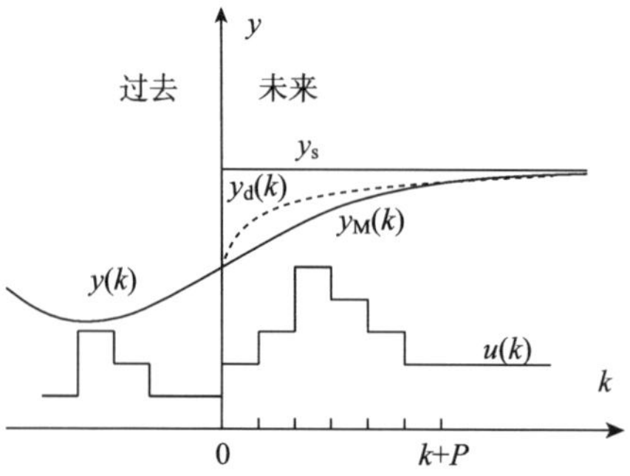

图 6.30 预测控制原理示意图[244]

(2)模型预测控制(MPC)[51]

设系统离散时间状态空间模型如下

$$\begin{aligned} \boldsymbol{x}(k+1) &= \boldsymbol{A}\boldsymbol{x}(k)+\boldsymbol{B}\boldsymbol{u}(k)+\boldsymbol{B}_d\boldsymbol{d}(k) \\ \boldsymbol{y}(k) &= \boldsymbol{C}\boldsymbol{x}(k)+\boldsymbol{n}(k) \end{aligned} \tag{6.7.1}$$

式(6.7.1)中，$\boldsymbol{x}(k)$、$\boldsymbol{u}(k)$ 和 $\boldsymbol{y}(k)$ 分别为系统状态量、控制量和输出量。$\boldsymbol{d}(k)$ 为外部扰动，$\boldsymbol{n}(k)$ 为测量误差。

模型预测控制(Model Predictive Control,MPC)的原理框图如图 6.31 所示[51]。模型预测控制的原理是:在采样时刻 k,得到 $y(k)$ 的测量值 $\hat{y}(k)$。状态估计器利用 $u(k)$ 和 $\hat{y}(k)$ 得到状态量 $\boldsymbol{x}(k)$ 的估计值 $\hat{\boldsymbol{x}}(k)$。利用 $\hat{\boldsymbol{x}}(k)$ 和系统模型,预测未来的状态 $\boldsymbol{x}(k+i|k)$ 和输出 $\boldsymbol{y}(k+i \mid k)$ $(i=1,2,\cdots,p;p$ 为预测步程)。通过极小化目标函数 $J_p(k)$ 得到控制量 $u(k+i \mid k)$。

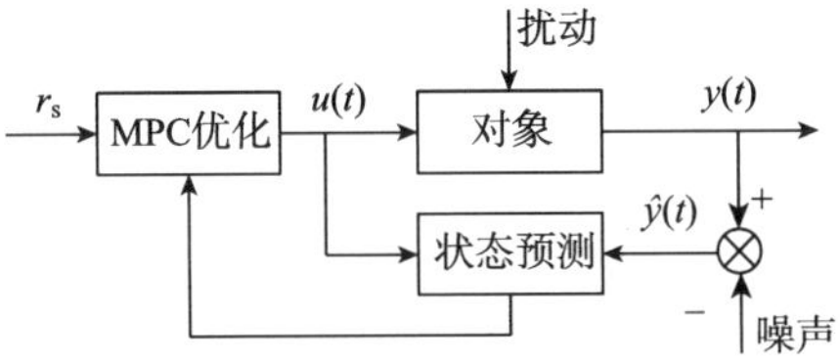

图 6.31　MPC 原理示意图

MPC 的预测模型可用下式表示

$$\boldsymbol{x}(k|k-1)=\boldsymbol{A}\boldsymbol{x}(k-1|k-1)+\boldsymbol{B}\boldsymbol{u}(k-1|k-1) \tag{6.7.2}$$
$$\boldsymbol{y}(k|k-1)=\boldsymbol{C}\boldsymbol{x}(k|k-1)$$

目标函数可表示为

$$J_{\mathrm{p}}=\sum_{i=1}^{\mathrm{p}}[\boldsymbol{r}_{\mathrm{s}}-y(k+i|k)]^{\mathrm{T}}\boldsymbol{\Gamma}_y[\boldsymbol{r}_{\mathrm{s}}-y(k+i|k)]+\sum_{i=0}^{m-1}\boldsymbol{u}(k+i|k)^{\mathrm{T}}\boldsymbol{\Gamma}_u u(k+i|k)$$
$$+\sum_{i=0}^{m-1}\Delta\boldsymbol{u}(k+i|k)^{\mathrm{T}}\boldsymbol{\Gamma}_{\Delta u}\Delta\boldsymbol{u}(k+i|k) \tag{6.7.3}$$

式(6.7.3)中,r_s 为 y 的设定值;$\boldsymbol{\Gamma}_y\ \boldsymbol{\Gamma}_u\ \boldsymbol{\Gamma}_{\Delta u}\geqslant 0$,为加权系数矩阵。

$$\Delta u(k+i|k)=u(k+i|k)-u(k+i-1|k) \tag{6.7.4}$$

模型预测控制步骤如下

1)在采样时刻 k,得到 $y(k)$ 的测量值 $\hat{y}(k)$,并利用 MPC 状态估计器估计得到 $\hat{x}(k)$。

2)根据扰动 d,识别工作点。

3)从预定的模型集中选择一个 LTI(Linear Time—invariant)模型。

4)利用选择的 LTI 模型求解 MPC 优化问题。

5)执行第一个计算控制 $u(k|k)$。

6)$k=k+1$,返回步骤"1)"。

上述模型预测控制步骤中,模型集中的各 LTI 模型分别为被控对象不同运行区域下的数学模型,LTI 模型可通过模型辨识方法获得。

(3)约束回程预测控制(CRHPC)[184]

约束回程预测控制(Constrained Receding Horizon Predictive Control,CRHPC)是一种广义预测控制。

常见的目标函数是下述二次形式,通常称为广义预测控制

$$J=\sum_{t=1}^{\mathrm{N}}\tilde{Q}[\hat{y}(t+j \mid t)-y_{\mathrm{d}}(t+j)]^2+\sum_{i=1}^{\mathrm{M}}\tilde{R}\Delta u_{\mathrm{d}}(t+j-1)^2 \tag{6.7.5}$$

如式(6.7.5)所示,预测控制是通过优化一个表示控制目标和约束条件的目标函数来确

定操作变量的未来值。也就是说，在时刻 t，控制步程为 M 的当前和未来的控制量 $u_d(t)$，$u_d(t+1)$，…，$u_d(t+M-1)$ 和预测步程为 N 的预测输出量 $\hat{y}(t+1)$，$\hat{y}(t+2)$，…，$\hat{y}(t+N)$ 都是通过求解目标函数的优化问题而得到的。在这些解中，在 $(t,t+1)$ 时间段内，只执行第一个控制作用 $u_d(t)$。下一步需要新的输出测量值，控制和预测步程也向前一步，重复同样的计算。为补偿模型误差，在每个时间步必须进行新的测量。

在一些情况下，如对于非最小相位系统或不稳定系统控制问题，采用 GPC 和其他常规预测控制方法可能难以获得满意的效果。为解决这个问题，Clarke 等提出了一个标准的 GPC 方法。在这个方法中，通过获取未来的控制序列，从而使未来某时间范围内的预测输出精确限制在参考值上。也就是说，具有下列约束形式

$$\begin{aligned}\hat{y}(t+N+i)&=y_d(t+N+i)\quad i=1,2,\cdots,m\\ \Delta u_d(t+M+j)&=0\quad j>0\end{aligned}\tag{6.7.6}$$

式(6.7.6)中，y_d 为期望值。

这种预测控制方法称为约束回程预测控制(CRHPC)，其原理如图 6.32 所示。

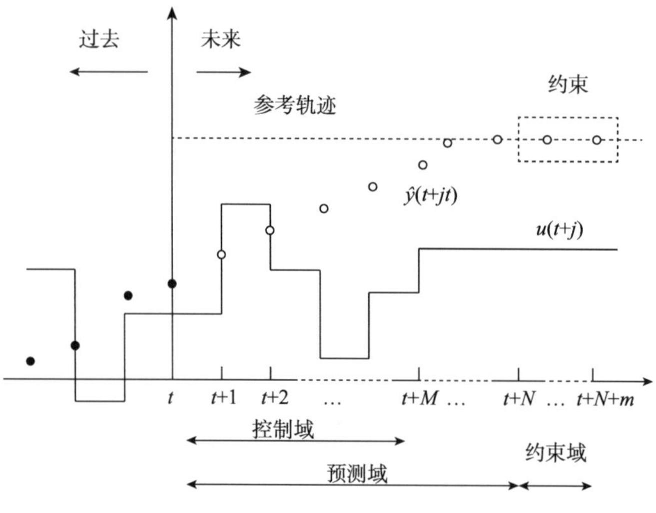

图 6.32　CRHPC 原理示意图

被控制过程可以用下述模型描述

$$A(q^{-1})y(t)=B(q^{-1})u_d(t-1)+e(t)\tag{6.7.7}$$

式(6.7.7)中，$y(t)$输出量；u_d 为控制量；$e(t)$是随机噪声序列，即系统输出与模型输出；q^{-1} 为逆变换操作符，$A(q^{-1})$ 和 $B(q^{-1})$ 为多项式，它们的阶数分别为 n_a 和 n_b。

上述模型可以是受控自回归积分滑动平均(CARIMA)模型，或者是通过模糊建模得到的局部线性模糊模型。在预测控制中，用这个模型来预测输出量。在(6.7.5)式基础上，为了得到 $y(t)$ 的第 j 步超前预测值 $\hat{y}(t+j)$ 的，应用 Diophantine(丢番图)方程。这样，在预测步程内 N_j 步超前输出预测集可表示为

$$\hat{\boldsymbol{y}}=\bar{\boldsymbol{G}}\Delta\boldsymbol{U}_d+\boldsymbol{F}\tag{6.7.8}$$

$$\Delta\boldsymbol{U}_d=[\Delta u_d(t),\Delta u_d(t+1),\ldots,\Delta u_d(t+N-1)]^{\mathrm{T}}\tag{6.7.9}$$

式(6.7.8)中：

$\hat{\boldsymbol{y}}=[\hat{y}(t+1\mid t),\hat{y}(t+2\mid t),\ldots,\hat{y}(t+N\mid t)]^{\mathrm{T}}$

$\boldsymbol{F}=[f_1,f_2,\cdots,f_N]^{\mathrm{T}}$，为系统自由响应。

$$\bar{\boldsymbol{G}}=\begin{bmatrix} g_0 & 0 & \cdots & 0 \\ g_1 & g_0 & \cdots & 0 \\ \cdots & \cdots & \ddots & \vdots \\ g_{N-1} & g_{N-2} & \cdots & g_0 \end{bmatrix}$$

矩阵 $\bar{G}$ 的第一列为系统阶跃响应系数。

如果控制步程小于预测步程($M<N$)，或者说控制步程之后控制信号保持为常数($\Delta u_{\mathrm{d}}(t+j-1)=0,\ j>0$)，影响目标函数的预测量可表示为

$$\hat{\boldsymbol{y}}=\tilde{\boldsymbol{G}}_{\mathrm{s}}\Delta\boldsymbol{U}_{\mathrm{s}}+\boldsymbol{F} \tag{6.7.10}$$

$$\tilde{\boldsymbol{G}}_{\mathrm{s}}=\begin{bmatrix} g_0 & 0 & \cdots & 0 \\ g_1 & g_0 & \cdots & 0 \\ \cdots & \cdots & \ddots & \vdots \\ g_{N-1} & g_{N-2} & \cdots & g_{N-M} \end{bmatrix} \tag{6.7.11}$$

$$\Delta\boldsymbol{U}_{s}=[\Delta u_{\mathrm{d}}(t),\Delta u_{\mathrm{d}}(t+1),\ldots,\Delta u_{\mathrm{d}}(t+M-1)]^{\mathrm{T}} \tag{6.7.12}$$

在一些扩展区域内的预测输出可由遗弃方程得到

$$\hat{\boldsymbol{y}}_{\mathrm{f}}=\tilde{\boldsymbol{G}}_{\mathrm{sf}}\Delta\boldsymbol{U}_{\mathrm{s}}+\boldsymbol{F}_{\mathrm{f}} \tag{6.7.13}$$

$$\bar{\boldsymbol{G}}_{\mathrm{sf}}=\begin{bmatrix} g_N & g_{N-1} & \cdots & g_{N-M+1} \\ g_{N+1} & g_N & \cdots & g_{N-M+2} \\ \cdots & \cdots & \ddots & \vdots \\ g_{N+m-1} & g_{N+m-2} & \cdots & g_{N-M+m} \end{bmatrix} \tag{6.7.14}$$

$$\hat{\boldsymbol{y}}_{\mathrm{f}}=[\hat{y}(t+N+1\mid t)\hat{y}(t+N+2\mid t)\ldots\hat{y}(t+N+m\mid t)]^{\mathrm{T}} \tag{6.7.15}$$

$$\boldsymbol{F}_{\mathrm{f}}=[f_{N+1}f_{N+2}\cdots f_{N+m}]^{\mathrm{T}} \tag{6.7.16}$$

根据上面的描述，式(6.7.5)中目标函数可以改写为以下形式

$$\begin{aligned} J&=(\hat{\boldsymbol{y}}-\boldsymbol{y}_{\mathrm{d}})^{\mathrm{T}}\tilde{\boldsymbol{Q}}(\hat{\boldsymbol{y}}-\boldsymbol{Y}_{\mathrm{d}})+\Delta\boldsymbol{U}_{\mathrm{s}}^{\mathrm{T}}\tilde{\boldsymbol{R}}\Delta\boldsymbol{u}_{\mathrm{s}} \\ &=(\bar{\boldsymbol{G}}_{\mathrm{s}}\Delta\boldsymbol{U}_{\mathrm{s}}+\boldsymbol{F}-\boldsymbol{Y}_{\mathrm{d}})^{\mathrm{T}}\times\tilde{\boldsymbol{Q}}(\bar{\boldsymbol{G}}_{\mathrm{s}}\Delta\boldsymbol{U}_{\mathrm{s}}+\boldsymbol{F}-\boldsymbol{Y}_{\mathrm{d}})+\Delta\boldsymbol{U}_{\mathrm{s}}^{\mathrm{T}}\tilde{\boldsymbol{R}}\Delta\boldsymbol{u}_{\mathrm{s}} \end{aligned} \tag{6.7.17}$$

式(6.7.17)中，$\tilde{\boldsymbol{Q}}$ 与 $\tilde{\boldsymbol{R}}$ 为对角矩阵，$\tilde{\boldsymbol{Q}}=\boldsymbol{I}_{N\times N}$，$\tilde{\boldsymbol{R}}=\mu\boldsymbol{I}_{M\times M}$，$\mu$ 为输入权重因子。

式(6.7.17)服从约束条件

$$\boldsymbol{Y}_{\mathrm{d,f}}=\bar{\boldsymbol{G}}_{\mathrm{sf}}\Delta\boldsymbol{U}_{\mathrm{s}}+\boldsymbol{F}_{\mathrm{f}} \tag{6.7.18}$$

如果将目标函数(6.7.17)式与约束条件(6.7.6)式结合起来，目标函数可以表示为

$$J=(\bar{\boldsymbol{G}}_{\mathrm{s}}\Delta\boldsymbol{U}_{\mathrm{s}}+\boldsymbol{F}-\boldsymbol{Y}_{\mathrm{d}})^{\mathrm{T}}\tilde{\boldsymbol{Q}}(\bar{\boldsymbol{G}}_{\mathrm{s}}\Delta\boldsymbol{U}_{\mathrm{s}}+\boldsymbol{F}-\boldsymbol{Y}_{\mathrm{d}})+\Delta\boldsymbol{U}_{\mathrm{s}}^{\mathrm{T}}\tilde{\boldsymbol{R}}\Delta\boldsymbol{U}_{\mathrm{s}}+\lambda^{\mathrm{T}}(\bar{\boldsymbol{G}}_{\mathrm{sf}}\Delta\boldsymbol{U}_{\mathrm{s}}+\boldsymbol{F}_{\mathrm{f}}-\boldsymbol{Y}_{\mathrm{d,f}}) \tag{6.7.19}$$

通过将目标函数的初始条件设为0，则最优控制输入可以表示如下

$$\begin{aligned} \Delta\boldsymbol{U}_{\mathrm{s}}=&(\bar{\boldsymbol{G}}_{\mathrm{s}}^{\mathrm{T}}\tilde{\boldsymbol{Q}}\boldsymbol{G}_{\mathrm{s}}+\boldsymbol{R})^{-1}\{\bar{\boldsymbol{G}}_{\mathrm{s}}^{\mathrm{T}}\tilde{\boldsymbol{Q}}(\boldsymbol{Y}_{\mathrm{d}}-\boldsymbol{F})+\bar{\boldsymbol{G}}_{\mathrm{sf}}^{\mathrm{T}}[\bar{\boldsymbol{G}}_{\mathrm{sf}}^{\mathrm{T}}(\bar{\boldsymbol{G}}_{\mathrm{s}}^{\mathrm{T}}\tilde{\boldsymbol{Q}}\boldsymbol{G}_{\mathrm{s}}+\boldsymbol{R})^{-1}\bar{\boldsymbol{G}}_{\mathrm{sf}}^{\mathrm{T}}]^{-1}\times \\ &[\boldsymbol{Y}_{\mathrm{d,f}}-\boldsymbol{F}_{\mathrm{f}}-\bar{\boldsymbol{G}}_{\mathrm{sf}}\Delta\boldsymbol{U}_{\mathrm{s}}-(\bar{\boldsymbol{G}}_{\mathrm{s}}^{\mathrm{T}}\tilde{\boldsymbol{Q}}\boldsymbol{G}_{\mathrm{s}}+\boldsymbol{R})^{-1}\bar{\boldsymbol{G}}_{\mathrm{s}}^{\mathrm{T}}\tilde{\boldsymbol{Q}}(\boldsymbol{Y}_{\mathrm{d}}-\boldsymbol{F})]\} \end{aligned} \tag{6.7.20}$$

6.7.2 模糊模型预测控制

(1)模糊预测控制

模糊预测控制是一种将模糊理论与预测控制算法相结合的集成控制方法。常见的模糊预测控制方法有模糊模型预测控制和多变量模糊预测控制。模糊模型预测控制(Fuzzy Model Predictive Control,FMPC)是采用模糊辨识方法建立被控对象的模糊预测模型,并与预测控制算法相结合构成控制系统。多变量模糊预测控制主要包括多变量模糊模型预测控制和多变量系统模糊广义预测控制[231]。

(2)T-S 模型

在模糊模型预测控制中,关键问题是建立被控对象的模糊模型。目前常用的模糊模型是 T-S 模型。1985 年,日本的 Takagi 和 Sugeno 提出了一种基于模糊逻辑的动态系统建模方法。用 Takagi 和 Sugeno 方法建立的模型称为 T-S 模型,也称为 TSK(Takagi-Sugeno-Kang)模糊规则模型。T-S 模型是一种基于规则的模糊推理模型。在 T-S 建模方法中,一个非线性系统被分成一些线性或近似线性的分系统。通过每个分系统模糊逻辑运算,得到一个近似线性的经验模型。整个系统行为用各近似线性模糊推理系统输出的加权和来描述。

在 TSK 模糊规则模型中,只用很少的规则就能够描述复杂的和高度非线性的模型。TSK 模型的基本思想反映了一个事实,即一个任意复杂的系统都是由内部相互联系的子系统组成的。如果相应于单个子系统的区域 R 是确定的,那么在这些区域中系统的状态就可以用简单的函数相关来描述。如果相关是线性的,并且将每个子系统赋予一条规则,那么 TSK 模糊模型用以下的 R 个准则描述

$$Ri:\text{if } Q \text{ is } A_i,\ \text{then } \hat{y}_i(t+1)=\boldsymbol{\theta}_i^{\mathrm{T}}\boldsymbol{X}$$

上述规则中,$i=1,2,\cdots,R$。

6.7.3 蒸汽发生器模糊模型预测控制[184]

(1)SG 自适应模糊模型预测控制原理

Eliasi H 等将蒸汽发生器局部线性模糊模型、自适应算法与预测控制结合起来,提出了自适应模糊模型预测控制方法(Adaptive Fuzzy Model Based Predictive Control,AFMPC)(Eliasi H, Davilu H, Menhaj M B,2007)。Eliasi H 等提出的蒸汽发生器水位模糊模型预测控制原理框图如图 6.33 所示。在该控制系统中,应用 Tskagi-Sugeno 建模方法建立 U 形管蒸汽发生器的模糊预测模型,用来预测 U 形管蒸汽发生器的未来行为。在每个采样时间里,通过加权递归最小二乘法算法来调节模型的线性参数。然后,将这些线性参数复制到输出预测模块,在预测步程内用于预测系统的输出。线性 MPC 模块应用这些预测输出来确定

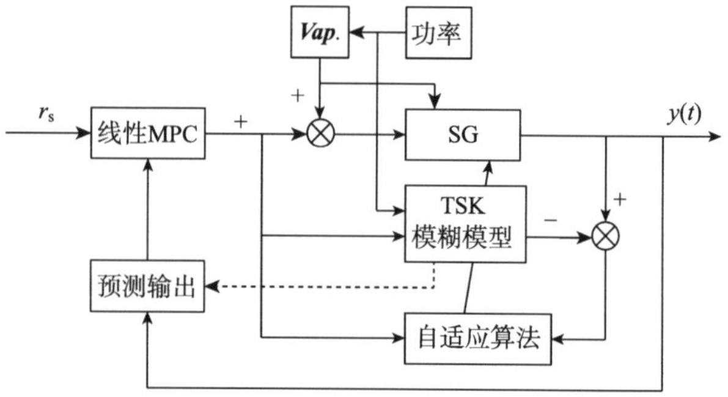

图 6.33 SG 自适应模糊模型预测控制原理

控制量。在预测控制器中,采用多步预测和约束回程预测控制方法。

(2)SG 模糊模型建模

1)局部线性模型

SG 的 TSK 模糊模型可用下述 R 个准则描述

$$\mathrm{R}_{\mathrm{i}}:\text{if } Q \text{ is } A_i,\ \text{then } \hat{y}_i(t+1)=\boldsymbol{\theta}_i^{\mathrm{T}}\boldsymbol{X} \tag{6.7.21}$$

上述规则中,Q,X 分别如下式所示

$$\begin{aligned} Q&=\{y(t),y(t-1),\cdots,y(t-n_{\mathrm{a}}+1),u_{\mathrm{d}}(t),u_{\mathrm{d}}(t-1),\cdots,u_{\mathrm{d}}(t-n_{\mathrm{b}}),P(t)\} \\ X&=\{y(t),y(t-1),\cdots,y(t-n_{\mathrm{a}}+1),u_{\mathrm{d}}(t),u_{\mathrm{d}}(t-1),\cdots,u_{\mathrm{d}}(t-n_{\mathrm{b}}),1\} \end{aligned} \tag{6.7.22}$$

式(6.7.22)中,$y(\cdot)$是过程输出(蒸汽发生器的水位),u_{d}是过程输入(给水流量 Q_{w} 与蒸汽流量 Q_s 之差),$P(\cdot)$是需求功率。$\boldsymbol{\theta}_{\mathrm{i}}^{T}$ 是第 i 个子模型的参数向量。

$$\boldsymbol{\theta}_i^{\mathrm{T}}=[a_{i,1},a_{i,2},\cdots,a_{i,n_{\mathrm{a}}},b_{i,1},b_{i,2},\cdots,b_{i,n_{\mathrm{b}}},c_i] \tag{6.7.23}$$

对于任意一个输入向量 $\boldsymbol{x}$,TSK 模糊模型最终输出($\hat{y}$)由下式计算

$$\hat{y}=\frac{\sum_{i=1}^{R}[\lambda_i(x)y_i(x)]}{\sum_{i=1}^{R}\lambda_i(x)} \tag{6.7.24}$$

式(6.7.24)中 $y_i(x)$ 是相应于输入向量 $\boldsymbol{x}$ 第 i 个规则的输出;λ_i是 i 个规则的激励强度。

应用局部模型概念,可以将式(6.7.24)修改为一个显式描述系统状态的形式,如下式所示

$$\hat{y}=\sum_{i=1}^{R}w_i(x)y_i(x) \tag{6.7.25}$$

$$w_i(x)=\frac{\lambda_i(x)}{\sum_{i=1}^{R}\lambda_i(x)} \tag{6.7.26}$$

式(6.7.25)、式(6.7.26)中,w_i 是第 i 个规则规范化的激励强度。

用输入—输出方法表示 TSK 模型时,TSK 模型的输出可以表示为

$$y(t+1)=\sum_{j=1}^{n_{\mathrm{a}}}\bar{a}_j(t)y(k-j+1)+\sum_{j=0}^{n\mathrm{b}}\bar{b}_j(t)u_{\mathrm{d}}(k-j+1)+\bar{c}(t) \tag{6.7.27}$$

$$\bar{a}_j(t)=\sum_{i=1}^{R}w_i(x)a_{i,j},\ \bar{b}_j(t)=\sum_{i=1}^{R}w_i(x)b_{i,j},\ \bar{c}(t)=\sum_{i=1}^{R}w_i(x)c_i \tag{6.7.28}$$

上述模糊模型可以看作线性时变模型(LTV)或局部线性模型。

2)TSK 模型建立

在建立 TSK 模糊模型时,可用聚类方法来划分输入/输出空间,每个聚类代表系统中的一个确定的运行区域。

在蒸汽发生器水位模糊模型预测控制研究中,Eliasi H 等采用用减聚类算法划分输入/输出空间、确定规则数量和隶属函数的形状;用标准的最小二乘算法识别 TSK 模型规则相应的参数。

减聚类是一种确定规则数量和隶属函数的形状的方法,它是加聚类方法的扩展。减聚类方法假设每个数据向量 $\boldsymbol{Q}_k$ 是一个可能的聚类中心,并在周围数据向量密度的基础上,计算出用以确定聚类中心的各数据向量的似然尺度。

$$\boldsymbol{Q}_k = [y(k), y(k-1), \dots, y(k-n_a+1), u_d(k), u_d(k-1), \dots, u_d(k-n_b), P(k), y(k+1)] \tag{6.7.29}$$

$$\boldsymbol{X}_k = [y(k), y(k-1), \dots, y(k-n_a+1), u_d(k), u_d(k-1), \dots, u_d(k-n_b)] \quad k=1,\cdots,N \tag{6.7.30}$$

式(6.7.30)中，N 是用于聚类的数据集的数目。

对每个数据向量，定义密度测度如下

$$D(\boldsymbol{Q}_k) = \sum_{i=1}^{N} \exp\left(-\frac{\|\boldsymbol{Q}_k - \boldsymbol{Q}_i\|^2}{(r_a/2)^2}\right) \tag{6.7.31}$$

式(6.7.31)中，r_a可看作某邻域半径正常数，此邻域之外的数据对密度测度没有贡献。

该计算产生数据空间几个“山峰”。与最高的峰值相对应的数据被选作第一个聚类中心。这个数据向量用 $\boldsymbol{x}_{c1}$ 表示。为了得到下一个聚类中心，必须消除强属于第一个聚类中心的数据。这可通过修正数据集各点的密度测度实现，如下式所示

$$D^{\text{new}}(\boldsymbol{Q}_k) = D^{\text{old}}(\boldsymbol{Q}_k) - D^{\text{old}}(\boldsymbol{Q}_{C1}) \exp \times \left(-\frac{\|\boldsymbol{Q}_k - \boldsymbol{Q}_{C1}\|^2}{(r_b/2)^2}\right) \tag{6.7.32}$$

式(6.7.32)中，r_b是另一个正常数。

在 r_b取值中，通常取值比 r_a大。这样，接近第一个中心的数据密度测度将大大减小，也就不再作为下一个聚类中心的候选对象。通过新的密度测度的最高峰值，选择下一个聚类中心。该过程一直持续下去，到不再存在显著的峰值出现。考虑到 R 个聚类，最终选择结果为 $(Q_{C1}, Q_{C2}, \cdots, Q_{CR})$。每个聚类对应一个描述系统状态模糊规则。对于一个给定的输入向量 $\boldsymbol{x}_t$，它关于规则 i 的隶属值为

$$\lambda_i = \exp\left(-\frac{\|\bar{\boldsymbol{Q}}_k - \bar{\boldsymbol{Q}}_{Ci}\|^2}{(r_a/2)^2}\right) \tag{6.7.33}$$

$$\bar{\boldsymbol{Q}}_k = [y(k), y(k-1), \dots, y(k-n_a+1), u_d(k), u_d(k-1), \dots, u_d(k-n_b), P(k)] \tag{6.7.34}$$

式(6.7.33)中，$\bar{\boldsymbol{Q}}_k$ 表示 $\boldsymbol{Q}_k$的第(n_a+n_b+1)个分量。

式(6.7.33)也可以表示为

$$\lambda_i = \prod_{j=1}^{n_a+n_b+1} \lambda_{ij} = \prod_{j=1}^{n_a+n_b+1} \exp\left(-\frac{(q_j(t) - q_j(C_i))^2}{(r_a/2)^2}\right) \tag{6.7.35}$$

式中，λ_{ij}是模糊系统输入的隶属等级；$q_j(C_i)$为 Gaussian 隶属函数的中心。

第 i 个规则执行的规范度可利用激励强度得到

$$w_i = \frac{\lambda_i}{\sum_{i=1}^{R} \lambda_i} \tag{6.7.36}$$

假设辨识时使用 N 个数据集。$N \times N$ 维主对角矩阵 $\boldsymbol{W}_i (i=1,\cdots,R)$的主对角上的第 t 个元素由规范化激励强度的值构成，从而可得到一个 $N \times Rn$ 维的矩阵 $\boldsymbol{X}'$，如下式所示

$$\boldsymbol{X}' = [(\boldsymbol{W}_1 \boldsymbol{X}_e), (\boldsymbol{W}_2 \boldsymbol{X}_e), \dots, (\boldsymbol{W}_R \boldsymbol{X}_e)] \tag{6.7.37}$$

式(6.7.37)中，矩阵 $\boldsymbol{X}_e$包含行 $[\boldsymbol{X}_K^{\mathrm{T}}]$，$k=1,\cdots,N$。

这样，模糊 TSK 模型的线性参数即所有 TSK 模糊规则结论部分的参数组成一个 $1 \times Rn$ 维的向量 $\boldsymbol{\theta}'$。n 为输入和输出数目。向量 $\boldsymbol{\theta}'$表示如下

$$\boldsymbol{\theta}' = [\boldsymbol{\theta}_1^{\mathrm{T}}, \boldsymbol{\theta}_2^{\mathrm{T}}, \ldots, \boldsymbol{\theta}_R^{\mathrm{T}}]^{\mathrm{T}} \tag{6.7.38}$$

式(6.7.38)中，$\boldsymbol{\theta}_i^{\mathrm{T}} = [a_{i,1}, a_{i,2}, \ldots, a_{i,na}, b_{i,1}, b_{i,2}, \ldots, b_{i,nb}]^{\mathrm{T}}$，$i=1,\cdots,R$。

对于 N 个数据集，模糊模型的输出可以表示为

$$\boldsymbol{y}' = \boldsymbol{X}'\boldsymbol{\theta}' + \boldsymbol{\varepsilon} \tag{6.7.39}$$

式(6.7.39)中，$\boldsymbol{\varepsilon}$ 是逼近误差。

未知向量 $\boldsymbol{\theta}'$由最小平方方法确定。$\boldsymbol{\theta}'$可表示为

$$\boldsymbol{\theta}' = [(\boldsymbol{X}')^{\mathrm{T}}\boldsymbol{X}']^{-1}(\boldsymbol{X}')^{\mathrm{T}}y \tag{6.7.40}$$

通过上述方法，得到包含子模型的模糊 TSK 模型。

3)在线自适应模糊模型

对于在线自适应，使用在前面离线辨识的模糊模型。在在线阶段，规则的前件保持不变，仅规则结论是自适应的。这里使用加权最小二乘法确定各局部线性模型的参数。

根据(6.7.25)式，模糊模型的输出为

$$\hat{y}(t+1) = \boldsymbol{X}'_{\mathrm{a}}\hat{\boldsymbol{\theta}}'(t) + e(t) \tag{6.7.41}$$

式(6.7.41)中，$e(t)$是系统输出与模型输出之间的误差值。

$$\hat{\boldsymbol{\theta}}' = [\boldsymbol{\theta}_1^{\mathrm{T}}, \boldsymbol{\theta}_2^{\mathrm{T}}, \ldots, \boldsymbol{\theta}_p^{\mathrm{T}}]^{\mathrm{T}} \tag{6.7.42-a}$$

$$\boldsymbol{X}'_{\mathrm{a}} = [w_1\boldsymbol{X}(t), w_2\boldsymbol{X}(t), \ldots, w_p\boldsymbol{X}(t)] \tag{6.7.42-b}$$

式(6.7.42-b)中，$w_i(i=1,\cdots,R)$为第 i 个规则的规范化激励强度。

$$\boldsymbol{X}(t) = [y(t), y(t-1), \ldots, y(t-n_{\mathrm{a}}+1), u_{\mathrm{d}}(t), u_{\mathrm{d}}(t-1), \ldots, u_{\mathrm{d}}(t-n_{\mathrm{b}})] \tag{6.7.43}$$

为了估计参数向量 $\boldsymbol{\theta}'(t)$，极小化下面的性能函数

$$J(t) = \sum_{j=0}^{t} \lambda^{t-j} e^2(j) \tag{6.7.44}$$

式(6.7.44)中，λ 是小于 1 的数，称为遗忘因子。

利用 WRLS(Weighted Recursive Least Square)算法，可通过下式得到参数新值

$$\hat{\boldsymbol{\theta}}'(t) = \hat{\boldsymbol{\theta}}'(t-1) + \boldsymbol{Q}_{\mathrm{a}}(t)\boldsymbol{X}'_{\mathrm{a}}(t-1)[\boldsymbol{y}(t) - \boldsymbol{X}'_{\mathrm{a}}(t-1)\hat{\boldsymbol{\theta}}'(t-1)] \tag{6.7.45}$$

$$\boldsymbol{Q}_{\mathrm{a}}(t) = \frac{1}{\lambda}\left[\boldsymbol{Q}_{\mathrm{a}}(t-1) - \frac{\boldsymbol{Q}_{\mathrm{a}}(t-1)\boldsymbol{X}'_{\mathrm{a}}(t-1)\boldsymbol{X}'^{\mathrm{T}}_{\mathrm{a}}(t-1)\boldsymbol{Q}_{\mathrm{a}}(t-1)}{\lambda + \boldsymbol{X}'^{\mathrm{T}}_{\mathrm{a}}(t-1)\boldsymbol{Q}_{\mathrm{a}}(t-1)\boldsymbol{X}'_{\mathrm{a}}(t-1)}\right] \tag{6.7.46}$$

式(6.7.45)和式(6.7.46)中，$\boldsymbol{Q}_{\mathrm{a}}$是修正矩阵。$\boldsymbol{\theta}'(0)$ 的初始值可以认为等于离线辨识中得到的数值；$\boldsymbol{Q}_{\mathrm{a}}(0)$ 为

$$\boldsymbol{Q}_{\mathrm{a}}(0) = (\boldsymbol{X}'^{\mathrm{T}}_{\mathrm{a}}\boldsymbol{X}'_{\mathrm{a}})^{-1} \tag{6.7.47}$$

(3)多步预测控制

在常规 MPC 中，在 t 时刻整个预测步程内使用一个单独的线性模型。对于多步控制，由于非线性过程的存在，使用单个线性模型会影响控制器的性能。这可以通过使用多个线性模型来克服这个问题。

在多步预测方法中，通过连续迭代的方法来预测未来输出，其步骤如下：

1)在$(t-1)$时刻，在整个预测步程内使用局部线性模糊模型计算控制信号 u_{d}。

2)在$(y_{\mathrm{m}}(t), u_{\mathrm{d}}(t))$点，局部线性化 Tskagi-Sugeno 模型，得到 $M(t)$。

3)用 $M(t)$在整个预测步程内计算新的控制序列 U_{d}。

4)用 $u_d(t)$ 计算 $y_m(t+1)$。

5)在 $(y_m(t+1), u_d(t+1))$ 点，局部线性化 Tskagi-Sugeno 模型，得到 $M(t+1)$。

6)使用 $M(t)$ 和 $M(t+1)$ 在整个预测步程内计算新的控制序列 U_d。

7)用 $u(t)$ 和 $u(t+1)$ 计算 $y_m(t+2)$。

8)在 $(y_m(t+2), u_d(t+2))$ 点，局部线性化 Tskagi-Sugeno 模型，得到 $M(t+2)$。

9)使用 $M(t)$，$M(t+1)$ 和 $M(t+2)$ 在整个预测步程内计算新的控制序列 U_d。

对于 $i=k+3,\dots,k+N+m-1$，重复第 7—9 步。在 $M(t)$，$M(t+1)$，…，$M(t+N+m-1)$ 的基础上，计算得到最终的控制序列 U_d。预测控制描述可以修改如下

$$\hat{\boldsymbol{y}} = \bar{\boldsymbol{G}}\boldsymbol{U}_s + \boldsymbol{F} \tag{6.7.48}$$

$$\hat{\boldsymbol{y}}_f = \tilde{\boldsymbol{G}}_{sf}\Delta\boldsymbol{U}_s + \boldsymbol{F}_f \tag{6.7.49}$$

$$\boldsymbol{U}_s = [u_d(t), u_s(t+1), \dots u_d(t+M-1)]^{\mathrm{T}} \tag{6.7.50}$$

$$\boldsymbol{F} = [f_{t+1}, f_{t+2}, \cdots, f_{t+N}]^{\mathrm{T}} \tag{6.7.51}$$

$$\boldsymbol{F}_f = [f_{t+N+1}, f_{t+N+2}, \cdots, f_{t+N+m}]^{\mathrm{T}} \tag{6.7.52}$$

$\boldsymbol{F}$ 与 $\boldsymbol{F}_f$ 为系统自由响应。这些自由响应的分量可通过下式得到

$$f_{t+j} = \sum_i a_i f_{t+j-i} + \sum_i b_i u_d(t+j-i), \quad j=1,2,\dots,N+m \tag{6.7.53}$$

$$u_d(t+N+m-1) = u_d(t+N+m-2) = \cdots = u_d(t) = 0 \tag{6.7.54}$$

极小化目标函数

$$J = (\bar{\boldsymbol{G}}_s\boldsymbol{U}_s + \boldsymbol{F} - \boldsymbol{Y}_d)^{\mathrm{T}}\tilde{\boldsymbol{Q}}(\bar{\boldsymbol{G}}_s\boldsymbol{U}_s + \boldsymbol{F} - \boldsymbol{W}) + \boldsymbol{U}_s^{\mathrm{T}}\tilde{\boldsymbol{R}}\boldsymbol{U}_s + \lambda^{\mathrm{T}}(\bar{\boldsymbol{G}}_{sf}\boldsymbol{U}_s + \boldsymbol{F}_f - \boldsymbol{Y}_{d,f}) \tag{6.7.55}$$

式(6.7.55)中，$\bar{\boldsymbol{G}}_s$、$\bar{\boldsymbol{G}}_{sf}$ 及矩阵元素表达式如下

$$\bar{\boldsymbol{G}}_s = \begin{bmatrix} g_{1,1} & 0 & \cdots & 0 \\ g_{2,1} & g_{2,2} & \cdots & 0 \\ \cdots & \cdots & \ddots & \vdots \\ g_{N,1} & g_{N,2} & \cdots & g_{N,M} \end{bmatrix}$$

$$\bar{\boldsymbol{G}}_{sf} = \begin{bmatrix} g_{N+1,1} & g_{N+1,2} & \cdots & g_{N+1,M} \\ g_{N+2,1} & g_{N+2,2} & \cdots & g_{N+2,M} \\ \cdots & \cdots & \ddots & \vdots \\ g_{N+m,1} & g_{N+m,2} & \cdots & g_{N+m,M} \end{bmatrix}$$

$$g_{t+j} = \sum_{k=1}^{i} a_{i,k} g_{i-k,j} + b_{i,i-j}, i=1,2,\dots,N+m, j=1,2,\dots,M$$

由于目标函数是极小化 $\boldsymbol{U}_s$ 而不是 $\Delta\boldsymbol{U}_s$，控制步程之后的输入等于零而不是常数值。

(4)在蒸汽发生器水位控制中的应用

将上述模糊模型预测用于在蒸汽发生器水位控制时，式(6.7.6)中的控制量为 u_d，它实际上是给水流量与蒸汽流量之差；$\hat{y}(t+j \mid t)$ 是 j 步水位超前优化预测值；y_d 表示是期望水位。预测步程表示希望系统输出跟踪参考序列的时间范围。约束条件 $\Delta u_d(t+j-1)=0$ $(j>0)$ 意味着在某个时间间隔 $M<N$ 后，给水流量与蒸汽流量之差是一个常数。使水位等于期望水位的约束条件 $\hat{y}(t+N+i)=y_d(t+N+i)$ $(i=1,\dots,m)$ 保证了控制器的稳定性。

文献[184]给出了蒸汽发生器水位模糊模型预测控制仿真验证结果。验证方法如下：

1)假设被控系统初始状态为稳定状态,水位定值在 500 s 时阶跃增加 20 cm,然后在 3 000～4 000 s 逐渐减少;蒸汽流量在 5 000～6 000 s 逐渐增加。

2)蒸汽发生器状态辨识使用 TSK 模糊模型和减聚类方法(离线辨识)。在不同功率下选取辨识信号,每个辨识信号由 1000 个输入/输出数据对组成,采样时间为 5 秒。

3)模糊模型由 84 个规则组成,其输入向量如下

$$\bar{Q}(t)=[y(t),y(t-1),y(t-2),y(t-3),u_{\mathrm{d}}(t),u_{\mathrm{d}}(t-1),u_{\mathrm{d}}(t-2),p(t)]$$

4)在每个采样时间里,使用带有遗忘因子 $\lambda(\lambda=0.98)$ 的 WRLS 算法对模糊模型的线性参数进行在线自适应调节。

5)预测步程、控制步程和 m 分别选为 30、20、3。

图 6.34 给出了在 5%、15%和 30%功率下的蒸汽发生器水位模糊模型预测控效果。仿真结果表明,控制器在跟踪阶跃和斜坡参考轨迹以及蒸汽流量扰动下方面具有良好的性能,优于 PI 控制器。

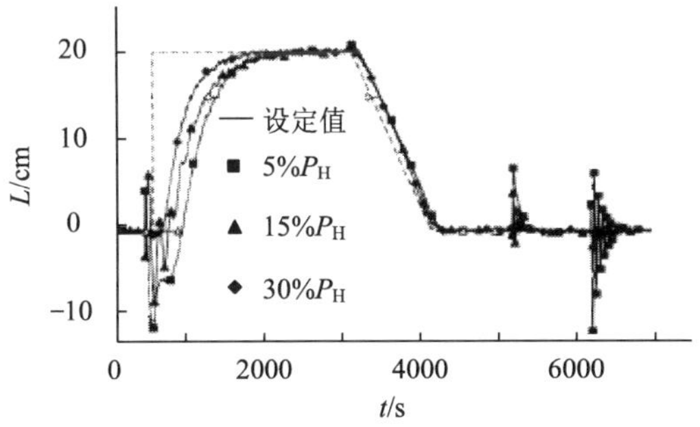

图 6.34 不同功率下水位控制响应

6.8 模糊自适应递归滑模控制

6.8.1 滑模变结构控制

滑模变结构控制简称为滑模控制(Sliding-Mode Control,SMC),它是一种本质非线性控制,产生于 20 世纪 50 年代末期。滑模变结构控制系统的控制器由多个不同的子系统组成,这些子系统具有不同的参数或结构,控制系统在工作过程中根据某种关系在控制器各子系统之间进行切换,从而达到改善控制系统动态性能的目的[245]。

滑模变结构控制具有多种类型,如从系统线性和非线性的角度,可分为线性系统滑模变结构控制和非线性系统滑模变结构控制;根据控制系统输入/输出信号的数量分类,可分为单输入—单输出滑模变结构控制和多输入—多输出滑模变结构控制[246]。下面将要介绍的 NPP 模糊自适应递归滑模控制就是一种多输入—多输出滑模变结构控制。

6.8.2 NPP 模糊自适应递归滑模控制[173]

核动力装置各运行参数之间耦合性强,许多参数具有时变性,这给核动力装置系统与设备的控制增加了困难。如何对核动力装置重要运行参数进行协调控制,一直是国内外专

家学者在不断探索和研究的问题。2004 年，Huang Z 等[173]研究了多变量滑模变结构控制在核动力装置控制中的应用。针对先进沸水堆(ABWR)核电厂反应堆压力、水位以及汽轮机输出功率的协调控制问题，设计了多输入—多输出(MIMO)沸水堆模糊自适应递归滑模控制器(FARSMC)。下面结合递归滑模控制原理介绍 Huang Z 等提出的核动力装置模糊自适应递归滑模控制方法。

(1)递归滑模控制

设输入与输出变量数目相同的 MIMO 非线性系统可以表示为如下形式

$$y_i^{n_i}=f_i(x)+\sum_{j=1}^{m}g_{ij}(x)(u_j+d_j),\ i、j=1,2,\cdots,m \tag{6.8.1}$$

式(6.8.1)可用矩阵形式表示如下

$$\boldsymbol{Y}^n=\boldsymbol{F}(\boldsymbol{x})+\boldsymbol{G}(\boldsymbol{x})(\boldsymbol{U}+\boldsymbol{D}) \tag{6.8.2}$$

式(6.8.2)中，$\boldsymbol{U}$ 为控制向量，$\boldsymbol{D}$ 为扰动向量，$\boldsymbol{x}$ 为状态量。$\boldsymbol{Y}$、$\boldsymbol{F}(\boldsymbol{x})$、$\boldsymbol{G}$、$\boldsymbol{U}$ 和 $\boldsymbol{D}$ 可分别表示为

$$\boldsymbol{Y}^n=[y_1^{n1}\quad y_2^{n2}\quad \cdots\quad y_m^{nm}]^{\mathrm{T}} \tag{6.8.3}$$

$$\boldsymbol{F}=[f_1(\boldsymbol{x})\quad f_2(\boldsymbol{x})\quad \cdots\quad f_m(\boldsymbol{x})]^{\mathrm{T}} \tag{6.8.4}$$

$$\boldsymbol{G}=\begin{bmatrix} g_{11} & g_{12} & \cdots & g_{1m} \\ g_{21} & g_{22} & \cdots & g_{2m} \\ \vdots & \vdots & \cdots & \vdots \\ g_{m1} & g_{m2} & \cdots & g_{mm} \end{bmatrix} \tag{6.8.5}$$

$$\boldsymbol{U}=[u_1\quad u_2\quad \cdots\quad u_m]^{\mathrm{T}} \tag{6.8.6}$$

$$\boldsymbol{D}=[d_1\quad d_2\quad \cdots\quad d_m]^{\mathrm{T}} \tag{6.8.7}$$

在 MIMO 非线性系统模型中，难以获得 $\boldsymbol{F}$ 和 $\boldsymbol{G}$ 的精确表达式，但可以通过估计得到其估计表达式 $\hat{\boldsymbol{F}}$ 和 $\hat{\boldsymbol{G}}$。

控制的目标是寻找控制量 $\boldsymbol{U}$，在存在不确定性或干扰情况下，使系统输出跟踪期望轨迹 $\boldsymbol{Y}_{\mathrm{d}}$。

令 $e_i(t)=y_i(t)-y_{\mathrm{d}i}(t)$，$\boldsymbol{S}$ 为切换向量。则 $\boldsymbol{S}$ 可表示为

$$\boldsymbol{S}=[s_1\quad s_2\quad \cdots\quad s_m]^{\mathrm{T}} \tag{6.8.8}$$

$$s_i=\left(\frac{\mathrm{d}}{\mathrm{d}t}+\gamma_{i(n_i-1)}\right)\cdots\left(\frac{\mathrm{d}}{\mathrm{d}t}+\gamma_{i2}\right)\left(\frac{\mathrm{d}}{\mathrm{d}t}+\gamma_{i1}\right)e_i, \tag{6.8.9}$$

式(6.8.9)中，γ_{ij} 为严格正常数，称为控制带宽。$i=1,2,\cdots,m;j=1,2,\cdots,n_i-1$。

式(6.8.9)可表示下述多项式形式

$$s_i=\sum_{j=0}^{n_i-1}c_{ij}(y_i^{(j)}-y_{\mathrm{d}i}^{(j)}) \tag{6.8.10}$$

式(6.8.10)中，$c_{i,n_i-1}=1$；多项式的根为 γ_1、γ_2，…，γ_{n_i-1}，可表示为

$$\boldsymbol{\gamma}=[\gamma_1\quad \gamma_2\quad \gamma_3\quad \cdots\quad \gamma_{i,1}\quad \gamma_{n_i-1}] \tag{6.8.11}$$

式(6.8.9)可表示为递归形式，用于调节滑模控制器，即

$$\begin{aligned} s_i&=s_{i,n_i-1}=\dot{s}_{i,n_i-2}+\gamma_{i,n_i-1}s_{i,n_i-2} \\ &\vdots \\ s_{i,2}&=\dot{s}_{i,1}+\gamma_{i,2}s_{i,1} \\ s_{i,1}&=\dot{e}_i+\gamma_{i,1}e_i \end{aligned} \tag{6.8.12}$$

定义 Lyapunov 函数为切换函数 $\boldsymbol{S}$ 的二项式形式，即

$$L=\frac{1}{2}\boldsymbol{S}^{\mathrm{T}}\boldsymbol{S} \tag{6.8.13}$$

控制器设计的目标是寻找控制向量 $\boldsymbol{U}$，在存在不确定性或干扰情况下，满足下述到达条件

$$\dot{L}=-\boldsymbol{S}^{\mathrm{T}}\boldsymbol{\Gamma}\boldsymbol{S} \tag{6.8.14}$$

式(6.8.14)中，$\boldsymbol{\Gamma}$ 为正定常数矩阵。

由(6.8.13)、(6.8.14)两式可得

$$\dot{\boldsymbol{S}}+\boldsymbol{\Gamma}\boldsymbol{S}=0 \tag{6.8.15}$$

式(6.8.15)是系统新的可达条件。

将(6.8.2)与(6.8.1)式组合起来，可得

$$\dot{\boldsymbol{S}}=\hat{\boldsymbol{S}}+\boldsymbol{G}(\boldsymbol{U}+\boldsymbol{D}) \tag{6.8.16}$$

式(6.8.16)中

$$\hat{\boldsymbol{S}}=[\hat{s}_1\quad \hat{s}_2\quad \cdots\quad \hat{s}_m]^{\mathrm{T}} \tag{6.8.17}$$

$$\hat{s}_i=-y_{\mathrm{d}i}^{(ni)}+\sum_{j=1}^{ni-1}c_{i,j-1}(y_i^{(j)}-y_{\mathrm{d}i}^{(j)})+f_i(x) \tag{6.8.18}$$

将(6.8.16)式代入式(6.8.15)式可得

$$\boldsymbol{U}=\boldsymbol{U}_{\mathrm{eq}}-\boldsymbol{G}^{-1}\boldsymbol{\Gamma}\boldsymbol{S} \tag{6.8.19}$$

式(6.8.19)中，$\boldsymbol{U}_{\mathrm{eq}}$为等效控制。

$$\boldsymbol{U}_{\mathrm{eq}}=-\boldsymbol{G}^{-1}\hat{\boldsymbol{S}}-\boldsymbol{d} \tag{6.8.20}$$

等效控制是 $\boldsymbol{F}(\boldsymbol{x})$和 $\boldsymbol{G}(\boldsymbol{x})$的函数，它通常包含不确定性和干扰 $\boldsymbol{D}$。不确定性和干扰 $\boldsymbol{D}$ 一般都是未知的。通过引入递归控制算法，可以将不确定性和干扰自动考虑进去。将式(6.8.16)、式(6.8.19)与式(6.8.20)式结合起来，可得递归控制形式

$$\boldsymbol{U}=\boldsymbol{U}-\boldsymbol{G}^{-1}(\dot{\boldsymbol{S}}-\boldsymbol{\Gamma}\boldsymbol{S}) \tag{6.8.21}$$

在连续时间域中，式(6.8.21)可表示为

$$\boldsymbol{U}(t)=\boldsymbol{U}(t-\Delta t)-\boldsymbol{G}^{-1}(\dot{\boldsymbol{S}}-\boldsymbol{\Gamma}\boldsymbol{S}),\ \Delta t\to 0 \tag{6.8.22}$$

在离散时间域中，式(6.8.21)可表示为

$$\boldsymbol{U}(t)=\boldsymbol{U}(t-T)-\boldsymbol{K}\boldsymbol{G}^{-1}(\dot{\boldsymbol{S}}-\boldsymbol{\Gamma}\boldsymbol{S}) \tag{6.8.23}$$

式(6.8.23)中，T 为周期，$\boldsymbol{K}$ 为一对角矩阵。对角矩阵 $\boldsymbol{K}$ 表示如下

$$\boldsymbol{K}=\begin{bmatrix} K_1 & 0 & \cdots & 0 \\ 0 & K_2 & \cdots & 0 \\ \vdots & \vdots & \cdots & \vdots \\ 0 & 0 & \cdots & K_m \end{bmatrix} \tag{6.8.24}$$

式(6.8.24)中，对角矩阵中对角线上的元素是控制器工作时的调节参数。

如果式(6.8.14)中常数矩阵 $\boldsymbol{\Gamma}$ 为对角形式，则 $\dot{\boldsymbol{S}}+\boldsymbol{\Gamma}\boldsymbol{S}$ 项仅仅是以递归形式在滑动表面上的进一步扩展

$$s_{si}=s_i+\gamma_i s_i \tag{6.8.25}$$

式(6.8.25)中

$$\begin{aligned} s_i &= s_{i,n_i-1} = \dot{s}_{i,n_i-2} + \gamma_{i,n_i-1} s_{i,n_i-2} \\ &\vdots \\ s_{i,2} &= \dot{s}_{i,1} + \gamma_{i,2} s_{i,1} \\ s_{i,1} &= \dot{e}_i + \gamma_{i,1} e_i \end{aligned} \tag{6.8.26}$$

式(6.8.25)、式(6.8.26)定义了一种新的切换向量 $\boldsymbol{S}_s$。在这种情况下,控制律(6.8.23)式变成下述形式

$$\boldsymbol{U}(t) = \boldsymbol{U}(t - T) - \boldsymbol{K}\boldsymbol{G}^{-1}\boldsymbol{S}_s \tag{6.8.27}$$

为使控制信号平滑且在连续时间域中进行控制,将式(6.8.27)以下述新控制律取代原控制律

$$\dot{\boldsymbol{U}}(t) = -\hat{\boldsymbol{K}}\boldsymbol{G}^{-1}\boldsymbol{S}_s \tag{6.8.28}$$

式(6.8.28)中 $\hat{\boldsymbol{K}} = \boldsymbol{K}/T$。则 $\boldsymbol{U}(t)$ 可表示为

$$\boldsymbol{U}(t) = -\int \hat{\boldsymbol{K}}\boldsymbol{G}^{-1}\boldsymbol{S}_s \mathrm{d}t \tag{6.8.29}$$

(2)参数模糊自适应

对一个控制系统来说,当控制带宽 γ_{ij} 的值较大时,系统响应速度快,但容易引起不稳定;当 γ_{ij} 的值太小时,系统响应速度慢。对于递归滑模控制器的 γ_{ij} 来说,γ_{i1} 是影响控制性能的主要因素。为获得良好的控制性能,可使滑模控制器的控制带宽 γ_{ij} 随着系统的状态而变化。在递归滑模控制器设计中,可采用模糊自适应的方法来实现 γ_{ij} 的调节。为了简化设计,对于 γ_{ij} 的自适应调节中可只调节 γ_{i1},将跟踪误差 e_i 的绝对值和滑动参数 γ_{i1} 分别作模糊推理系统的输入和输出。

(3)ABWR 模糊自适应递归滑模控制

1)FARSMC 原理

ABWR 模糊自适应递归滑模控制的原理如图 6.35 所示。控制系统为一个 3 输入 3 输出的非线性控制系统。3 个输入信号分别是反应堆再循环流量 m_r、给水流量 m_{fw} 和汽轮机节流阀开度 A_{cv};输出信号分别是汽轮机功率 P_t、汽轮机水位偏差 L 和汽轮机节流阀压力 P_t。此外,将反应堆容器压力、蒸汽流量、缓发中子先驱核密度等也作为控制器的反馈输入。通过误差信号产生滑模控制器的切换函数。控制系统的目标是,在满足核安全的要求下,在 70%额定功率以上时实现反应堆水位、压力和负荷跟踪控制。在控制器设计中,采用递归的形式处理系统模型的不确定性和外部干扰,通过递归滑模控制算法消除普通滑模控制中存在的抖振(抖动)问题,通过采用滑模参数自适应模糊逻辑算法提高控制器的性能。

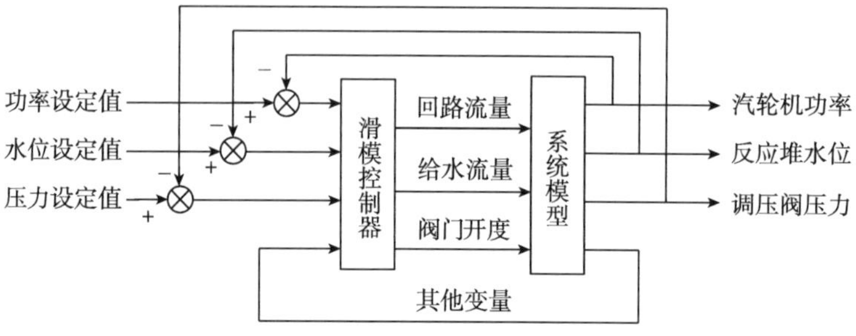

图 6.35　沸水堆模糊自适应滑模递归控制原理框图

2)模糊自适应递归滑模控制算法

根据式(6.8.29)式确定的控制算法和 ABWR 动力学标准形式(3.3.27),ABWR 系统 SMC 控制律可以描述如下

$$\boldsymbol{U}(t)=\int \boldsymbol{K}\boldsymbol{G}^{-1}\boldsymbol{S}\,\mathrm{d}t \tag{6.8.30}$$

式(6.8.30)中,$\boldsymbol{U}$ 为控制向量,$\boldsymbol{K}$ 为控制增益。

$$\boldsymbol{U}=[m_{ri},\dot{m}_{fw},A_{cv}]^{T} \tag{6.8.31}$$

在这里,$\boldsymbol{K}$ 定义为

$$\boldsymbol{K}=\begin{bmatrix} K_W & \cdots & 0 \\ \vdots & K_L & \vdots \\ 0 & \cdots & K_P \end{bmatrix} \tag{6.8.32}$$

滑动函数向量 $\boldsymbol{S}$ 定义为

$$\begin{aligned} &\boldsymbol{S}=[s_1,s_2,s_3]^{T} \\ &s_i=s_{i,n_i} \quad i=1,2,3 \\ &s_{i,j}=\dot{s}_{i,j-1}+\gamma_{i,j}s_{i,j-1} \quad j=1,2,\cdots,n_i \\ &s_{i,0}=e_i \end{aligned} \tag{6.8.33}$$

式(6.8.33)中,s_1、s_2和 s_3分别为新定义的切换函数,它们分别对应于汽轮机功率、反应堆水位和节流阀压力;$n_1=3,n_2=2,n_3=2$。

在直接应用控制算法进行仿真之前,还需要完成下述工作

① 简化系统动力学方程,得到系统动力学方程的标准形式;

② 需要掌握系统状态信息,即需要计算增益矩阵 $\boldsymbol{G}$;

③ 考虑实际应用问题。

为了消除系统动力学方程简化过程中由于输入/输出线性化而形成的不正确耦合信息的不利影响,解耦矩阵 $\boldsymbol{G}$ 的非对角元素都设为 0。

3)系统状态估计

在式(6.8.27)的定义的控制算法算法中,需要估算耦合矩阵 $\boldsymbol{G}$。这里,耦合矩阵 $\boldsymbol{G}$ 用以下变量来估算:节流阀开度 A_{cv},反应堆堆芯蒸汽质量流量 m_g,缓发中子先驱核密度 c_r,反应堆容器出口蒸汽质量流量 m_s和反应堆容器压力 P_v。在上述变量中,A_{cv},m_s和 P_v可从控制和测量中得到。但是,c_r和 m_g是系统内在状态,需要估计。

缓发中子先驱核密度 $c_r(t)$可用式(3.3.19)描述的一阶滤波器从中子密度中估计得到。

蒸汽质量流量 m_g与反应堆容器流出的蒸汽质量流量 m_s是不一致的。为得到较好的 m_g信号,可根据公式(3.3.7)设计一个滤波器,即

$$m_g=a_{mg}Q_t+b_{mg}m_{fw}+c_{mg}m_s \tag{6.8.34}$$

其中 Q_t从下述传递函数中得到

$$\frac{Q_t(s)}{n_r(s)}=\frac{[\tau_d(1-f_d)s+1][\tau_f(1-f_f)s+1]}{(\tau_d s+1)(\tau_f s+1)} \tag{6.8.35}$$

为了得到公式(6.8.33)定义的切换函数,采用以下近似

$$\begin{aligned} &\dot{s}_{i,j}(t)=[s_{i,j-1}(t)-s_{i,j-1}(t-T)]/T \quad i=1,2,\cdots,m; \quad j=1,2,\cdots,n_i-1 \\ &s_{i,0}=e_i \end{aligned} \tag{6.8.36}$$

式(6.8.36)中,T 为采样周期。在仿真研究中,$T=0.5\mathrm{s}$。

4)控制器设计和参数选择

由非对角元素设为 0 和公式(6.8.24)定义的增益矩阵 $\boldsymbol{K}$ 可知,递归滑模控制器(RSMC)的设计变成了解耦后子系统的三个控制器的设计。

RSMC 控制带宽 γ_{ij} 和控制增益 K_i 等参数的调节可采用实际实验方法完成。但是,在确定 γ_{ij} 时需要考虑一些限制因素,即系统共振模式、被忽略的时间延迟和采样率。γ_{ij} 的限制可以表示为

$$\gamma \leqslant \gamma_{\max}=\min\left(\frac{2}{3}\pi v_{\mathrm{R}},\frac{1}{3}T_{\mathrm{d}},\frac{1}{5}T_{\mathrm{s}}\right) \tag{6.8.37}$$

式(6.8.37)中,v_{R} 表示最低未建模系统共振频率,T_{d} 是未建模时间延迟,T_{s} 为采样时间。

用于在终端控制器设计中所使用的参数如表 6.10 所示。

表 6.10 滑模控制器参数

名称	参数			
	K_{x}	γ_{i1}	γ_{i1}	γ_{i1}
RFC	0.2	0.1	0.5	1
FWC	0.3	0.05	0.1	
PR	6	0.1	0.4	

注:表中 K_{x} 分别表示 K_{W}、K_{L}、K_{P}。

5)RSMC 参数模糊自适应推理规则

自适应调节 γ_{i1} 的模糊推理规则 $R(j)$ 如下

$$R(j):\text{if } |e_i| \text{ is } L_{ei}^{j} \text{ then } \gamma_{i1} \text{ is } L_{\gamma i1}^{j}$$
$$(i=1,2,3;j=1,2,3,\cdots,n_{\mathrm{fi}})$$

上述推理规则 $R(j)$是一个总的表达形式。其中,$i=1,2,3$,分别表示再循环流量控制(RFC),给水流量控制(FWC)和压力调节(PR);n_{fi} 为模糊规则数,对于所有三种控制器,n_{fi} 的值都设为 5;L_{ei}^{j} 和 $L_{\gamma i1}^{j}$ 分别是 $|e_i|$ 和 γ_{i1} 中的模糊集的语言变量。

在仿真研究中,所有的模糊量都采用三角隶属函数,如图 6.36 所示。图中 x 表示变量名;模糊子集为$\{A^1,A^2,A^3,A^4,A^5,A^6,A^7\}$表示;集合$\{\bar{x}_{i,1},\bar{x}_{i,2},\bar{x}_{i,3},\bar{x}_{i,4},\bar{x}_{i,5},\bar{x}_{i,6},\bar{x}_{i,7}\}$表示峰值集。

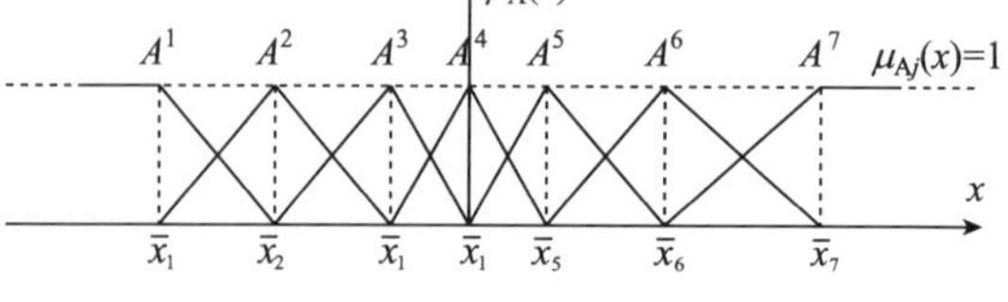

图 6.36 模糊逻辑隶属函数

L_{ei}^{j} 和 $L_{\gamma i1}^{j}$ 的项集合分别规定为[*ZE VS SM MD LG*]和[*LG ML MD MS SM*],模糊规则库设为相同的模式,如表 6.11 所示。

表 6.11 SMC 参数自适应模糊规则表

L_{ei}	*ZE*	*VS*	*SM*	*MD*	*LG*
$L_{\gamma i1}$	*LG*	*ML*	*MD*	*MS*	*SM*

模糊系统定义非线性滑动表面的隶属函数，由以上所述的三部分表示。对于轮机功率控制，反应堆水位控制和压力调节分别如表 6.12～6.14 所示。

表 6.12 滑动表面斜率自适应隶属度函数

RFC	L_{ew}	*ZE*	*VS*	*SM*	*MD*	*LG*
	$\bar{e}_w$	0.001	0.003	0.01	0.03	0.1
	$L_{\gamma 11}$	*LG*	*ML*	*MD*	*MS*	*SM*
	$\bar{\gamma}_{11}$	0.80	0.68	0.42	0.23	0.10

表 6.13 滑动表面斜率自适应隶属度函数

FWC	L_{eL}	*ZE*	*VS*	*SM*	*MD*	*LG*
	$\bar{e}_P$	0.01	0.003	0.01	0.03	0.10
	$L_{\gamma 21}$	*LG*	*ML*	*MD*	*MS*	*SM*
	$\bar{\gamma}_{21}$	0.20	0.19	0.18	0.15	0.10

表 6.14 滑动表面斜率自适应隶属度函数

PR	L_{eP}	*ZE*	*VS*	*SM*	*MD*	*LG*
	$\bar{e}_P$	0.0001	0.0003	0.0010	0.0030	0.01
	$L_{\gamma 31}$	*LG*	*ML*	*MD*	*MS*	*SM*
	$\bar{\gamma}_{31}$	0.50	0.30	0.20	0.15	0.10

6)仿真结果

应用 ABWR 的非线性模型(参见第 3 章)对模糊自适应递归滑模控制器(FARSMC)的控制效果进行仿真验证。仿真事例包括输出跟踪和抗干扰问题，即负荷需求变化；反应堆水位设置值变化；压力设置值变化和反应性扰动。

ABWR 系统输入与输出之间的关系可描述为

$$\begin{bmatrix} \dddot{W}_t \\ \ddot{L}_t \\ \ddot{P}_t \end{bmatrix} = \begin{bmatrix} f_W(\boldsymbol{x}) \\ f_L(\boldsymbol{x}) \\ f_P(\boldsymbol{x}) \end{bmatrix} + \boldsymbol{G} \begin{bmatrix} m_{ri} \\ \dot{m}_{fw} \\ \ddot{A}_{cv} \end{bmatrix} \tag{6.8.38}$$

式(6.8.38)中，$f_w(\boldsymbol{x})$、$f_L(\boldsymbol{x})$与 $f_P(\boldsymbol{x})$是 3 个输入变量和系统其他状态的函数；$m_{ri}=1/m_r$；$\boldsymbol{G}$ 为 3×3 的增益矩阵，可表示为

$$\boldsymbol{G} = \begin{bmatrix} g_{11} & g_{12} & g_{13} \\ g_{21} & g_{22} & g_{23} \\ g_{31} & g_{32} & g_{33} \end{bmatrix} \tag{6.8.39}$$

式(6.8.39)中,g_{ij}是系统输入变量和系统其他状态的函数。

图 6.37～图 6.40 给出了负荷从 90%到 100%额定功率需求阶跃变化时,FARSMC 和 PI 控制器控制的仿真结果。图 6.41～图 6.44 给出了在 100%额定功率水平时,反应堆水位具有－10%阶跃变化时,FARSMC 和 PI 控制器(图中用 PI 表示)控制的仿真结果。仿真结果表明,FARSMC 的性能优于常规 PI 控制器而且在在功率变化和抗外部干扰方面具有鲁棒性。

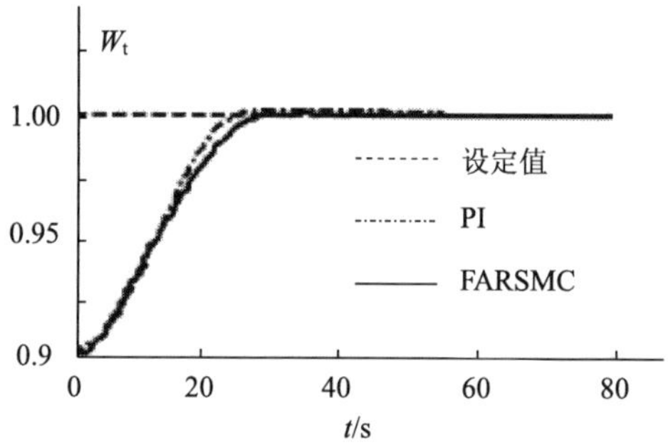

图 6.37　负荷阶跃变化时汽轮机功率控制响应

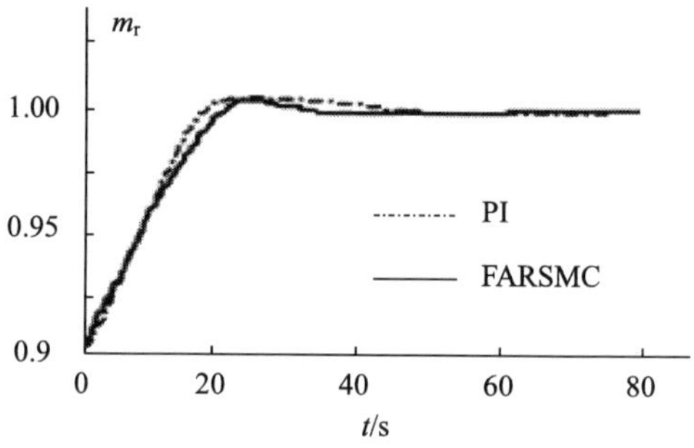

图 6.38　负荷阶跃变化时再循环流量控制响应

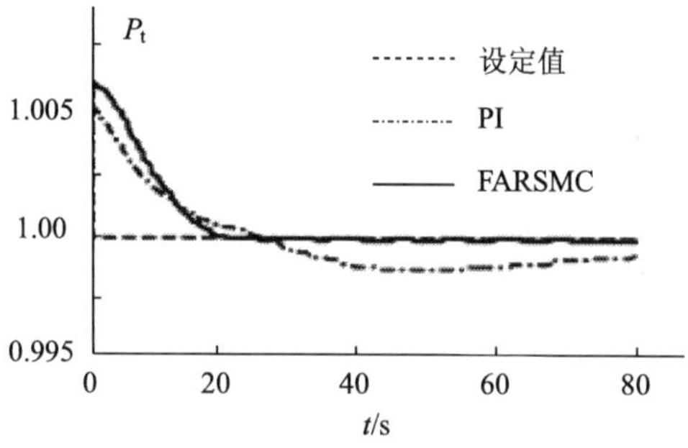

图 6.39　负荷阶跃变化时透平压力控制响应

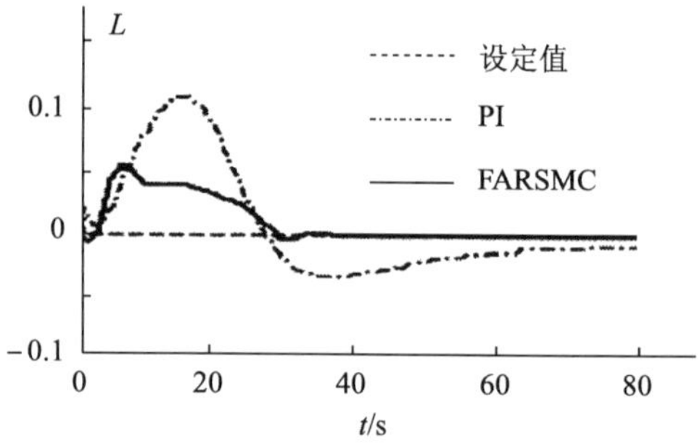

图 6.40　负荷阶跃变化时反应堆水位控制响应

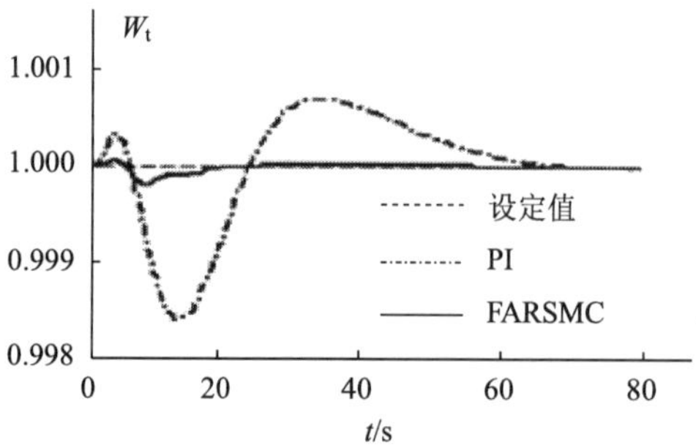

图 6.41　水位设定值阶跃变化时透平功率控制响应

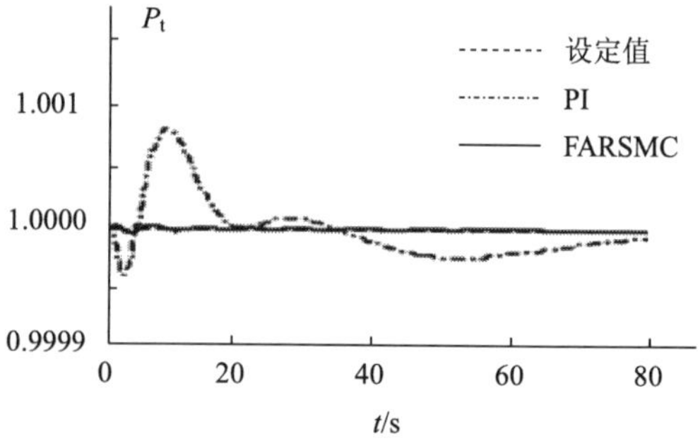

图 6.42　水位设定值阶跃变化透平压力控制响应

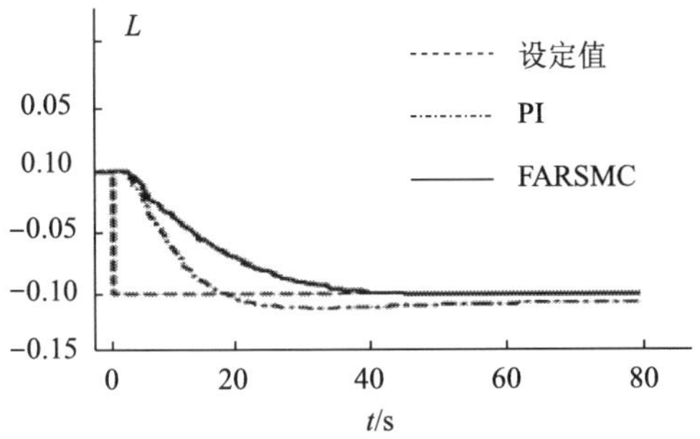

图 6.43 水位设定值阶跃变化时反应堆水位控制响应

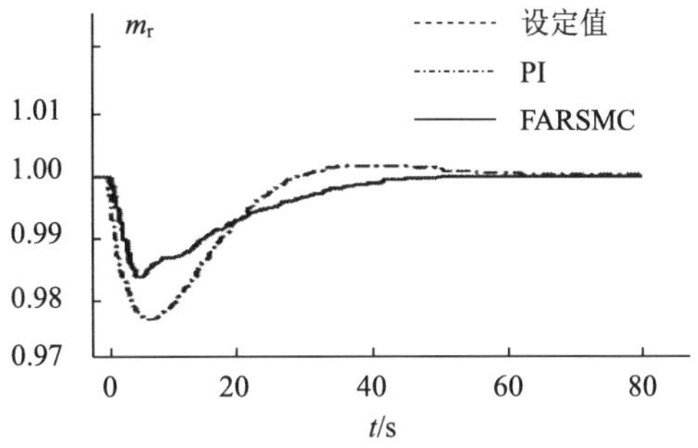

图 6.44 水位设定值阶跃变化时给水流量控制响应

6.9 本章小结

本章介绍了模糊控制系统和模糊控制器的基本组成和工作原理。在此基础上,介绍了模糊控制方法及其在核动力装置控制中的应用,主要包括基于规则的模糊逻辑控制、模糊PI(D)控制、模糊预测控制、模糊自适应控制、模糊自组织(自学习)控制、模糊解耦控制以及多变量模糊自适应滑模控制等方法。这些模糊控制方法分别应用于反应堆功率控制、控制棒棒位控制、蒸汽发生器水位控制、压水堆核电厂硼酸浓度控制、沸水堆水位控制、核动力装置二回路系统控制等方面的研究。模糊控制是智能控制中研究比较多的控制方法。模糊控制技术已在核动力装置一些控制系统如蒸汽发生器水位控制、压水堆核电厂硼酸浓度控制等系统中获得了应用,并显示出优于常规控制技术的控制性能。

复习思考题

1.模糊控制系统由哪几个部分组成?模糊控制系统的工作原理是什么?

2.模糊控制器由哪几个部分组成?模糊控制器是如何工作的?

3.试分析基于规则的模糊控制系统的特点。

4.试分析模糊 PI(D)控制的特点。

5.自组织模糊逻辑控制有什么特点?

6.试分析模糊预测控制的原理?模糊预测控制有什么特点?

7.试分析模糊自适应递归滑模控制的组成及特点。

8.试分析核动力装置模糊控制方法的发展特点。

第 7 章　神经网络基础

7.1　引言

在人工智能领域，人工神经网络理论是一种重要的人工智能理论。人工神经网络是由人工神经元按照一定方式连接而成的网络，是从微观结构和功能上对人脑神经网络系统的某种简化、抽象与模拟的人工系统(或建立起来的信息处理模型)，它具有模拟人脑部分形象思维的能力。但是，人工神经网络还不是人脑神经网络的真实描述，它们之间在单元特性上、信息传递上以及规模与智能上还存在着很大的差别。目前，人工神经网络的规模还远小于生物神经网络，人类对人脑智能信息处理的一些机理和机制性问题还不是十分了解，也不可能在人工神经网络中得到实质性的反映，还有待进一步研究解决。

在人工神经网络中，构成人工神经网络的最基本的信息处理单元是模拟生物神经元而建立的人工神经元(简称神经元，有些文献也称为节点)。人工神经网络的信息处理由神经元函数变换和神经元之间的相互作用来实现，知识与信息的存贮表现为神经元互联分布式的物理联系，即通过把问题的处理表达成神经元之间的连接权的处理。人工神经网络的学习和识别决定于各神经元连接权系数的动态演化过程。决定人工神经网络整体性能三大要素为[247－248]：(1)神经元(信息处理单元)的特性；(2)神经元之间相互连接的形式，即神经网络的拓扑结构；(3)神经网络的学习规则与学习算法。在人工神经网络理论的阐述中，在不致与生物学上的神经系统和神经理论相混淆的情况下，人们通常将人工神经元简称为神经元，将人工神经网络简称为神经网络。

本章从人工神经元信息处理原理、人工神经网络拓扑结构和人工神经网络学习规则等方面简要阐述人工神经网络的基本问题。在此基础上，介绍常用神经网络及其特点。关于神经网络的学习算法，在许多文献中都有详细地介绍，本章不作具体阐述，在后面有关神经网络诊断与控制的章节中将结合诊断与控制方法进行介绍。

7.2　人脑生物神经元

人脑神经系统是由大量的脑神经元高度互联组成的。人脑神经元是组成人脑神经系统的最基本单元，人的大脑皮层大约有 10^{11} 个神经元[249]。人脑神经元主要由细胞体、树突、轴突和突触等部分组成。细胞体内有细胞核，细胞体对输入信号进行处理。由细胞体发出的许多突起称为树突，树突是树状的神经纤维，树突的作用是传递信息，它将信号传送到细胞体。人脑神经元中作为输出端的突起只有一个，称为轴突。轴突是单根长纤维，通过它将细胞体的输出信号传递给其他神经元。轴突末端有许多向外延伸的树状神经纤维，称为神经末梢。神经末梢是神经元信息的输出端。一个神经元的轴突与另一个一个神经元的树突接触处称为突触。在人脑神经系统中，每个神经元与其他神经元大约有 10^4 个连接[250]。经过大量神经元之间的高度互联,从而把众多的神经元连成一个生物神经元网络。

7.3 人工神经元模型

人工神经元是人脑生物神经元的模拟模型。在人脑生物神经元和人脑神经网络结构与工作机制的认识和启发的基础上,研究人员开始对人脑生物神经元和人脑神经网络的行为进行模拟研究,并提出了模拟人脑神经元行为的人工神经元模型。人工神经元是构成人工神经网络的基本信息处理单元。在早期提出的人工神经元模型中,具有代表性的模型主要有 MP 模型、感知器模型、Adaline 模型和 Hopfield 模型。

7.3.1 MP 模型

1943 年,美国心理学家 Mc Culloch W S 和数学家 Pitts W 从信息处理的角度研究了人脑神经细胞的行为。在对人脑神经元进行抽象、简化和模拟的基础上,提出了二值神经元模型。这个二值神经元模型一般称为 MP 模型。MP 模型的提出不仅具有开创意义,而且还为以后人工神经网络理论的研究工作提供了依据,是神经网络理论的基础。

MP 模型是一个多输入单输出的非线性处理单元,其一般结构如图 7.1 所示[250-251]。对于第 j 个神经元,$x_1, x_2, \cdots, x_n$ 是神经元接收到的信息,$w_{j1}, w_{j2}, \cdots, w_{jn}$ 表示其他单元与神经元 j 的连接强度,称之为连接权。利用某种运算方法把输入信号的作用结合起来,然后给出它们总的作用效果,称为神经元的净输入或神经元的状态,用 net_j 表示。根据所采用的运算方法的不同,净输入的表达方式有多种类型。其中,最简单的一种是线性加权求和后再加上偏置 θ(或称为阈值),即 $net_j = \sum_i^n w_{ji} x_i - \theta$。这种作用引起神经元 j 的状态变化,而神经元 j 的输出只是其当前状态的某种函数 $f(\cdot)$。$f(\cdot)$ 通常称为激励函数(Activation Function),或称为传递函数(Transfer Function)。这样,单神经元模型的数学表达式为

$$net_j = \sum_i^n w_{ji} x_i - \theta_j \tag{7.3.1}$$

$$y_j = f(net_j) \tag{7.3.2}$$

式(2.2.2)中,y_j 为神经元 j 的输出。

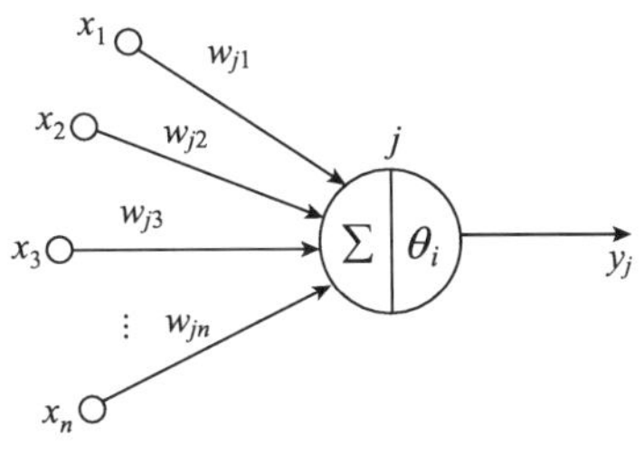

图 7.1 人工神经元—MP 模型

在 MP 模型中,神经元 j 的输出 y_j 可表示为

$$y_j = \begin{cases} 1, & net_j \geq 0 \\ 0, & net_j < 0 \end{cases} \tag{7.3.3}$$

Mc Culloch W S 和 Pitts W 在提出这个后来被称为 MP 模型二值神经元模型时，虽然并没有给出调整神经元连接权值的学习算法，但是其研究工作却具有开创性的意义，为人工神经网络理论的进一步研究提供了基础。

7.3.2 感知器模型

感知器(Perceptron)是美国学者 Rosenblatt F 于 1958 年提出的，它是一个单层处理单元的神经网络，也是最简单的前馈网络，主要用于模式分类。

原始的感知器的输出层只有一个节点，相当于单个神经元。感知器神经元模型如图 7.2 所示。图 7.2 中，$\boldsymbol{X}=[x_1,x_2,\cdots,x_n]^{\mathrm{T}}$为输入向量，*net* 为神经元的状态，$net=\sum_{i}^{n}w_ix_i-\theta$。

感知器神经元模型输入与输出 y 之间的关系可表示如下

$$y=f\left(\sum_{i=1}^{n}w_ix_i-\theta\right) \tag{7.3.4}$$

感知器网络是一个具有单层神经元的网络，网络的传递函数为线性阈值函数(硬限幅函数)。感知器网络输出层各节点的输出只有"1"或"0"两种情况。

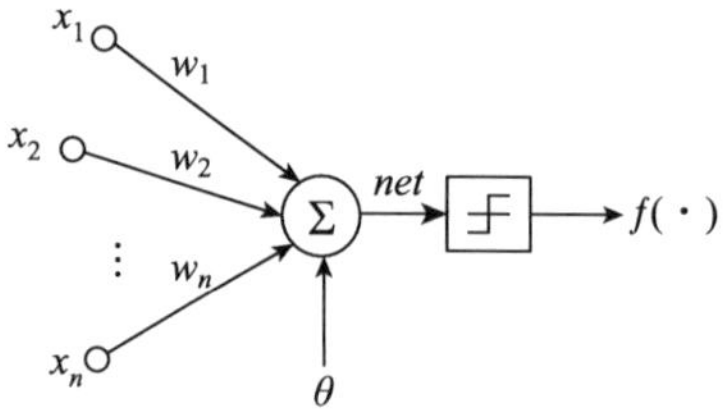

图 7.2　感知器神经元模型

由于在网络结构和学习规则方面的限制，单层感知器只能对线性可分的输入模式进行分类，而对线性不可分的输入模式是无法分类的。为解决问题，可在感知器的输入和输出层之间加上隐含层构成而多层感知器。

7.3.3 Adaline 模型

Adaline 模型又称为自适应线性神经元(Adaptive Linear Neuron)，它是美国 Stanford 大学的 Widrow B 和 Hoff M E 于 1960 年提出的。Widrow B 和 Hoff M E 在 Adaline 模型的学习规则中引入了 LMS(Least Mean Square)算法。LMS 算法是一种自适应调节神经元连接权值的学习算法，有时也称为 Widrow－Hoff 学习规则或 δ 学习规则。

Adaline 模型是一个连接权值可调节的单神经元模型，其结构如图 7.3 所示[251-252]。Adaline 模型的结构与感知器模型的结构非常相似。两者的不同之处在于：感知器模型的传递函数是硬限幅函数，而 Adaline 模型的传递函数是线性函数，其输出可以为任意值；Adaline 模型采用 LMS 算法，这种算法比感知器学习规则要有效得多。

图 7.3 中，$\boldsymbol{X}=[x_1,x_2,\cdots,x_n]^{\mathrm{T}}$为 Adaline 神经元模型的输入向量；$\boldsymbol{b}$ 为 Adaline 神经元模型的阈值向量；$\boldsymbol{y}$ 为 Adaline 神经元模型的输出向量；输入层到 Adaline 神经元模型的连接权矩阵向量为 $\boldsymbol{W}_k$，$\boldsymbol{W}_k=[w_1(k),w_2(k),\cdots,w_n(k)]^{\mathrm{T}}$。神经元模型的传递函数为线性函数。

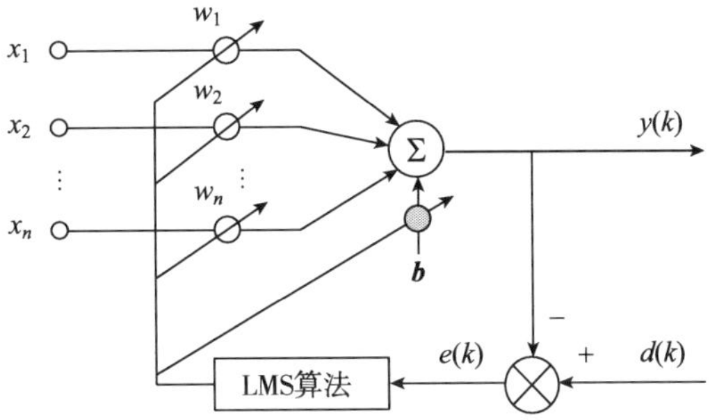

图 7.3 自适应线性神经元模型

$$y = \boldsymbol{W}^{\mathrm{T}} \boldsymbol{X} + b \tag{7.3.5}$$

设神经元模型的实际输出为 y_k，期望输出为 d_k，神经元模型的实际输出与期望输出的误差为 $e(k)$，则

$$e_k = d_k - y_k \tag{7.3.6}$$

LMS 算法是通过调整单个神经元的连接权值，使神经元模型的实际输出与其期望输出的误差为最小。LMS 算法采用的方法是误差最速下降准则，目标函数为最小平均平方误差(Least Mean Square Error)。

设目标函数为误差平方和，即

$$E = \sum_{k=1}^{N} E_k = \frac{1}{2} \sum_{k=1}^{N} \boldsymbol{e}_k^{\mathrm{T}} \boldsymbol{e}_k \tag{7.3.7}$$

式(7.3.7)中，E_k 为平方误差，即

$$E_k = \frac{1}{2} (d_k - y_k)^2 \tag{7.3.8}$$

根据 LMS 算法，神经元的连接权值调整规则如下

$$\boldsymbol{W}_{k+1} = \boldsymbol{W}_k + \lambda \Delta \boldsymbol{W}_k \tag{7.3.9}$$

$$\Delta \boldsymbol{W}_k = \frac{\partial E_k}{\partial \boldsymbol{W}_k} = -(d_k - y_k) \cdot \boldsymbol{X}_k \tag{7.3.10}$$

式(7.3.9)可进一步表示如下

$$\boldsymbol{W}_{k+1} = \boldsymbol{W}_k + \lambda (\boldsymbol{d}_k - \boldsymbol{y}_k) \cdot \boldsymbol{X}_k \tag{7.3.11}$$

7.3.4 Hopfield 模型

Hopfield 神经网络(HNN)由美国物理学家 Hopfield J J 于 1982 年提出的，他引入能量函数的概念(称为李亚普诺夫能量)对网络的稳定性进行分析，指出在满足一定的条件下，某种能量函数的能量在网络运行中不断减小，最后趋于稳定状态。

Hopfield 神经网络主要基于生物神经网络记忆机理的模拟，有离散型(DHNN)和连续型(CHNN)两种，是一种由非线性元件构成的反馈系统。对于 Hopfield 神经网络的每一个神经元来说，自己的输出信号通过其他神经元又反馈到自己，所以 Hopfield 神经网络属于反馈型神经网络。考虑到输出与输入之间在时间上的传输延时，Hopfield 神经网络实际上表示的是一个动态系统，需要用差分方程(对于 DHNN)或微分方程(对于 CHNN)来描述。Hopfield 网络的学习方法也与 BP 网络不同，采用的是 Hebb 学习规则。在 Hopfield 神经

网络中,每一个神经元都和所有其他神经元相连接,是一种全互联型网络,一般没有自连接且连接具有对称性,在这种情况下学习算法是收敛的。这里仅介绍在控制中常用的离散型Hopfield 神经网络。

离散 Hopfield 神经网络是一个离散时间系统。有 N 个神经元组成的离散型 Hopfield 神经网络中神经元 j 的工作原理如图 7.4 所示[243]。设神经元 j 的输入矢量为 $\boldsymbol{I}=[x_1,x_2,\cdots,x_{j-1},x_{j+1},x_N]^{\mathrm{T}}$,其相互的连接加权系数为 $w_{j1},w_{j2},\cdots,w_{(j-1)j},w_{(j+1)j},\cdots,w_{jN}$;$\theta_j$,$y_j$ 分别为神经元 j 的阈值和输出,神经元 j 的状态为 $Net_j=\sum w_{ji}x_i-\theta_j$,所以有

$$y_j=f(Net_j)=\mathrm{sgn}\Big(\sum_{\substack{i=1\\ j\neq 1}}^{N}(w_{ji}x_i-\theta_j)\Big) \tag{7.3.12}$$

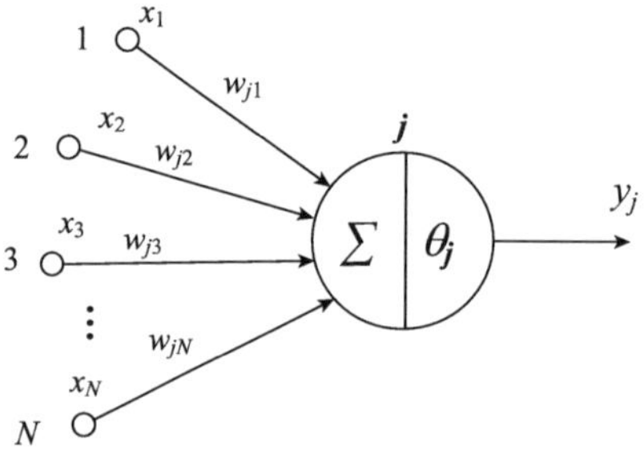

图 7.4　离散型 Hopfield 神经元工作原理

离散 Hopfield 神经网络是一个多输入、多输出且带有阈值的 2 态非线性动态系统。在满足一定参数条件下,某种能量函数在网络运行中会不断降低,最后趋于稳定的平衡状态。可以利用这种能量函数作为网络计算求解的工具,因而称之为计算能量函数。

7.4　激励函数

从前面介绍 MP 模型、感知器模型和 Adaline 模型中知道,人工神经元模型中有一个激励函数对神经元的输入作用产生响应。激励函数(Activation Function)在有些文献上又称为传递函数(Transfer Function)或作用函数。从某种意义上说,激励函数反映了神经元对输入作用的响应方式。在人工神经网络中,当有输入信号作用于神经元时,神经元会对输入作用产生响应。至于神经元会对输入作用如何响应,除神经元的净输入外,还取决于神经元模型采用了何种类型的激励函数。对于不同的神经网络模型和应用,所采用的激励函数也不同。下面介绍几种常用的神经元的激励函数。

(1)线性函数

线性函数是最简单的激励函数,线性函数的输入与输出之间的关系是简单线性关系。设 x 为自变量,线性传递函数可表示为

$$f(x)=x \tag{7.4.1}$$

线性传递函数的输入与输出之间的关系如图 7.5 所示。

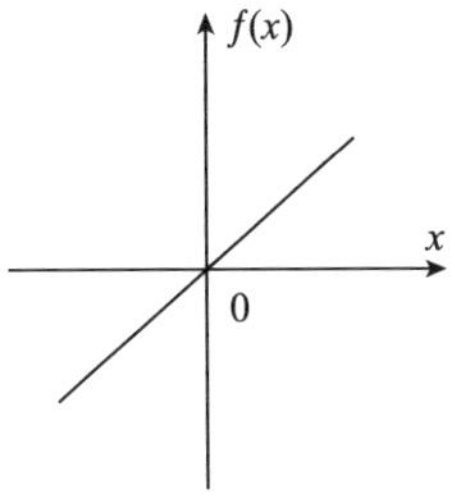

图 7.5　线性传递函数

(2)阈值函数(硬限幅函数)

阈值函数又称为硬限幅函数,其输出只取两值,如 1 与 0 (或 1 与-1)。硬限幅函数又可分为对称硬限幅函数和非对称硬限幅函数。非对称硬限幅函数输入与输出之间的关系如图 7.6(a)所示,对称硬限幅函数输入与输出之间的关系如图 7.6(b)所示。

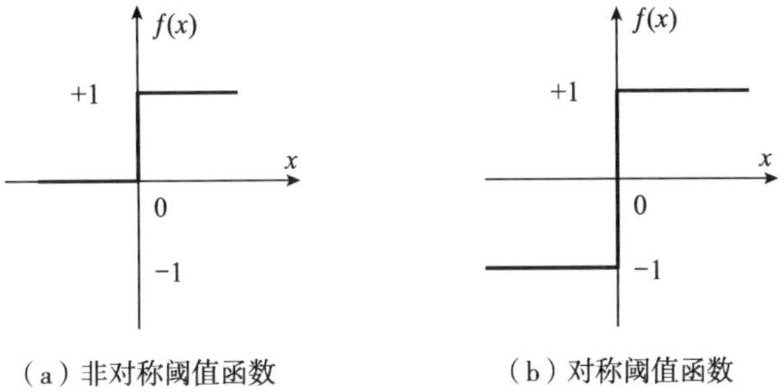

图 7.6　阈值函数(硬限幅函数)

非对称硬限幅函数输入与输出之间的关系可用式(7.4.2)表示

$$f(x)=\begin{cases}1, & x \geqslant 0 \\ 0, & x < 0\end{cases} \tag{7.4.2}$$

(3)对称饱和线性函数

对称饱和线性函数在某一输入区域内可看作线性传递函数,在区域之外可看作硬限幅传递函数,如图 7.7 所示。图 7.7 中,对称饱和线性函数的输出范围为[-1,+1],线性输入区间为(-1,+1)。在实际应用中,可根据需要定义对称饱和线性函数的输出范围和线性输入区间。

对称饱和线性函数可用下式表示

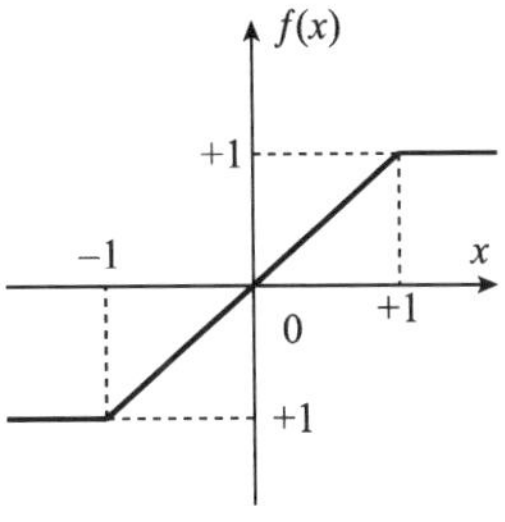

图 7.7　对称饱和线性函数

$$f(x)=\begin{cases}1, & x \geqslant 1 \\ x, & 0<x<1 \\ -1, & x \leqslant 1\end{cases} \tag{7.4.3}$$

除对称饱和线性函数外,还可根据需要定义非对称饱和线性函数。

(4)Sigmoid 函数

Sigmoid 函数往往简称为 S 型函数,又称对数 S 型函数。Sigmoid 函数是可微函数。采用 Sigmoid 函数可将神经元的输入区间(-∞,+∞)映射到区间(0,+1)上。因此,神经元的激励函数为 S 型函数时,其输出是限制在两个有限值之间的连续函数。Sigmoid 函数是非对称 S 型函数,如图 7.8 所示。

Sigmoid 函数用下式表示

$$f(x)=\frac{1}{1+\mathrm{e}^{-\alpha x}},\ \alpha>0 \tag{7.4.4}$$

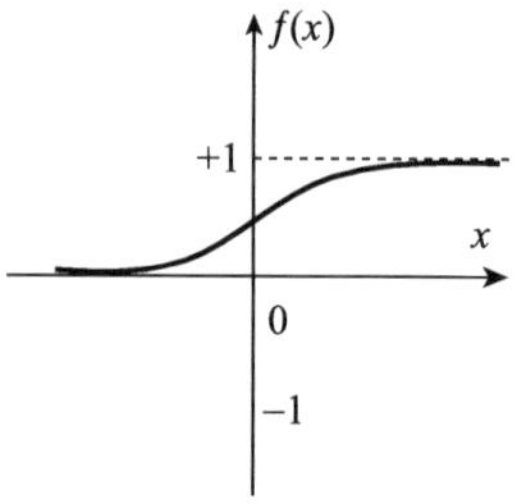

图 7.8　Sigmoid 函数

(5)双曲正切函数

双曲正切函数又称为对称形 S 型函数,它是非线性可微函数,其函数关系如图 7.9 所示。采用双曲正切函数可将神经元的输入区间(-∞,+∞)映射到区间(−1,+1)上。

双曲正切函数可用下式表示

$$f(x)=\frac{1-\mathrm{e}^{-\alpha x}}{1+\mathrm{e}^{-\alpha x}},\ \alpha>0 \tag{7.4.5}$$

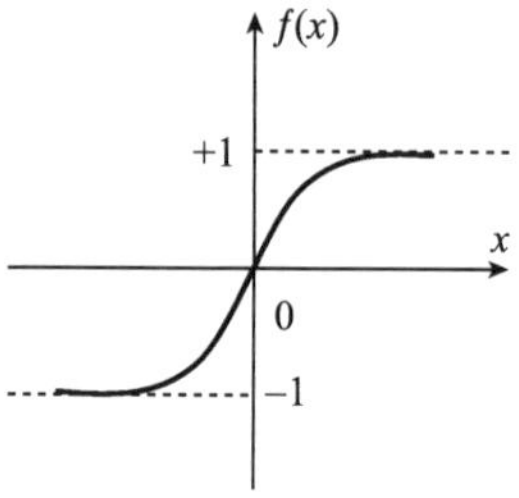

图 7.9　双曲正切函数

(6)高斯型函数

高斯型函数主要用在径向基函数(Radial Basis Function,RBF)神经网络中。如图 7.10 所示,基本的高斯型函数如下式所示

$$f(x)=\exp\left(-\frac{x^2}{2\sigma^2}\right) \tag{7.4.6}$$

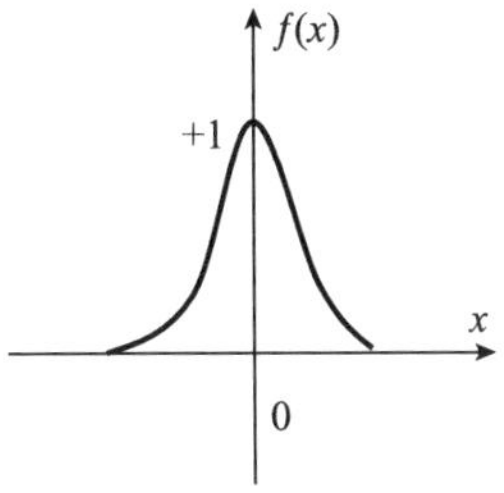

图 7.10 高斯型函数

除上述函数之外，用作神经元的激励函数还有多种。例如，1992 年，Zhang QH 等首次将小波函数作为神经元的基函数，从而提出了小波神经网络[253]。当构成神经网络的神经元采用非线性激励函数并动态运行时，就形成了一个非线性动态系统。

7.5 人工神经网络的拓扑结构

人工神经网络是在生物神经生理学和心理学研究的基础上，模仿人的大脑神经元的结构特性而建立的一种复杂的非线性动力学系统，它是由大量简单的非线性处理单元即人工神经元以一定的连接形式经高度互连而成的复杂网络系统。

人工神经网络的拓扑结构是指人工神经元的连接形式。神经元之间的互连模式对神经网络的性质和功能产生重要的影响。互连模式有着繁多的种类，因而神经网络也具有多种结构。目前已经提出的神经网络模型有数十种之多，其中著名的神经网络模型有 Rumelhart 等提出的多层感知器模型（Multilayer Perceptron，MLP）、Albus J S 提出的小脑模型关节控制器（Cerebellar Model Articulation Controlle，CAMC）、Hopfield J J 提出的 Hopfield 模型、Grossberg 与 Carpentent 提出的自适应共振理论模型（Adaptive Resonance Theory，ART）、Hinton 等提出的 Boltzmann 机、Kohonen 提出的自组织特征映射（Self - Organizing Feature Map，SOM）模型、Kosko 提出的双向联想存储器模型和模糊神经网络（Fuzzy Neural Network，FNN）、Moody J 与 Darken C 等提出的径向基网络（Radial Basis Function，RBF）模型、Zhang Q H 与 Benveniste A 提出的小波神经网络模型（Wavelet Neural Network，WNN），以及近年来提出的灰色神经网络（Grey Neural Network，GNN）、粗糙集神经网络（Rough Set Neural Network，RSNN）等。为便于研究，一般将常用的神经网络分为前馈型、反馈型、自组织竞争型和随机型。

（1）前馈网络

前馈网络可以分为若干层，各层依次排列，第 j 层的神经元只接受第 $j-1$ 层神经元的输出信号，各神经元之间没有反馈。前馈网络可用一有向路图表示，如图 7.11 所示。前馈网络的输入节点没有计算功能，只是为了表示输入矢量各元素值。以后各层节点表示具有计算功能的神经元，称为计算单元。每个计算单元可以有任意个输入，但只有一个输出，它可送到多个节点作为输入。输入节点层与输出节点层统称为“可见层”，而其他中间层（可以有多个）则称为“隐含层（Hidden Layer）”，隐含层神经元称为隐单元。多层感知器和使用误差反向传播算法（Error Back Propagation Algorithm，EBPA，简称为 BP 算法）的网络属于此种类型。

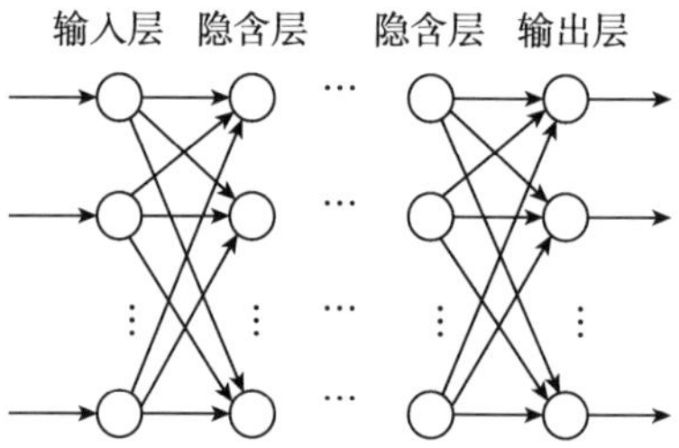

图 7.11　多层前馈神经网络结构

(2)反馈网络

在反馈型神经网络中，每个节点都表示一个计算单元，同时接受外加输入和其他节点的反馈输入，甚至包括自环反馈，也都直接向外部输出。反馈神经网络可分为全局反馈与局部反馈两种类型。Hopfield 网络以及其他递归神经网络都属于反馈型网络。如图 7.12 所示的网络，是一种常用的反馈型神经网络[254]。

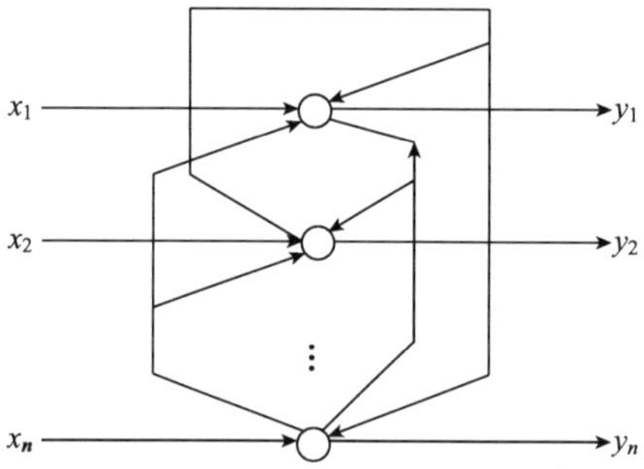

图 7.12　反馈型神经网络结构

(3)自组织竞争网络

在生物神经系统中，当一个神经细胞受刺激兴奋以后，会对周围其他神经细胞产生抑制作用。这种抑制作用会使神经细胞之间出现竞争，结果某些神经细胞因获胜而兴奋，而另一些神经细胞因竞争失败而被抑制。表现于人类的认知过程，就是人类除了从教师那里获得知识以外，通过环境的不断刺激使环境信息反映在人脑神经网络中，从而使人脑神经网络经历自组织过程，人类便以无师自通的方式获得了知识。自组织竞争神经网络就是在模拟这种生物神经系统功能的基础上而建立的人工神经网络。它是一种无导师示教、具有自组织功能的神经网络，能够通过自身训练而自动地对输入模式进行分类。

自组织竞争网络一般由输入层和竞争层构成，网络无隐含层，如图 7.13 所示[250]。网络两层之间的神经元双向连接，有时竞争层神经元之间存在横向连接。其构成的基本思想是，网络竞争层神经元竞争对输入模式的响应机会，最后只有一个神经元成为竞争的获胜者。获胜的神经元表示对输入模式的分类。比较常见的自适应共振理论网络、自组织特征映射网络和对向传播(Counter Propagation)神经网络均为自组织竞争型网络。

(4)随机神经网络

1983 年 Hinton 等提出 Boltzmann 机是典型的随机神经网络。随机神经网络的特点是在网络的运行和学习算法中引进了随机机制。在随机神经网络的学习中主要采用模拟退

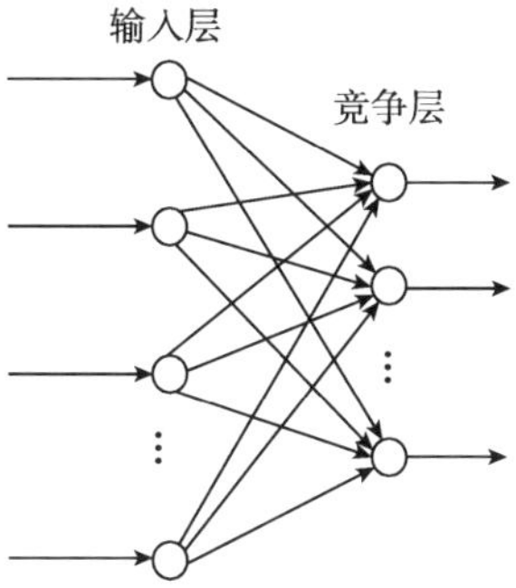

图 7.13　自组织竞争网络

火算法(Simulated Annealing,SA),它有助于解决神经网络学习中可能陷于局部极小点的问题。关于随机神经网络与模拟退火算法更多的描述可参阅相关文献。

7.6　神经网络的学习规则[250,255]

学习是神经网络的主要特征之一。神经网络的学习问题归根结底是网络连接权的调整问题。学习规则是修正神经元之间连接强度或加权系数的算法,使获得的知识结构适应周围环境的变化。在神经网络学习阶段,执行学习规则,修正加权系数。在工作阶段,由学习所得的连接加权系数参与计算神经元的输出。学习算法一般可分为有监督学习和无监督学习两类。

有监督学习是通过外部教师信号进行学习,即要求同时给出输入和正确的期望输出的模式对,当计算结果与期望输出有误差时,网络将通过自动调节机制调节相应的连接强度,使之向误差减少的方向改变,经过多次重复训练,最后与正确的结果相符合。无监督学习则没有外部教师信号,其学习表现为自适应于输入空间的检测规则,其学习过程为对系统提供动态输入信号,使各个单元以某种方式竞争,获胜的神经元本身或其相邻域得到增强,其他神经元则进一步被抑制,从而将信号空间分为有用的多个区域。

常用的学习规则主要有无监督 Hebb 学习规则、有监督 δ 学习规则(或 Widow-Hoff 学习规则) 以及有监督 Hebb 学习规则等。

(1)无监督 Hebb 学习规则

Hebb 学习规则是 Donall Hebb 根据生理学中条件反射机理于 1949 年提出的神经元连接强度变化的规则,即由神经元之间的连接强度的改变来实现神经学习方法。Hebb 学习是一类相关学习,它的基本思想是:如果有两个神经元同时兴奋(即同时被激活),则它们之间的连接强度就会增强。如果用 y_i、y_j 分别表示单元 i 和 j 的激活值(输出),w_{ij} 表示单元 j 到单元 i 的连接加权系数,则 Hebb 学习规则可用下式表示

$$\Delta w_{ij} = \eta y_i \cdot y_j \tag{7.6.1}$$

式(7.6.1)中,η 为学习速率。

(2)有监督 δ 学习规则(或 Widow-Hoff 学习规则)

在 Hebb 学习规则中引入教师信号 d_i,将式(7.6.1)中的 y_i 换成网络期望目标输出 d_i 与实际输出 y_i 之差,即为有监督 δ 学习规则,可用下式表示

$$\Delta w_{ij}=\eta(d_i-y_i)y_j \tag{7.6.2}$$

式(7.6.2)表明,两神经元间的连接强度的变化量与教师信号 d_i 和网络实际输出 y_i 之差成正比。

1960 年,Widow 与 Hoff 提出了自适应线性神经元(Adaptive Linear Neuron)网络,并引入了最小均方算法(Least Mean Square,LMS)。Widow-Hoff 学习规则与 δ 学习算法实际上都是一种梯度方法。

(3)有监督 Hebb 学习规则

将无监督 Hebb 学习规则和有监督 δ 学习规则结合起来,即组成有监督 Hebb 学习规则,可用下式表示

$$\Delta w_{ij}=\eta(d_i-y_i)y_iy_j \tag{7.6.3}$$

这种学习规则使神经元通过关联搜索对未知的外界作出反应,即在教师信号 d_i 的指导下,对环境信息进行相关学习和自组织,使相应的输出增强或削弱。

根据神经网络结构和功能的不同,其具体学习算法也各不相同。神经网络的学习算法问题也是神经网络研究的核心问题。目前已经提出的神经网络算法有许多种,其中误差反向传播(Back Propagatio,BP)算法、正交最小二乘 (Orthogonal Least Square,OLS)算法、模拟退火算法等都是神经网络算法中重要和常用的算法。

7.7 常用神经网络及特点

7.7.1 感知器

感知器(Perceptron)是美国学者 Rosenblatt F 于 1957 年提出的,它是一个单层处理单元的神经网络,也是最简单的前馈网络,主要用于模式分类。

原始的感知器的输出层只有一个节点,相当于单个神经元。感知器神经元模型如图 7.14 所示。图 7.14 中,$\boldsymbol{X}=[x_1,x_2,\cdots,x_n]^{\mathrm{T}}$ 为输入向量,*net* 为神经元的状态,$net=\sum_i^n w_ix_i-\theta$。

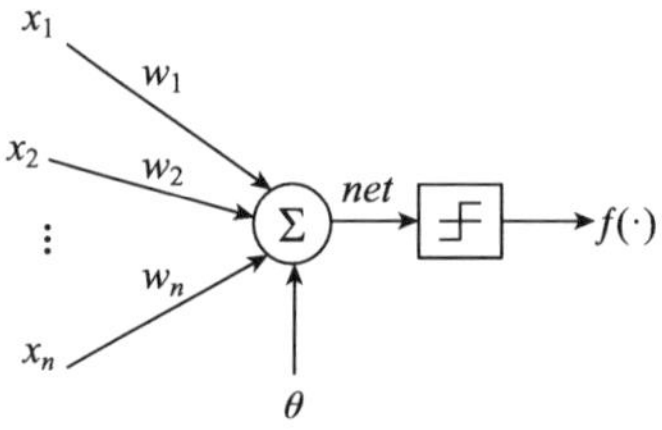

图 7.14 感知器神经元模型

感知器神经元模型输入与输出 y 之间的关系可表示如下:

$$y=f\left(\sum_{i=1}^{n}w_ix_i-\theta\right) \tag{7.7.1}$$

感知器网络是一个具有单层神经元的网络,网络的传递函数为线性阈值函数(硬限幅函数)。感知器网络输出层各节点的输出只有"1"或"0"两种情况。

由于在网络结构和学习规则方面的限制,单层感知器只能对线性可分的输入模式进行

分类，而对线性不可分的输入模式是无法分类的。为解决单层感知器对线性不可分输入模式不能分类的问题，可在感知器的输入和输出层之间加上隐含层而构成多层感知器网络。

单层感知器网络的结构如图 7.15 所示。图 7.15 中，$\boldsymbol{X}=[x_1,x_2,\cdots,x_I]^{\mathrm{T}}$ 为网络的输入向量；$\boldsymbol{b}_{J\times 1}=[b_1,b_2,\cdots,b_J]^{\mathrm{T}}$，为感知层神经元的阈值向量；$\boldsymbol{Y}=[y_1,y_2,\cdots,y_J]^{\mathrm{T}}$ 为感知器网络的输出向量；输入层到感知层的连接权矩阵向量为 $\boldsymbol{W}_{J\times I}$。网络各神经元的传递函数均为线性阈值函数(硬限幅函数)。

虽然感知器网络本身具有其内在的局限性，但目前人们仍然认为它是一种重要的神经网络。

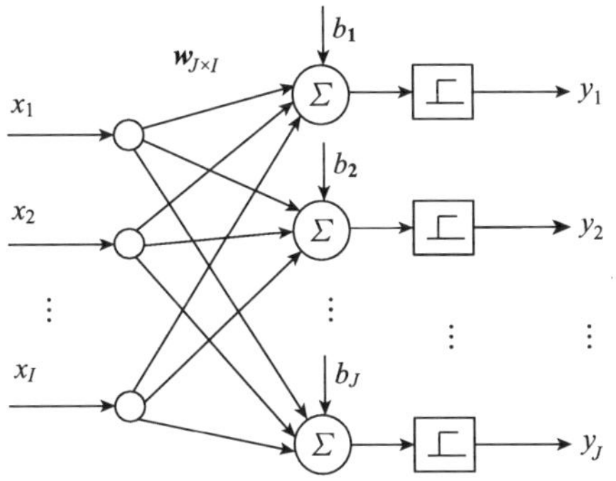

图 7.15 单层感知器网络结构

7.7.2 BP 神经网络

BP 神经网络(BP-NN)是误差反向传播(Back Propagation，BP)神经网络的简称，它是一种有隐含层的多层前馈网络，其结构如图 7.16 所示。多层前向神经网络需解决的关键问题是学习算法。1985 年，Rumelhart D、Hinton G、Williams R、Parker D 与 Gun Y L 等分别独立发现误差反向传播算法[249]，从而为多层前向神经网络的研究奠定了基础。目前多数神经网络模型的训练是采用 BP 算法或 BP 算法的变化形式。用 BP 算法训练的多层感知器是应用最广的神经网络。

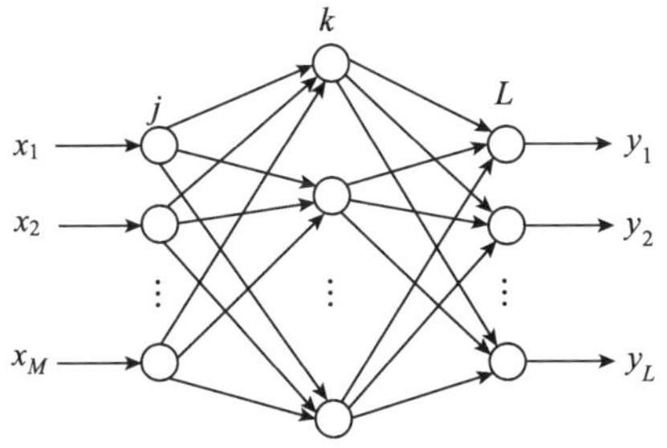

图 7.16 BP 神经网络结构

在 BP 神经网络中，神经元多采用 S 形函数作为激励函数，利用其连续可导性，便于引入 LMS 学习算法，即在网络学习过程中，使网络的输出与期望输出的误差边向后传播边修正连接强度(加权系数)，以期使其误差均方值最小。

BP 神经网络的学习过程可分为前向网络计算和反向误差传播——连接加权系数修正

两个部分。这两个部分是相继连续反复进行的，直至误差满足要求。不论学习过程是否已经结束，只要在网络的输入节点加入输入信号，则这些信号将一层一层向前传播。通过每一层时，要根据当时的连接加权系数和节点的激励函数与阈值进行相应计算，所得的输出再继续向下一层传送。这个前向网络计算过程，既是网络学习过程的一部分，也是将来网络的工作模式。在学习过程结束之前，如果前向网络计算的输出和期望输出之间存在误差，则转入反向传播，将误差沿着原来的连接通路回送，作为修改加权系数的依据，目标是使误差减小。

具有 M 个输入节点和 L 个输出节点的 BP 神经网络，可以看成是从 M 维欧氏空间到 L 维欧氏空间的非线性映射。因此，可以将 BP 网络用于非线性系统诊断或建模。

7.7.3 径向基神经网络[248,250,254]

Powell D 于 1985 年提出了多变量插值的径向基函数（Radial Basis Function，RBF）方法。1988 年，Broomhead D S 和 Lowe D 等首先将 RBF 应用于神经网络设计，从而构成了 RBF 神经网络。径向基神经网络结构如图 7.17 所示。图中，$\boldsymbol{X}=[x_1,x_2,\cdots,x_n]^{\mathrm{T}}$ 为输入向量；$\boldsymbol{Y}=[y_1,y_2,\cdots,y_n]^{\mathrm{T}}$，为输出向量；$w_{ik}$ 为隐层第 i 个节点到输出层第 k 个节点的连接权；$R_i(x)$ 为径向基函数。

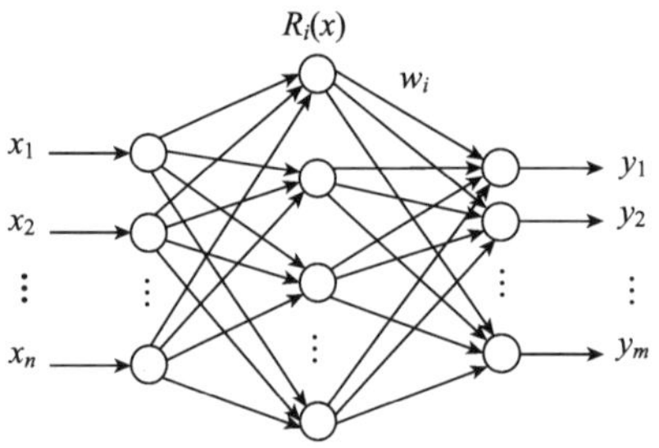

图 7.17　径向基神经网络结构

RBF 神经网络与多层前向神经网络类似，它是一种三层前向网络。输入层由信号源节点组成。第二层为隐含层，单元数视所描述问题的需要而定。第三层为输出层，它对输入模式的作用作出响应。从输入空间到隐含空间的变换是非线性的。隐单元的变换函数由像高斯核函数那样的径向基函数构成，它是一种局部分布的中心点径向对称的非负非线性函数。隐含层节点中的作用函数（基函数）对输入信号在局部产生响应，即当输入信号靠近基函数的中央范围时，隐含层节点将产生较大的输出。由于径向基神经网络模拟了人脑中局部调整、相互覆盖接受域（或称感受域——Receptive Field）的神经网络结构[248]，所以 RBF 网络是一种局部逼近网络，也称为局部感应场网络，它能以任意精度逼近任一连续函数。

构成 RBF 网络的基本思想是，用 RBF 作为隐含层单元的“基”构成隐含层空间，这样就可以将输入矢量不通过权连接直接映射到隐空间。当 RBF 的中心点确定以后，这种映射关系也就确定了。从隐含层空间到输出层空间的映射是线性的，即网络的输出是隐单元输出的线性加权和。此处的权即为网络可调函数。因此，从总体上看网络由输入到输出的映射是非线性的。这样网络的权值就可由线性方程组直接解出或用 RLS 方法递推计算，从而大大加快学习速度而避免局部极小问题。

设网络输入为 n 维向量 $\boldsymbol{X}$，输出为 m 维向量 $\boldsymbol{y}$，输入/输出样本对长度为 L。RBF 神经网络隐层第 i 个节点的输出为

$$H_i = R(\|\boldsymbol{X} - \boldsymbol{C}_i\|) \tag{7.7.2}$$

式(7.7.2)中：

$\boldsymbol{X}=[x_1,x_2,\cdots,x_n]^{\mathrm{T}}$，为 n 维输入向量；

C_i 为第 i 个隐节点的中心，$i=1,2,\cdots,h$；

$\|\cdot\|$，通常为欧氏范数；

$R(\cdot)$，为径向基函数。

常见的径向基函数有以下几种

(1)线性函数

$$f(x)=x \tag{7.7.3}$$

(2)三次函数

$$f(x)=x^3 \tag{7.7.4}$$

(3)薄板样条函数

$$f(x)=x^2\ln x \tag{7.7.5}$$

(4)高斯函数

$$f(x)=\exp[-(x/\sigma)^2] \tag{7.7.6}$$

(5)多二次函数

$$f(x)=\frac{1}{(\sigma^2+x^2)^\alpha},\alpha>0 \tag{7.7.7}$$

(6)逆多二次函数

$$f(x)=(\sigma^2+x^2)^\beta,0<\beta<1 \tag{7.7.8}$$

上述函数都是径向对称的，但是最常用的是下述高斯函数

$$R_i(\boldsymbol{X})=\exp\left(-\frac{\|\boldsymbol{X}-\boldsymbol{C}_i\|^2}{2\sigma_i^2}\right),i=1,2,\cdots,h \tag{7.7.9}$$

式(7.7.9)中，$\boldsymbol{X}$ 是 n 维输入向量；$\boldsymbol{C}_i$ 是第 i 个基函数的中心，与 $\boldsymbol{X}$ 具有相同维数的向量；σ_i 是第 i 个感知的变量(可以自由选择的参数)，它决定了该基函数围绕中心点的宽度；h 是感知单元的个数。$\|\boldsymbol{X}-\boldsymbol{C}_i\|$ 是向量 $\boldsymbol{X}-\boldsymbol{C}_i$ 的范数，它通常表示 $\boldsymbol{X}-\boldsymbol{C}_i$ 之间的距离。$R_i(\boldsymbol{X})$在 $\boldsymbol{C}_i$ 处有一个唯一的最大值，随着 $\|\boldsymbol{X}-\boldsymbol{C}_i\|$ 的增大，$R_i(\boldsymbol{X})$迅速衰减到零。对于给定的输入 $\boldsymbol{X}\in R^n$，只有一小部分靠近 $\boldsymbol{X}$ 的中心被激活。

径向基神经网络的学习修正可采用 BP 算法。由于 $R_i(\boldsymbol{X})$为高斯函数，因而对任意 $\boldsymbol{X}$ 均有 $R_i(\boldsymbol{X})>0$，从而失去局部调整连接权值的优点。事实上，当 $\boldsymbol{X}$ 远离 $\boldsymbol{C}_i$ 时，$R_i(\boldsymbol{X})$已非常小，因此，可作为 0 对待。因此，只有当 $R_i(\boldsymbol{X})$大于某一数值时，才对相应的权值 w_{ik} 进行修改。经这样处理后，RBF 网络也同样具备局部逼近网络学习收敛快的优点。同时，这种近似处理，可在一定程度上克服高斯函数不具备紧密性的缺点。

高斯基函数具备以下优点：表示形式简单，对于多变量输入不会增加太多的复杂性；径向对称；存在任意阶导数，光滑性好；基函数表示简单且解析性好，便于进行理论分析。

从理论上而言，RBF 网络与 BP 网络一样可以近似任何的连续非线性函数。两者的主

要差别在于各自使用了不同的作用函数，BP 网络中的隐层节点使用的是 Sigmoid 函数，其函数值在输入空间中无限大的范围内为非零值，而 RBF 网络的作用函数则是局部的。

RBF 神经网络的特点[248]

(1)RBF 网络具有唯一最佳逼近的特性，且无局部极小。

(2)求 RBF 神经网络隐节点的中心 $\boldsymbol{C}_i$ 和标准化参数 σ^2 是一个困难的问题。

(3)径向基函数有多种，对于一组样本，如何选择适合的径向基函数，如何确定隐节点，以使网络学习达到要求的精度，是还没有解决的问题。当前，用计算机选择、设计和再检验是一种通用的手段。

(4)RBF 神经网络用于非线性系统的辨识与控制，虽具有唯一最佳逼近的特性以及无局部极小的优点，但隐节点的中心难求，这是该网络难以广泛应用的原因。

RBF 神经网络输入层实现从 $\boldsymbol{X}\rightarrow R_i(\boldsymbol{X})$ 的非线性映射；输出层实现从 $R_i(\boldsymbol{X})\rightarrow y_k$ 的线性映射，即网络输出层第 k 个节点的输出为隐节点输出的线性组合

$$y_k=\sum_{i=1}^{h} w_{ik}R_i(\boldsymbol{X}) \quad i=1,2,\cdots,h \tag{7.7.10}$$

7.7.4 递归神经网络

递归神经网络(Recurrent Neural Networks，RNN)是一种反馈型神经网络，又称为回归神经网络。递归神经网络分为全反馈和局部反馈网络。局部反馈网络分为内时延反馈型与外时延反馈型网络[248-249]。在目前提出的各种神经网络模型中，Hopfield 神经网络是一种典型的全反馈型神经网络，Elman 神经网络属于一种典型的内时延反馈型网络。下面简要介绍 Elman 神经网络。

Elman 网络的基本结构如图 7.18 所示[254]。Elman 神经网络属于动态递归网络，由输入层、隐含层、输出层以及状态反馈部分(这里称为状态层)组成。Elman 神经网络的主要结构是前馈，其连接权可以修正；反馈连接由一组结构(Context—有时称为上下文或状态)单元构成，其连接权不可以修正。结构(状态)单元记忆隐含层过去的状态，在下一时刻与网络的输入一起作为隐含层的输入。这种连接方式使 Elman 神经网络具有动态记忆的能力。Elman 神经网络的回归(状态反馈)层神经元输出和输入之间有一个延时的反馈，这使得 Elman 网络不仅可以学习空间模型，而且可以学习时间模型。如果网络的反馈连接预定为恒值，则可采用标准 BP 或动态反向传播算法进行学习。

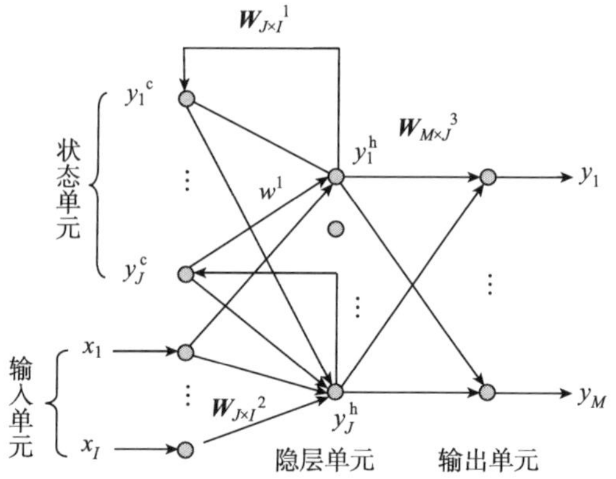

图 7.18 Elman 神经网络的结构

Elman 神经网络的外部输入为 $\boldsymbol{X}(k)\in\mathrm{R}^I$，输出为 $\boldsymbol{Y}(k)\in\mathrm{R}^M$，隐含层的输出为 $\boldsymbol{Y}^{\mathrm{h}}(k)\in\mathrm{R}^J$，状态层输出为 $\boldsymbol{Y}^{\mathrm{c}}(k)\in\mathrm{R}^J$；$\boldsymbol{W}^1_{J\times J}$，$\boldsymbol{W}^2_{J\times I}$，$\boldsymbol{W}^3_{M\times J}$ 分别为结构单元到隐层、输入层到隐层、隐层到输出层的连接权值；$\boldsymbol{b}^2_{J\times 1}$，$\boldsymbol{b}^3_{M\times 1}$ 分别为隐层和输出层的阈值。与 BP 网络的区别是，在 Elman 网络的权值和阈值调整计算过程中，其输入存在结构单元部分。网络输入为 $\boldsymbol{x}(k)$与 $\boldsymbol{y}^{\mathrm{c}}(k-1)$构成的增广向量。其输入层到隐层的权值为增广向量 $\boldsymbol{W}^{\mathrm{h}}$。

7.7.5 自组织竞争神经网络[250,252,254]

在生物神经系统中，存在着一种“侧抑制”现象。这种现象表现为一个神经细胞兴奋后，通过其分支会对周围其他神经细胞产生抑制作用。这种神经系统侧抑制作用使神经细胞之间出现竞争。虽然在开始阶段各个神经细胞都处于不同程度的兴奋状态，但是由于存在侧抑制的作用，各细胞之间相互竞争的结果使兴奋作用最强的神经细胞所产生的抑制作用最终战胜了周围其他细胞的抑制作用而获胜，而其他神经细胞则全输了。自组织特征映射神经网络就是在这种生物结构和作用机理的基础上提出来的。自组织特征映射网络是一种自组织、无教师示教(无监督)和自动聚类的神经网络，它由输入层和竞争层组成，而且没有隐含层。输入层和竞争层之间采用完全相互连接的方式，竞争层各神经元之间还可以横向连接。自组织特征映射网络的基本思想是，网络竞争层各神经元对输入模式的响应机会进行竞争。竞争的结果是仅有一个神经元成为获胜者，而与获胜的神经元相连的各连接权则进一步向有利于获胜神经元竞争的方向调整。获胜神经元的响应结果就表示对输入模式的分类。在自组织竞争神经网络中，与竞争相对应的方法是，各神经元还可以采用抑制其他神经元对输入模式的响应机会而使自己成为获胜者。

1982 年芬兰学者 Kohonen 提出了一个称为自组织特征映射的神经网络(Self-Organizing Feature Map，SOFM)，也称为 Kohonen 网络。自组织特征映射网络是一种自组织、无监督和自动聚类的神经网络。它由输入层和竞争层组成，如图 7.19 所示。输入层和竞争层的神经元构成一个二维层面阵列，且输入层与竞争层之间采用完全相互连接的方式。它能将任意维输入模式在输出层映射为一维或二维离散图形。

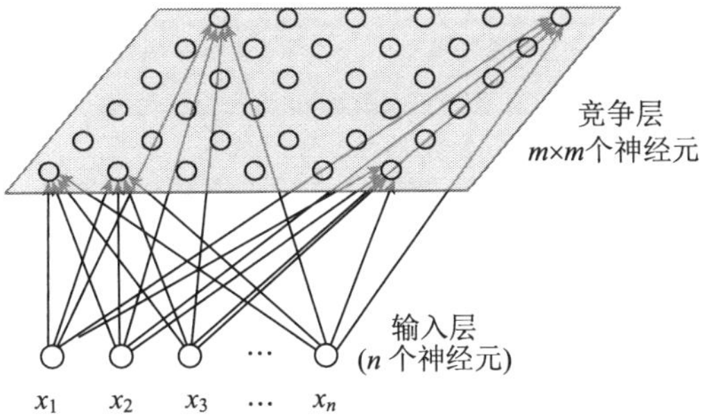

图 7.19 自组织特征映射网络的结构

自组织特征映射神经网络的学习算法如下

设神经网络的输入向量为

$$\boldsymbol{X}=[x_1,x_2,\cdots,x_n]^{\mathrm{T}}$$

竞争层第 i 个神经元与输入层神经元之间的连接权向量为 $\boldsymbol{W}_i$

$$\boldsymbol{W}=[w_{i1},w_{i2},\cdots,w_{in}]^{\mathrm{T}},\quad i=1,2,\cdots,m$$

这里，m 为二维阵列中输出层神经元的总数目。

输入向量 $\boldsymbol{X}$ 与连接权向量 $\boldsymbol{W}_i$ 之间的最佳匹配可由下式确定

$$D(\boldsymbol{X})=\min\|\boldsymbol{X}-\boldsymbol{W}_i\|_2,\quad i=1,2,\cdots,m \tag{7.7.11}$$

式(7.7.11)中，$D(\boldsymbol{X})$ 为专门用于识别输出层神经元阵列中获胜神经元的指标函数。$\|\cdot\|_2$ 为 L_2 或欧氏范数。因此，利用(7.7.11)式，可将一个连续的输入空间映射到一个离散的神经元阵列中。

7.7.6 对向传播神经网络

对向传播神经网络(Counter Propagation Networks，CPN)是美国学者 Hecht-Nielsen R 于 1987 年提出的。它是将 Kohonen 特征映射神经网络与 Grossberg 竞争型网络结合起来而构成的一种新的映射神经网络，可以实现输入与输出模式之间的双向映射。对向传播神经网络具有前向对向传播和完全对向传播等几种网络结构形式。

前向对向传播神经网络的结构如图 7.20 所示，由输入层、竞争层和输出层三层神经元组成的一种。CPN 的隐含层为 Kohonen 竞争层，输出层为 Grossberg 层，各层神经元之间实行全互连接。在 CPN 中，输入层与竞争层构成自组织特征映射神经网络；竞争层与输出层构成竞争型网络。CPN 的训练方法是，从输入层至竞争层按照自组织特征映射学习规则产生竞争层获胜的神经元，并按照 Kohonen 自组织规则调整输入层至竞争层的连接权；从竞争层至输出层按照 Grossberg 学习规则和有教师示教的方法调整其连接权。采用上述学习方法对网络进行反复训练，CPN 可将任意输入模式映射为输出模式。

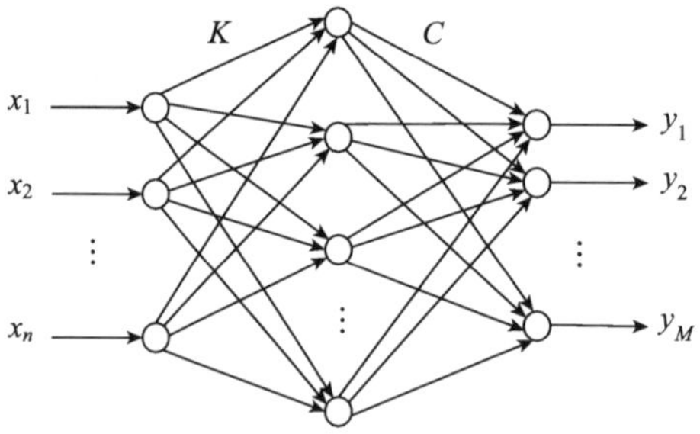

图 7.20 前向对向传播神经网络的结构

7.7.7 模糊神经网络

模糊神经网络是在模糊理论与神经网络相结合的基础上而构成的网络形式。模糊理论与神经网络主要有三种结合方式[255]：

(1)基于模糊技术的神经网络。在这种结合方式中，使用模糊方法来设计或训练神经网络的参数。

(2)基于神经网络的模糊系统。在这种结合方式中，使用神经网络对模糊系统进行优化，或改进模糊系统的学习能力。

(3)模糊逻辑融于神经网络结构。这种结合方式的特点是将神经网络结构中融入模糊推理机制。

下面简要介绍几种常用的模糊神经网络结构。

(1)自适应模糊神经推理系统(ANFIS)[232,255]

自适应模糊神经推理系统(Adaptive Neuro—Fuzzy Inference System,ANFIS)是 Takagi-Sugeno 型模糊推理系统,由前件和后件两部分构成。

假设一个具有两个输入变量和一个输出变量的 ANFIS 系统的推理规则可以表示如下:

Rule 1:If x_1 is A_1 and x_2 is B_1 then $y_1=c_1x_1+d_1x_2+r_1$

Rule 2:If x_1 is A_2 and x_2 is B_2 then $y_2=c_2x_1+d_2x_2+r_2$

则与 Takagi-Sugeno 型模糊推理系统等效的 ANFIS 结构可以用图 7.21 表示。

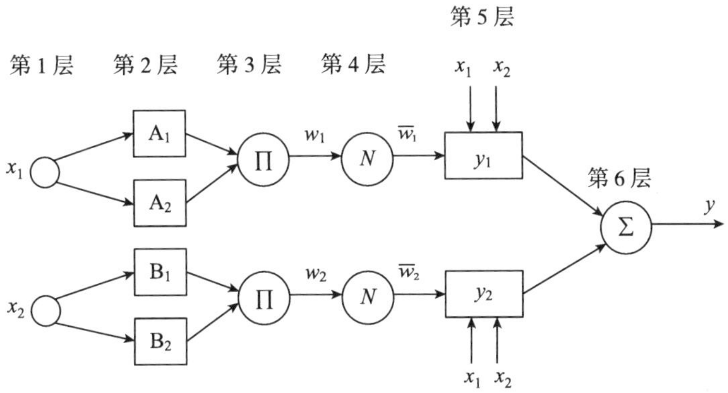

图 7.21 具有两输入、两规则与 T-S 型模糊模型等效的 ANFIS 结构

如图 7.21 所示,ANFIS 的结构可以分为 6 层,每层的作用如下:

1)第 1 层为输入层。

2)第 2 层计算输入的隶属度。令 $L_{2,i}^{\text{out}}$ 为第 2 层第 i 个节点的输出,则

$$L_{2,i}^{\text{out}}=\mu_{\mathrm{A}_i}(x_1),i=1,2 \tag{7.7.12}$$

$$L_{2,i}^{\text{out}}=\mu_{\mathrm{B}_{i-2}}(x_2),i=3,4 \tag{7.7.13}$$

3)第 3 层计算每条规则的适用度,每个节点的输出代表规则的激活强度。该层节点的输出是输入信号隶属度函数的乘积。令 $L_{3,i}^{\text{out}}$ 为第 3 层第 i 个节点的输出,则

$$L_{3,i}^{\text{out}}=w_i=\mu_{\mathrm{A}_i}(x_1)\mu_{\mathrm{B}_i}(x_2),i=1,2 \tag{7.7.14}$$

4)第 4 层计算适用度的归一化值,即第 i 个节点计算第 i 条规则激活强度与所有规则激活强度的比值。令 $L_{4,i}^{\text{out}}$ 为第 4 层第 i 个节点的输出,则

$$L_{4,i}^{\text{out}}=\bar{w}_i=\frac{w_i}{w_1+w_2},i=1,2 \tag{7.7.15}$$

5)第 5 层计算每条规则的输出。令 $L_{5,i}^{\text{out}}$ 为第 5 层第 i 个节点的输出,则

$$L_{5,i}^{\text{out}}=\bar{w}_iy_i=\bar{w}_i(c_ix_1+d_ix_2+r_i),i=1,2 \tag{7.7.16}$$

6)第 6 层为输出层,该层计算模糊系统总的输出。令 $L_{6,i}^{\text{out}}$ 为第 3 层第 i 个节点的输出,则

$$L_{6,i}^{\text{out}}=\sum_{i=1}^{2}\bar{w}_i y_i=\frac{\sum_{i=1}^{2}\bar{w}_i y_i}{\sum_{i=1}^{2}\bar{w}_i},i=1,2 \tag{7.7.17}$$

上述 ANFIS 结构为具有两输入、两规则与 T－S 型模糊模型等效的 ANFIS 结构。采用类似的方法，可以构造具有两输入和多个推理规则与 T－S 型模糊模型等效的 ANFIS 结构。

(2)基于标准模型的模糊神经网络[229,255]

基于标准模型的模糊神经网络结构如图 7.22 所示。

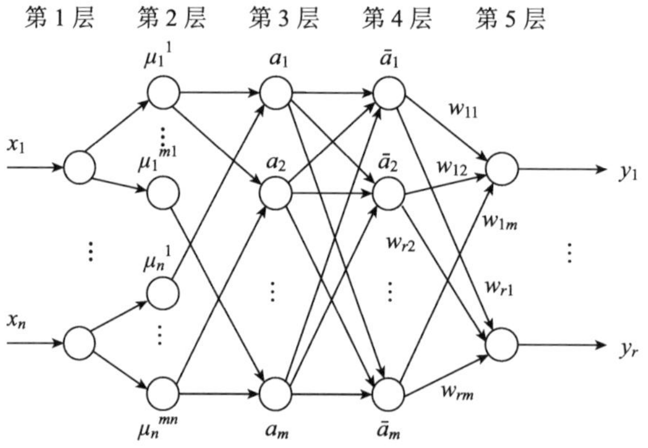

图 7.22　基于标准模型的模糊神经网络

图 7.22 中，各层的作用如下：

1)第 1 层为输入层，输入量为 $\boldsymbol{X}=[x_1,x_2,\cdots,x_n]^{\mathrm{T}}$，其节点数为 $N_1(N_1=n)$。

2)第 2 层的每个节点代表一个语言变量值，如 PS、PM、PB 等。它主要计算各输入分量属于相应语言变量值模糊集合的隶属函数 μ_i^j，即

$$\mu_i^j=\mu_{A_i^j}(x),i=1,2,\cdots,n;j=1,2,\cdots,m_i \tag{7.7.18}$$

其中，n 是输入量的维数；m_i 是 x_i 的模糊分割数目。

该层的节点数为 $N_2=\sum_{i=1}^{n}m_i$。

3)第 3 层的每个节点代表一条模糊规则，其作用是用于匹配模糊规则的前件，从而计算各规则的合适度 a_j。a_j 可表示如下

$$a_j=\min\{\mu_1^{i1},\mu_2^{i2},\cdots,\mu_n^{in}\} \tag{7.7.19}$$

式(7.7.19)中，$i_1\in\{1,2,\cdots,m_1\}$；$i_2\in\{1,2,\cdots,m_2\}$，…，$i_n\in\{1,2,\cdots,m_n\}$；$j=1,2,\cdots,m$；$m=\prod_{i=1}^{n}m_i$。

第 3 层的节点数为 $N_3=m$。

4)第 4 层进行归一化计算。即

$$\bar{a}_j=\frac{a_j}{\sum_{i=1}^{m}a_i},\quad j=1,2,\cdots,m \tag{7.7.20}$$

第 4 层的节点数与第 3 层相同，即 $N_4 = N_3 = m$。

5)第 5 层为模糊神经网络的输出层，其节点数为 r。该层进行清晰化计算，即

$$y_i = \sum_{j=1}^{m} w_{ij}\bar{a}_j,\ i=1,2,\cdots,r \tag{7.7.21}$$

式(7.7.21)可表示为下述向量形式

$$\boldsymbol{Y} = \boldsymbol{W}\bar{\boldsymbol{a}} \tag{7.7.22}$$

式(7.7.22)中，

$$\boldsymbol{Y} = [y_1, y_2, \cdots, y_r]^{\mathrm{T}}$$

$$\bar{\boldsymbol{a}} = [\bar{a}_1, \bar{a}_2, \cdots, \bar{a}_m]^{\mathrm{T}}$$

$$\boldsymbol{W} = \begin{bmatrix} w_{11} & w_{12} & \cdots & w_{1m} \\ w_{21} & w_{22} & \cdots & w_{2m} \\ \vdots & \vdots & \vdots & \vdots \\ w_{r1} & w_{r2} & \cdots & w_{rm} \end{bmatrix}$$

7.7.8 联想记忆神经网络

联想记忆神经网络(Associative Memory Neural Networks，AMNN)属于反馈型神经网络。联想记忆神经网络有线性联想记忆、有双向联想记忆神经网络和递归联想记忆神经网络等几种结构形式[250-252]。

从联想记忆的方式来说，有自联想记忆(Autoassociative Memory)和异联想记忆(Heteroassociative Memory)两种方式。在自联想记忆神经网络中，网络的输入/输出模式是相同的，或者说网络的输入/输出模式具有相同的参数。因此，对于自联想记忆神经网络，只要输入模式的一部分信息就能够恢复模式的全部信息。而在异联想记忆神经网络中，网络的输入/输出模式对不同，它是通过联想记忆来确定输入/输出模式的对应关系。自联想记忆可以看作异联想记忆的特殊形式。

一个单层的线性联想记忆(Linear Associative Memory，LAM)神经网络如图 7.23 所示。图 7.23 中，$\boldsymbol{X}_k = [x_{k1}, x_{k2}, \cdots, x_{kn}]^{\mathrm{T}}$ 为输入向量或输入模式；$\boldsymbol{Y}_k = [y_{k1}, y_{k2}, \cdots, y_{kn}]^{\mathrm{T}}$ 为输出向量或记忆模式[7]。这里，$k=1,2,\cdots,m$。

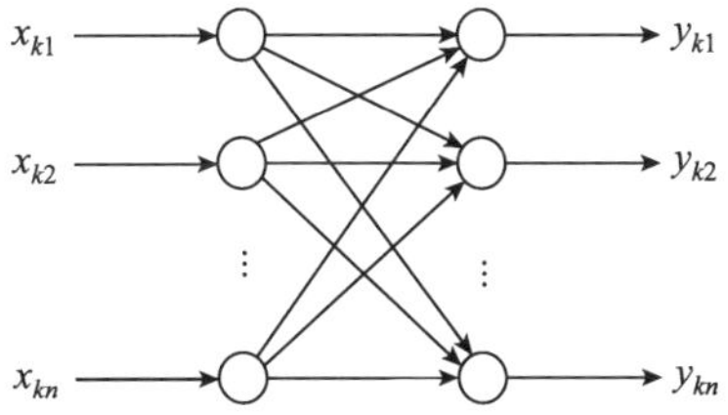

图 7.23 线性联想记忆神经网络

设图 7.23 中线性联想记忆神经网络的连接权矩阵为 $\boldsymbol{W}(k)$ ($\boldsymbol{W} \in R^{n\times n}$)，则网络输入/输出之间的关系可表示为

$$\boldsymbol{Y}_k = \boldsymbol{W}(k)\boldsymbol{X}_k \tag{7.7.23}$$

根据连接权矩阵集 $\boldsymbol{W}(k)$ ($k=1,2,\cdots,m$)，可以构造记忆矩阵 $\boldsymbol{M}$($\boldsymbol{M} \in R^{n\times n}$)如下

$$\boldsymbol{M}=\sum_{k=1}^{m}\boldsymbol{W}(k) \tag{7.7.24}$$

记忆矩阵 $\boldsymbol{M}$ 定义了输入模式与输出联想记忆模式之间的总的联系。式(7.7.24)可以表示为递归的方式

$$\boldsymbol{M}_k=\boldsymbol{M}_{k-1}+\boldsymbol{W}(k),\boldsymbol{M}_0=0;\ k=1,2,\cdots,m \tag{7.7.25}$$

记忆矩阵 $\boldsymbol{M}$ 可以用输入模式和记忆模式估计，即

$$\hat{\boldsymbol{M}}=\sum_{k=1}^{m}\boldsymbol{Y}_k\boldsymbol{X}_k^{\mathrm{T}} \tag{7.7.26}$$

同样，$\hat{\boldsymbol{M}}$ 可以表示为递归的形式，即

$$\hat{\boldsymbol{M}}_k=\hat{\boldsymbol{M}}_{k-1}+\boldsymbol{Y}_k\boldsymbol{X}_k^{\mathrm{T}},\hat{\boldsymbol{M}}_0=0;\ k=1,2,\cdots,m \tag{7.7.27}$$

这样，对于一个给定的输入模式 $\boldsymbol{X}_I$，网络的联想记忆输出可以表示为

$$\boldsymbol{Y}=\hat{\boldsymbol{M}}\boldsymbol{X}_I=\sum_{k=1}^{m}\boldsymbol{Y}_k\boldsymbol{X}_k^{\mathrm{T}}\boldsymbol{X}_I=\sum_{k=1}^{m}(\boldsymbol{X}_k^{\mathrm{T}}\boldsymbol{X}_I)\boldsymbol{Y}_k \tag{7.7.28}$$

在实际使用中，线性联想记忆神经网络是存在局限性的，即它存贮的模式数不能超过神经网络输入层的单元数，而且不能存贮输入/输出模式之间的非线性映射关系。

7.8 本章小结

本章阐述了神经网络的基础知识，包括人工神经元模型、激励函数、人工神经网络的拓扑结构、神经网络的学习规则以及常用神经网络。从介绍人脑生物神经元出发引入了人工神经元模型。在介绍人工神经元模型的基础上，进一步介绍了 MP 模型、感知器模型、Adaline 模型和 Hopfield 模型等典型的人工神经元模型。人工神经网络的拓扑结构反映了神经网络的构成形式，本章介绍了前馈网络、反馈网络、自组织竞争网络和随机神经网络 4 种结构。神经网络的学习规则是神经网络理论的基本要素，本章介绍了无监督 Hebb 学习规则、有监督 δ 学习规则和有监督 Hebb 学习规则。最后，介绍了几种常用的神经网络，阐述了其结构和特点。

复习思考题

1.MP 模型、感知器模型、Adaline 模型和 Hopfield 模型各有什么特点？
2.人工神经网络有哪几种典型的拓扑结构？各有什么特点？
3.无监督 Hebb、有监督 δ 和有监督 Hebb 学习规则主要不同在哪里？
4.试分析 BP 神经网络的特点。
5.试分析径向基神经网络的特点。
6.试分析递归神经网络和联想记忆神经网络的差别。
7.自组织竞争神经网络与 BP 神经网络有何不同？
8.模糊神经网络有哪几种类型？各有什么特点？

第 8 章　核动力装置神经网络诊断方法

8.1　概述

20 世纪 80 年代以来，神经网络在设备状态监测与故障诊断中的应用受到普遍关注。许多领域开展了神经网络诊断方法及其应用技术的研究。在核动力领域，神经网络在核动力装置状态监测与故障诊断中的应用研究也非常广泛。在核动力装置故障诊断方法的研究中，神经网络诊断方法是目前核动力领域研究最多和最为广泛的方法之一[82]，国内外专家学者先后提出了多种神经网络诊断模型和改进算法。从目前研究状况来看，神经网络在核动力装置故障诊断中的应用研究仍呈现出不断发展和增多的趋势。

在基于神经网络的故障诊断系统中，神经网络具有多种应用方式。例如，对于某动态系统故障的诊断，可以采用不同类型的神经网络进行诊断；既可以采用一个神经网络，也可以采用多个相同或不同类型的神经网络构成多神经网络诊断系统。总之，在系统故障诊断中，神经网络不但有灵活多样的应用形式，而且还可以采用不同的组合方式。基于神经网络的故障诊断方法有许多种，其分类方法也有多种。若根据故障诊断中所采用的神经网络数量来分类，则可以分为基于单神经网络（简称 S－NN）的故障诊断方法和基于多神经网络（简称 M－NN）的故障诊断方法。从单个神经网络在系统故障诊断中的应用情况来看，虽然各种神经网络的类型和学习算法不同，但其诊断原理基本上是相同的。为阐述问题方便起见，在这里将基于神经网络的核动力装置故障诊断方法分为两大类，即基于单神经网络的诊断方法和基于多神经网络的诊断方法。

在核动力装置故障诊断中，最基本的神经网络诊断方法是单神经网络诊断方法。同时，单神经网络诊断方法也是核动力装置智能故障诊断方法中研究最多的方法。在核动力装置神经网络诊断方法介绍中，根据先简单后复杂的思路，本章先介绍核动力装置单神经网络诊断方法，主要介绍几种典型的单神经网络故障诊断方法及其在核动力装置故障诊断中的应用。在此基础上，介绍核动力装置多神经网络诊断方法。

8.2　基于单神经网络的故障诊断原理

所谓单神经网络诊断方法，在本书中是指在系统故障诊断中仅使用一个神经网络进行故障诊断的方法。目前单个神经网络在核动力装置故障诊断中的应用方法主要有以下两种方式：(1)故障识别或分类；(2)异常检测和预测。下面分别介绍这两种故障诊断方法的原理。

8.2.1　单神经网络故障识别方法

神经网络显著的特点是具有很强的学习、联想记忆、泛化和模式识别能力。在故障诊断中，神经网络被广泛用于各种系统尤其是复杂非线性动态系统故障的识别和分类。在这种故障诊断系统中，神经网络充当模式识别器或故障分类器。将神经网络作为模式识别器或故障分类器应用于故障诊断，是神经网络在故障诊断中一种典型的应用形式。

基于单神经网络的核动力装置故障诊断原理如图 8.1 所示[82]。图 8.1 中，神经网络应用分为训练和诊断两个阶段。在训练阶段中，神经网络学习正常的训练模式和需要诊断的故障模式；在诊断阶段中，神经网络对输入的数据进行联想和记忆，识别出正常模式和故障模式。参数在线监测模块的功能是对神经网络的输入变量进行信号检测和数据采集。信号预处理模块的功能是对采集的变量信号进行变换和标准化处理。神经网络诊断模块接受信号预处理模块输送进来的、经过标准化处理的监测参数数据，并对这些监测参数数据进行神经计算处理，得到诊断结果。诊断结果显示模块将神经网络诊断模块诊断的结果显示出来。

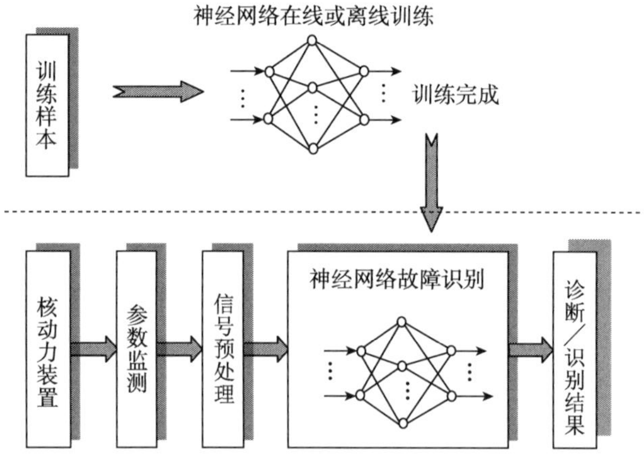

图 8.1　基于单神经网络的核动力装置故障诊断原理框图[82]

单神经网络用于系统故障诊断时，一般采用三层网络结构，即输入层、隐含层和输出层。输入层从被诊断系统接收各种数据和信息。隐含层对从输入层得到的故障数据和信息进行学习和处理，然后转化为针对性的解决办法[5]。隐含层可以根据需要采用一层或多层，有些网络可以不要或没有隐含层。输出层针对输入数据和信息，经过连接权系数调整后，得到故障相关信息。当神经网络训练结束后，对于每一个新输入的状态信息，网络将迅速给出诊断(识别或分类)结果。单神经网络一般只需要用被诊断系统正常状态下的数据进行初始化训练，在网络工作过程中就能根据所采集到的数据进行在线学习，并能诊断出系统可能出现的新的或未知的故障模式。

8.2.2　基于单神经网络的异常检测方法

基于神经网络的核动力装置异常检测和预测，是神经网络在核动力装置状态监测与故障诊断中一种重要的应用方法，它以核动力装置神经网络动态过程辨识与建模为基础。在实际应用时，需要先建立核动力装置神经网络动力学模型。该方法的基本思想是：通过检测核动力装置的重要运行参数是否偏离正常运行值、偏离正常运行值的大小和规律来检测核动力装置是否发生故障和异常工况，预测故障和异常工况的发展趋势。

基于神经网络的核动力装置异常检测和预测的原理框图可以用图 8.2 表示[82]。

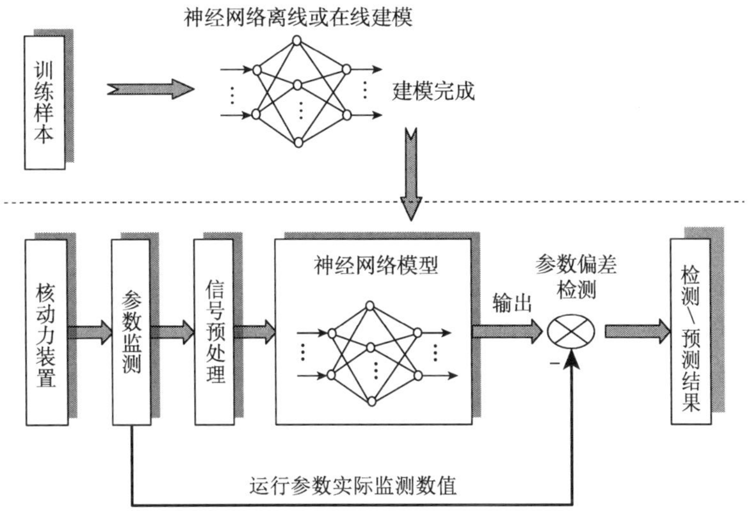

图 8.2 基于神经网络的核动力装置异常检测原理框图[82]

用神经网络方法对核动力装置进行异常检测和预测,其核心问题是要建立核动力装置的神经网络动力学模型。核动力装置神经网络动力学模型的输入变量一般是被检测参数和对被检测参数有影响的核动力装置运行参数,输出变量是被检测的核动力装置运行参数。在建立核动力装置神经网络动力学模型时,首先要根据被检测参数类型和数量等因素构造神经网络并建立神经网络训练样本集,然后利用训练样本集对神经网络进行训练。训练成功后的神经网络即可作为核动力装置的动态预测模型。在实时监测时,通过检测核动力装置的运行参数实际监测值与相应的神经网络模型预测值之间偏差的大小、偏差的变化规律来确定系统是否发生故障以及故障的严重程度(或发展趋势)。

8.2.3 单神经网络诊断模型设计方法

神经网络有多种类型,而每种神经网络又可以采用多种学习算法。如何根据需要在多种神经网络类型和学习算法中选择合适神经网络和学习算法,是神经网络诊断模型设计中需要解决的主要问题。根据神经网络理论与神经网络设计经验,可将基于单神经网络的故障诊断模型设计问题归纳为以下几个步骤:(1)确定诊断的层次、对象和目标;(2)根据诊断层次和目标选择合适的监测参数,并将这些监测参数作为神经网络的输入变量;(3) 构造神经网络,初步确定神经网络的拓扑结构;(4)选择合适的学习算法和学习参数;(5)数据采集,建立训练样本集;(6)使用样本训练网络使其识别正常和故障模式;(7)神经网络诊断模型修改与完善;(8)训练好的网络用于故障识别或分类。上述设计步骤是单神经网络的故障诊断模型设计的一般步骤,可用图 8.3 描述。下面根据上述步骤简要介绍单神经网络的故障诊断模型设计方法。

(1)确定诊断层次、对象和目标

无论是故障识别,还是运行异常监测,在用单神经网络对核动力装置进行故障诊断之前,必须首先明确故障诊断的对象、范围(层次)和目标。简单的方法是根据系统或设备功能将核动力装置分为几个层次,如装置级、系统级、分系统级以及设备级等几个层次。对于核动力装置不同层次故障的监测与诊断，其目标、方法、手段与结果显示都有着重要的差别。核动力装置动态过程的监测与诊断以过程辨识为基础，主要是监测核动力装置运行参数偏离正常的情况和异常工况，诊断出现偏差和异常的原因以及偏差和异常的发展趋势，给运行管理人员提供行动与决策等方面的信息；核动力装置系统的监测与诊断，一般是监测与诊断系统功能完整性以及系统的工作状态，帮助运行管理人员掌握系统的状况，从而采取必要的处置措施；核动力装置系统设备的监测与诊断，一般是监测设备的工作状态和设备的性能，为核动力装置的运行管理与维修活动提供信息。

(2)选择监测参数集与训练样本集

在单神经网络诊断模型设计中，要获得好的监测与诊断效果，神经网络输入参数和训练样本集的选择非常重要。在选择训练样本集之前，首先要确定输入参数集合。在选取监测参数时，根据核动力装置运行的特点、诊断层次、诊断对象和诊断目标，主要考虑选取那些对核动力装置的安全运行有着重要影响的参数作为神经网络输入参数，并考虑到某些参数间的耦合关系。所选择的输入参数与待诊断故障之间应具有内在的联系。

输入参数确定以后，可根据诊断目标和监测参数建立诊断的样本集。在确定故障诊断的样本集时，要根据所需诊断的故障类型，注意以下几点[256−257]：1)可用性，容易采集和表达；2)完整性，所选用的参数能够充分描述系统的动态行为；3)最小化，在满足完整性的前提下，所选用的参数数目最少；4)敏感性，即对系统发生的某种故障比较敏感。在核动力装置的运行中，由于需要监测的参数很多，因此要根据监测与诊断的目标和目的，需要采用适当的方法对监测参数进行分析与优化。目前，在一些文献中采用粗糙集约简方法对神经网络的输入参数进行优化。

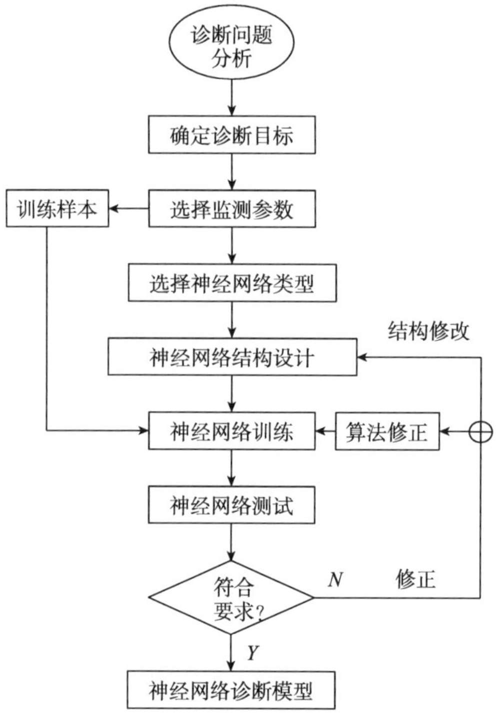

图 8.3　单神经网络诊断模型设计一般步骤

虽然建立完善的训练样本集是神经网络诊断方法的重要环节，但是，对于核动力装置来说，要建立完善的训练样本集是相当困难的。核动力装置各种正常运行工况的实际数据可以通过核动力装置的数据采集设备获取。然而，核动力装置运行过程中的一些异常事件或故障的数据不仅难以获得，而且有时是不可能得到的。这是因为核动力装置是一个高度复杂且具有高度安全性要求的工程系统，核动力装置运行中可能发生的一些异常事件或故障的结果具有极大的危害性或破坏性，从而导致核动力装置运行过程中的一些异常事件或故障在现实中是无法预料的，在实际实验中也往往是不可重复的。一个可供选择的方法是：1)尽量利用核动力装置实际运行数据；2)使用核动力装置全范围仿真机的仿真数据。

(3)建立神经网络监测与诊断模型

从本质上说，建立神经网络监测与诊断模型，主要是解决以下问题：

1)选择一种神经网络；

2)确定神经网络的拓扑结构；

3)选择合适的神经网络学习算法；

4)建立训练样本集；

5)神经网络训练。

在神经网络监测与诊断模型建模中，一个重要问题是确定神经网络的拓扑结构。如何确定神经网络的拓扑结构，目前尚无严密的理论上的设计方法。虽然有些文献从理论上也给出了一些神经网络拓扑结构的确定方法，但是这些方法一般只具有宏观上的指导意义，难以用于神经网络模型具体设计。目前神经网络的拓扑结构基本上是根据具体诊断对象、诊断目标、监测参数的实际情况而定，而且在很大程度上依赖于设计人员的经验。常用的方法是首先选择一个具有隐含层的神经网络，神经网络的输入层神经元数量等于所选择的监测参数的数量，神经网络的输出层神经元数量等于所要诊断的故障的模式数(或所要监测的参数数量)，而神经网络中间层神经元的数量要大于或等于输入层神经元和输出层中神经元数目最大者。这样确定的神经网络诊断模型只是一个初步的模型，这个模型还要在训练过程中进一步修改，直到完全符合要求为止。

在确定神经网络拓扑结构之后，接下来的工作是选择合适的神经网络学习算法。学习算法是神经网络建模的核心问题，学习算法选择是否合适，直接影响到神经网络训练是否收敛，进而影响到能否成功地建立所需要的神经网络诊断模型。在核动力装置状态监测中，由于反应堆的动力学特性随燃耗的变化而变化，因此，在核动力装置神经网络模型训练中可考虑采用自适应动态学习算法。

(4)神经网络模型训练

在初步确定神经网络拓扑结构与学习算法之后，可用训练样本集的训练样本对神经网络进行训练。神经网络训练有离线训练与在线训练两种方式。对于实时应用的神经网络诊断模型来说，一般先进行离线训练，使神经网络模型初步学习各种故障模式和系统运行模式，这样可以减少在线训练的时间。神经网络离线训练完成后，可进行在线训练。通过在线数据的训练，可使神经网络模型更接近实际动态系统模型，能更精确地代表系统的动力学特性。在神经网络训练过程中，可能会出现神经网络不收敛或收敛速度慢以及结果不理想等问题。遇到这种情况时，一般需要修改神经网络的学习算法、拓扑结构甚至改用其他类型神经网络来解决，直到符合要求。

(5)神经网络模型测试

初步训练成功后的神经网络需要进行测试,这个过程也称为神经网络仿真。神经网络测试的方法有以下几种:

1)核动力装置全范围仿真机测试。核动力装置全范围仿真机可模拟核动力装置各种工况,尤其是异常与故障工况。因此,可使用核动力装置全范围仿真机对神经网络诊断模型进行各种正常运行模式和故障模式进行监测与诊断测试。核动力装置全范围仿真机测试也可以分为在线与离线测试两个步骤。

2)核动力装置运行数据测试。使用实际核动力装置运行历史数据对神经网络诊断模型进行测试,包括启堆、稳态运行、负荷变化、甩负荷、停堆以及余热排出等各种运行工况及瞬态工况的测试;也可以在线测试(不能影响核动力装置正常运行和核安全)。一般来说,在实际核动力装置运行历史数据中,故障模式数据是不多的。

(6)神经网络模型修正

通过试验与测试来验证神经网络诊断模型的性能,发现神经网络诊断模型的不足,在此基础上,可对神经网络诊断模型进行适当的修改。经过修改后的神经网络模型需要重新训练和测试,直至完全符合诊断要求。

8.3 基于集成神经网络的故障诊断原理

8.3.1 集成神经网络基本概念

关于基于神经网络的故障诊断方法,早期的研究主要以单神经网络诊断方法为主。但是,单神经网络用于复杂动态系统故障诊断存在一些缺点:(1)单神经网络方法的诊断功能比较单一。单神经网络要么作为分类器进行故障识别和分类,要么作为系统动态模型进行故障检测或预测。同时完成这两方面的功能势必增加神经网络训练的难度,导致神经网络联想、分类和泛化能力的下降,而且这种用法既非必要,在实际中也难以实现[258];(2)单个神经网络用于复杂系统的故障诊断时可能因训练不充分或训练样本缺乏而导致神经网络的鲁棒性较差[259,260];(3)对于大规模复杂动态系统,单个神经网络难以完成多故障、多目标诊断的要求。为解决单神经网络在处理复杂系统状态监测与故障诊断方面存在的不足,随着神经网络诊断方法研究的发展,提出了基于多神经网络的故障诊断方法,一些文献称为集成神经网络诊断方法[132,134,258-262,]。为阐述问题的方便,在下面的章节,将多神经网络方法统称为集成神经网络方法。

集成神经网络(Integrated Neural Networks,INN)诊断方法是在单神经网络诊断方法基础上发展起来的一种多神经网络诊断方法[132,134,258,261-265]。对于集成神经网络方法目前还没有形成统一的认识,而且也缺乏深入和系统的理论研究。在有些文献中有时也称集成神经网络方法为综合神经网络方法[134]。集成神经网络方法一般是为解决某一问题而同时采用多个神经网络,每个神经网络可以完成相同的任务,也可以完成不同的任务。例如,在集成神经网络诊断方法中,用于故障诊断的各神经网络既可以是相同的,也可以是不同的[266];既可以用多个神经网络对系统的同一种故障进行诊断,也可以用多个神经网络分别对系统进行故障诊断和参数监测。集成神经网络用于故障诊断的关键在于各神经网络从不同侧面或范围对被诊断对象的故障进行诊断和描述。通过对多个神经网络的诊断结果的综合或采用信息融合方法进行融合，可以完成单神经网络难以完成的复杂系统的状态监测与故障诊断问题。相关研究表明，采用该方法不但可以提高神经网络学习的速度，而且可以提高系统诊断的精度和诊断结果的可靠性。

8.3.2 集成神经网络故障诊断方法的原理

基于集成神经网络的故障诊断方法的基本原理如图 8.4 所示。在进行故障诊断时，一般采用两个以上的网络对系统同时进行故障诊断或参数监测，然后对神经网络的诊断结果或参数监测结果进行综合或融合，最后给出决策性的诊断结论。

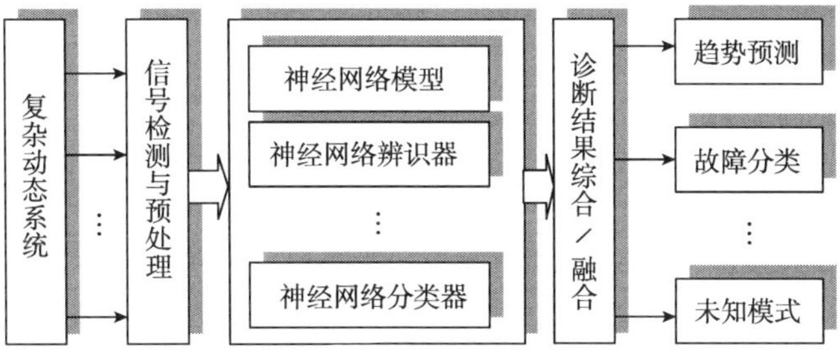

图 8.4 基于集成神经网络的故障诊断方法原理(I)

图 8.5 给出了一种具有两个层次的集成神经网络诊断模型结构。图 8.5 中，第一层神经网络用于识别故障的类型，第二层神经网络用于完成分析故障的严重性、故障定位等功能。在实际故障诊断中，还可以根据被诊断系统的复杂性采用更多的诊断层次。通过多个层次、多个神经网络诊断，最后给出详细和可靠(与单神经网络诊断方法相比)的诊断结果。

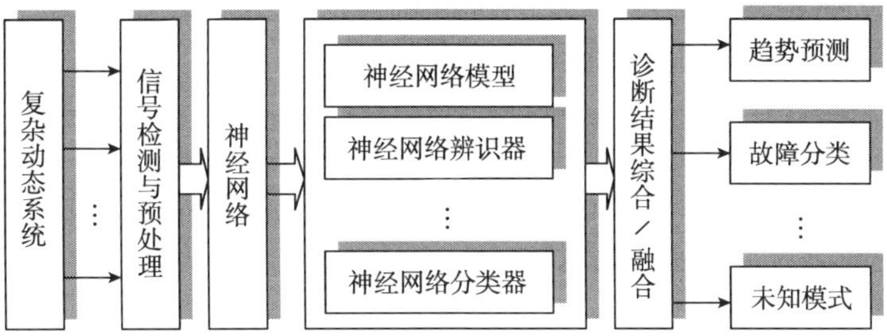

图 8.5 基于集成神经网络的故障诊断方法原理(II)

图 8.6 给出了一种基于递阶集成神经网络诊断模型结构[267]。在图 8.6 所示的结构中，前一级神经网络诊断的故障结果(经过适当处理后)与监测参数信号一起作为后一级神经网络的输入，以此类推。最后一级神经网络给出故障诊断的分类结果，或经过进一步分析与综合后给出故障诊断结果。

图 8.4～图 8.6 给出了几种典型的集成神经网络诊断模型结构。在集成神经网络诊断方法中，如何构建神经网络诊断模型的结构是一个关键性的问题，但是对于集成神经网络诊断模型建模问题目前还没有统一的建模方法。如果根据建模时所使用的神经网络类型来分，可以将集成神经网络结构形式分为同类神经网络集成方式和异类神经网络集成方式。

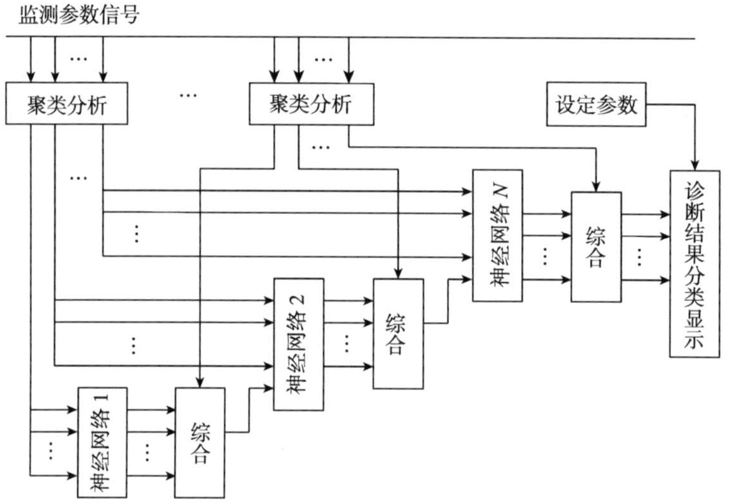

图 8.6　基于递阶集成神经网络的诊断结构

(1)同类神经网络集成

在同类神经网络集成诊断方式中,各神经网络类型相同、结构相同或类似。如,多个相同的 BP 神经网络用作故障分类器对故障进行分类;多个相同的 Elman 神经网络作为系统动态模型对系统进行故障预测;多个相同的 RBF 神经网络用作故障识别模型对故障进行识别等。

(2)异类神经网络集成

在异类神经网络集成诊断方式中,各神经网络的类型和结构都是不相同的。如,将 BP 神经网络、模糊神经网络、RBF 神经网络等同时用于系统故障诊断或用作系统动态预测模型。

如果根据集成神经网络故障诊断系统中各神经网络的功能来分,可以分为功能分布型结构和功能一致型结构[268]:

(1)功能分布型结构

功能分布型结构是将系统的故障诊断问题分解为若干个子问题,每个子问题采用一个神经网络进行诊断,各神经网络的功能可以是不相同的。

(2)功能一致型结构

在功能一致型结构中,各神经网络的类型和结构可以是相同的,也可以是不同的,但各神经网络的功能是相同的。

在这里,需要说明一下神经网络集成(Neural Network Ensemble,NNE)与集成神经网络的差别。神经网络集成方法是 Hansen L K 和 Salamon P 于 1990 年提出的。Sollich 和 Krogh 给出的神经网络集成的定义是,用有限个神经网络对同一个问题进行学习,集成在某输入示例下的输出,由构成集成的各神经网络在该示例下的输出共同决定[261,263−265]。集成神经网络的含义如前所述。一般情况下,可以认为集成神经网络是一个比神经网络集成更为广泛的概念,它包含了神经网络集成方法。

8.4 基于 BP 神经网络的诊断方法

采用 BP 算法的多层前馈神经网络是目前应用最广泛的一种网络结构。BP 网络在函数逼近、模式识别、数据压缩以及故障诊断等方面有着广泛的应用。在神经网络的应用中，许多场合是采用 BP 神经网络或其变化形式。BP 算法具有简单易行和并行性强等优点。但是，BP 算法也存在着训练时间长、收敛性差且易陷于局部极小等缺点。由于 BP 算法存在上述缺点，因而使用基本的 BP 算法求解实际问题往往是不可行的。在实际应用中，一般采用 BP 算法的改进形式。

(1)BP-NN 用于故障诊断的结构

BP-NN 的结构在前面章节已经作了介绍，在许多文献都有描述，不需要进一步讨论。在这里给出 BP-NN 用于故障诊断的一种实用的原理性结构，如图 8.7 所示。图 8.7 中，w_{ji} 为网络输入层节点 i 与隐含层节点 j 之间的连接权；w_{mj} 为网络隐含层节点 j 与输出层节点 k 之间的连接权。在 BP-NN 中，隐含层激励函数一般采用 sigmoid 函数，即 $f(x)=1/(1+e^{-x})$；输出层激励函数一般采用线性函数 $y=kx$，k 为常数。图中以加粗黑体字母表示矩阵和向量，其他参数含义在下面介绍。

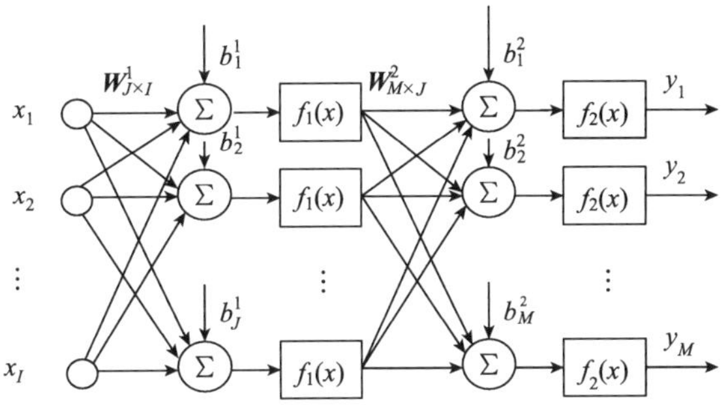

图 8.7　BP-NN 用于故障诊断的结构

BP-NN 用于故障诊断时一般具有多个输入和输出变量。输入变量(参数)数量的多少不是固定的，一般根据解决的实际问题而定。输入数据一般为经过规范化后的数据。当 BP-NN 用于故障诊断或模式识别时，其输出量一般为故障代码(二值代码)；当 BP-NN 用于异常检测和预测时，其输出量为预测值。输出变量的数目一般根据要诊断(识别)的故障(模式)数量(包括正常模式)或被监测和预测变量的数量而定。

(2)BP-NN 学习算法

设 BP 神经网络的输入向量为 $\boldsymbol{X}_n$，输出向量为 $\boldsymbol{Y}_n$，训练样本数(输入/输出样本对数目)为 $n(n=1,\cdots,N)$。$\boldsymbol{X}_n$ 与 $\boldsymbol{Y}_n$ 分别表示为

$$\boldsymbol{X}_n=[x_{1,n},x_{2,n},\cdots,x_{I,n}]^{\mathrm{T}}$$

$$\boldsymbol{Y}_n=[y_{1,n},y_{2,n},\cdots,y_{K,n}]^{\mathrm{T}}$$

这里，I、K 分别为 BP 神经网络的输入、输出节点数。

设 net^{h}_{jn}、$b_{h,j}$、y^{h}_{jn} 分别为隐含层第 j 个节点的状态、阈值与输出(对应于第 n 个输入样本)；net^{out}_{kn}、$b_{\mathrm{out},k}$、y_{kn} 分别为输出层第 k 个节点的状态、阈值与输出；y^{d}_{kn} 为期望输出。则

$$
\begin{aligned}
& y_{kn} = f_{\text{out}}(net_{kn}^{\text{out}}) \\
& net_{kn}^{\text{out}} = \sum_{j=1}^{J} w_{kj} y_{jn}^{\text{h}} + b_{\text{out},k} \\
& y_{jn}^{\text{h}} = f_{h}(net_{jn}^{\text{h}}) \\
& net_{jn}^{\text{h}} = \sum_{i=1}^{I} w_{ji} x_{in} + b_{\text{h},j}
\end{aligned}
\tag{8.4.1}
$$

目标函数可定义为总误差 E，即

$$
\begin{aligned}
& E = \sum_{n=1}^{N} E_{n} \\
& E_{n} = \frac{1}{2} \sum_{k=1}^{K} (y_{kn}^{\text{d}} - y_{kn})^{2}
\end{aligned}
\tag{8.4.2}
$$

式(8.4.2)中，E_n 称为局部误差函数。

BP 神经网络训练最常用的学习算法是 BP 算法或称 EBP 算法。最基本的 BP 算法是最速下降法(Steepest Descent Back Propagation)。用基本的 BP 算法训练神经网络，收敛性较差，甚至训练结果是发散的。因此，在神经网络的实际训练中往往采用改进的 BP 算法。BP 改进算法有许多种，常用的 BP 改进算法有带动量因子的 BP 算法、动量—自适应学习率调整算法以及 Levenberg— Marququardt BP(LMBP)学习算法等。BP 神经网络学习算法在许多文献中都有详细描述，可参阅有关文献，这里不作具体介绍。

(3)BP-NN 在核电厂故障诊断中的应用[117-119]

在早期关于核动力装置神经网络诊断方法研究中，采用 BP 算法的多层感知器网络是常用的网络[115]。Santosh T V 等[117-119]研究了 BP 神经网络在核电厂瞬态诊断中的应用。为了选择一种适用于核电厂瞬态诊断的神经网络学习算法，Santosh T V 等[117]对几种不同的 BP 学习算法进行了比较，如表 8.1 所示。

表 8.1　用于比较的 NN 学习算法

序号	NN 算法
1	弹性 BP 算法(批处理)
2	标准 BP 算法
3	带动量因子 BP 算法
4	带动量因子 BP 算法(批处理)
5	快速算法(批处理)
6	Manhattan 算法(批处理)
7	δ 算法(批处理)

通过比较表明，在表 8.1 中的 NN 算法中，弹性 BP 算法(批处理)是最适合的算法。下面简要介绍弹性 BP 算法(批处理)。

设在弹性 BP 算法中，传递函数为 Sigmoid 函数，目标函数为平均平方误差函数，$\Delta w_{ij}(t)$ 为各连接权的修正量，E_{loc} 为局部误差函数。根据弹性 BP 算法(批处理)算法，在神经网络学习过程中，$\Delta w_{ij}(t)$ 的确定方法如下

$$\Delta w_{ij}(t)=\begin{cases}\eta^{+}\Delta w_{ij}(t-1), & \dfrac{\partial E_{\text{loc}}(t-1)}{\partial w(t-1)}\cdot\dfrac{\partial E_{\text{loc}}(t)}{\partial w(t)}>0\\ \eta^{-}\Delta w_{ij}(t-1), & \dfrac{\partial E_{\text{loc}}(t-1)}{\partial w(t-1)}\cdot\dfrac{\partial E_{\text{loc}}(t)}{\partial w(t)}<0\\ \Delta w_{ij}(t-1), & \text{其他}\end{cases} \tag{8.4.3}$$

式(8.4.3)中，η^{+} 为学习率增加因子；η^{-} 为学习率减少因子，$0<\eta^{-}<1<\eta^{+}$。

在神经网络学习过程中，当各连接权的修正量达到适合值时，各连接权修正量按照式(8.4.4)修正

$$\Delta w_{ij}(t)=\begin{cases}-\Delta w_{ij}(t-1), & \dfrac{\partial E_{\text{loc}}(t)}{\partial w(t)}>0\\ +\Delta w_{ij}(t-1), & \dfrac{\partial E_{\text{loc}}(t)}{\partial w(t)}<0\\ 0, & \text{其他}\end{cases} \tag{8.4.4}$$

在神经网络学习过程中，当出现偏导数改变符号时，说明前面连接权修正的幅度太大或太小，则前面连接权修正量按照下式修正

$$\Delta w_{ij}(t)=-\Delta w_{ij}(t)\text{，当}\frac{\partial E_{\text{loc}}(t-1)}{\partial w(t-1)}\cdot\frac{\partial E_{\text{loc}}(t)}{\partial w(t)}<0\text{ 时} \tag{8.4.5}$$

根据弹性 BP 算法，对神经网络进行训练，并选择核电厂典型初始故障模式进行验证。用于测试的 NPP 初始故障模式及平均识别误差如表 8.2 所示。

表 8.2　用于测试的 NPP 初始故障模式

序号	初始故障		平均识别误差/%
1	SG 传热管破裂	SG1 传热管破裂	4.5
		SG2 传热管破裂	5.2
		SG3 传热管破裂	4.9
		SG4 传热管破裂	4.6
2	慢化剂热交换器管道故障	管道 1 故障	5.3
		管道 2 故障	5.5
3	泄放冷却器管道破裂		7.4
4	停堆冷却热交换器管道故障		8.2

在神经网络学习算法比较的基础上，Santosh T V 等[118,119]将神经网络应用于印度 220 MW重水堆(PHWR)的 LOCA 事故诊断研究。对不同破口尺寸的 LOCA 事故诊断测试结果显示，神经网络能够预测在训练中没有学习过的小破口 LOCA 事件；神经网络诊断模型可用于操作员支持系统和核电厂事故管理。

8.5 基于 RBF 神经网络的诊断方法

常见的多层前向神经网络计算量大、收敛速度慢、易陷入局部极小点，使其在故障诊断中的应用受到限制。RBF 神经网络具有很强的非线性逼近能力，而且它结构简单、学习速

度快，不存在局部极小的优点。在核动力领域，RBF 神经网络作为一种重要的神经网络核动力装置故障诊断的研究[141,269—271]。下面介绍 RBF 神经网络诊断方法及其在核动力装置故障诊断中的应用。

8.5.1 RBF 神经网络用于诊断的结构

关于 RBF 神经网络的结构，在神经网络基础相关章节已经进行了分析和阐述。RBF 神经网络只有一个隐含层，隐含层单元采用径向基函数作为激励函数，输入层到隐含层之间的权值均固定为 1，输出层单元为线性求和单元，隐含层到输出层之间的连接权值可以调节。RBF 神经网络的输出为隐含层输出的加权求和。

在 RBF 网络中，从输入层到隐含层的基函数的输出是一种非线性映射，而输出则是线性的。因此，RBF 网络可以看成是首先将原始的非线性可分的特征空间变换到另一高维空间。通过合理地选择这种变换，就可以在新空间中将原始问题映射为一个线性可分问题。利用 RBF 网络这种变换特性可以解决复杂的非线性动态系统的故障诊断与分类问题。RBF 神经网络用于故障诊断的结构与图 7.17 类似，这里不再给出。

8.5.2 RBF 神经网络的学习算法[250,252]

在 RBF 神经网络中，其输出层和隐含层完成的不同的映射任务，其学习策略也不同。RBF 神经网络的学习过程可以分两个层次进行。输出层是对网络线性连接权进行调整，采用线性优化策略。隐含层对激励函数的参数进行调整，采用非线性优化策略。RBF 神经网络的学习算法的关键是确定 RBF 的中心，这可以选用多种方法，如聚类方法、梯度学习方法、正交最小二乘法以及最小递推二乘（RLS）算法等[250,252,255]。下面介绍正交最小二乘法（Orthogonal Least Square，OLS）。

设 RBF 网络的训练样本对为$\{\boldsymbol{X}_n,\boldsymbol{y}_{dn}\}(n=1,2,\cdots,N)$。其中，$\boldsymbol{X}\in R^{ni}$，为网络输入向量；$y_{dn}\in R^1$ 为期望输出。根据线性回归模型，网络的期望输出可表示为

$$y_{dn}=\sum_{i=1}^{M}p_i(n)w_i+e(n),\ n=1,2,\cdots,N;i=1,2,\cdots,M \tag{8.5.1}$$

式(8.5.1)中，M 为隐含层单元数；$p_i(n)$为回归算子，它实际上是网络隐含层的输出响应；w_i为模型参数，实际上为隐含层至输出层的连接权；$e(n)$为残差。

将式(8.5.1)表示为矩阵方程形式，可得

$$\boldsymbol{y}_{dn}=\boldsymbol{PW}+\boldsymbol{e},\boldsymbol{y}_{dn}=[y_{d1},y_{d2},\cdots,y_{dN}]^{\mathrm{T}} \tag{8.5.2}$$

$$\boldsymbol{W}=[w_1,w_2,\cdots,w_M]^{\mathrm{T}} \tag{8.5.3}$$

$$\boldsymbol{P}=[p_1,p_2,\cdots,p_M]^{\mathrm{T}} \tag{8.5.4}$$

$$\boldsymbol{P}_i=[p_i(1),p_i(2),\cdots,p_i(N)]^{\mathrm{T}} \tag{8.5.5}$$

$$\boldsymbol{e}=[e(1),e(2),\cdots,e(N)]^{\mathrm{T}} \tag{8.5.6}$$

式(8.5.2)与式(8.5.4)中，$\boldsymbol{P}$ 为回归矩阵。

RBF 的中心 c_i一般是选择输入样本集合$\{\boldsymbol{X}_n\,|n=1,2,\cdots,N\}$的一个子集。每定一组 c_i，对应于输入样本就得到一个回归矩阵 $\boldsymbol{P}$。通过 OLS 学习算法来选择合适的回归算子 p_i 及其个数 M，使网络的输出满足性能指标要求。因此，OLS 学习算法的基本思想是通过正交化 p_i，分析 p_i对降低残差的贡献，选择合适的回归算子，并根据性能指标，确定回归算子

数 M。

为对回归矩阵 $\boldsymbol{P}$ 进行正交化，需将 $\boldsymbol{P}$ 进行正交三角分解

$$\boldsymbol{P}=\boldsymbol{U}\boldsymbol{A} \tag{8.5.7}$$

式(8.5.7)中，$\boldsymbol{A}$ 为一个 $M\times M$ 的上三角矩阵，其对角元素为 1；$\boldsymbol{U}$ 为一个 $N\times M$ 矩阵，其各列向量 $\boldsymbol{u}_i$ 正交，即

$$\boldsymbol{U}^{\mathrm{T}}\boldsymbol{U}=\boldsymbol{H} \tag{8.5.8}$$

$\boldsymbol{H}$ 是一个对角元素为 h_i 的对角矩阵

$$h_i=\boldsymbol{u}_i^{\mathrm{T}}\boldsymbol{u}_i=\sum_{i=1}^{N}u_i^2(n) \tag{8.5.9}$$

将式(8.5.7)代入式(8.5.2)可得

$$\boldsymbol{y}_{\mathrm{d}n}=\boldsymbol{U}\boldsymbol{A}\boldsymbol{W}+\boldsymbol{e}=\boldsymbol{U}\boldsymbol{g}$$

$$\boldsymbol{g}=\boldsymbol{A}\boldsymbol{W} \tag{8.5.10}$$

式(8.5.10)的正交最小二乘解为

$$\hat{\boldsymbol{g}}=\boldsymbol{H}^{-1}\boldsymbol{U}^{\mathrm{T}}\boldsymbol{y}_{\mathrm{d}n} \tag{8.5.11}$$

$$\hat{\boldsymbol{g}}=\frac{\boldsymbol{u}_i^{\mathrm{T}}\boldsymbol{Y}_{\mathrm{d}n}}{\boldsymbol{u}_i^{\mathrm{T}}\boldsymbol{u}_i} \tag{8.5.12}$$

上述正交化过程可采用 Gram－Schmidt 正交化方法。其方法是每次计算 $\boldsymbol{A}$ 的一列，进行如下的正交化计算

$$\left.\begin{aligned}&\boldsymbol{u}_i=\boldsymbol{P}_i\\&\alpha_{ik}=\frac{\boldsymbol{u}_i^{\mathrm{T}}\boldsymbol{P}_k}{\boldsymbol{u}_i^{\mathrm{T}}\boldsymbol{u}_i}\quad 1\leqslant i\leqslant k;k=2,\cdots,M\\&\boldsymbol{u}_k=\boldsymbol{P}_k-\sum_{i=1}^{k-1}\alpha_{ik}\boldsymbol{u}_i^{\mathrm{T}}\boldsymbol{u}_i\end{aligned}\right\} \tag{8.5.13}$$

则输出响应的能量可表示为

$$\boldsymbol{y}_{\mathrm{d}n}^{\mathrm{T}}\boldsymbol{y}_{\mathrm{d}n}=\sum_{i=1}^{M}g_i^2\boldsymbol{u}_i^{\mathrm{T}}\boldsymbol{u}_i+\boldsymbol{e}^{\mathrm{T}}\boldsymbol{e} \tag{8.5.14}$$

由此可得

$$q=1-\sum_{i=1}^{M}\varepsilon_i,1\leqslant i\leqslant M \tag{8.5.15}$$

$$\varepsilon_i=\frac{g_i^2\boldsymbol{u}_i^{\mathrm{T}}\boldsymbol{u}_i}{\boldsymbol{y}_{\mathrm{d}n}^{\mathrm{T}}\boldsymbol{y}_{\mathrm{d}n}} \tag{8.5.16}$$

式(8.5.15)、式(8.5.16)中，ε_i 为误差压缩比；$q=\boldsymbol{e}^{\mathrm{T}}\boldsymbol{e}/\boldsymbol{y}_{\mathrm{d}n}^{\mathrm{T}}\boldsymbol{y}_{\mathrm{d}n}$，为相对二次误差。

根据上述分析，采用 OLS 方法确定 RBF 的中心的具体步骤如下：

设隐含层节点的激励函数采用高斯型函数，即

$$y_i^{\mathrm{h}}=\exp\left(-\frac{(\boldsymbol{x}-\boldsymbol{c}_j)^{\mathrm{T}}(\boldsymbol{x}-\boldsymbol{c}_j)}{2\boldsymbol{\sigma}_i^2}\right),(i=1,2,\cdots,M) \tag{8.5.17}$$

(1)预选一个隐含层单元数 M。

(2) 预选一组 RBF 的中心 c_i，$1\leqslant i\leqslant M$。

(3)设定 RBF 函数的宽度 σ_i、最大迭代次数 Me 以及误差限 E_g。

(4)根据选定的 RBF 中心，输入样本 $\boldsymbol{X}_n$，计算回归矩阵 $\boldsymbol{P}$。设隐含层第 i 个神经元的

输出为 y_i^h，则有 $p_i = y_i^h = u_i$。

(5)根据式(8.5.13)正交化回归矩阵各列。

(6)根据式(8.5.12)及(8.5.16)分别计算 $\hat{g}$ 和 ε_i。

(7)计算上三角矩阵 $\boldsymbol{A}$，并由 $\boldsymbol{g} = \boldsymbol{AW}$ 求解连接权向量。

(8) 检查是否满足条件 $q < E_g$。若满足该条件，则所求得 RBF 中心及网络权值等参数即为所求参数，停止计算。否则转第(2)步，重新选择 RBF 的中心。

8.5.3 应用举例

根据上面介绍的 RBF 神经网络 OLS 学习算法，下面介绍 RBF－NN 用于核动力装置典型故障诊断的事例[269]。表 8.3 给出了核动力装置 8 种工况，其中包括满功率正常运行工况和待诊断的典型故障模式。根据表 8.3 所示的核动力装置正常运行工况与典型故障模式，选取 18 个参数作为核动力装置监测与诊断信号，如表 8.4 所示。在核动力装置的运行中，由于稳压器与一回路系统具有相同的压力，所以在仿真分析与计算中可以选择其中一个作为监测参数。

表 8.3　用于测试的核动力装置正常运行工况与典型故障模式

序号	系统状态	代号	故障代码
1	蒸汽发生器 U 形管破损	F_1	000
2	蒸汽发生器给水非正常减少	F_2	001
3	蒸汽发生器给水非正常增加	F_3	010
4	一回路管道冷却剂冷段破口	F_4	011
5	稳压器汽相破口	F_5	100
6	主蒸汽管道破口	F_6	101
7	热井丧失	F_7	110
8	满功率正常运行	ZC	111

表 8.4　用于诊断的监测变量

序号	监测参数	单位	代号
1	反应堆冷却剂流量 A	kg/s	RCFL1
2	反应堆冷却剂流量 B	kg/s	RCFL2
3	蒸汽发生器蒸汽流量 A	kg/s	SGFL1
4	蒸汽发生器蒸汽流量 B	kg/s	SGFL2
5	蒸汽发生器水位 A	m	SGWL1
6	蒸汽发生器水位 B	m	SGWL2
7	蒸汽发生器蒸汽压力 A	MPa	SGSP1
8	蒸汽发生器蒸汽压力 B	MPa	SGSP2
9	蒸汽发生器给水流量 A	kg/s	SGFW1
10	蒸汽发生器给水流量 B	kg/s	SGFW2
11	反应堆冷却剂入口温度 A	℃	RCIT1

续表

序号	监测参数	单位	代号
12	反应堆冷却剂入口温度 B	℃	RCIT2
13	反应堆冷却剂出口温度	℃	RCOT1
14	反应堆冷却剂出口温度	℃	RCOT2
15	稳压器压力	MPa	PP
16	稳压器水位	m	PWL
17	反应堆核功率	$\%P_n$	NPL
18	发电功率	MW	GEP

根据表 8.3 所示的核动力装置正常运行工况与典型故障模式以及表 8.4 所示的核动力装置监测变量，构造 RBF 神经网络的拓扑结构，建立基于 RBF 神经网络的诊断模型。同时，进行数据采集，建立 RBF 神经网络诊断模型训练的样本集。

RBF 神经网络诊断模型建模完成后，应用 OLS 学习算法和表 8.4 所描述的监测变量数据采集得到的部分数据(规范化后作为训练样本)对 RBF 神经网络进行训练。RBF 神经网络实际计算采用的高斯型函数为 $f(x)=e^{-x^2/2}$。RBF 神经网络训练完成后，应用神经网络训练时没有学习过的核动力装置运行数据对神经网络的诊断效果进行测试。结果表明，对于神经网络训练时没有学习过的核动力装置故障数据，RBF 神经网络给出了正确的诊断结果。

8.6 基于 Elman 神经网络的诊断方法

8.6.1 基于 Elman 神经网络的故障诊断方法

(1)Elman-NN 用于故障诊断的结构

Elman 神经网络属于反馈网络，是一种动态递归神经网络[255,272]。动态递归神经网络可分为完全递归与部分递归网络。完全递归网络各神经元之间具有任意的前馈与反馈连接，且所有的连接权都可以修正。而在部分递归网络中，主要的网络结构是前馈，其连接权可以修正；反馈连接由一组状态单元(Context—有时称为上下文或结构单元)构成，其连接权不可以修正。状态单元记忆隐含层过去的状态，在下一时刻与网络的输入一起作为隐含层的输入。这种连接方式使动态递归网络具有动态记忆的能力。

在动态递归网络中，Elman 网络具有最简单的结构，可采用标准 BP 或动态反向传播算法进行训练。Elman 网络通常由两层神经元组成，特别是它的回归层神经元输出和输入之间有一个延时的反馈，这使得 Elman 网络不仅可以学习空间模型，而且可以学习时间模型。图 8.8 给出了一种 Elman 神经网络的结构。图中各变量的含义如下文所述。

(2)Elman 神经网络的学习算法[273]

Elman 神经网络为动态递归网络，可采用标准动态 BP 反向传播算法进行学习。

设 Elman 神经网络的外部输入为 $\boldsymbol{x}(k)\in R^I$，输出为 $\boldsymbol{y}(k)\in R^M$，隐含层的输出 $\boldsymbol{y}(k)\in R^J$。根据上述假设，Elman 神经网络的输入/输出关系可用如下非线性状态空间表达式表示

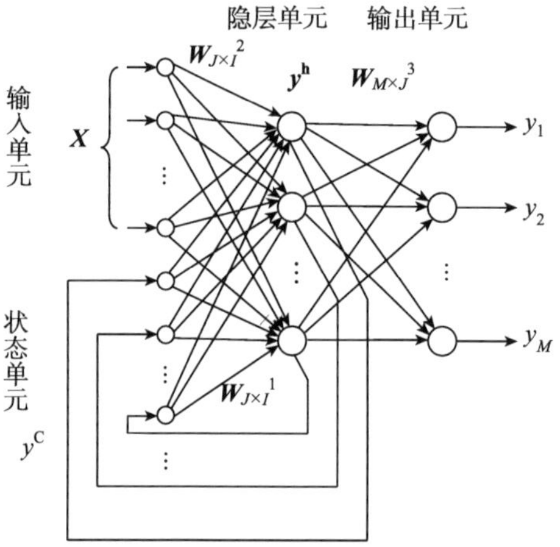

图 8.8　Elman 神经网络用于诊断的结构

$$\begin{cases} \boldsymbol{y}^{h}(k)=f[\boldsymbol{w}^{1}\boldsymbol{y}^{c}(k)+\boldsymbol{w}^{2}\boldsymbol{x}(k)+b^{2}] \\ \boldsymbol{y}^{c}(k)=\boldsymbol{y}^{h}(k-1) \\ \boldsymbol{y}(k)=g[\boldsymbol{w}^{I}\boldsymbol{y}^{h}(k)+b^{3}] \end{cases} \tag{8.6.1}$$

式(8.6.1)中，$\boldsymbol{w}_{J\times J}^{1}$，$\boldsymbol{w}_{J\times I}^{2}$，$\boldsymbol{w}_{M\times J}^{3}$ 分别为结构单元到隐层、输入层到隐层、隐层到输出层的连接权值。$\boldsymbol{b}_{J\times 1}^{2}$，$\boldsymbol{b}_{M\times 1}^{3}$ 分别为隐层和输出层的阈值。

给定 $\boldsymbol{w}^{1}$，$\boldsymbol{w}^{2}$，$\boldsymbol{w}^{3}$，$\boldsymbol{b}^{2}$，$\boldsymbol{b}^{3}$ 及 $\boldsymbol{y}^{h}(0)$ 后，输入样本集 $\boldsymbol{X}=[\boldsymbol{x}(1),\boldsymbol{x}(2),\cdots,\boldsymbol{x}(N)]$，即可由式(8.6.1)分别递推得到网络输出 $\boldsymbol{Y}=[\boldsymbol{y}(1),\boldsymbol{y}(2),\cdots,\boldsymbol{y}(N)]$、隐层输出 $\boldsymbol{Y}=[\boldsymbol{y}^{h}(1),\boldsymbol{y}^{h}(2),\cdots,\boldsymbol{y}^{h}(N)]$和状态层输出 $\boldsymbol{Y}^{c}=[\boldsymbol{y}^{c}(1),\boldsymbol{y}^{c}(2),\cdots,\boldsymbol{y}^{c}(N)]=[\boldsymbol{y}^{h}(0),\boldsymbol{y}^{h}(1),\cdots,\boldsymbol{y}^{h}(N-1)]$。

由式(8.6.2)

$$y^{h}(k)=f[\boldsymbol{w}^{1}\boldsymbol{y}^{c}(k)+\boldsymbol{w}^{2}\boldsymbol{x}(k)+\boldsymbol{b}^{2}]=f\{[\boldsymbol{w}^{1},\boldsymbol{w}^{2}][\boldsymbol{y}^{c}(k),\boldsymbol{x}(k)]^{\mathrm{T}}+\boldsymbol{b}^{2}\} \tag{8.6.2}$$

可得

$$Y^{h}=f\{[\boldsymbol{w}^{1},\boldsymbol{w}^{2}][\boldsymbol{Y}^{c},\boldsymbol{X}]^{\mathrm{T}}+\boldsymbol{B}^{2}\}=f(\boldsymbol{w}^{h}\boldsymbol{U}+\boldsymbol{B}^{2}) \tag{8.6.3}$$

$$\boldsymbol{Y}=g(\boldsymbol{W}^{3}\boldsymbol{Y}^{h}+\boldsymbol{B}^{3}) \tag{8.6.4}$$

式(8.6.3)中

$$\boldsymbol{w}_{J\times(J+I)}^{h}=(\boldsymbol{w}^{1},\boldsymbol{w}^{2});$$

$$\boldsymbol{U}=\begin{bmatrix}\boldsymbol{Y}^{c}\\ \boldsymbol{X}\end{bmatrix}=[u(1),u(2),\cdots,u(N)]$$

$$\boldsymbol{B}^{2}=(\overbrace{\boldsymbol{b}^{2},\boldsymbol{b}^{2},\cdots,\boldsymbol{b}^{2}}^{N个}),\boldsymbol{B}^{3}=(\overbrace{\boldsymbol{b}^{3},\boldsymbol{b}^{3},\cdots,\boldsymbol{b}^{3}}^{N个})$$

Elman 神经网络采用批处理方式学习方法时，可将其等效于一普通 BP 网络。与 BP 网络不同的是，在 Elman 网络的权值和阈值迭代计算过程中其输入 $\boldsymbol{u}(k)$ 与 $\boldsymbol{u}(k-1)$ 存在状态单元部分。因此，Elman 网络输入 $\boldsymbol{u}(k)$ 为 $\boldsymbol{y}^{c}(k-1)$ 与 $\boldsymbol{x}(k)$ 构成的增广向量。其输入层到隐层的权值增广向量为 $\boldsymbol{w}^{h}$。

Elman 神经网络训练采用 Levenberg—Marququardt BP(LMBP)学习算法时，具体方法如下所述。

定义目标函数总误差为 E，其表达式如下

$$E = \sum_{k=1}^{N} E_k$$
$$E_k = \frac{1}{2} \sum_{m=1}^{M} y_m^{\mathrm{d}} [(k) - y_m(k)]^2 \tag{8.6.5}$$

设输入第 k 个样本时的期望输出为 $\boldsymbol{y}^{\mathrm{d}}(k)$。对输入样本 $\boldsymbol{u}(k)$，误差向量 $\boldsymbol{e}$ 为

$$\boldsymbol{e}(k) = \boldsymbol{y}^{\mathrm{d}}(k) - \boldsymbol{y}(k) = [e_{1k}, e_{2k}, \cdots, e_{Mk}]^{\mathrm{T}} \tag{8.6.6}$$

对所有输入样本 U，记误差向量为

$$\boldsymbol{e} = [e(1)^{\mathrm{T}}, e(2)^{\mathrm{T}}, \cdots e(N)^{\mathrm{T}}] = [e_{11}, e_{21}, \cdots, e_{M1}, \cdots, e_{1N}, e_{2N}, \cdots, e_{MN}]^{\mathrm{T}} \tag{8.6.7}$$

按照需要构造误差向量 $\boldsymbol{e}$ 和参数向量 $\boldsymbol{v}$ 如下

$$\begin{aligned}\boldsymbol{v} = [&w_{11}^{\mathrm{h}}, w_{21}^{\mathrm{h}}, \cdots, w_{J1}^{\mathrm{h}}, \cdots, w_{1(J+I)}^{\mathrm{h}}, w_{2(J+I)}^{\mathrm{h}}, \cdots, b_1^{\mathrm{h}}, b_2^{\mathrm{h}}, \cdots, b_J^{\mathrm{h}}, w_{11}^3, w_{21}^3, \cdots,\\ &w_{M1}^3, \cdots, w_{1J}^3, w_{2J}^3, \cdots, w_{MJ}^3, b_1^3, b_2^3, \cdots, b_M^3]^{\mathrm{T}}\end{aligned} \tag{8.6.8}$$

则 $\boldsymbol{e}$ 对 $\boldsymbol{v}$ 的 Jacobian 矩阵可表示为

$$\boldsymbol{J} = \frac{\partial \boldsymbol{e}}{\partial \boldsymbol{v}} \tag{8.6.9}$$

令

$$\mathrm{d}\boldsymbol{v} = -(\boldsymbol{J}^{\mathrm{T}}\boldsymbol{J} + \lambda \boldsymbol{I})^{-1} \boldsymbol{J}^{\mathrm{T}} \boldsymbol{e} \tag{8.6.10}$$

则

$$\boldsymbol{v}(i) = \boldsymbol{v}(i-1) + \mathrm{d}\boldsymbol{v} \tag{8.6.11}$$

按 $\boldsymbol{v}$ 中元素排列顺序从 $\mathrm{d}\boldsymbol{v}$ 中得到各参数向量增量 $\mathrm{d}\boldsymbol{w}^{\mathrm{h}}$、$\mathrm{d}\boldsymbol{b}^2$、$\mathrm{d}\boldsymbol{w}^3$ 与 $\mathrm{d}\boldsymbol{b}^3$，则网络连接权值、阈值的修正方法为

$$\boldsymbol{w}_{\mathrm{new}}^{\mathrm{h}} = \boldsymbol{w}^{\mathrm{h}} + \mathrm{d}\boldsymbol{w}^{\mathrm{h}}; \boldsymbol{b}_{\mathrm{new}}^2 = \boldsymbol{b}^2 + \mathrm{d}\boldsymbol{b}^2 \tag{8.6.12}$$

$$\boldsymbol{w}_{\mathrm{new}}^3 = \boldsymbol{w}^3 + \mathrm{d}\boldsymbol{w}^3; \boldsymbol{b}_{\mathrm{new}}^3 = \boldsymbol{b}^3 + \mathrm{d}\boldsymbol{b}^3 \tag{8.6.13}$$

根据上述学习算法，使用训练样本对 Elman 神经网络的进行训练，直至 Elman 神经网络的输出满足误差精度要求。训练完成后的 Elman 神经网络先用于故障诊断测试，测试成功后即可用于系统故障诊断。

8.6.2 基于 Elman 神经网络的参数异常检测方法[124,274,275]

如前所述，Elman 神经网络是一种动态递归网络，具有良好的动态记忆与建模能力，因此，它在动态过程建模与系统状态监测中具有显著的优点。研究表明，与 RBF－NN、SOM－NN 等网络相比，Elman 神经网络更适于核动力装置异常识别。Davide Roverso[267] 研究了 Elman 神经网络在核电厂瞬态识别中的应用；Ayaz E 与 Seker S 等[124,274－275]研究了 Elman 神经网络在核动力装置参数异常检测中的应用，并将 Elman 神经网络与 Jordan 递归神经网络的监测性能进行了比较，结果表明 Elman 神经网络的性能优于 Jordan 神经网络。下面介绍基于 Elman 神经网络的核动力装置参数异常检测方法。

(1)Elman 神经网络用于参数检测的结构

具有延迟反馈的 Elman 神经网络结构如图 8.9 所示[274]。图 8.9 中，$\boldsymbol{X}$ 为输入层输入向量；$\boldsymbol{Y}_{\mathrm{C}}$ 为状态层输入向量(反馈输入)；$\boldsymbol{Y}_{\mathrm{h}}$ 为隐含层输出向量；$\boldsymbol{Y}$ 为输出层向量；$\boldsymbol{W}_1$、$\boldsymbol{W}_2$、$\boldsymbol{W}_3$ 分别为输入层至隐含层、状态层、隐含层至输出层的矩阵向量。

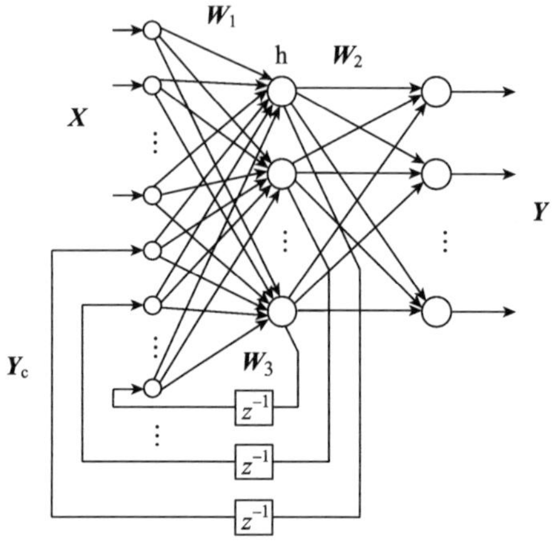

图 8.9　Elman 神经网络用于参数监测的结构

(2)Elman 神经网络的学习算法

设输入第 p 个样本时的期望输出为 $y_{d,p}(k)$，对输入样本 $\boldsymbol{X}(P)$，设训练误差向量为

$$E_p = \frac{1}{2}\left[y_{d,p}(k) - y_p(k)\right]^2 \tag{8.6.14}$$

设 Elman 神经网络训练目标函数 E 为

$$E = \sum_{p=1}^{p} E_p$$
$$E_p = \frac{1}{2}\left[y_{d,p}(k) - y_p(k)\right]^2 \tag{8.6.15}$$

在图 8.9 所示的具有延迟反馈的 Elman 神经网络中，各符号的含义如下：$\boldsymbol{X}$，输入层输向量；$\boldsymbol{Y}_C$，状态层输入向量；$\boldsymbol{Y}_h$，隐含层输出向量；$\boldsymbol{Y}$，输出层向量；$\boldsymbol{W}_1$、$\boldsymbol{W}_2$、$\boldsymbol{W}_3$分别为输入层至隐含层、状态层、隐含层至输出层的矩阵向量。

设 $i,j,k,t(t=j)$分别表示输入层、隐含层、输出层和状态层节点数量。

$$\boldsymbol{X} = [x_1, x_2, \cdots, x_I]^T$$
$$\boldsymbol{Y}_h = [y_{h,1}, y_{h,2}, \cdots, y_{h,t}]^T$$
$$\boldsymbol{Y} = [y_1, y_2, \cdots, y_M]^T$$

在第 s 次迭代计算时，隐含层第 j 个节点的输出定义为

$$y_{h,j}^s = f(a_j^s) \tag{8.6.16}$$

在第 s 次迭代计算时，状态层第 j 个节点的输出定义为

$$y_{c,t=j}^s = y_{h,j}^{s-1} \tag{8.6.17}$$

在第 s 次迭代计算时，隐含层第 j 个节点的初始值为

$$y_{h,j}^0 = 0, j = 1, 2, \cdots, m \tag{8.6.18}$$

由式(8.6.17)和式(8.6.18)可知，$y_{c,j}^1 = 0$。

这样，在第 s 次迭代计算时，隐含层第 j 个节点的输出可表示为

$$y_{h,j}^s = f\left[\sum_{i=1}^{n} w_{1,ji} x_i^s + \sum_{i=1}^{m} w_{3,tj} y_{h,jt}^{s-1}\right], t = j \tag{8.6.19}$$

Elman 神经网络的输出为

$$y_k^s = f\left(\sum_{j=1}^{m} w_{2,kj} y_{h,j}^s\right) \tag{8.6.20}$$

输出层连接权值修正算法为

$$w^{new} = w^{old} + \eta \Delta w \tag{8.6.21}$$

$$E(w) = \frac{1}{2} \sum_{s=1}^{p} \sum_{k=1}^{l} (y_{d,k}^s - y_k^s)^2 \tag{8.6.22}$$

$$\Delta w_{3,tj} = -\frac{\partial E}{\partial y_{h,j}} \cdot \frac{\partial y_{h,j}}{\partial w_{3,tj}} \tag{8.6.23}$$

$$\frac{\partial E}{\partial y_{h,j}^s} = -\frac{\partial E}{\partial y_k^s} \cdot \frac{\partial y_k^s}{\partial y_{h,j}^s} = -\sum_{k=1}^{l} (y_{d,k}^s - y_k^s) w_{2,kj} \tag{8.6.24}$$

$$\frac{\partial y_{h,j}^s}{\partial w_{3,tj}^s} = f'(y_{h,j}^s) y_{h,j}^{s-1} \tag{8.6.25}$$

式(8.6.25)中，$f'(\cdot)$ 为传递函数的导数。

$$\Delta w_{3,tj} = -\sum_{k=1}^{l} (y_{d,k}^s - y_k^s) w_{2,kj} f'(y_{h,j}^s) y_{h,j}^{s-1} \tag{8.6.26}$$

(3)Elman 神经网络用于参数异常检测

Ayaz E 与 Seker S 等将上述具有延迟反馈的 Elman 神经网络用于 Borssele 核电厂参数异常检测，并将其与 BP 神经网络、Jordan 型递归神经网络的性能进行比较。异常检测参数如表 8.5 所示。Elman、BP 与 Jordan 型递归神经网络的结构均为 44×50×44(分别为输入层、隐含层与输出层神经元数目)。神经网络经过充分学习后，利用不同时期的稳态数据来测试其性能。异常检测验证数据分别为 Borssele 核电厂新堆芯启堆、满功率期间初始功率调节以及特殊运行—冷凝器清洗等工况下的监测数据，采样周期为 1s。

异常检测结果表明，Elman、BP 与 Jordan 型递归神经网络的均能检测异常但性能不同。Elman 神经网络给出监测参数清晰的、放大的偏差，Jordan 型递归神经网络给出偏差但存在振动，而 BP 神经网络对监测参数的小偏差不敏感。

表 8.5 用于诊断的监测变量

序号	监测参数	单位
1	蒸汽发生器水位(宽量程)	m
2	蒸汽发生器水位(宽量程)	m
3	蒸汽压力	MPa
4	低压透平机压力	MPa
5	冷凝器压力	MPa
6	冷凝器压力	MPa
7	高压透平机进汽阀阀位	%
8	高压透平机出口阀阀位	%
9	高压透平机出口阀阀位	%
10	冷凝泵压力	MPa
11	冷凝泵真空	%vac
12	冷凝泵真空	%vac

续表

序号	监测参数	单位
13	冷凝泵真空	%vac
14	冷凝器水位	m
15	冷凝器水位	m
16	一回路压力	MPa
17	一回路压力	MPa
18	一回路压力	MPa
19	一回路压力	MPa
20	给水流量压力	MPa
21	主冷却剂冷段温度	℃
22	主冷却剂冷段温度	℃
23	主冷却剂热段温度	℃
24	主冷却剂热段温度	℃
25	稳压器水位	m
26	堆外中子测量	
27	堆外中子测量	
28	堆外中子测量	
29	堆外中子测量	
30	电功率	MW
31	无功功率	MW
32	蒸汽压力(回路 1)	MPa
33	蒸汽压力(回路 2)	MPa
34	蒸汽质量流量(回路 1)	kg/s
35	蒸汽质量流量(回路 2)	kg/s
36	SG-1 温度	℃
37	SG-2 温度	℃
38	SG-1 水位	m
39	SG-1 水位	m
40	SG-2 水位(窄量程)	m
41	SG-2 水位(窄量程)	m
42	给水流量(回路 1)	kg/s
43	给水压力(回路 2)	MPa
44	SG 水位(回路 1)	m

8.7 基于自联想神经网络的诊断方法

8.7.1 自联想神经网络用于诊断的结构

自联想神经网络(Autoassociative Neural Network,AANN)属于一种联想记忆神经网络,它是一种特殊的网络。自联想神经网络的特点是网络的输入和输出都是相同的变量,且输入和输出变量的数目相同。图 8.10 给出了一种自联想神经网络的结构示意图,它由输入层、隐含层和输出层组成[131]。图 8.10 中,$x_i(i=1,2,\dots,n)$表示输入变量;$x'_i(j=1,2,\dots,n)$表示输出变量。自联想神经网络在系统参数监测中,其输出变量为输入变量某时刻的预测值。自联想神经网络可采用 BP 学习算法或动态 BP 学习算法。

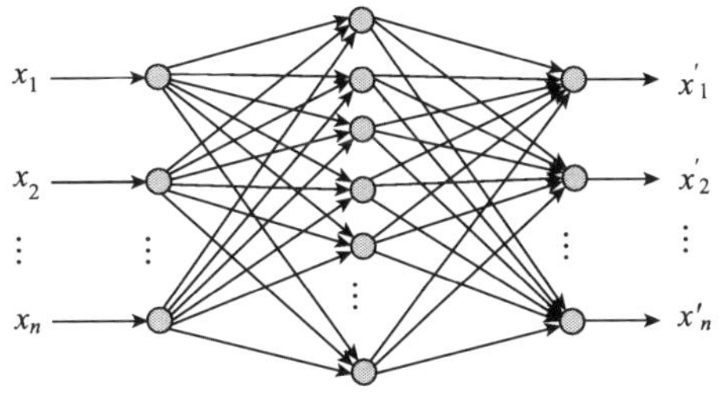

图 8.10　自联想神经网络的结构(Ⅰ)

图 8.11 给出了另一种自联想神经网络结构[276,277]。与图 8.10 类似,图 8.11 所示的自联想神经网络的输入和输出变量也是相同的。两者不同之处在于,图 8.11 所示的自联想神经网络除了输入层和输出层外,其隐含层由映射层、瓶颈层和去映射层组成。这种自联想神经网络也可用于系统监测和仿真建模。

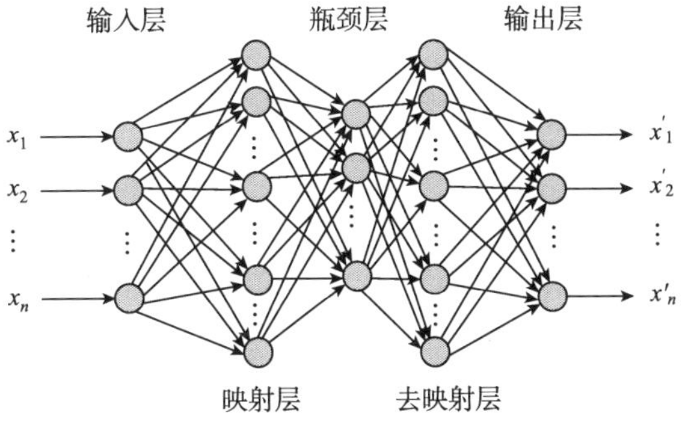

图 8.11　自联想神经网络的结构(Ⅱ)

8.7.2 自联想神经网络用于核电厂实时监测[131]

从 20 世纪 80 年代开始,国外研究人员开展了神经网络在核电厂实时监测中的应用研究。下面介绍 Nabeshima K 等提出的基于自联想神经网络的核电厂实时监测方法。

8.7.2.1　基本原理

自联想神经网络用于核电厂实时监测，实际上是利用神经网络来检测核电厂运行参数是否出现异常状态。这种方法的基本原理是，先用一个自联想神经网络建立核电厂动态模型，即应用核电厂正常时运行参数监测数据训练自联想神经网络，从而建立输入-输出之间的隐含关系。然后，将训练好的神经网络动态模型用于核电厂实时监测，通过检测核电厂实测信号与相应的核电厂神经网络模型输出信号之间偏差值的大小来判别是否发生了异常。

Nabeshima K 等在核电厂实时监测中所选用的自联想神经网络由输入层、隐含层和输出层构成，如图 8.12 所示。自联想神经网络动态模型的输入和输出都是相同的变量，这些变量必须是核电厂最重要的参数。Nabeshima K 等在核电厂实时监测研究中选择作为神经网络输入和输出的核电厂监测参数如表 8.6 所示。自联想神经网络的优点是，对于所有的监测信号，任何未知的核电厂状态，即以前从未学习过的输入模式，都可以容易的检测出来；一个自联想神经网络就可以跟踪整个核电厂的运行状态，并可以同时检测一组输出信号的偏差。此外，在实时监测中，自联想神经网络的计算时间较短。

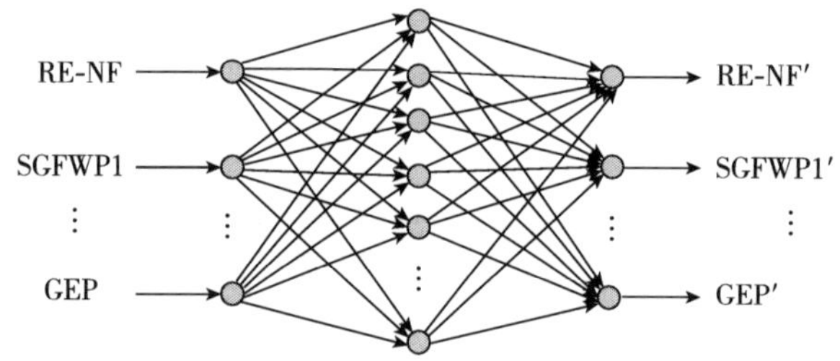

图 8.12　自联想神经网络用于 NPP 实用监测的结构

表 8.6　监测变量信号与故障严重水平

序号	监测信号	代号	ε
1	堆外中子通量	RE-NF	22.14(mV)
2	给水压力(回路 1)	SGFWP1	0.037 9(MPa)
3	给水压力(回路 2)	SGFWP2	0.041 99(MPa)
4	热段与冷段温差(回路 1)	DTL1	0.680 7(C)
5	热段与冷段温差(回路 2)	DTL2	0.661 5(℃)
6	给水流量(回路 1)	SGFW1	25.34(t/h)
7	给水流量(回路 2)	SGFW2	22.14(t/h)
8	蒸汽压力(回路 1)	SGSP1	0.028 93(MPa)
9	蒸汽压力(回路 2)	SGSP2	0.029 27(MPa)
10	蒸汽流量(回路 1)	SGSF1	35.04(t/h)
11	蒸汽流量(回路 2)	SGSF2	44.91(t/h)
12	电功率	GEP	8.722(MW)

8.7.2.2　神经网络模型训练

核电厂实时监测神经网络模型训练分为两个阶段，即初步学习阶段和自适应学习阶段，如图 8.13 所示。在两种学习过程均采用 BP 算法。图 8.13 中，ε 表示监测信号实际测量值与相应的神经网络预测值之间的绝对误差；ε_f 表示故障严重水平；ε_{new} 表示训练误差，即测量信号与修正后的神经网络预测值之间的偏差；ε_{max} 表示神经网络初步学习期间最大偏差值与稳态满功率正常运行期间的两倍标准偏差值之间较大的数值。

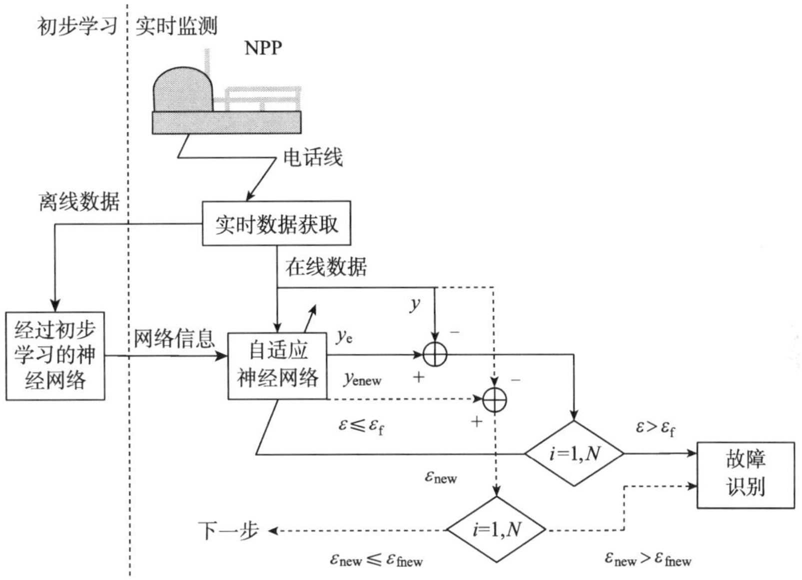

图 8.13　神经网络自适应学习原理框图

(1)初步学习阶段

在初步学习阶段，使用核电厂典型运行数据对神经网络进行离线训练。神经网络必须学习典型的正常运行模式，包括启动、稳态运行和停堆过程中的典型正常运行模式。在学习过程中，学习模式随机给出。在学习之前，对各种功率范围的输入和输出信号进行规范化处理。

(2)测试和自适应学习阶段

在自适应学习阶段，采用自适应学习方法对网络进行实时训练。

在测试阶段，用神经网络和输入信号来估算输出(监测信号)值，并对测试误差 ε 进行监测。测试误差 ε 表示监测信号实际测量值与相应的神经网络预测值之间的绝对误差。如果有一个以上的测试误差值大于其确定值(称为误差边界)时，神经网络就跳过自适应学习，等待下一个数据到来。在测试之后，就得到经过训练和测试的 NPP 神经网络模型。

在实际应用中，ε_f 由实验确定。实验中，ε_f 选为 $\varepsilon_f = 1.25\varepsilon_{max}$。

在自适应学习阶段，应用 NPP 实时运行数据对神经网络模型进行优化。由于燃料燃耗和反应堆状态等因素的变化，使反应堆的运行状态也在不断变化。在燃料循环开始和结束时，反应堆动力学特性是完全不同的。因此，在整个燃料循环期间不能使用相同的模型。在神经网络自适应学习中，通过不断修正神经网络的连接权值使神经网络模型随着核电厂实际状态的变化而变化。但是，这种学习方法对于缓慢发展的异常模式的学习存在遗漏的可能性。为解决这个问题，可以使用几个神经网络并行工作。这些并行神经网络自适应学习的时间间隔是不同的。

在实时学习过程中，如果所有测试误差都小于相应的测试故障严重水平，神经网络就自适应地学习。而以前的部分数据也被用于神经网络自适应学习阶段的训练。但是，在网络学习过程中训练数据并不是同等地使用的，神经网络学习新数据的次数要比学习旧数据的次数多。一个数据被用于训练的次数为 $N(N+1)/2$ 次。在网络学习的过程中，当新数据到来时，新的数据就取代以前的训练数据。在每次自适应学习之后，对神经网络的连接权值进行修正。然后，用修正后的神经网络对新数据进行测试。训练误差 ε_{new} 定义为测量信号与修正后的神经网络预测值之间的偏差。

8.7.2.3 NPP 试验实例

基于自联想神经网络的 Borssele NPP 在线监测系统的结构见图 8.14。一个前馈自联想神经网络与 NPP 的在线数据采集系统相连接，该神经网络是使用各种范围的核电厂运行数据、以自联想的方式训练的。32 种核电厂信号每 4 s 在线发送一次。从这些信号中选取 12 种最重要的核电厂信号用以实际的监测(见表 8.6)。特别对于神经网络的输入选取了温度信息，这是因为温差信号与其他信号的关系可能会更线性一些，从而神经网络的建模就会更容易些。

在监测过程中，监测系统不断地产生用于离线汇图的信号数据文件。如果测量值与估计值的偏差足够小，就认为核电厂是在正常地运行。如果有一个偏差超出了极限，就在屏幕上显示出误差信息，并在记录文件中记下时间误差和信号信息。根据监测信息，操作员就能辨别出异常情况是什么时候开始的和哪一个信号是异常的。

离线和在线测试结果表明，这种基于自联想神经网络的核电厂实时监测系统在各种功率范围(包括启动、停堆和稳态运行)内都具有满意的监测效果，而且对小异常征兆的实时检测都是成功的。神经网络监测系统能够在异常发生的早期阶段检测出异常情况，从而给操作员提供了足够的时间去处理这些异常情况，以避免反应堆的事故停堆。

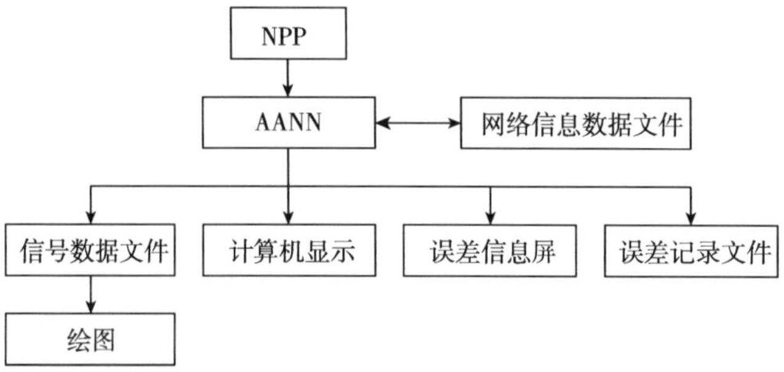

图 8.14 核电厂 AANN 在线监测系统结构

8.8 基于自组织竞争神经网络的诊断方法

(1)自组织竞争 ANN 用于诊断的结构

自组织竞争神经网络用于故障诊断，简单地说，就是利用这种神经网络对输入模式的“自组织”和“竞争”作用，对输入模式进行分类，以实现故障分类(诊断)的目的。自组织竞争神经网络用于故障诊断，其结构一般包括输入层和竞争层(同时作为输出层)两个层次。

图 8.15 给出了一种结构形式，$\boldsymbol{X}=[x_1,x_2,\cdots,x_I]^{\mathrm{T}}$ 为网络的输入向量；$\boldsymbol{b}_{J\times 1}=[b_1,b_2,\cdots,b_J]^{\mathrm{T}}$ 为竞争层网络神经元的阈值向量；$\boldsymbol{Y}=[y_1,y_2,\cdots,y_J]^{\mathrm{T}}$ 为网络的输出向量。

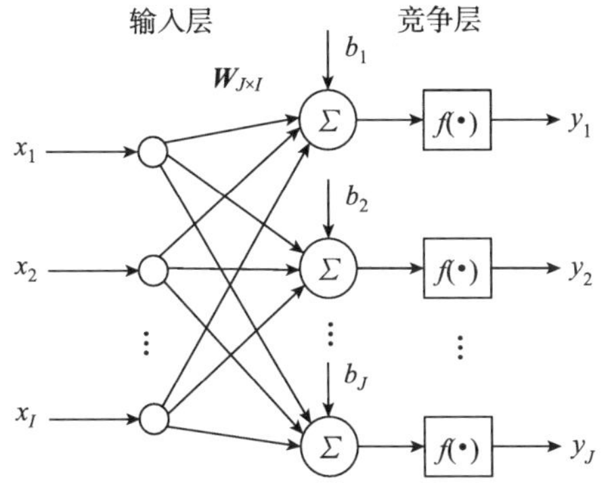

图 8.15　自组织竞争神经网络用于诊断的结构

(2)自组织竞争神经网络学习算法

设神经网络输入层节点数为 I，竞争层即输出层节点数为 J，训练样本数为 N。网络输入层到竞争层的连接权矩阵为 $\boldsymbol{W}_{J\times I}$，其约束条件为

$$\sum_{i=1}^{I} w_{ji}=1,j=1,2,\cdots,J \tag{8.8.1}$$

输入第 k 个样本时，竞争层第 j 个节点状态为

$$net_{jk}^{c}=\sum_{i=1}^{I} w_{ji}\cdot x_{ik} \tag{8.8.2}$$

竞争层输出为 $y_k=f(net_k^c)$。$f(\cdot)$ 为竞争函数，即

$$\begin{cases} y_{mk}=f(net_{mk})=1,net_{mk}>net_{jk}, & j=1,2,\cdots,J;m\neq j \\ y_{jk}=f(net_{jk})=0, & j=1,2,\cdots,J;m\neq j \end{cases} \tag{8.8.3}$$

上述自组织竞争神经网络的学习算法步骤归纳如下：

(1)初始化权向量，根据式(8.8.1)的约束条件给网络权值 $\{w_{ji}\}$ 赋[0,1]间的随机值；设学习率为 $\lambda(0<\lambda\leqslant 1)$，用于控制权值调整速度；最大迭代次数为 Me。

(2)从 N 个学习样本中任选第 k 个样本 X_k 作为网络输入。

(3)计算出竞争层神经元的状态 $net_{jk}^{c}=\sum_{i=1}^{I} w_{ji}\cdot x_{ik}$。然后，以 net_{jk}^{c} $(j=1,2,\cdots,J)$ 中最大值所对应的神经元作为竞争获胜者，其输出为 1，其余神经元输出为 0。如果出现 $net_{jk}^{c}=net_{mk}^{c}$，可取编号较小的神经元作为获胜者。

(4)对与获胜的神经元 m 相连的各连接权按下式求出新的权值，而其他所有连接权保持不变。

$$\Delta w_{mi}=\lambda(x_{ik}-w_{mi})$$
$$w_{mi}=w_{mi}+\Delta w_{mi},\ i=1,2,\cdots,I \tag{8.8.4}$$

(5)如果达到最大迭代次数，转到第(6)步。否则选取另一个样本，转到第(3)步。

(6)保存优化后的网络连接权值 $\boldsymbol{W}$，计算结束。

8.9 自组织特征映射神经网络诊断方法

自组织特征映射神经网络(SOFM－NN)的结构在7.7.5节已经作了介绍,下面仅介绍SOFM－NN用于故障诊断的学习算法[252]。

设自组织特征映射神经网络(SOFM－NN)的输入向量为$\boldsymbol{X}_n$,输出向量为$\boldsymbol{Y}_n$,训练样本数(输入/输出样本对数目)为$n(n=1,\cdots,N)$。$\boldsymbol{X}_n$与$\boldsymbol{Y}_n$分别表示为

$$\boldsymbol{X}_n=[x_{1,n},x_{2,n},\cdots,x_{I,n}]^{\mathrm{T}}$$

$$\boldsymbol{Y}_n=[y_{1,n},y_{2,n},\cdots,y_{K,n}]^{\mathrm{T}}$$

上式中,I、K分别为SOFM－NN的输入层与竞争层神经元数目。

$$\boldsymbol{W}_i=[w_{n1},w_{n2},\cdots,w_{nI}]^{\mathrm{T}}$$

SOFM－NN学习算法的第一步是找到一个评价函数使输入向量与连接权向量形成最佳匹配。这个最佳匹配可以用下列指标函数表示

$$\boldsymbol{d}(x)=\min_{\forall n}\|\boldsymbol{X}-\boldsymbol{W}_i\|_2,n=1,2,\cdots,N \tag{8.9.1}$$

根据下式修正连接权

$$\boldsymbol{W}_n(k+1)=\boldsymbol{W}_n(k)+\lambda_{vn}(k)[\boldsymbol{X}(k)-\boldsymbol{W}_n(k)] \tag{8.9.2}$$

式(8.9.2)中,$\lambda_{vn}(k)$为学习率。

$$\lambda_{vn}(k)=\begin{cases}\lambda(k), & 0<\lambda(k)<0,\text{且在获胜神经元邻域}N_v(k)\text{内}\\ 0, & \text{不在获胜神经元邻域}N_v(k)\text{内}\end{cases} \tag{8.9.3}$$

根据式(8.9.2)和式(8.9.3),可将连接权修正表达式表示为

$$\boldsymbol{W}_n(k+1)=\begin{cases}\boldsymbol{W}_n(k)+\lambda_{vn}(k)[\boldsymbol{X}(k)-\boldsymbol{W}_n(k)], & \text{当}\ n\in N_v(k)\\ \boldsymbol{W}_n(k), & \text{当}\ n\notin N_v(k)\end{cases} \tag{8.9.4}$$

邻域的确定方法如下

$$\lambda_{vn}=\lambda_0\exp(\|\boldsymbol{r}_n-\boldsymbol{r}_v\|^2/\sigma^2) \tag{8.9.5}$$

上述SOFM－NN学习算法的步骤归纳如下:

(1)初始化权向量$\boldsymbol{W}$和学习率参数$\lambda_{vn}(k)$;确定领域函数,初始化其参数;确定最大学习次数。

(2)对于给定的输入向量$\boldsymbol{X}_n$,计算其最佳匹配$\boldsymbol{d}(x)$,确定获胜的神经元。

(3)根据式(8.9.4)对$n\in N_v(k)$的领域内所有神经元与输入层之间的连接权进行修正。

(4)调节学习率参数与领域。

(5)检查是否达到训练条件,如果达到则停止训练,否则转到第(2)步。

(6)保存训练后的连接权值$\boldsymbol{W}$,计算结束。

训练和测试成功后的SOFM－NN即可应用于故障诊断。

8.10 概率神经网络诊断方法

8.10.1 概率神经网络用于故障诊断的结构

概率神经网络(Probabilistic Neural Network,PNN)是由Specht D F于1988年提出来

的[265]。概率神经网络是一种实现 Bayes 分类器功能的网络。如图 8.16 所示，概率神经网一般由 4 个层次组成，即输入层、模式层、累加层与输出层。输入层各神经元均为单输入单输出神经元，其传递函数为线性函数；模式层各神经元与输入层神经元之间采用一对多的连接方式，模式层的传递函数为具有统计特性的概率密度函数；累加层具有求和的功能，其神经元数目与待识别的模式数目相同；输出层具有决策的功能。

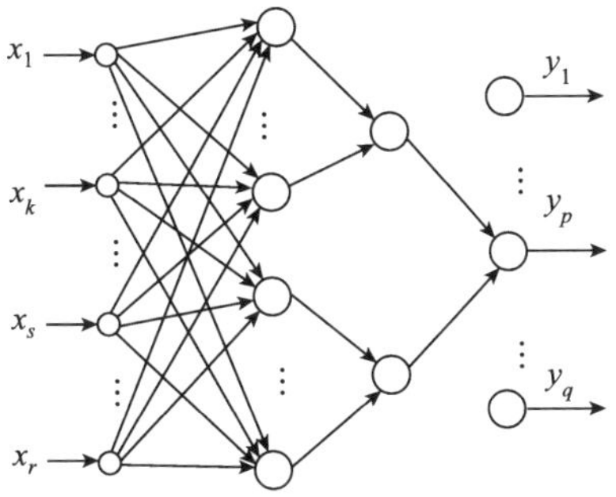

图 8.16　概率神经网络结构示意图

概率神经网络具有以下的优点[278]：

(1)学习规则简单，训练速度快，其学习是一次计算即完成。

(2)不需要太多样本，模式分类能力强。

(3)抗干扰能力强，可以容忍个别错误的样本.

(4)样本的追加能力强。在加入新分类数据时，仅需对新的分类数据定义权值。

概率神经网络的缺点是，在估计概率密度时需要用所有训练样本的信息；若训练样本数量比较多，则需要较多隐含层神经元，从而使网络结构较复杂；当训练数据中包含有噪生样本时，会造成概率估计误差。

8.10.2　概率神经网络学习算法[116]

假设某分类问题具有 N 个类别 $\{C_1, C_2, \cdots, C_N\}$，其分类规则由特征向量 $\boldsymbol{X}$ 决定。特征向量 $\boldsymbol{X}$ 为 p 维向量，即 $\boldsymbol{X}$ 可表示为

$$\boldsymbol{X} = [x_1, x_2, \cdots, x_p]^{\mathrm{T}}$$

各分类的概率密度为特征向量 $\boldsymbol{X}$ 的函数。令 N 阶总体概率密度函数为

$$f_1(x), f_1(x), \cdots, f_N(x)$$

特征向量属于 N 类的先验概率为

$$p_1, p_2, \cdots, p_N$$

根据 Bayes 分类方法，特征向量属于第 r 类的规则是

$$p_r f_r(x) = \max\{p_1 f_1(x), p_2 f_2(x), \cdots, p_N f_N(x)\}$$

一般来说，概率概率密度函数 $f_N(x)$ 和先验概率 P 是未知的，需要估计。在估计 $f_N(x)$ 时，可以应用 Parzen 单变量估计方法进行估计，即

$$f_{\mathrm{A}}(\boldsymbol{X}) = \frac{1}{n(2\pi)^{p/2}\sigma^p}\sum_{i=1}^{n}\exp\left[\frac{-\sum_{j=1}^{p}(X_j - X_{\mathrm{A}ij})^2}{2\sigma^2}\right] \tag{8.10.1}$$

或用 Cacoullos 变量估计方法进行估计，即

$$f_{\mathrm{A}}(\boldsymbol{X})=\frac{1}{n\ (\pi\sigma)^{p}}\sum_{i=1}^{n}\prod_{j=1}^{p}\left[1+\frac{(X_{j}-X_{\mathrm{A}ij})^{2}}{\sigma^{2}}\right]^{-1} \tag{8.10.2}$$

式(8.10.1)和(8.10.2)中，σ 为平滑参数；n 表示在第 i 个分类中的训练样本个数；$X_{\mathrm{A}ij}$ 表示样本集 $\boldsymbol{X}$ 中第 i 分类第 j 个模式在 A 点下的样本。

概率神经网络的设计和训练实际上是需要确定隐含层核函数的中心和和平滑参数 σ 的值。当训练样本一定时，只需要调节平滑参数 σ。

确定平滑参数 σ 的方法主要有以下几种[279]：

(1)经验选择法。根据经验，通过试验或比较选择合适的 σ。

(2)目标函数优化方法。先建立目标函数，然后通过优化目标函数得到 σ。

(3)Specht 选择法。Specht 提出了“留一法”选择 σ 值。其方法是，每次从训练样本留下一个样本不参与训练，而是用留下的这个样本来验证网络。通过观测网络预测值与观测值的平方误差，使平方误差较小的 σ 值就是所求的参数值。

除上述确定平滑参数 σ 方法外，还有交叉验证法、插入法和极小化势熵法[280]等。

8.10.3 概率神经网络用于核电厂故障诊断[116]

在核电厂故障诊断中，故障诊断系统应该能够识别诊断知识库中没有包含的新瞬态。这种新瞬态一般称为“未知”瞬态。但是，一般的多层感知器类型的神经网络只是用于故障识别或分类，而不能显示故障的严重水平，不能诊断“未知”瞬态。为了能够识别核电厂运行中出现的“未知”瞬态，Bartal Y 等提出了基于概率神经网络的故障诊断方法。

在基于概率神经网络的故障诊断方法研究中，Bartal Y 等设定 13 个不同类型的核电厂瞬态共 72 个瞬态事件(如表 8.7 所示)作为待诊断的瞬态模式。根据设定的核电厂瞬态，选用了 76 个监测变量作为神经网络诊断输入变量。在测试验证中，使用西屋 San Onofre 1 号压水堆机组的高保真仿真机对概率神经网络瞬态检测与识别能力进行测试。San Onofre 1 号机组为 3 环路 436 MW(电功率)压水堆机组。测试结果显示，概率神经网络具有识别“未知”瞬态的内在能力，具有较高的识别精度。

表 8.7 用于测试的核动力装置正常运行工况与典型故障模式

序号	故障描述	严重水平
1	冷段 LOCA	0.1 gpm* 1 gpm 10 gpm 100 gpm 1 000 gpm 斜坡变化 0～1 gpm
2	热段 LOCA	同 1
3	蒸汽发生器传热管破裂(100%功率)	同 1
	蒸汽发生器传热管破裂(70%功率)	同 1
	蒸汽发生器传热管破裂(50%功率)	同 1
4	给水管道破裂(安全壳外)	同 1
5	主蒸汽管道破裂(安全壳内)	同 1

续表

序号	故障描述	严重水平
6	主蒸汽管道破裂(安全壳外)	同 1
7	给水管道破裂(安全壳内)	1 gpm 10 gpm 100 gpm 1000 gpm 斜坡变化 0～1 gpm
8	冷凝器真空丧失	小 中 大 斜坡
9	稳压器安全阀泄漏	同 8
10	稳压器喷雾阀泄漏	同 8
11	控制棒掉棒(1/4) 控制棒掉棒(2/4) 控制棒掉棒(3/4) 控制棒掉到堆芯	
12	控制棒弹棒	
13	场外失电	

* 注:gpm 为容积单位,表示 gal/min,1 gal(英)=4.546 092 dm^3(准确值)=1.200 95 gal(美)

8.11 INN 在 NPP 诊断中的应用

8.11.1 基于 INN 的 NPP 故障诊断咨询系统[133]

基于神经网络的核电厂故障诊断咨询系统(Accident Diagnosis Advisory System, ADAS)是韩国 Lee S J 和 Seong P H 研究和设计的一种操作员支持系统,其功用是帮助操作员诊断核电厂故障和异常事件,减小诊断误差,以减轻操作员工作负担。

ADAS 实际上是基于神经网络的核电厂异常诊断系统,其结构如图 8.17 所示。ADAS 中包括两个动态神经网络,即经过修改的动态神经网络(Modified Dynamic Neural Network,MDNN)和动态模糊神经网络(Dynamic Neuro—Fuzzy Network,DFNN)。下面简要介绍上述两种动态网络的结构和原理。

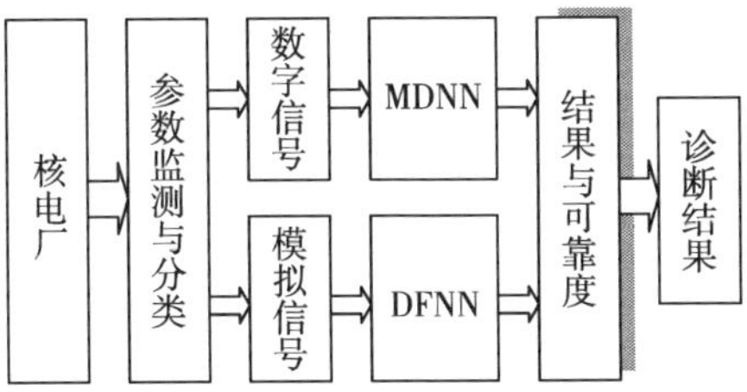

图 8.17 故障诊断咨询系统结构

（1）修改的动态神经网络 MDNN

MDNN 的输入信号为报警信号、停止参数信号、阀门状态和设备状态等数字信号。MDNN 通过分析报警及其模式发生的序列，以识别故障和异常事件。MDNN 是一种经过修改的动态神经网络，其连接权值和神经元的偏置都是时间 t 的函数。在 t 时间步，MDNN 可以看作多个静态神经网络的集合，其最终输出是多个静态神经网络的输出再经过运算的结果。t 时间步 MDNN 运算过程及工作原理如图 8.18 所示。

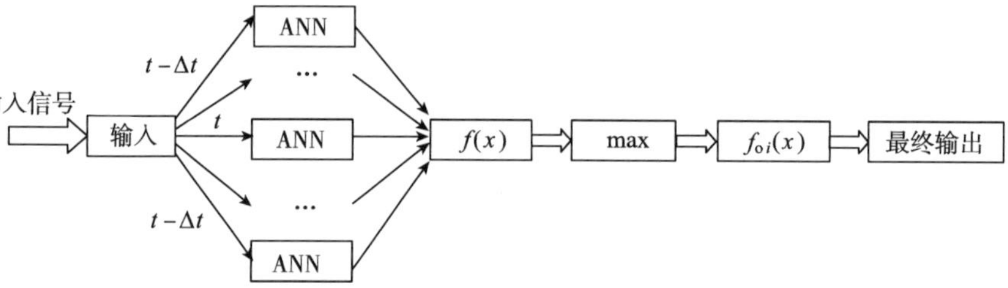

图 8.18　t 时间步 MDNN 工作原理

图 8.18 中，输出层与最终输出层的函数 $f(x)$ 如下式所示

$$f(x)=\frac{1}{1+\exp\left[10\times\left(\frac{2x}{R}-1\right)\right]} \tag{8.11.1}$$

式(8.11.1)中，x 为当前时间步与目标时间步之差；R 为考虑的范围。

MDNN 最终输出层节点的传递函数为

$$f_{oi}(t)=\frac{1}{t}\sum_{n=1}^{t}N\left[O_i(n)\right] \tag{8.11.2}$$

式(8.11.2)中，$N\left[O_i(n)\right]$ 为 n 时间步输出层第 i 个节点的规范化值；O_i 为输出层第 i 个节点的值；f_{oi} 为最终输出层节点的值；t 为到当前时刻的时间步数。

（2）动态模糊神经网络 DFNN

DFNN 的输入信号为模拟信号，DFNN 用于分析动态趋势。DFNN 的结构如图 8.19 所示。DFNN 是在模糊神经网络基础上建造的网络。与一般模糊神经网络不同的是，在当前时间部，将模糊神经网络前一时间步的输出反馈到输入端，作为模糊神经网络输入的一部分。

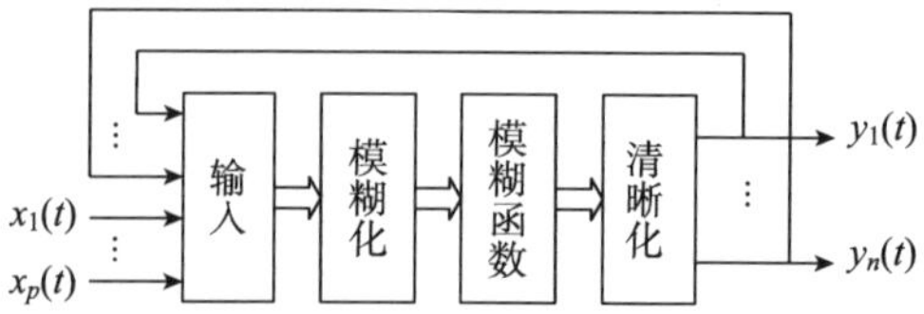

图 8.19　DFNN 的结构

在模糊神经网络中，推理规则采用一阶 Takagi-Sugeno 模糊模型。在 DFNN 中，需在推理规则和模糊模型中增加反馈输入变量。这样，DFNN 推理规则可表示如下

If　$x_1(t)$　is　$A_{i1}(t)$　AND…AND　$x_L(t)$　is　$A_{iL}(t)$

AND　$u_1(t)$　is　$B_{i1}(t)$　AND…AND　$u_M(t)$　is　B_{iM}　then　$y_i(t)$　is　$f(t,x_1,\cdots,x_L,u_1,\cdots,u_M)$

上述规则中，$x_L(t)$为 t 时间步模糊神经网络的输入；$u_M(t)$ 为 t 时间步模糊神经网络的反馈输入；$A_{iL}(t)$为 t 时间步第 i 个规则各输入部分前件隶属度函数；$A_{iL}(t)$ 为 t 时间步第 i 个规则各反馈输入部分前件隶属度函数；$y_i(t)$为 t 时间步第 i 个规则的输出；M 为反馈的数目。

$$f_i[t, x_1(t), \cdots, x_L(t), u_1(t), \cdots, x_M(t)] = \sum_{j=1}^{L} q_{ij}(t) x_j(t) + \sum_{j=1}^{L} q'_{ij}(t) u_k(t) + r_i(t) \tag{8.11.3}$$

式(8.11.3)中，$q_{ij}(t)$、$q'_{ij}(t)$ 分别为加权值；$r_i(t)$ 为 t 时间步第 i 个规则的输出偏差。

在 t 时间步，DFNN 的输出表示如下

$$y(t) = \sum_{i=1}^{n} \bar{w}_i(t) f_i(t) \tag{8.11.4}$$

$$\bar{w}_i(t) = \frac{w_i(t)}{\sum_{i=1}^{n} w_i(t)} \tag{8.11.5}$$

$$\bar{w}_i(t) = \prod A_{ij}[t, x_j(t)] \tag{8.11.6}$$

$$A_{ij}[t, x_j(t)] = \mathrm{e}^{-[x_j(t) - c_{ij}(t)]^2 / 2\sigma_{ij}(t)^2} \tag{8.11.7}$$

$$B_{ij}[t, x_j(t)] = \mathrm{e}^{-[x_j(t) - c'_{ij}(t)]^2 / 2\sigma'_{ij}(t)^2} \tag{8.11.8}$$

式(8.11.7)、式(8.11.8)中，$c_{ij}(t)$ 表示 t 时间步第 i 个规则第 j 个输入隶属度函数的峰值；$\sigma_{ij}(t)$ 表示 t 时间步第 i 个规则第 j 个输入隶属度函数的锐度；$c'_{ij}(t)$ 表示 t 时间步第 i 个规则第 k 个反馈隶属度函数的峰值；$\sigma'_{ij}(t)$ 表示 t 时间步第 i 个规则第 k 个反馈隶属度函数的锐度。

在 ADAS 系统中，将 MDNN 和 DFNN 两种神经网络输出进行综合得到诊断结果和结果的可靠度数据。当 MDNN 与 DFNN 的结果非常相似时，可认为诊断结果是可信的；当 MDNN 和 DFNN 的结果不同时，可以提醒操作员仔细检查核电厂的状态。仿真结果表明，通过使用两种独立的神经网络分别对核电厂的状态进行诊断，提高了诊断结果的可靠性。

8.11.2 NPP 动态集成神经网络瞬态诊断方法[134]

2007 年，Mo K 等提出了一种动态神经网络综合模型(Dynamic Neural Network Aggregation Model—DNNAM)，用于核电厂瞬态检测、识别和预测。DNNAM 由两层神经网络组成，其结构如图 8.20 所示。第一层神经网络用于识别核电厂故障类型，并根据识别结果确定第二层中哪一个神经网络综合模型投入工作；第二层神经网络为特定的 DNNAM 模型，用于故障定位和分析故障的严重性，给出故障的详细信息，例如，DNN－LOCA 模块用于诊断 LOCA 故障、DNN－SGTR 模块用于诊断蒸汽发生器传热管破裂故障、DNN－SLR 用于诊断蒸汽管道破裂故障、……、未知模式用于给出未知故障等。

第二层的神经网络诊断过程分为两个阶段，即严重性预测和故障位置检测。每个阶段包括两个神经网络和综合合成函数部分。这两个神经网络分别为 A 型神经网络和 B 型神经网络。A 型神经网络用于严重性预测，B 型神经网络用于故障位置检测。A 型和 B 型两种神经网络构成二维神经网络综合模型。综合合成函数给出的结果一方面提供有关核电厂瞬态的信息，另一方面确定哪一个神经网络应该在下一个时间步中进行计算。当信号输

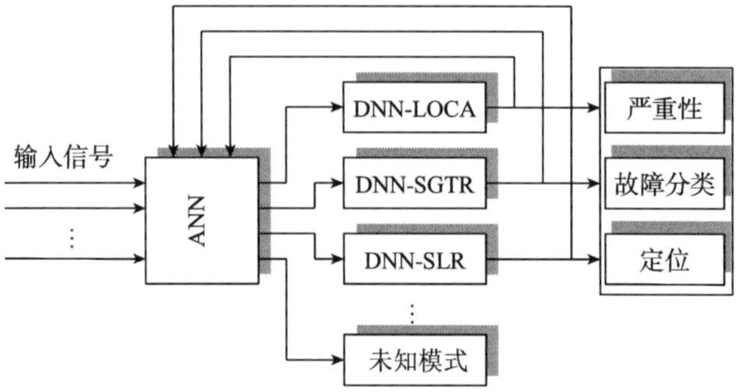

图 8.20　DNNAM 诊断原理框图

入至两种类型的神经网络时，其输出经过集合合成函数处理，从而给出故障严重性和故障位置的识别结果。每个时间步 DNNAM 工作流程如图 8.21 所示。神经网络综合模型的工作原理如图 8.22 所示。

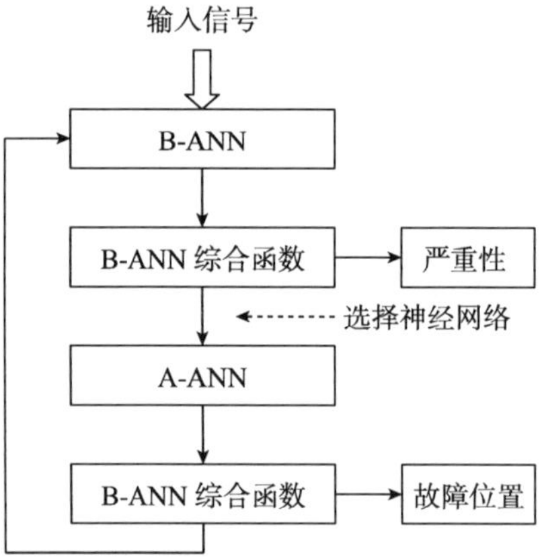

图 8.21　每个时间步 DNNAM 工作流程图

DNNAM 保证核电厂不同的瞬态特征分别由不同的 ANN 综合模型记忆，通过所分配的不同用途的神经网络，可分别得到核电厂故障的类型、严重性和位置。

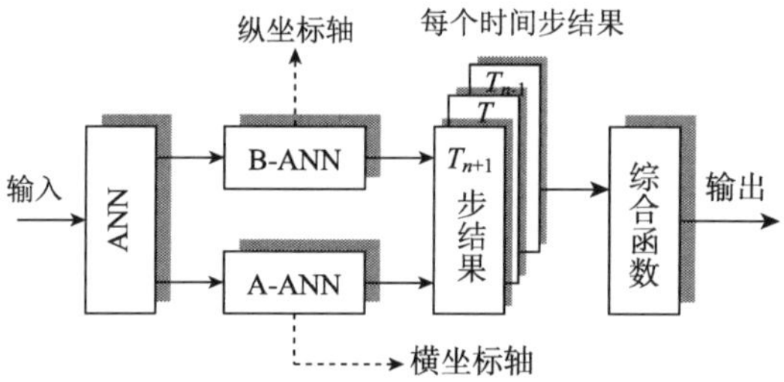

图 8.22　综合模型

8.11.3　NPP 神经网络集成诊断方法[132]

Roverso D 在国际资助的 OECD Halden 反应堆项目的研究中，系统研究了神经网络集成(Neural Network Ensembl,NNE)在核电厂瞬态识别(动态事件识别)与故障诊断中的应用[132,267]。Roverso D 关于神经网络集成瞬态识别方法的研究包括:(1)RBF 神经网络集成与模糊聚类方法;(2)递阶 RBF 神经网络集成与模糊聚类方法;(3)SOM 神经网络集成方法;(4)RNN 神经网络集成方法。

在神经网络瞬态识别与故障诊断方法中,当训练样本数目比较大或神经网络输出维数比较高时,对于神经网络的训练速度和瞬态识别速度都会产生影响。为解决这个问题,Roverso D 将 RNN 网络集成(Recurrent Neural Network Ensemble,RNNE)与自动递归任务分解(Autonomous Recursive Task Decomposition,ARTD)算法方法结合起来用于核电厂动态事件识别与故障诊断。

(1)ARTD 算法

ARTD 算法实际上是一种多类识别任务的层次分解程序。它将多类识别任务分解为多个子任务,然后采用相同的方法对各子任务进行进一步分解,通过递归的方式生成一个多层分类器。

令 $C=\{c_1,c_2,\cdots,c_N\}$ 表示包含 N 个类别的分类任务的集合,NNF 表示神经网络分类器,p 表示输入模式数目,N 表示 C 中分类器输出数目,则 ARTD 算法步骤如下:

1)对 NNF 进行局部训练(如有限的训练次数或有限的误差目标);

2)对于所有的训练模式,对 NNF 进行仿真,收集神经网络的输出模式,并对输出模式按照事先确定的从属关系进行分组;

3)通过输出模式所对应的集合的聚类中心对分类集合 C 建立一个划分 S。在进行划分时,要考虑 N 维输出空间中的模式分布;

$$S=\{s_1,s_2,\cdots,s_K\}\ \Big|\ \mathop{\forall}_{j=1}^{K} s_j\subseteq C\wedge\bigcup_{j=1}^{K}S_j\equiv C\wedge K\leqslant N$$

4)如果 $K=1$,返回步骤 1);如果 $K=N$,NNF 全部训练,返回;如果 $1<K<N$,建立一个新的神经网络分类器 S-NNF,S-NNF 与 NNF 具有相同的输入且具有 K 个输出,每个输出对应于 S 中的 1 个超类 s_j;

5)对全部 S-NNF 进行训练;

6)对 S 中包含的多于 1 个类(c 个类)的每个超类 s_j 建立一个与 NNF 具有相同输入的神经网络分类器 R-NNF$_j$,每个输出对应于 s_j 中的 1 个类 c_i;

7)对每个 R-NNF$_j$ 以递推的方式应用 ARTD 算法;

8)返回。

通过 ARTD 算法产生一个树形结构,树形结构的每个节点具有一个神经网络分类器。所有的神经网络分类器都接受相同的输入。但是,只有那些接受到较高层神经网络激励信号的网络才进行分类计算并向下传播激励作用。

(2)ARTD 分类器

在 ARTD 算法测试中,Roverso D 以 32 个瞬态类别为识别对象,利用 RNN 网络和 ARTD 算法建立了 ARTD 算法分类器,如图 8.23 所示。图 8.23 中,I 表示输入变量,C_1~C_{32} 表示不同的瞬态类型。

ARTD 算法分类器具有以下优点:

1)ARTD 分解策略建立在不完全训练的分类器分类性能分析的基础上,它对难以聚类的输入模式具有显著的分类效果。

2)采用 ARTD 算法可大大减少分类器的训练时间。

3)通过 ARTD 算法建立的多层次结构分类器,可提供一系列的中间分类结果,可给出所分析的瞬态模式的额外信息。当无法确定一个模式属于哪一类时,通过 ARTD 算法分类器可以确定该模式最可能属于或接近哪一个类型。

4)在 ARTD 算法构成的多层次结构分类器中,当需要增加一个新的分类器时,不必对原来的分类器重新训练。

5)通过采用模块化结构,可大大简化分类器的应用管理。在分类器建立后,当出现新的模式范例时,仅需对新模式范例相关的分类路径进行修正。此外,当多层次结构分类器中的某个分类器的性能不佳时,仅需要对该分类器进行修正或重新进行训练。

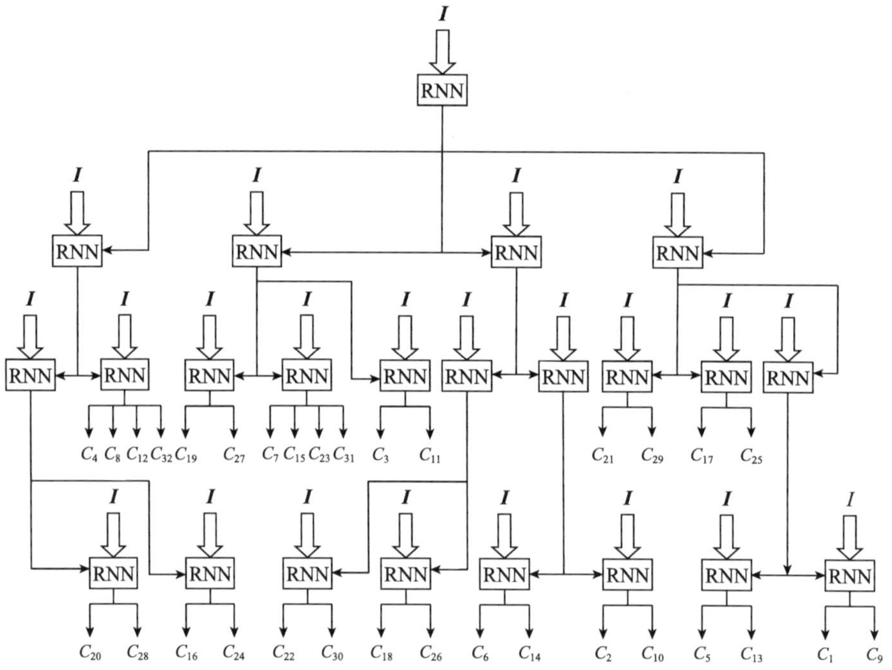

图 8.23 具有 32 个类别的 ARTD 算法分类器

8.11.4 NPP 集成神经网络-模糊辨识方法[142]

在核电厂瞬态辨识方法的研究中,Costa R G D 等[142]提出了集成神经网络 - 模糊辨识方法。该方法的特点是:1)在辨识方法上,先用神经网络对核电厂发生的瞬态进行辨识,然后应用模糊逻辑系统对神经网络的辨识结果的可靠度进行分析;2)在辨识系统结构上,应用多个神经网络建立了模块化的辨识系统。

(1)神经网络-模糊辨识系统结构

核电厂瞬态神经网络-模糊辨识系统结构如图 8.24 所示,它由若干个独立的神经网络辨识模块构成。图 8.25 给出了一个独立神经网络模块的结构框图,它是由 4 个基本的神经网络模块(Basic Neural Module,BNM)构成的相对独立的集成神经网络模块(INNM)。每个独立的神经网络模块负责识别该模块训练时所代表的核电厂瞬态。因此，每个独的立神经网络模块可识别 4 个不同的核电厂瞬态事件。

如图 8.25 所示，在各独立的神经网络模块中，每个基本的神经网络模块负责识别一个特定的瞬态事件。每个基本的神经网络模块有两个输出量，分别用 A 和 B 表示。其中，A 表示该神经网络负责识别的瞬态事件，B 表示其他瞬态事件。例如，当输入模式为 X 时，它所对应的基本神经网络 X 模块 BNM—X 的输出 A 的值为 1，B 的值为 0；而其他模块输出 A 的值为 0，B 的值则为 1(表示该瞬态事件不是由 BNM－X 以外的神经网络模块识别)。

在核电厂瞬态神经网络—模糊辨识系统中，为了提供神经网络诊断结果的置信度，利用模糊逻辑系统来确定诊断结果的置信水平。置信度确定模块如图 8.26 所示。置信度确定的方法是将某个基本神经网络模块 BNM 的输出与同一独立神经网络模块中其他 BNM 的输出分别输入到相应的模糊逻辑模块(FLM)，通过模糊推理比较得到各 BNM 的置信度。

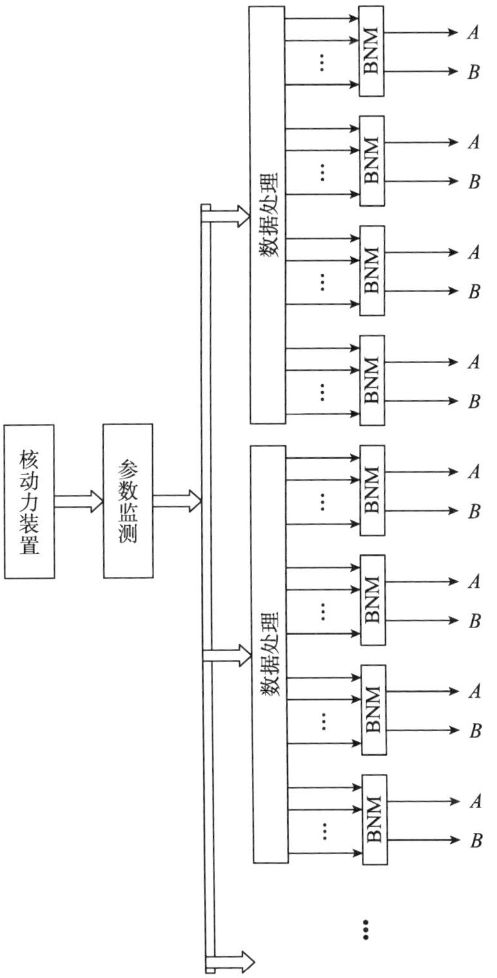

图 8.24 核电厂神经网络-模糊辨识系统结构

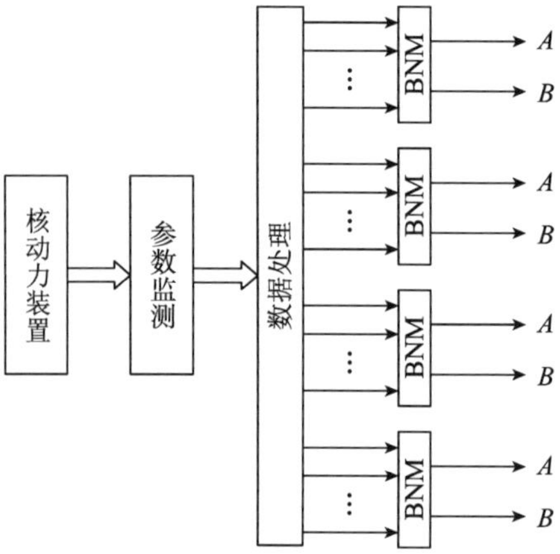

图 8.25　神经网络集成模块

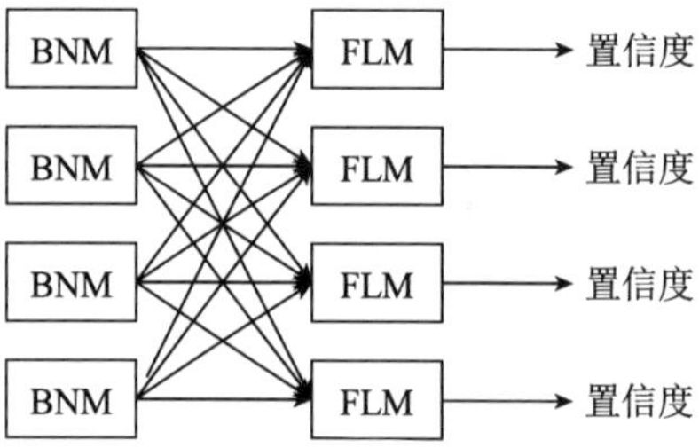

图 8.26　置信度确定模块

(2)模糊推理

在模糊推理模块，为了对 BNM 的输出进行比较，定义如下输入语言变量：

Module_Event——测试 BNM 中当前事件的相关度。

Event_1、Event_2、Event_3——测试同一事件在同一独立神经网络集成模块其他 BNM 中的相关度。

定义如下输出语言变量：

Confidence_Degree——置信度。

为了检查当前事件在模糊集中的相关度，定义模事件。将各期望值与 ANN 输出之间的偏差 D_{ev} 作为模事件模块的输入。表 8.8 给出了 5 个模事件的模糊集，模事件语言变量模糊集如图 8.27 所示。其他变量的定义与上述定义方法类似。

表 8.8　模事件模糊集

序号	模糊集	符号
1	Very_Module_Event	VME
2	Module_Event	ME
3	Medium_Module_Event	MME
4	Weak_Module_Event	WME
5	Not_Module_Event	NME

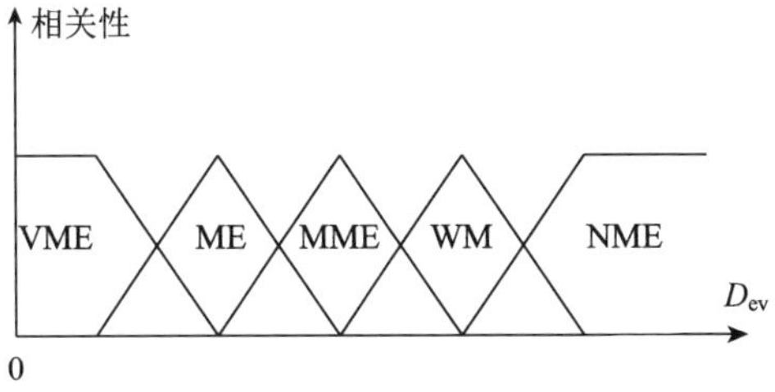

图 8.27 模事件变量模糊集

置信度语言变量模糊集如图 8.28 所示，包括 5 个模糊子集。置信度变量确定当前事件在 5 个模糊集中的置信度 Confidence_Degree，其定义如表 8.9 所示。

表 8.9 置信度模糊集

序号	模糊集	符号
1	Not Confident	*NC*
2	Little Confident	*LC*
3	Medium Confidence	*MC*
4	Confident	*C*
5	Very Confident	*VC*

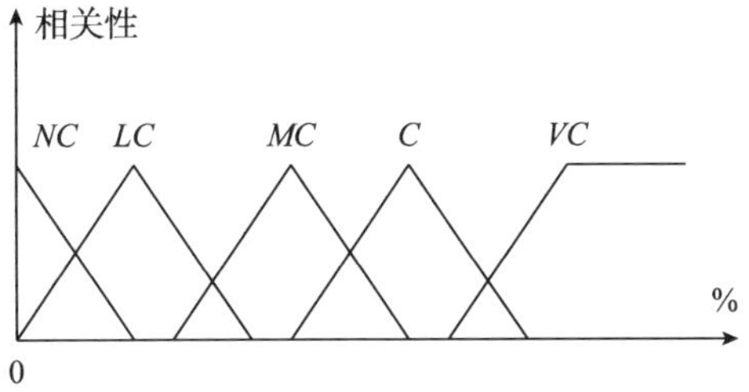

图 8.28 置信度变量模糊集

在模糊逻辑推理模块中，根据经验构造用于确定置信度的模糊规则。模糊推理规则的形式如下：

If Event is strong AND is not event1 AND is not event2 AND is not event3 then *VC*

If Event is weak AND is event1 AND is not event2 AND is not event3 then *MC*

If Is not event AND is not event AND is not event2 AND is not event3 then *C*

If Event AND is not event1 AND is not event2 AND is event3 then *LC*

If Event is weak AND is not event1 AND is event2 AND is not event3 then *NC*

(3)系统测试

在神经网络训练和模糊逻辑推理系统研制完成后，下面的工作是对系统进行测试和验证。测试和验证的数据来自于一个 3 环路压水堆仿真机。用于系统测试的核电厂瞬态模式包括：1)主给水管道破裂；2)冷却剂丧失(LOCA)；3)蒸汽发生器传热管破裂；4)汽轮机停机。在系统测试时，对每个瞬态事件，计算其最大偏差 D_{ev}，并将最大偏差值提供给模糊推理系统以得到所辨识事件的置信度。

8.12 本章小结

本章介绍了基于神经网络的故障诊断方法及其在核动力装置故障诊断中的应用。首先从单神经网络诊断和多神经网络诊断两个方面介绍了神经网诊断方法的基本原理。然后，分别介绍了BP、RBF、Elman、自联想、自组织以及概率神经网络等典型神经网络诊断方法及其在核动力装置故障诊断中的应用算例。最后，介绍了集成神经网络在核动力装置故障诊断中的应用仿真实例。基于神经网络的故障诊断方法是核动力装置故障诊断研究最为活跃的诊断方法。

复习思考题

1.单神经网络用于故障诊断的方式有哪几种?

2.集成神经网络用于故障诊断的方式主要有哪几种?

3.BP神经网络与RBF神经网络用于故障诊断有什么不同?

4.试分析基于Elman神经网络的故障诊断方法的特点。

5.自联想神经网络故障诊断方法有什么特点?

6.试分析自组织竞争神经网络故障诊断方法的特点。

7.基于概率神经网络的故障诊断方法有什么特点?

8.试分析集成神经网络诊断方法几种主要结构的特点。

第 9 章　核动力装置神经网络辨识方法

9.1　引言

系统辨识在系统建模、控制系统分析与设计、参数预测以及系统监测与故障诊断等方面有着广泛的应用[248,281－288]。例如，在系统监测与故障诊断中，可以通过过程辨识方法来预测系统运行参数的发展趋势，监测系统参数偏离正常运行的程度，从而监视系统运行状态是否正常。在控制系统分析与设计中，系统辨识更是常用的方法。系统辨识方法可简单地分为常规辨识方法和智能辨识方法。常规辨识方法适用于线性、非时变和具有不确定参数的系统，且已取得了很大的进展。但是，采用常规的辨识方法进行系统辨识时，被辨识系统模型结构的选择是建立在线性系统理论基础之上的。对于复杂非线性动态系统的辨识问题，一直未能很好解决。随着神经网络理论的发展，出现了以神经网络为基础的系统辨识方法。由于神经网络具有良好的非线性映射和学习记忆能力，在解决复杂的非线性、不确定系统与逆系统的辨识与建模问题具有很大的优势和潜力，因此，它被广泛用于复杂非线性动态系统辨识与建模的研究之中。在核动力装置系统辨识中，过去多采用常规辨识方法。20 世纪 90 年代以来，神经网络在核动力装置辨识与建模中应用研究逐渐增多，神经网络辨识与建模方法在核动力装置系统控制、参数预测、异常监测与故障识别等方面的研究也取得了较大的发展。本章主要介绍基于神经网络的系统辨识方法及其在核动力装置系统辨识中的应用。

9.2　系统辨识方法及其分类

9.2.1　系统辨识

对于一个系统来说，其动态特性必然表现在系统的输入输出数据之中，因此，可以利用系统的输入输出数据所提供的信息建立系统的数学模型，这种建模方法就是系统辨识（System Identification）。Åström 把辨识建模称为“黑箱”问题。Zadeh L A 给辨识的定义是：“辨识就是在输入和输出数据的基础上，从一组给定的模型中，确定一个与系统等价的模型。”按照 Zadeh 的定义，要寻找一个与实际过程完全等价的模型是非常困难的。Eykhoff P 与 Ljung L 等分别给出了系统辨识比较实用的的定义。Ljung L 给系统辨识下的定义是：“辨识有三个要素——数据、模型类和准则。辨识就是按照一个准则在一组模型类中选择一个与数据拟合得最好的模型”。因此，简单地说，辨识就是利用数学的方法从含有噪声的数据序列中提炼出被研究系统或对象的数学模型。辨识的实质就是从一组模型中选择一个模型，按照某种规则，使之能最好地拟合研究系统或对象实际过程的动态特性。

9.2.2 系统辨识方法分类

根据目前系统辨识方法发展状况，可以将其粗略地分为两大类型，即常规辨识方法（也称为传统辨识方法）和智能辨识方法。

9.2.2.1 常规辨识方法

常规辨识方法是比较成熟的方法，广泛应用于在系统建模、控制系统分析与设计和参数预测等方面。

常规辨识方法可分为两类[288]，即非参数模型辨识方法和参数模型辨识方法。非参数模型辨识方法也称为经典辨识方法，它假定过程是线性的，不必事先确定模型的结构，因此它所获得的模型是非参数模型。非参数模型辨识方法可适用于任意复杂的过程，常用的有阶跃响应法、脉冲响应法、频率响应法、相关分析法以及谱分析法等。参数模型辨识方法也称为现代辨识方法，它必须假定一种模型结构，通过极小化模型与过程之间的准则函数来确定模型的参数。如果模型的结构事先无法确定，则必须利用结构辨识方法先确定模型的结构参数，再进一步确定模型的参数。常用的参数模型辨识方法有最小二乘法、梯度校正法和极大似然法。

在常规辨识方法中，被辨识系统模型结构的选择是建立在线性系统理论基础之上的，而对于复杂非线性系统的辨识问题一直未能很好解决，这是常规辨识方法的一个重要缺点。

9.2.2.2 智能辨识方法

如上所述，常规辨识方法在非线性系统的辨识中存在着明显不足。随着人工智能理论的发展，人们提出了智能辨识方法。智能辨识方法是建立在人工智能理论基础上的辨识方法。目前常见的智能辨识方法有两种，即神经网络辨识方法和模糊辨识方法。

神经网络具有良好的非线性映射能力和自学习能力，并具有自组织、容错性、鲁棒性以及并行处理等人脑神经网络处理信息的特点。它能够以任意的精度逼近任意非线性函数，在逼近难以描述的非线性函数方面，其优点尤其明显。因此，神经网络特别适合处理系统辨识问题。由于神经网络在解决复杂的非线性、不确定系统与逆系统的辨识问题方面具有很大的优势和发展潜力，因此在系统辨识与建模中的应用受到广泛关注。

模糊辨识方法以模糊集合理论、模糊规则和模糊推理为基础。典型的模糊建模方法有Mamdani方法、Takagi-Sugeno方法和Tsukamoto方法[255]。在系统辨识与建模中，模糊辨识方法是一种重要的智能辨识和建模方法，在许多领域得到成功应用。

9.3 基于神经网络的系统辨识

9.3.1 神经网络的逼近能力

神经网络用于解决复杂非线性系统问题的一个显著优点是不需要根据系统基本的物理、化学等规律建立精确的数学模型，而是利用神经网络所具有的类似生物神经网络的自适应学习、非线性映射、并行处理以及泛化等功能建立系统输入—输出之间的非线性映射关系。神经网络方法主要是基于实际系统所测量的输入/输出数据对系统进行建模、辨识、估计、预测或者逼近,从而避免了建立系统数学模型的困难。这是神经网络在解决复杂非线性动态系统问题方面与传统方法相比所具有的明显优势。因此,神经网络方法可以不受非线性模型类的限制而在实际应用中易于实现。

神经网络之所以能够用于非线性动态系统的辨识与建模,其根本原因就在于神经网络具有通过学习可以逼近任意非线性映射的能力。神经网络根据实际系统测量所提供的输入/输出数据,通过学习和训练,找出系统输入与输出之间的内在联系或隐含关系(相当于系统建模),从而隐含地建立系统输入—输出数据之间的非线性映射关系。在基于神经网络的非线性系统辨识与建模中,应用系统的输入—输出数据训练神经网络的过程可以看作一种非线性函数的逼近问题。解决实际系统函数的逼近问题,人们自然希望找到函数的最佳逼近。对于函数最佳逼近而言,首先所关心的问题是逼近的存在性。从神经网络监测、辨识与建模方面来说,就是神经网络最佳逼近的存在性;从故障的诊断与分类来说就是函数空间的可分性。下面通过 Weierstrass 和 Stone-Weierstrass 等关于最佳逼近的存在性的定理,来简要说明神经网络最佳逼近的存在性及其逼近能力[272]。

定理 1 (Weierstrass)设 X 为线性赋范空间,$D \subset X$ 为 n 维列紧子空间,$C(D)$为定义在 D 上的连续函数空间,具有度量 $\|\cdot\|$,$B=\mathrm{span}\{\varphi_1,\varphi_2,\cdots,\varphi_n\}$为多项式线性子空间,则对于任意 $f\in C(D)$,必存在多项式 $p\in B$,使对于任意 $x\in D$,一致地有

$$\|f-p\|<\varepsilon \quad (\varepsilon \text{ 为任意给定的正数})$$

即 p 为 f 的最佳逼近多项式。

Weierstrass 定理保证了多项式最佳逼近的存在性。为适用于神经网络的分析,定理 1 可描述为如下的定理。

定理 2 (Stone-Weierstrass)设 X 为线性赋范空间,$D\subset X$ 为 n 维列紧子空间,$C(D)$为定义在 D 上的 Banach 空间,具有度量 $\|\cdot\|$,若 B 为 $C(D)$的子代数,即满足

(1)B 含有恒一函数 $g(x)=1$;

(2)B 为可分的,即对任意两点 $x_1\neq x_2$,存在 $g(x)\in B$,使得 $g(x_1)\neq g(x_2)$;

(3)B 为代数闭包,即对 D 中任意两个函数 g_1、g_2,均有 g_1g_2 及 $\alpha g_1+\beta g_2$(α,β 为实常数)也在 B 中,从而 B 在 Banach 空间 $C(D)$中是稠密的。

对于任意 $f\in C(D)$,在子代数 B 中必存在一个函数 $g(x)$,使对于任意 $x\in D$,一致地有

$$\|f(x)-g(x)\|<\varepsilon \quad (\varepsilon \text{ 为任意给定的正数})$$

上述定理可以进一步推广到非线性函数 $f(x)$为间断可测实值函数的情形,即对列紧集 D 上几乎处处有界的函数 f,总可以找到一个连续函数序列 g_n,使其几乎处处收敛于 f。由此可知,一个无限大神经网络,总可以一致地逼近 $C(D)$中的任意函数,而一个有限大的神经网络则只能逼近 D 中某个子集上的函数。

由 Stone-Weierstrass 定理可知,当用于函数逼近的神经网络 B 为 $C(D)$的子代数时,一个连续或间断可测实值函数 $f(x)$总可以由该神经网络任意充分地逼近。

关于多层前馈神经网络的逼近能力,有下面的定理。

定理 3 设 $\varphi(x)$为一有界单调递增连续函数,K 为 R^n 的一有界闭子集,$f(\boldsymbol{X})=f(x_1,x_2,\cdots,x_n)$为 K 上的实连续函数,那么对于任意 $\varepsilon>0$,存在正整数 N 和实数 C_i,θ_i,w_{ij} $(i,j=1,2,\cdots,N)$,使

$$\hat{f}(x_1,x_2,\cdots,x_n)=\sum_{i=1}^{N}C_i\varphi\left(\sum_{j=1}^{N}w_{ij}x_j-\theta_i\right) \tag{9.3.1}$$

且
$$\max\left|f(x_1,x_2,\cdots,x_n)-\hat{f}(x_1,x_2,\cdots,x_n)\right|<\varepsilon$$

这个定理表明,对于任意给定的函数 $f(x_1,x_2,\cdots,x_n)$ 和误差精度 $\varepsilon>0$,总存在一个三层前馈网络,其隐含层单元的输出函数为 $\varphi(x)$,输入输出单元为线性单元,其总的输入输出关系 $y=\hat{f}(x_1,x_2,\cdots,x_n)$ 能够以给定的精度逼近给定的函数 $f(x_1,x_2,\cdots,x_n)$。也就是说,一个三层前馈神经网络能够以任意精度逼近任意函数 $f(\boldsymbol{X})$。该定理虽然是针对前馈网络的,但研究表明其他网络亦具有类似的逼近特性[289-295]。

上述定理以及关于神经网络逼近问题的一些研究成果分别说明了神经网络最佳逼近的存在性和多层前馈神经网络的逼近能力,这为应用神经网络解决非线性系统问题如过程辨识与建模的可行性提供了理论依据。

9.3.2 神经网络辨识的要素

神经网络用于系统辨识,即选择一个合适的神经网络模型来逼近一个实际的系统,其要素主要包括模型的选择、输入信号的选择以及误差准则的选择三个方面。

(1)模型的选择

模型只能是某种意义下实际系统的一种近似描述。正确选择模型依赖于该模型的用途,并兼顾其精确性和复杂性等问题。由于在建立实际系统模型时存在着精确性和复杂性的矛盾,因此,必须找到解决矛盾的折中方法。反映在选择多层神经网络模型上,由于网络隐含层及其节点数的确定目前还没有理论上的明确指导方法,折中方法一般通过仿真实验找出在给定准则下逼近原系统的最简单的多层神经网络模型。

(2)输入信号的选择

为了能够辨识实际系统,输入信号必须满足一定条件:1)在辨识时间内,输入信号必须是持续激励的,即输入信号必须充分激励系统所有的模态。从频谱的观点来看,输入信号的频谱必须足以覆盖系统的频谱;2)输入信号的最优设计问题,即设计输入信号使给定问题的辨识精度最高。

(3)误差准则的选择

误差准则(也称为目标函数、性能函数或代价函数)是用来衡量模型接近实际系统的标准,通常表示为一个误差的泛函,可表示为

$$J(\theta)=\sum_{k=1}^{L}f\,[e(k)] \tag{9.3.2}$$

式(9.3.2)中,$f(\cdot)$是 $e(k)$的函数,用得最多是平方函数,即

$$f\,[e(k)]=e^2(k) \tag{9.3.3}$$

式(9.3.3)中,$e(k)$为定义在$(0,L)$上的误差函数。该函数应广义地理解为模型与实际系统的“误差”,它可以是输出误差,也可以是输入误差或广义误差。

9.3.3 基于神经网络的系统辨识结构

从神经网络的输入/输出与被辨识系统 S 的输入/输出的关系上,基于神经网络的系统辨识结构可分为两种,即并联型结构与串—并联型结构[248,250,296-298]。

(1)并联型神经网络辨识结构

在并联型神经网络的系统辨识结构中,因被辨识系统 S 的输入/输出与神经网络的输入/输出是并联的,所以称之为并联型辨识结构。并联模型由内时延反馈网络、输出反馈网络实现,如图 9.1 所示。

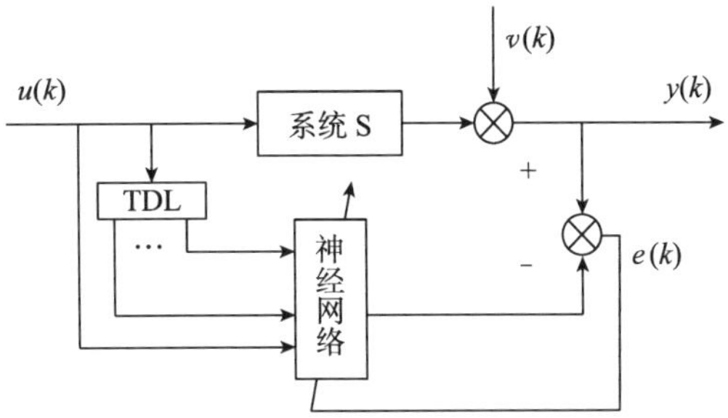

图 9.1 并联型神经网络辨识结构

(2)串—并联型神经网络辨识结构

在串—并联型(SPM)神经网络的系统辨识结构中,被辨识系统 S 的输出串联至神经网络模型 $\hat{S}$ 的输入,而 S 的输入与 $\hat{S}$ 并联,因此称之为串—并联型辨识结构,如图 9.2 所示。串—并联型可由时延神经网络实现。由于串—并联型辨识结构用系统 S 的输入/输出作为辨识信息对网络进行训练,因此有利于辨识模型的收敛性与稳定性,所以这种结构在系统辨识中应用较多。

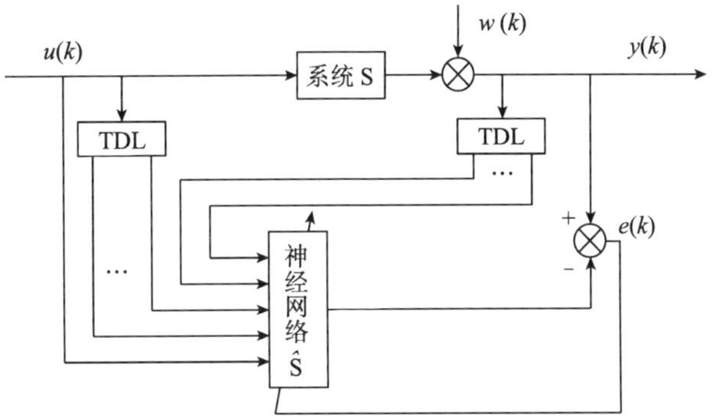

图 9.2 串—并联型神经网络辨识结构

9.3.4 神经网络辨识模型

在系统辨识中,系统模型的辨识分为正向模型辨识和逆模型辨识[250,272]。系统辨识中的一个重要问题,是系统的可辨识性,即系统的正向模型或逆模型存在。在进行系统辨识讨论中,我们假定系统是可辨识的。神经网络用于系统辨识,就是用神经网络作为被辨识系统的正模型、逆模型或预测模型。

9.3.4.1 正向模型辨识

所谓正向模型辨识是指利用多层前馈神经网络,通过训练或学习,使其能够表达系统的正向动力学特性。系统神经网络正向模型辨识结构如图 9.3 所示。其中神经网络 SNN

与待辨识系统S并联，两者的输出误差，即预测误差 $e(k)$ 被用作系统的训练信号。这是一个典型的有监督学习问题。实际系统作为教师，向神经网络提供学习算法所需的期望输出。对于全局逼近前馈神经网络结构，可根据被辨识系统的不同而选择不同的算法。

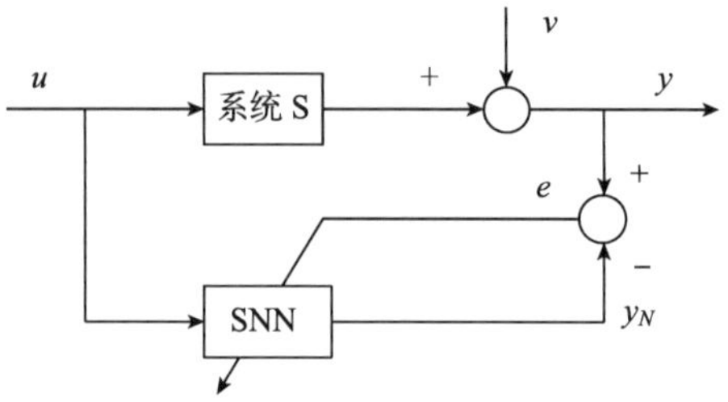

图 9.3　正向模型辨识结构

由于被辨识的系统通常是动态系统，所以就存在一个如何进行动态建模问题。为解决这个问题，可采用下述两种方法。

(1)对神经网络本身引入动态环节。如在神经元中引入动态特性，或采用动态递归神经网络等。

(2)先假定被辨识对象为线性或非线性离散系统，或人为地对系统进行离散化，然后利用非线性自回归滑动平均 (Nonlinear Autoregressive Moving Average，NARMA)模型进行系统辨识，即

$$y(k)=f[\,y(k-1),\cdots,\,y(k-n);u(k-1),\cdots,u(k-m)] \tag{9.3.4}$$

以便将 $u(k-1),\cdots,u(k-m),y(k-1),\cdots,y(k-n)$ 作为网络的增广输入，利用静态前馈网络学习上述差分方程中的非线性函数 $f(\cdot)$。但是，这时无法表达被辨识系统的干扰部分，除非对干扰也建立相应的差分方程模型类。

由于NARMA模型不能存储系统状态信息，而仅取决于系统输入输出的延迟值，所以其表达能力大大低于状态输出模型。为改善NARMA模型的表达能力，可以用模型输出 $f_{\mathrm{m}}(\cdot)$ 来代替对象的输出。此时 $f_{\mathrm{m}}(\cdot)$ 取决于模型自身的输入输出值，因此比较适合于含有噪声的系统。但是，如果辨识模型存在误差，就会通过自反馈递归过程产生累积效应，从而引起较大的估计偏差。

9.3.4.2　基于神经网络的系统逆模型辨识

系统逆模型辨识也称逆系统建模，是神经网络辨识的核心部分，在非线性系统的辨识与控制中得到了广泛的应用。

考虑单输入单输出离散非线性系统

$$y(k)=f[y(k-1),\cdots,y(k-n+1);u(k-1),\cdots,u(k-m+1)] \tag{9.3.5}$$

式(9.3.5)中，$y(k)\in R$，$u(k)\in R$，分别为系统的输出和输入($m\leqslant n$)。

如果存在 R^{n+m+1} 的子集 A，而 $[y(k),\cdots,y(k-n);u(k),\cdots,u(k-m)]^{\mathrm{T}}\in A$，当任意的 $u'(k)\neq u(k)$ 时，一定有

$$f[y(k),\cdots,y(k-n);u(k),\cdots,u(k-m)]\neq f[\,y(k),\cdots,\,y(k-n);\,u'(k),\cdots,u(k-m)] \tag{9.3.6}$$

则称系统在点 $[y(k),\cdots,y(k-n);u(k),\cdots,u(k-m)]^{\mathrm{T}}$ 是可逆的；反之，则称系统是奇异的。

定理：如果 $f[y(k),\cdots,y(k-n);u(k),\cdots,u(k-m)]$ 对于 $u(k)$ 是严格单调的，则系统在点 $[y(k),\cdots,y(k-n);u(k),\cdots,u(k-m)]$ 上是可逆的。如果上述结论对于任何时刻的 k 都成立，则称系统是可逆的。

假设非线性函数 $f(t)$ 可逆，可以推出

$$u(k)=f^{-1}[y(k),\cdots,y(k-n+1),y(k+1);u(k-1),\cdots,u(k-m+1)] \tag{9.3.7}$$

式(9.3.7)中出现了 $k+1$ 时刻的输出值 $y(k+1)$。在 t 时刻是不可能知道 $y(k+1)$ 的，可用 $k+1$ 时刻的期望输出 $y_d(k+1)$ 来代替 $y(k+1)$。对于期望输出而言，其任意时刻的值总可以预先求出。则

$$u(k)=f^{-1}[y(k),\cdots,y(k-n+1),y_d(k+1);u(k-1),\cdots,u(k-m+1)] \tag{9.3.8}$$

即，$u(k-1),\cdots,u(k-m+1),y(k),y(k-n+1),y_d(k+1)$ 可作为网络增广输入，$u(k)$ 作为输出。

系统逆模型辨识包括直接逆系统、正—逆系统以及逆—逆系统建模等几种方法。

(1)直接逆建模

直接逆建模也称广义逆学习或泛化学习(Generalized Inverse Learning)，其辨识结构如图 9.4 所示。在这种辨识方法中，被辨识系统的输出作为网络的输入，网络的输出与系统的输入比较，相应的输入误差用来作为网络的训练信号。为了获得良好的逆动力学特性，网络训练所覆盖的系统运行范围要比未知系统的实际运行范围更大一些，这就是广义学习的含义。

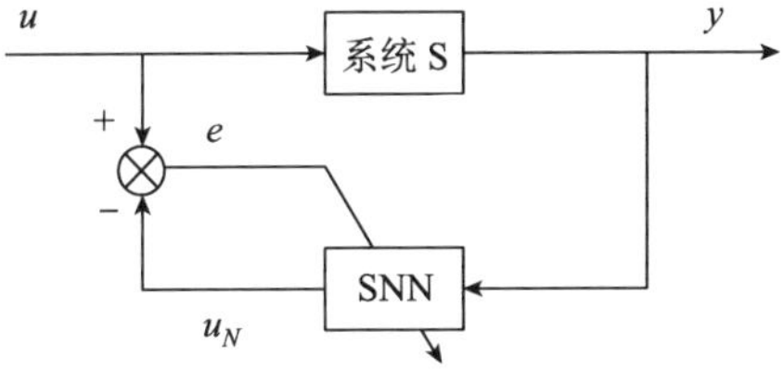

图 9.4　直接逆模型辨识结构

(2)正—逆系统建模

正—逆(Positive-Inverse modeling)系统建模也称为狭义逆学习(Specialized Inverse Learning)，就是在未知对象的动力学模型(即正模型)的基础上建立逆动力学模型，其辨识结构如图 9.5 所示。

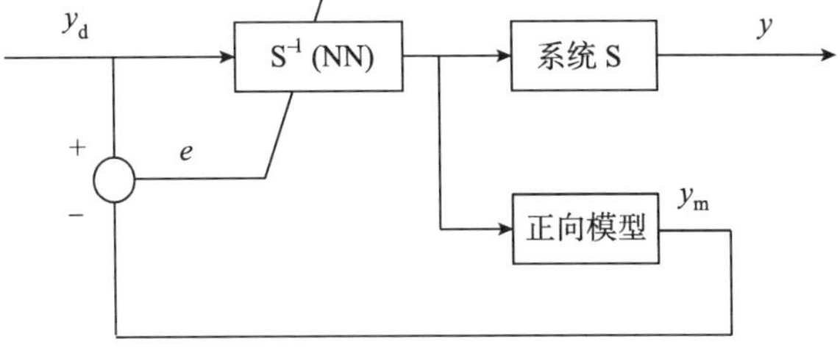

图 9.5　正—逆模型辨识结构

(3)逆—逆系统建模

逆—逆系统建模(Inverse-Inverse modeling)方法由两个逆系统模型和未知对象一起构

成学习回路,其结构如图 9.6 所示。在正向通道上由神经网络控制器控制一个未知对象或系统,是其复现网络输入。但是,由于神经网络控制器与对象的逆动力学特性不相等,使网络的输出与未知对象要求的控制有偏差。为克服这一偏差,引入未知对象的另一逆模型。

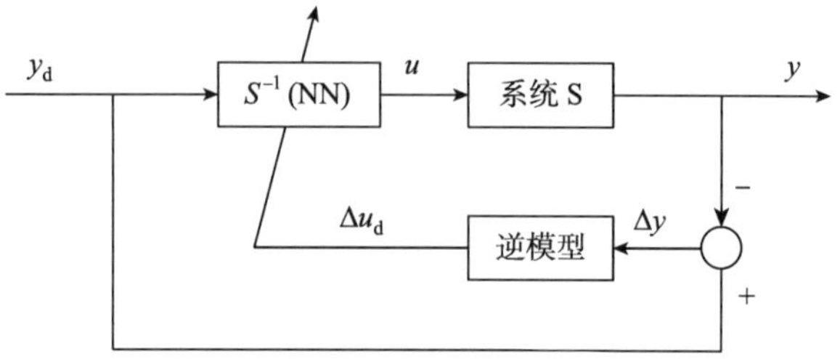

图 9.6 逆—逆模型辨识结构

9.3.5 非线性动态系统模型与神经网络辨识的数学描述

研究非线性系统的神经网络辨识问题,首先需要确定非线性系统的辨识模型。非线性系统有多种描述方式,而比较常用的有状态空间模型和用系统输入输出描述的差分方程模型。

9.3.5.1 非线性动态系统状态空间模型[250]

非线性系统的状态空间模型可以用下式表示

$$\begin{aligned}\boldsymbol{X}(k+1) &= F\,[\boldsymbol{X}(k),\boldsymbol{U}(k)]\\ \boldsymbol{Y}(k) &= G\,[\boldsymbol{X}(k),\boldsymbol{U}(k)]\end{aligned} \tag{9.3.9}$$

式(9.3.9)中,$\boldsymbol{U}(k)$为系统输入,$\boldsymbol{X}(k)$与$\boldsymbol{Y}(k)$分别为系统的状态变量和输出。$F(\cdot)$、$G(\cdot)$为未知非线性函数。

对于未知参数的线性非时变对象,若系统是可控可观的,可采用以下两种辨识模型

$$\hat{y}_p(k+1)=\sum_{i=0}^{n-1}\hat{a}_i(k)\hat{y}_p(k-i)+\sum_{j=0}^{m-1}\hat{b}_j(k)u(k-j) \tag{9.3.10}$$

$$\hat{y}_p(k+1)=\sum_{i=0}^{n-1}\hat{a}_i(k)y_p(k-i)+\sum_{j=0}^{m-1}\hat{b}_j(k)u(k-j) \tag{9.3.11}$$

式(9.3.10)、式(9.3.11)中,$\hat{a}_i\ (i=0,1,\dots,n-1)$和$\hat{b}_j\ (j=0,1,\dots,n-1)$为可调参数。式(9.3.10)和式(9.3.11)所表示的模型分别为并联模型(Parallel Model,PM)和串联模型(Series Model,SM)。

9.3.5.2 非线性动态系统输入输出的差分方程模型

非线性单输入/输出动态系统的差分方程可以用下述几种方程描述。

M1 $y(k)=f[y(k-1),\cdots,y(k-n);u(k-1),\cdots,u(k-m)]$ (9.3.12)

M2 $y(k)=f[y(k-1),\cdots,y(k-n)]+g[u(k-1),\cdots,u(k-m)]$ (9.3.13)

M3 $y(k)=f[y(k-1),\cdots,y(k-n)]u(k-1)$ (9.3.14)

M4 $y(k)=\sum_{i=1}^{n}a_iy(k-i)+g[u(k-1),\cdots,u(k-m)]$ (9.3.15)

M5 $y(k)=f[y(k-1),\cdots,y(k-n)]+\sum_{i=1}^{m}b_iu(k-i)$ (9.3.16)

为了能够对上述差分方程所描述的非线性系统进行辨识,对其作一些假设:

(1)系统是可控可观的。

(2)$u(k)$、$y(k)$可量测。

(3)对所有可能出现的紧集 U 上的输入 u,系统输出 y 一致有界,即系统是稳定的。

在上述假设条件的基础上,以神经网络为辨识器(NNI)来辨识式(9.3.11)~式(9.3.15)所描述的非线性系统,可以根据系统的结构特点,采用并联或串-并联结构对系统进行辨识。下面分别介绍两种辨识结构相应的表达式。

(1)并联型结构差分方程描述——由输出反馈网络实现

$$\text{PM1}\quad \hat{y}(k)=Nf[\hat{y}(k-1),\cdots,\hat{y}(k-n);u(k-1),\cdots,u(k-m);\boldsymbol{W}] \tag{9.3.17}$$

$$\text{PM2}\quad \hat{y}(k)=Nf[\hat{y}(k-1),\cdots,\hat{y}(k-n),\boldsymbol{V}]+Ng[u(k-1),\cdots,u(k-m);\boldsymbol{W}] \tag{9.3.18}$$

$$\text{PM3}\quad \hat{y}(k)=Ng[\hat{y}(k-1),\cdots,\hat{y}(k-n);\boldsymbol{V}]u(k-m) \tag{9.3.19}$$

$$\text{PM4}\quad \hat{y}(k)=\sum_{i=1}^{n}w_i\hat{y}(k-i)+Ng[u(k-1),\cdots,u(k-m);\boldsymbol{W}] \tag{9.3.20}$$

$$\text{PM5}\quad \hat{y}(k)=Ng[\hat{y}(k-1),\cdots,\hat{y}(k-n),\boldsymbol{V}]+\sum_{i=1}^{m}w_iu(k-i) \tag{9.3.21}$$

式(9.3.17)~式(9.3.21)中,$\boldsymbol{V}$ 与 $\boldsymbol{W}$ 分别为噪声和权向量。

用输出反馈网络的并联结构在网络训练开始时很难使其输出收敛于系统的输出,并且可能不稳定,故比较少用。

(2)串—并联结构差分方程描述

$$\text{SPM1}\quad \hat{y}(k)=Nf[y(k-1),\cdots,y(k-n);u(k-1),\cdots,u(k-m);\boldsymbol{W}] \tag{9.3.22}$$

$$\text{SPM2}\quad \hat{y}(k)=Nf[y(k-1),\cdots,y(k-n),\boldsymbol{V}]+Ng[u(k-1),\cdots,u(k-m);\boldsymbol{W}] \tag{9.3.23}$$

$$\text{SPM3}\quad \hat{y}(k)=Ng[y(k-1),\cdots,y(k-n);\boldsymbol{V}]u(k-m) \tag{9.3.24}$$

$$\text{SPM4}\quad \hat{y}(k)=\sum_{i=1}^{n}w_iy(k-i)+Ng[u(k-1),\cdots,u(k-m);\boldsymbol{W}] \tag{9.3.25}$$

$$\text{SPM5}\quad \hat{y}(k)=Ng[y(k-1),\cdots,y(k-n),\boldsymbol{V}]+\sum_{i=1}^{m}w_iu(k-i) \tag{9.3.26}$$

用串—并联结构进行非线性动态系统辨识,其非线性动态部分可由非线性时延神经网络(DTNN)实现,线性动态部分可由线性 DTNN 实现。由于被辨识的系统输入输出是有界的,且辨识器的输入是被辨识系统的输入/输出,有利于保证辨识的稳定性,因此应用较多。在下面的核动力装置过程辨识中,主要采用这种结构。

9.4 基于 ANN 的蒸汽发生器水位特性辨识方法

蒸汽发生器是压水堆核动力装置中实现一回路和二回路之间能量交换的设备。它将一回路冷却剂从反应堆堆芯带出的热量传递给二回路水。在蒸汽发生器运行期间,其水位必须控制在一定的范围内。如果蒸汽发生器水位控制不当,会造成"干锅"或"满水"事故。在蒸汽发生器运行过程中,给水流量和蒸汽流量的突然变化使其产生一种称为"收缩"与"膨胀"的物理现象。"收缩"与"膨胀"现象引起的逆动力学效应使蒸汽发生器水位呈现瞬时“虚假水位”现象。从动力学特性来说，蒸汽发生器是一个高度复杂的非线性、时变的非最小相位系统。此外，蒸汽发生器的动力学特性随运行功率的变化而变化。在低功率运行工况下，蒸汽发生器水位难以准确测量。这些因素使蒸汽发生器动态特性和水位特性难以辨识。在 20 世纪 80 年代以前，对蒸汽发生器动态特性辨识一般采用常规辨识方法，而且对蒸汽发生器的过程辨识方法研究较少且不深入。这里介绍基于神经网络的蒸汽发生器动态特性和水位特性辨识方法。

9.4.1 基于前馈神经网络的 SG 水位特性辨识[299]

9.4.1.1 SG 水位特性神经网络辨识结构

如前所述，基于神经网络的系统辨识有并联和串—并联型两种模型。这里所介绍的基于前馈神经网络的蒸汽发生器水位特性的辨识方法采用串—并联辨识模型，其结构如图 9.7 所示。采用这种结构的目的是保证辨识的收敛性和稳定性。图 9.7 中，$u(k)$为输入信号(给水流量)，$y(k)$为被辨识对象蒸汽发生器的输出信号(水位)，$e(k)$为神经网络辨识器 NNI 的输出 $\hat{y}(k)$与蒸汽发生器输出 $y(k)$之间的误差，$V(k)$为外部扰动(即蒸汽负荷 $Q_s(k)$)，TDL 为按拍延时环节。

蒸汽发生器水位特性辨识器(简称 NNI)使用一个三层前向 BP 网络。该网络由输入层、一个隐含层及输出层组成，其拓扑结构如图 9.8 所示。图 9.8 中，w_{ji}^1 为网络输入层节点 i 与隐含层节点 j 之间的连接权，$\boldsymbol{W}^1$ 为其权矩阵向量；w_{kj}^2 为网络隐含层节点 j 与输出层节点之间 k 的连接权，$\boldsymbol{W}^2$ 为其权矩阵向量。隐含层神经元激励函数采用 Sigmoid 函数，即 $f(x)=1/(1+e^{-x})$，输出层激励函数采用线性函数 $y=x$。

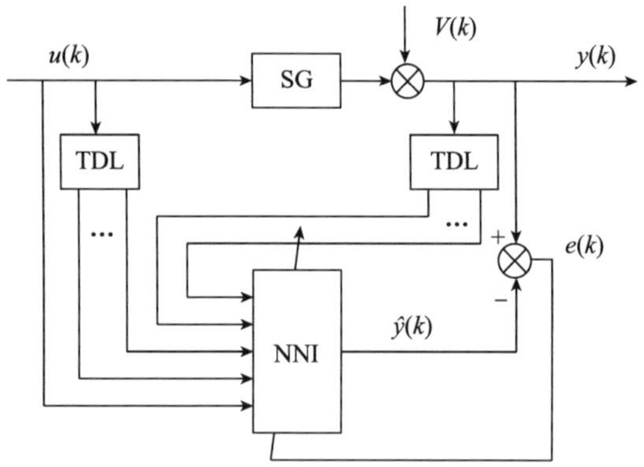

图 9.7 SG 水位神经网络辨识结构

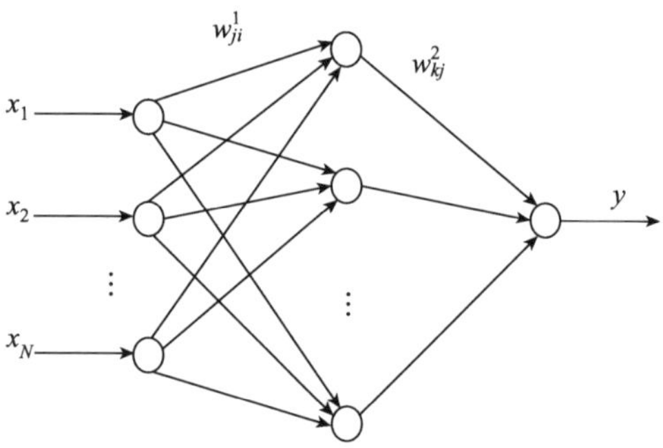

图 9.8 BP 神经网络结构

9.4.1.2 神经网络辨识器学习算法

设网络的输入向量为 $\boldsymbol{X}_n$，输出向量为 $\boldsymbol{Y}_n$，训练样本数为 $n(n=1,\cdots,N)$。$\boldsymbol{X}_n$ 与 $\boldsymbol{Y}_n$ 分别表示为

$$\boldsymbol{X}_n=[x_{1,n},x_{2,n},\cdots,x_{I,n}]^{\mathrm{T}}$$

$$\boldsymbol{Y}_n=[y_{1,n},y_{2,n},\cdots,y_{K,n}]^{\mathrm{T}}$$

这里，I，K 分别为输入、输出节点数。

对第 n 个输入样本，用 net_{jn}^{h}、b_j^{h}、y_{jn}^{h} 分别表示隐含层第 j 个节点的状态、阈值与输出；

net_{kn}^{out}、$b_{out,k}$、y_{kn} 分别为输出层第 k 个节点的状态、阈值与输出；y_{kn}^{d} 为期望输出(以下各章节中 y^{d} 的含义如此相同)。则

$$\begin{aligned} y_{kn} &= f_{out}(net_{kn}^{out}) \\ net_{kn}^{out} &= \sum_{j=1}^{J} w_{kj} y_{jn}^{h} + b_{k}^{out} \\ y_{jn}^{h} &= f_{h}(net_{jn}^{h}) \\ net_{jn}^{h} &= \sum_{i=1}^{I} w_{ji} x_{in} + b_{j}^{h} \end{aligned} \tag{9.4.1}$$

定义目标函数为总误差 E,即

$$\begin{aligned} E &= \sum_{n=1}^{N} E_{n} \\ E_{n} &= \frac{1}{2} \sum_{k=1}^{K} (y_{kn}^{d} - y_{kn})^{2} \end{aligned} \tag{9.4.2}$$

式(9.4.2)中,E_{n} 为局部误差函数。

神经网络学习采用动量—自适应学习率 BP 算法。通过极小化目标函数 E,使 E 最小,并在计算过程中,根据前后两次迭代的 E 值,自适应选择合适的学习率 η 及动量因子 α。

网络各参数的具体调整算法如下:

(1)隐含层至输出层连接权值调整算法

$$\boldsymbol{W}^{2}(k) = \boldsymbol{W}^{2}(k-1) + \Delta \boldsymbol{W}^{2}(k) \tag{9.4.3}$$

其中

$$\begin{aligned} \Delta \boldsymbol{W}^{2}(k) &= \alpha(k-1) \cdot \Delta \boldsymbol{W}^{2}(k-1) + [1-\alpha(k-1)] \, d\boldsymbol{W}^{2}(k-1) \\ &= \alpha(k-1) \cdot \Delta \boldsymbol{W}^{2}(k-1) + [1-\alpha(k-1)] \cdot \eta(k-1) \cdot \boldsymbol{\delta}^{2}(k-1) \cdot (\boldsymbol{Y}^{n})^{T} \end{aligned} \tag{9.4.4}$$

$$\begin{aligned} dw_{kj}^{2} &= -\eta \frac{\partial E}{\partial w_{kj}^{2}} = \eta \sum_{n=1}^{N} \left(-\frac{\partial E_{n}}{\partial w_{kj}^{2}} \right) \\ &= \eta \sum_{n=1}^{N} \left[\left(-\frac{\partial E_{n}}{\partial net_{kn}^{out}} \right) \frac{\partial net_{kn}^{out}}{\partial w_{kj}^{2}} \right] \\ &= \eta \sum_{k=1}^{N} \left(-\frac{\partial E_{n}}{\partial net_{kn}^{out}} \right) y_{jn}^{h} \end{aligned} \tag{9.4.5}$$

$$\begin{aligned} \delta_{kn}^{2} &= -\frac{\partial E_{n}}{\partial net_{kn}^{out}} = (y_{kn}^{d} - y_{kn}) \cdot \frac{\partial y_{kn}}{\partial net_{kn}^{out}} \\ &= (y_{kn}^{d} - y_{kn}) \end{aligned} \tag{9.4.6}$$

则

$$dw_{kj}^{2} = \eta \sum_{k=1}^{N} \delta_{kn}^{2} y_{jn}^{h} \tag{9.4.7}$$

(2)输出层节点阈值调整算法

$$\begin{aligned} \Delta \boldsymbol{b}^{2}(k) &= \alpha(k-1) \cdot \Delta \boldsymbol{b}^{2}(k-1) + [1-\alpha(k-1)] \cdot d\boldsymbol{b}^{2}(k-1) \\ &= \alpha(k-1) \cdot \Delta \boldsymbol{b}^{2}(k-1) + [1-\alpha(k-1)] \cdot \eta(k-1) \cdot \boldsymbol{\delta}^{2}(k-1) \cdot [1, \cdots, 1]_{N\times 1}^{T} \end{aligned} \tag{9.4.8}$$

$$\mathrm{d}b_k^2 = -\eta \cdot \frac{\partial E}{\partial b_k^2} = \eta \cdot \sum_{n=1}^{N}\left(-\frac{\partial E_n}{\partial b_k^2}\right)$$
$$= \eta \sum_{n=1}^{N}\left(-\frac{\partial E_n}{\partial net_{kn}^{\mathrm{out}}}\right)\frac{\partial net_{kn}^{\mathrm{out}}}{\partial b_k^2} \tag{9.4.9}$$
$$= \eta \sum_{n=1}^{N} \delta_{kn}^2$$

(3) 输入层至隐含层权值调整算法

$$\boldsymbol{W}^1(k) = \boldsymbol{W}^1(k-1) + \Delta\boldsymbol{W}^1(k) \tag{9.4.10}$$

$$\Delta\boldsymbol{W}^1(k) = \alpha(k-1)\cdot\Delta\boldsymbol{W}^1(k-1) + [1-\alpha(k-1)]\,\mathrm{d}\boldsymbol{W}^1(k-1)$$
$$= \alpha(k-1)\cdot\Delta\boldsymbol{W}^1(k-1) + [1-\alpha(k-1)] \tag{9.4.11}$$
$$\cdot\,\eta(k-1)\cdot\boldsymbol{\delta}1(k-1)\cdot\boldsymbol{X}^{\mathrm{T}}$$

$$\mathrm{d}w_{ji}^1 = -\eta\frac{\partial E}{\partial w_{ji}^1} = \eta\sum_{n=1}^{N}\left(-\frac{\partial E_n}{\partial net_{jn}^{\mathrm{h}}}\right)\frac{\partial net_{jn}^{\mathrm{h}}}{\partial w_{ji}^1}$$
$$= \eta\sum_{k=1}^{N}\left(-\frac{\partial E_n}{\partial net_{jn}^{1}}\right)x_{i,n} \tag{9.4.12}$$

$$\delta_{jn}^1 = -\frac{\partial E_n}{\partial net_{jn}^{\mathrm{h}}} = -\frac{\partial E_n}{\partial y_{jn}^{\mathrm{h}}}\cdot\frac{\partial y_{jn}^{\mathrm{h}}}{\partial net_{jn}^{\mathrm{h}}}$$
$$= -y_{jn}^{\mathrm{h}}(1-y_{jn}^{\mathrm{h}})\sum_{j=1}^{J}\left(\frac{\partial E_n}{\partial net_{jn}^{\mathrm{h}}}\cdot\frac{\partial net_{jn}^{\mathrm{h}}}{\partial y_{jn}^{\mathrm{h}}}\right) \tag{9.4.13}$$
$$= y_{jn}^{\mathrm{h}}(1-y_{jn}^{\mathrm{h}})\sum_{k=1}^{K}(\delta_{kn}^2 w_{kj}^2)$$

(4)网络隐含层节点阈值调整算法

$$\Delta\boldsymbol{b}^1(k) = \alpha(k-1)\cdot\Delta\boldsymbol{b}^1(k-1) + [1-\alpha(k-1)]\cdot\mathrm{d}\boldsymbol{b}^1(k-1)$$
$$= \alpha(k-1)\cdot\Delta\boldsymbol{b}^1(k-1) + [1-\alpha(k-1)]\cdot\eta(k-1)\cdot\boldsymbol{\delta}^1(k-1)\cdot[1,\cdots,1]_{N\times1}^{\mathrm{T}} \tag{9.4.14}$$

$$\mathrm{d}b_j^1 = -\eta\cdot\frac{\partial E}{\partial b_j^1} = \eta\cdot\sum_{n=1}^{N}\left(-\frac{\partial E_n}{\partial b_j^1}\right)$$
$$= \eta\sum_{n=1}^{N}\left(-\frac{\partial E_n}{\partial net_{jn}^{\mathrm{h}}}\right)\frac{\partial net_{jn}^{\mathrm{h}}}{\partial b_j^1} \tag{9.4.15}$$
$$= \eta\sum_{n=1}^{N}\delta_{jn}^1$$

(5)学习率及动量因子调整算法

给定容许误差 Eg、学习率 η、动量因子 α、最大误差率 Er 以及学习率减少比例 dec、增加比例 Inc。在网络的学习过程中 η 与 α 的按照下列方式调整

$$\begin{cases}\eta(k) = \eta(k-1)\cdot dec \\ \alpha(k) = 0\end{cases},E(k) > Er\cdot E(k-1) \tag{9.4.16}$$

$$\begin{cases}\eta(k) = \eta(k-1)\cdot Inc \\ \alpha(k) = \alpha\end{cases},E(k) \leqslant Er\cdot E(k-1) \tag{9.4.17}$$

$$\begin{cases}\eta(k)=\eta(k-1) \\ \alpha(k)=\alpha\end{cases}, E(k-1) \leqslant Er \cdot E(k-1) \tag{9.4.18}$$

需要指出的是,网络每训练一次后,权值是否更新要根据前后两次训练误差而定。

9.4.1.3 仿真结果

蒸汽发生器水位特性辨识仿真计算采用 Zhao F 等[226]建立的蒸汽发生器水位传递函数模型(详见第 3 章蒸汽发生器水位过程仿真模型)。为进行仿真计算和系统辨识,需将蒸汽发生器传递函数模型变换为下列差分方程形式

$$y(k+1)=f[y(k),\cdots,y(k-n+1);Q_w(k),\cdots,Q_w(k-m_1+1);Q_s(k),\cdots,Q_s(k-m_2+1)]$$

对于 NNI 的具体结构的确定,经实际计算比较,这里 NNI 的结构取为 5×15×1。NNI 的输入向量为

$$\boldsymbol{X}_n=[Q_w(k),Q_w(k-1),Q_s(k),Q_s(k-1),y(k-1)]$$

在此基础上,对相应于 15%~90%P_s的 Q_w、Q_s范围内,对 Q_w、Q_s取随机采样值对 NNI 网络进行训练,其训练结果如图 9.9 所示。其训练的平均平方误差(E_{mse})和学习率 Lr(Learn rate——Lr,即前面公式中的 η)与迭代步数 N_{ste}之间的关系分别如图 9.10、图 9.11 所示。图中,y,t 分别表示水位和时间(在以下各章节中,其含义相同)。

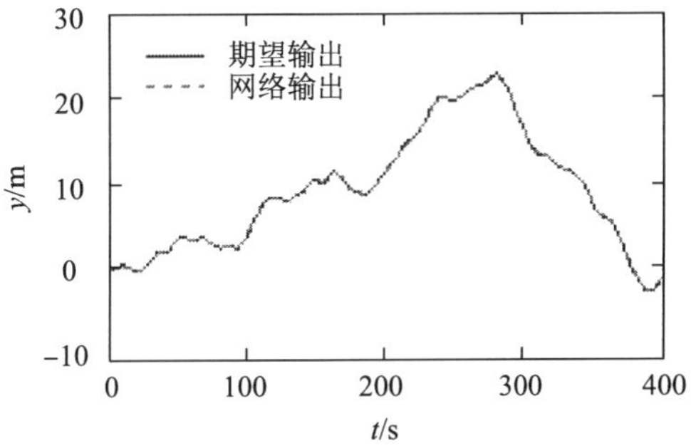

图 9.9 Q_w与 Q_s随机取值时训练结果

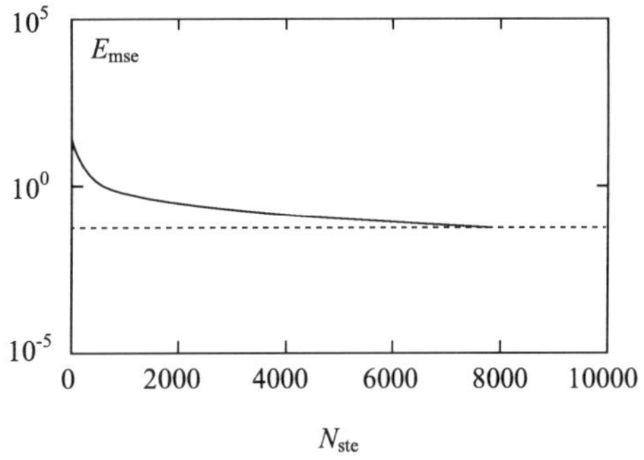

图 9.10 E_{mse}随迭代步数的变化趋势

NNI 网络训练完成后,应用其训练时未学习过的蒸汽发生器监测参数仿真数据进行测试。下面给出几种典型工况下 NNI 对蒸汽发生器水位特性的辨识结果。

(1)Q_s保持在 150 kg/s 不变,Q_w由 150 kg/s 阶跃上升到 200 kg/s,蒸汽发生器水位特性的辨识结果如图 9.12 所示。

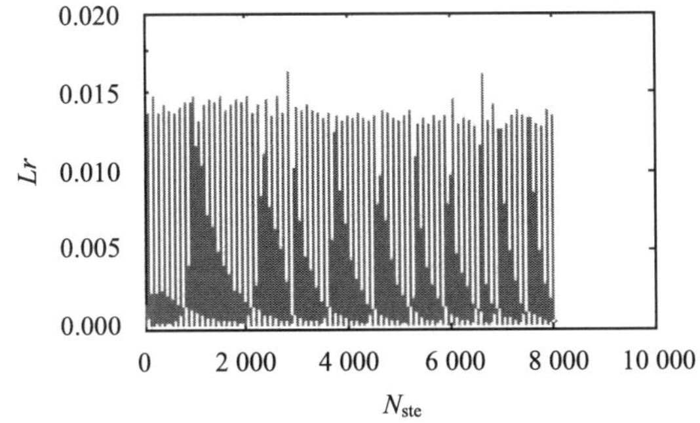

图 9.11 Lr 随迭代步数的变化趋势

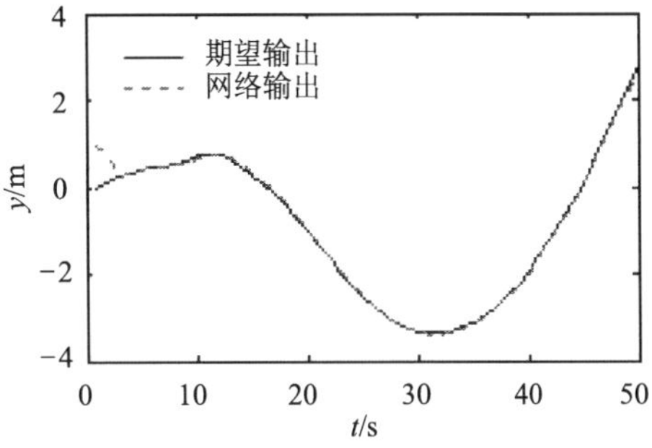

图 9.12 Q_s不变而 Q_w阶跃上升时辨识结果

(2)Q_w保持在 150 kg/s 不变,Q_s由 150 kg/s 阶跃下降到 100 kg/s,蒸汽发生器水位特性的辨识结果如图 9.13 所示。

(3)Q_s保持在 150 kg/s 不变,Q_w由 200 kg/s 阶跃下降到 150 kg/s,蒸汽发生器水位特性的辨识结果如图 9.14 所示。

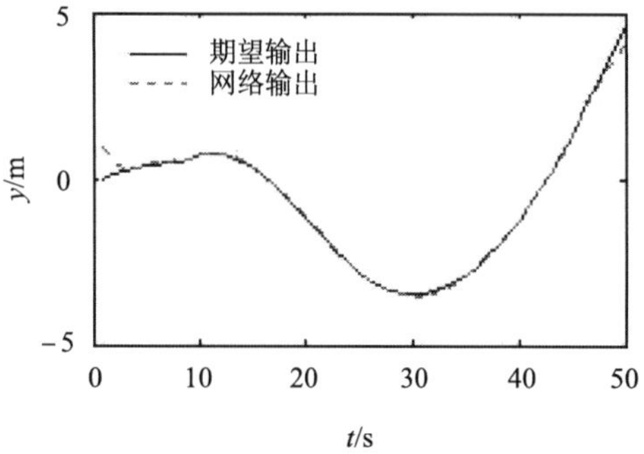

图 9.13　Q_w不变而 Q_s阶跃下降时辨识结果

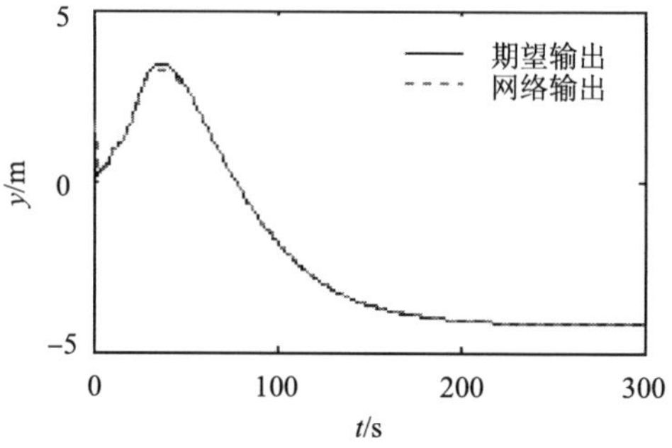

图 9.14　Q_s不变而 Q_w阶跃下降时辨识结果

(4)Q_w保持在 150 kg/s 不变,Q_s由 100 kg/s 阶跃上升到 150 kg/s,蒸汽发生器水位特性的辨识结果如图 9.15 所示。

(5)Q_s保持在 150 kg/s 不变,Q_w由 150 kg/s 阶跃下降到 120 kg/s,蒸汽发生器水位特性的辨识结果如图 9.16 所示。

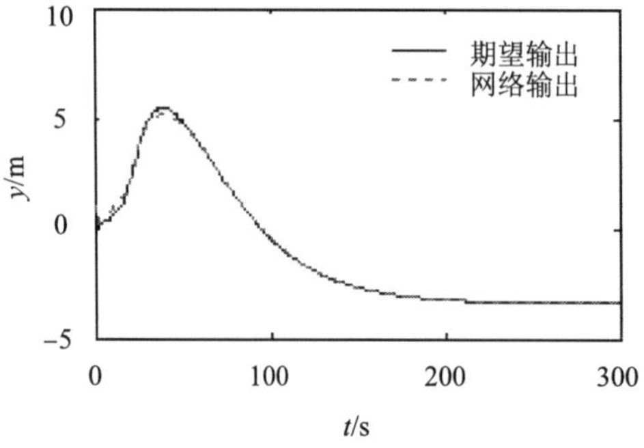

图 9.15　Q_w不变而 Q_s阶跃上升时辨识结果

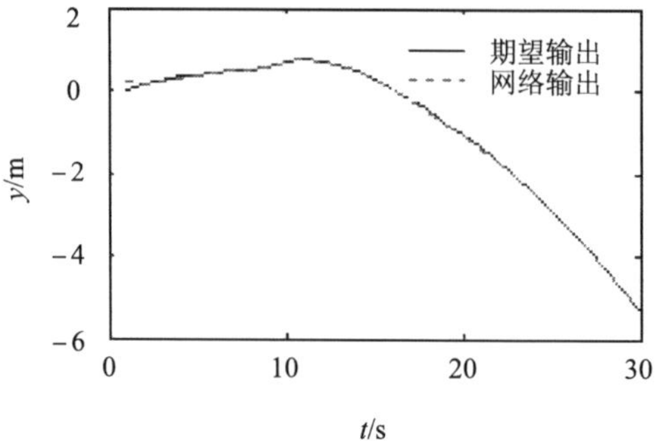

图 9.16　Q_s不变而阶跃 Q_w下降时辨识结果

当负荷在 0～15%P_s范围内时,辨识方法与上述方法相同,亦可得到类似的辨识结果。由上述辨识结果可以看出,神经网络辨识结果与蒸汽发生器监测参数仿真数据符合较好,即神经网络能够比较精确地跟踪期望输出,从而表明辨识方法是可行的。

9.4.2 基于 DRNN 的蒸汽发生器水位特性辨识[300]

在蒸汽发生器水位特性的辨识中,9.4.1 节采用多层前馈网络,并采用了 NARMA 模型。这种辨识方法实际是将动态时间建模问题变为一个静态空间建模问题。采用静态网络建模,需要先验假定系统的 NARMA 模型类,需要对结构模型进行定阶。特别是系统阶次的增加或阶次未知时,迅速膨胀的网络结构,将使学习收敛速度更加缓慢。而较多的输入节点也将使相应的辨识系统对外部噪声特别敏感。相比之下,动态递归网络由于具有动态记忆功能力而更适用于非线性动态系统的建模问题，从而为解决非线性动态系统的建模与辨识问题提供了一种极具潜力的选择[301-303]。下面介绍一种基于动态递归网络(DRNN)即 Elman 神经网络的蒸汽发生器水位特性辨识方法。

9.4.2.1 Elman 神经网络结构与学习算法

Elman 神经网络属于一种典型的和常用的动态递归网络。在基于 Elman 神经网络的蒸汽发生器水位特性辨识方法中，神经网络辨识模型的结构与 9.4.1 节中的基于前馈神经网络的辨识结构相同。这里 NNI 采用一个三层 Elman 网络。Elman 网络辨识器(简称 Elman－NNI)由输入层、一个隐含层及输出层组成，其结构如图 9.17 所示。

图 9.17 中，$\boldsymbol{x}(k)\in \mathrm{R}^I$，为网络的外部输入；$\boldsymbol{y}(k)\in \mathrm{R}^M$，为网络的输出；$\boldsymbol{y}^{\mathrm{h}}(k)\in \mathrm{R}^J$，为隐含层的输出；$\boldsymbol{w}^1_{J\times J}$，$\boldsymbol{w}^2_{J\times I}$，$\boldsymbol{w}^3_{M\times J}$ 分别为状态单元层到隐层、输入层到隐层、隐层到输出层的连接权值。设 $\boldsymbol{b}^2_{J\times 1}$，$\boldsymbol{b}^3_{M\times 1}$ 分别为隐层和输出层的阈值。

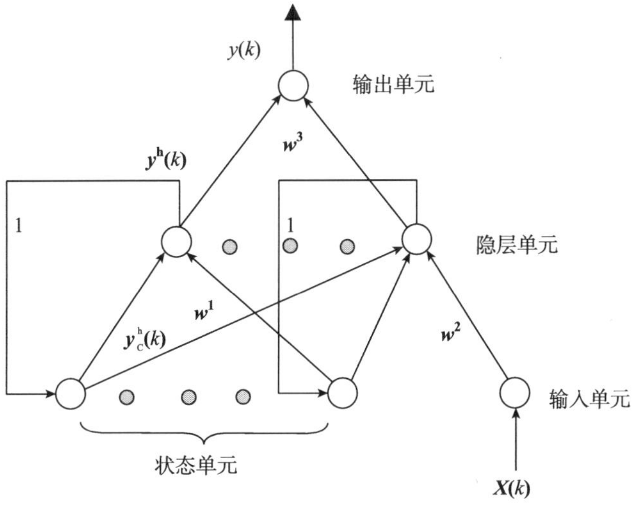

图 9.17 Elman 神经网络的结构

Elman－NNI 的学习算法与 7.5.1 节所描述的基于 Elman 神经网络的故障诊断模型(简称 Elman－NND)学习算法类似，采用 LMBP 学习算法，具体算法在这里不再介绍。两者的主要区别在于 Elman－NNI 与 Elman－NND 网络的输入/输出变量、输入/输出变量的类型以及期望输出不同。

9.4.2.2 仿真结果

仿真计算采用 Zhao F 等[226]建立的蒸汽发生器水位传递函数模型(详见第 3 章)。为对系统进行辨识，先将蒸汽发生器传递函数模型变换为差分方程的形式，再通过输入 Q_{w}、Q_{s} 值序列以递推出水位值 $y(k)$。

根据设计经验和实际计算比较，Elman－NNI 结构取为 5×15×1。网络输入向量为

$$\boldsymbol{X}(k)=[Q_{\mathrm{w}}(k),Q_{\mathrm{w}}(k-1),\ Q_{\mathrm{s}}(k),Q_{\mathrm{s}}(k-1),y(k-1)]^{\mathrm{T}}$$

Elman－NNI 期望输出为水位 $y(k)$。

与前面几节的方法类似，利用蒸汽发生器水位传递函数模型仿真数据对 Elman－NNI 进行训练，其训练结果如图 9.18 所示。其训练的平均平方误差 E_{mse} 与迭代步数 N_{ste} 之间的

关系如图 9.19 所示。

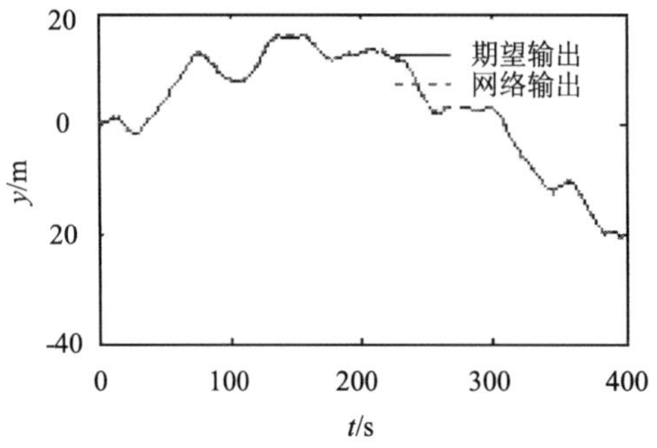

图 9.18 Q_w与Q_s随机取值时辨识结果

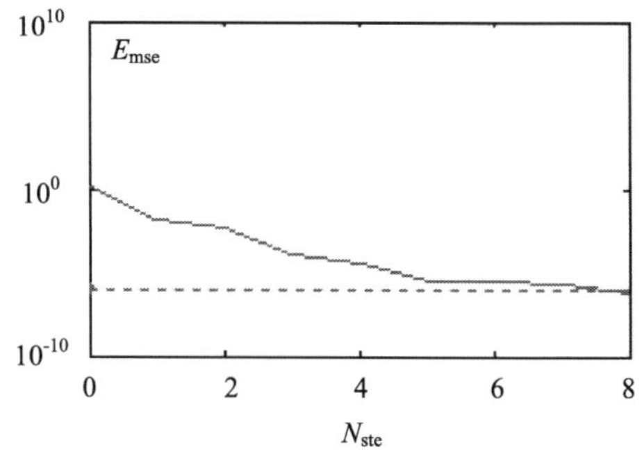

图 9.19 E_{mse}随迭代步数的变化趋势

在 Elman－NNI 完成后，应用其训练时未学习过的蒸汽发生器监测参数数据进行测试。下面给出几种典型工况下 NNI 对蒸汽发生器水位特性的辨识结果。

(1)Q_w保持在 200 kg/s 不变。Q_s先保持在 140 kg/s 不变，然后由 140 kg/s 阶跃上升为 200 kg/s 并保持不变。蒸汽发生器水位呈现先上升后下降趋势，其水位特性的其辨识结果如图 9.20 所示。

(2)Q_w保持在 150 kg/s 不变，Q_s先保持在 120 kg/s 不变，然后由 120 kg/s 阶跃上升为 160 kg/s，并在 30 s 时阶跃下降为 130 kg/s 并保持不变。蒸汽发生器水位特性的辨识结果如图 9.21 所示。

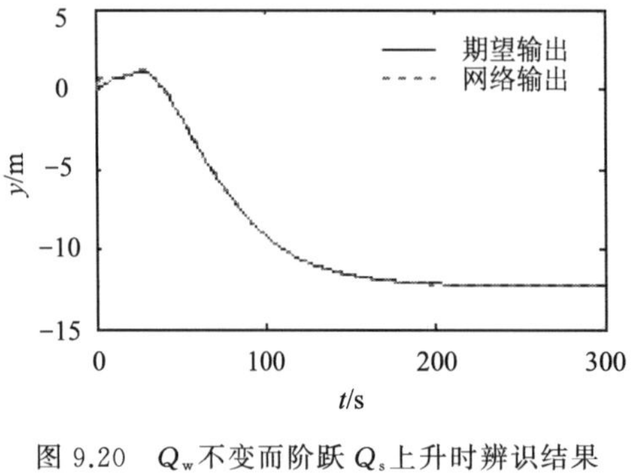

图 9.20 Q_w不变而阶跃Q_s上升时辨识结果

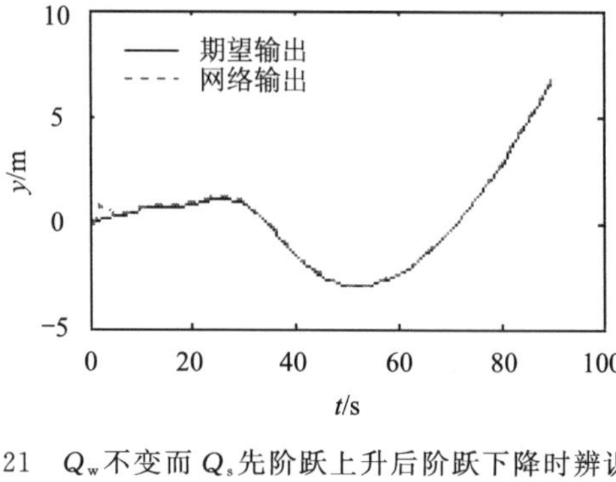

图 9.21 Q_w不变而Q_s先阶跃上升后阶跃下降时辨识结果

从上述辨识结果可以看出，采用 Elman 神经网络对蒸汽发生器的水位特性进行辨识时，神经网络能够正确地辨识蒸汽发生器的水位特性。

9.5 ANN 在核动力系统建模与仿真中的应用

9.5.1 神经网络建模方法

系统建模与仿真已成为核动力装置系统设计、动态特性研究与分析的重要环节，在核动力领域起着越来越重要的作用。核动力装置传统建模方法是根据系统基本的物理、化学等规律建立各系统的数学模型。传统建模方法的主要特点是模型含义明显,能反映系统物理、化学等基本的规律和动力学特性。其主要缺点是,在建模时往往需要先作出一些假设和简化,因而难以建立系统精确的数学模型。此外,根据传统建模方法建立的系统数学模型往往比较复杂,求解也比较困难。

随着神经网络技术的发展,近些年来,人们开始研究神经网络在核动力系统建模中的应用。神经网络建模方法是一种"黑盒模型"方法。神经网络建模方法的优点是不需要根据系统物理与化学等规律建立精确的数学模型,而是利用神经网络的自适学习、非线性映射、并行处理以及泛化等功能建立系统输入—输出之间的映射关系,是基于实际系统所测量的输入/输出数据对系统进行建模,从而避免了建立系统数学模型的困难,且易于计算和实现。因此,神经网络建模方法应用研究十分广泛。在核动力领域,神经网络被用于核电厂系统仿真与参数预测[304]、核电厂瞬态辨识[305]、核电厂事故仿真[276]、反应堆堆芯动力学特性辨识[129,306-308]、蒸汽发生器建模与仿真[309-310]等方面。

在核动力系统建模中,常见的神经网络建模方法有 3 种:1)单神经网络模型;2)非线性自回归外输入(Nonlinear Autoregressive with Exogenous Inputs,NARX)神经网络模型;3)叠加神经网络(Superposed ANN,S-ANN)模型。

基于单神经网络的系统建模原理如图 9.22 所示。图中,$\boldsymbol{X}$ 与 $\boldsymbol{Y}$ 分别表示神经网络的输入和输出向量。在单神经网络建模方法中,作为系统模型的神经网络只有一个,而神经网络的输入、输出变量可以有多个。神经网络的输入、输出变量一般反映实际对象的输入、输出参数。

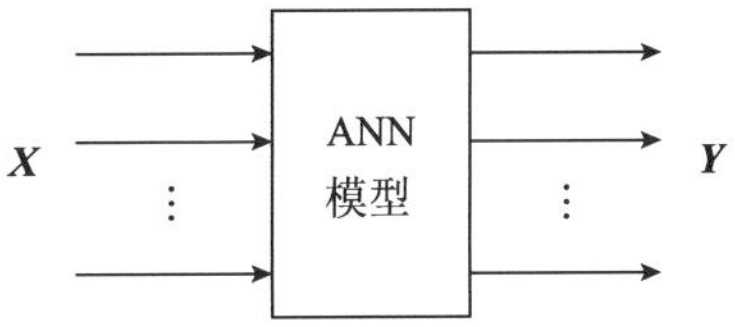

图 9.22 单神经网络建模原理

在非线性自回归外输入神经网络(NARX - ANN)建模方法中,一般也是用一个神经网络作为系统的模型。不过,这种神经网络有多个外部延迟和反馈延迟输入。基于非线性自回归外输入神经网络的系统建模原理如图 9.23 所示。图中,$\boldsymbol{X}$ 与 $\boldsymbol{Y}$ 分别表示神经网络的输入和输出向量,$\boldsymbol{D}_{\mathrm{I}}$表示输入变量延迟输入,$\boldsymbol{D}_{\mathrm{o}}$表示输出变量延迟反馈输入。

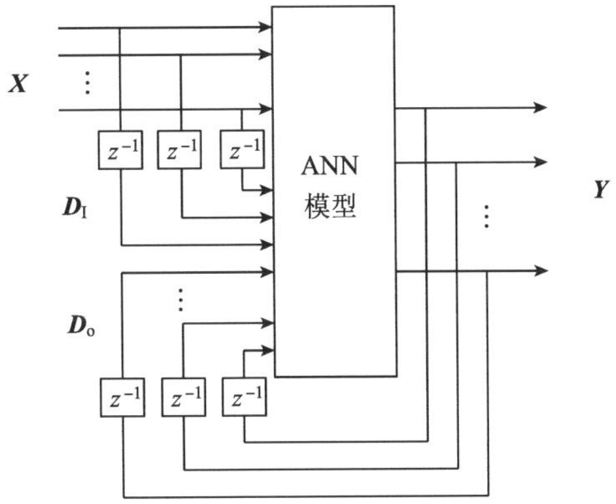

图 9.23 基于 NARX - ANN 的系统建模原理

基于叠加神经网络的系统建模基本原理如图 9.24 所示。图 9.24 中，ANN_1，ANN_2，…，ANN_n 分别表示单个神经网络模型；$\boldsymbol{X}_1$，$\boldsymbol{X}_2$，…，$\boldsymbol{X}_n$ 分别表示 ANN_1，ANN_2，…，ANN_n 的外部输入向量；$\boldsymbol{Y}_1$，$\boldsymbol{Y}_2$，…，$\boldsymbol{Y}_n$ 分别表示 ANN_1，ANN_2，…，ANN_n 输出向量；$\boldsymbol{D}_1$，$\boldsymbol{D}_2$，…，$\boldsymbol{D}_n$ 分别表示 ANN_1，ANN_2，…，ANN_n 输出反馈延迟输入向量；$\boldsymbol{Y}_1'$，$\boldsymbol{Y}_2'$，…，$\boldsymbol{Y}_n'$ 分别表示将 $\boldsymbol{Y}_1$，$\boldsymbol{Y}_2$，…，$\boldsymbol{Y}_n$ 进行某种运算处理后得到的向量；$\boldsymbol{Y}$ 表示叠加神经网络模型的输出向量。叠加神经网络模型的最终输出是单个神经网络模型输出效果的叠加。在基于叠加神经网络的系统建模方法中，由于采用了多个神经网络而可以用于复杂非线性系统建模。

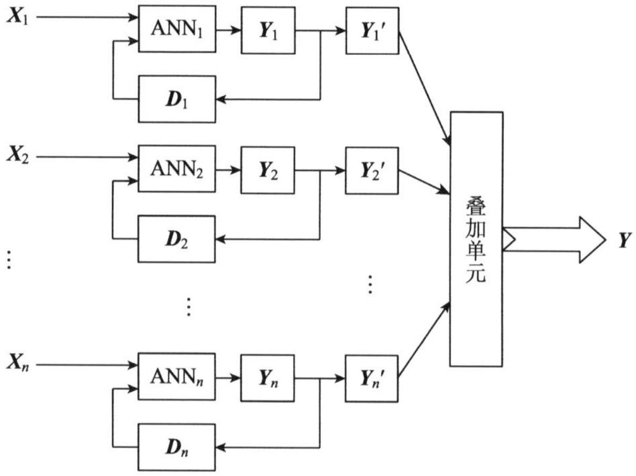

图 9.24　基于叠加 ANN 的系统建模原理

9.5.2　神经网络用于反应堆堆芯特性辨识[306-307]

核反应堆堆芯特性辨识是核工程中一个重要研究领域。Boroushaki M 等[306-307]研究了递归神经网络在核反应堆堆芯特性辨识与控制中的应用。为对提出的辨识方法进行验证，以俄罗斯 3000 MW 热功率的压水堆堆芯作为参考堆芯。作者采用的辨识原理如图9.25所示[306-307]。控制棒棒位作为辨识器的输入，反应性、热功率、轴向偏差和 Xe 浓度作为辨识器的输出。核反应堆堆芯辨识器结构采用多个非线性自回归外输入结构，如图 9.26 所示[306-307]。图 9.26 所示的辨识模型为串并联模型。

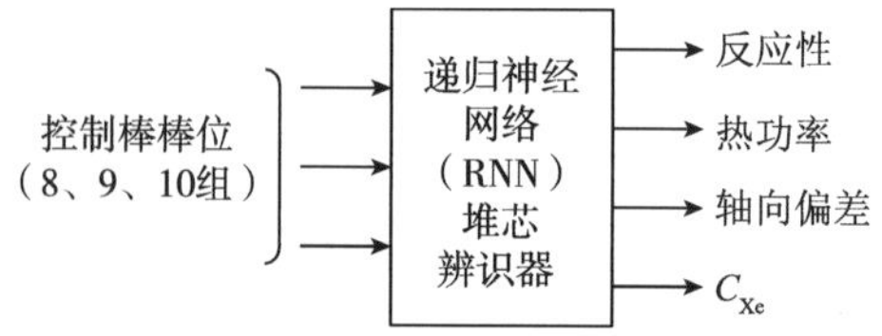

图 9.25　堆芯辨识原理框图[306-307]

图 9.26 中，辨识器的动力学行为可以用多层感知器的离散非线性函数描述。例如

$$P(t+1)=f_P[C_{Xe}(t),\cdots,C_{Xe}(t-d),P(t),\cdots,P(t-d),A.O(t),\cdots,A.O(t-d),\cdots,\rho(t),\cdots,\rho(t-d),h_8(t),\cdots,h_8(t-c),h_9(t),\cdots,h_9(t-c),h_{10}(t),\cdots,h_{10}(t-c)]$$

这里，$h_8(t)$、$h_9(t)$、$h_{10}(t)$ 分别是第 8、9、10 组控制棒棒位；$C_{Xe}(t)$、$P(t)$、$A.O(t)$、$\rho(t)$ 分别是 t 时刻氙浓度、热功率、轴向偏差和反应性；c、d 分别表示时间延迟单元。

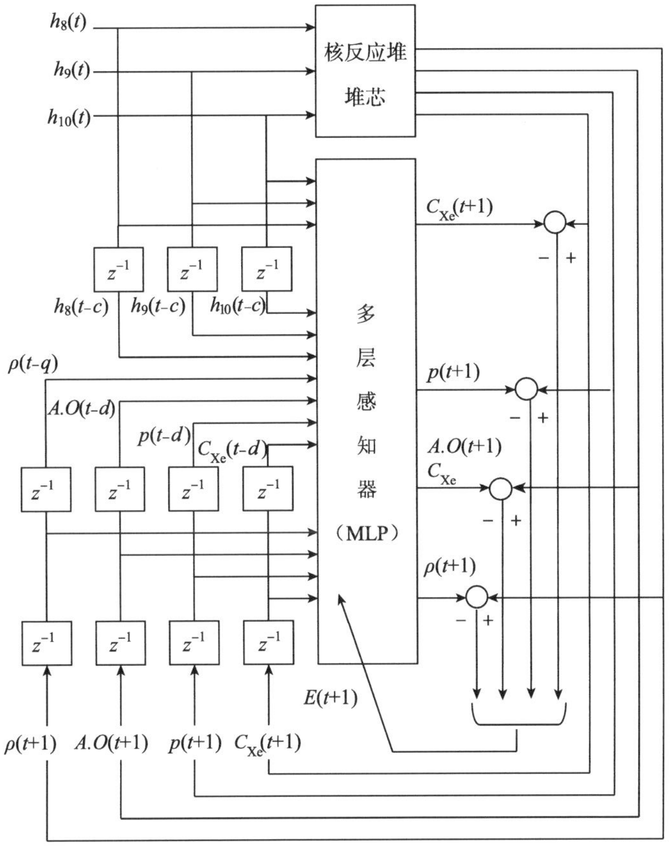

图 9.26 堆芯辨识器结构[306—307]

控制棒在反应堆堆芯内移动时，对堆芯动力学会造成短期和长期的影响。因此，用单一 RNN 难以完成堆芯短期和长期动力学特性的辨识。为解决这个问题，采用并行 NARX 辨识结构(Parallel-NARXs，P-NARXs 结构)如图 9.37 所示[306]。图 9.27 中，LNARX 用于辨识堆芯长期动力学；SNARX1 用于辨识控制棒插入堆芯时的短期动力学特性；SNARX2 用于辨识控制棒抽出堆芯时的短期动力学特性。

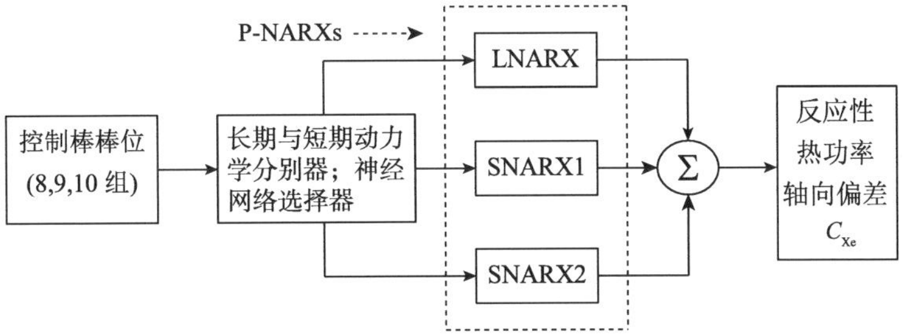

图 9.27 多 NARX 堆芯动力学辨识原理框图[306]

在 P-NARXs 中，各 NARX 的训练算法采用最速下降规则的 BP 算法。总误差函数如下

$$E(n,t)=\frac{1}{2}\sum_{k=1}^{K}\left[y_k^{\mathrm{d}}(n,t)-y_k(n,t)\right]^2 \tag{9.5.1}$$

式(9.5.1)中，$y_k^{\mathrm{d}}(n,t)$ 与 $y_k(n,t)$ 分别为神经网络第 n 次迭代运算的期望输出与网络输出。

设某瞬态整个数据集的数目为 M，采用批处理学习方式时，则总平方误差为

$$E_{\mathrm{T}}(n,t)=\frac{1}{2}\sum_{t=1}^{M}\sum_{k=1}^{K}\left[y_k^{\mathrm{d}}(n,t)-y_k(n,t)\right]^2 \tag{9.5.2}$$

神经网络连接权的修正方法如下

$$w_{ij}(n+1)=w_{ij}(n)+\Delta w_{ij}(n) \tag{9.5.3}$$

在神经网络第 n 次迭代运算时，$\Delta w_{ij}(n)$ 计算方法如下

$$\Delta w_{ij}(n)=\frac{\sum_{i=1}^{M}\Delta w_{ij}(n)}{M} \tag{9.5.4}$$

$$\Delta w_{ij}(n)=\frac{\sum_{i=1}^{M}E(n,t)\times\Delta w_{ij}(n,t)}{\sum_{i=1}^{M}E(n,t)} \tag{9.5.5}$$

$$\Delta w_{ij}(n,t)=\eta\times\frac{\delta E(n,t)}{\delta w_{ij}(n,t)} \tag{9.5.6}$$

式(9.5.5)及式(9.5.6)中，$\Delta w_{ij}(n,t)$ 为神经网络第 n 次迭代运算时，采用最速下降规则学习时的连接权误差；η 为学习率。

9.5.3 神经网络在 SG 建模与仿真中的应用

9.5.3.1 神经网络用于蒸汽发生器动态仿真[309]

在蒸汽发生器动态特性分析与研究中，一般先建立蒸汽发生器的数学模型，然后再采用数值计算方法进行仿真计算。1999 年，Masini R 等[309]在蒸汽发生器仿真研究中，提出基于神经网络的仿真方法，使用神经网络叠加方案建立了蒸汽发生器神经网络动态仿真模型。

Masini R 等提出的蒸汽发生器叠加神经网络仿真模型如图 9.28 所示[309]，神经网络仿真模型由 5 个神经网络组成(ANN1～ANN5)。图中，A_{tiv} 表示汽轮机蒸汽入口阀门开度；Q_{p} 为一回路冷却剂流量；T_{psi} 为一回路冷却剂在蒸汽发生器入口的温度；Q_{fw} 为给水流量；T_{fw} 为给水温度；Q_{s} 为出口蒸汽流量；P_{so} 为出口蒸汽压力；h_{s} 为出口蒸汽焓；T_{pso} 为一回路冷却剂在蒸汽发生器出口温度。

蒸汽发生器叠加神经网络建模的原理是：在系统输入变量中，每次只让一个输入信号发生变化，而其余输入信号保持为额定值，通过这种方法得到各单个输入信号变化作用下的系统的响应特性(或称为瞬态模式)；在神经网络训练时，每个神经网络只学习一个输入信号变化而其余输入信号保持为额定值时的系统响应特性(瞬态模式)；通过对各神经网络输出的某种叠加运算，得到蒸汽发生器叠加神经网络仿真模型的输出。

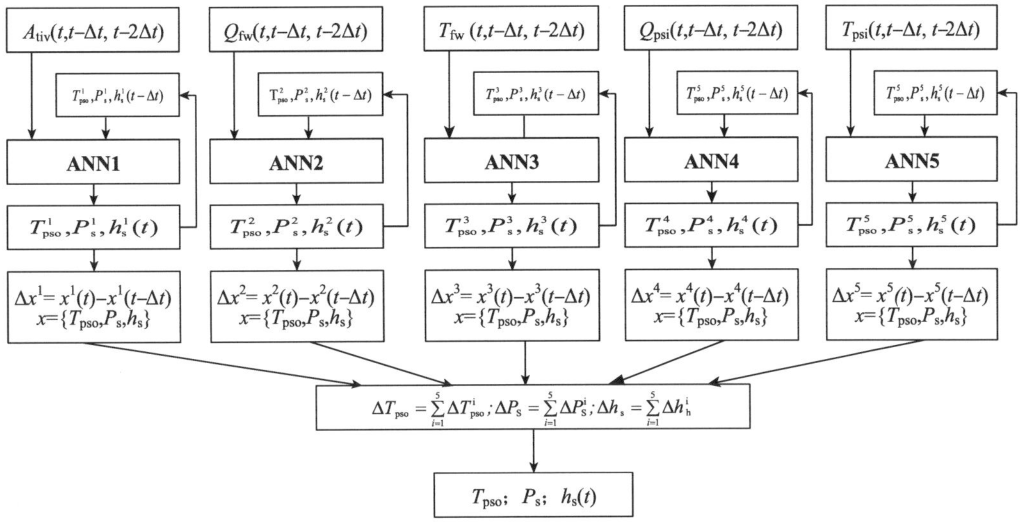

图 9.28 蒸汽发生器叠加 ANN 仿真模型[309]

9.5.3.2 神经网络用于直流蒸汽发生器建模[310]

文献[310]研究了神经网络在直流蒸汽发生器建模中的应用。针对直流蒸汽发生器数学模型建模难的问题,作者使用 BP 神经网络对直流蒸汽发生器动力学特性进行了辨识和建模,用 BP 神经网络(BP-NN)建立了直流蒸汽发生器神经网络模型。

直流蒸汽发生器神经网络模型如图 9.29 所示。图中各变量的含义如表 9.1 所示。

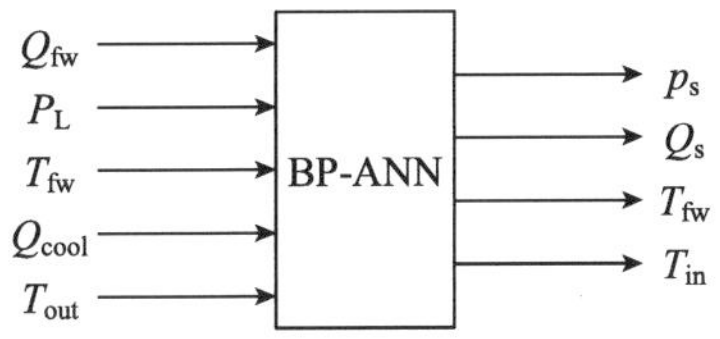

图 9.29 直流蒸汽发生器神经网络模型

BP-NN 的输入变量为给水流量、负荷功率、给水温度、冷却剂流量和反应堆出口温度,其输出变量为蒸汽压力、蒸汽流量、反应堆入口温度和蒸汽温度。

表 9.1 神经网络模型中有关符号含义

序号	符号	含义
1	Q_{fw}	给水流量
2	P_L	负荷功率
3	T_{fw}	给水温度
4	Q_{cool}	冷却剂流量
5	T_{out}	反应堆出口温度
6	p_s	蒸汽压力
7	Q_s	蒸汽流量
8	T_{in}	反应堆入口温度

设 $\boldsymbol{X}$、$\boldsymbol{Y}$ 分别为直流蒸汽发生器神经网络模型 BP-NN 的输入向量，$\boldsymbol{X}$ 可表示为如下的向量形式

$$\boldsymbol{X}=[Q_{\mathrm{fw}},P_{\mathrm{L}},T_{\mathrm{fw}},Q_{\mathrm{cool}},T_{\mathrm{out}}]^{\mathrm{T}}$$

$\boldsymbol{Y}$ 可表示为如下的向量形式

$$\boldsymbol{Y}=[p_{\mathrm{s}},Q_{\mathrm{s}},T_{\mathrm{fw}},T_{\mathrm{in}}]^{\mathrm{T}}$$

则 BP-NN 的输入与输出之间调查关系可表示为

$$\boldsymbol{Y}=f(\boldsymbol{X})$$

直流蒸汽发生器神经网络模型应用于核动力系统仿真，能够快速得到直流蒸汽发生器相关参数数值。仿真结果表明，BP-NN 模型精度高，实用性强。

9.6 本章小结

系统辨识广泛应用于系统建模、参数预测、控制系统设计以及系统监测与故障诊断等方面。本章主要阐述了基于神经网络的辨识方法。首先阐述了神经网络辨识的要素、基于神经网络的系统辨识结构、神经网络辨识模型、非线性动态系统模型以及神经网络辨识的数学描述。在此基础上，通过数学描述和仿真算例的方式介绍了神经网络在核动力装置系统与过程辨识中的应用，主要包括基于 ANN 的蒸汽发生器水位动力学特性辨识、蒸汽发生器建模以及反应堆堆芯特性辨识等内容。本章在介绍核动力装置神经网络辨识方法时仅涉及 BP、Elman 和 RNN 神经网络，在研究系统或过程辨识问题时，也可选用其他网络，其神经网络辨识的原理是相同或相似的。

复习思考题

1.系统辨识方法有哪些类型？各有什么特点？

2.神经网络辨识的要素有哪些？

3.试分析神经网络正模型辨识与逆模型辨识的区别。

4.并联辨识模型和串联辨识模型的区别。

5.前馈神经网络用于系统辨识的特点是什么？

6.Elman 用于系统辨识的优缺点是什么？

7.试分析叠加神经网络模型的特点及其用于系统辨识的优缺点？

第 10 章　核动力装置神经网络控制方法

10.1　引言

神经网络控制是在神经网络理论与控制理论结合的基础上发展起来的一种新的控制理论，是智能控制理论的一个重要分支。神经网络控制一般用于解决复杂非线性系统的控制问题，尤其是那些难以建立被控过程或对象精确数学模型的非线性系统的控制问题。在涉及神经网络的控制系统中，神经网络的作用主要表现在以下几个方面：1）神经网络直接作为控制器，给控制系统执行结构提供控制信号；2）神经网络作为被控对象或过程的数学模型，完成被控系统建模、参数预测和估计；3）神经网络与传统控制器或其他控制理论结合构成各种控制系统[248]。

在基于神经网络的控制系统中，最直接的神经网络控制方法是神经网络直接逆模型控制。由于神经网络直接逆模型控制没有反馈校正作用，控制系统精度依赖于逆模型的精度，且鲁棒性差，因此，在复杂非线性动态系统控制研究中，直接逆模型控制用的比较少。常见的方法是将神经网络与不同的控制理论和技术相结合，形成不同的控制方案，如神经网络 PID 控制、神经网络监督控制、神经网络自适应控制、神经网络内模控制、神经网络自适应评判控制（或称神经网络再励控制）以及神经网络预测控制等。神经网络控制结构与方案的研究，构成了神经网络控制方法的设计基础。本章首先介绍常见的神经网络控制模型，然后介绍神经网络在核动力装置及其设备控制中的应用。

10.2　神经网络控制结构[243,248,250,272,311]

10.2.1　神经网络直接逆模型控制

神经网络直接逆模型控制就是用神经网络建立被控对象的逆模型，并将逆模型作为控制器与被控对象串接起来，使系统期望输出与被控对象实际输出之间构成一个同等映射关系。神经网络直接逆模型控制结构如图 10.1 所示。图 10.1 中，NN1 和 NN2 具有相同的结构，网络训练采用相同的学习算法。

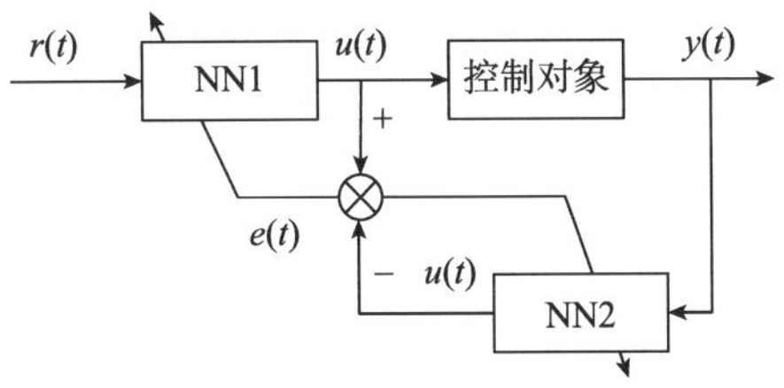

图 10.1　神经网络直接逆模型控制

在神经网络直接逆模型控制中，由于没有反馈校正作用，因此控制系统的精度完全依赖于逆模型的精度，控制系统的鲁棒性也较差。因此，在实际一般很少采用这种模型。为提高这种制系统的精度和鲁棒性，可以采用在线学习方法，在线调节逆模型的精度。

10.2.2 神经网络自校正控制

神经网络自校正控制分为直接自校正控制与间接自校正控制。两者的区别在于，在神经网络直接自校正控制中同时使用神经网络作为控制器和辨识器，其中辨识器可进行在线修正；而在神经网络间接自校正控制中使用常规控制器，辨识器神为经网络。当神经网络辨识器离线辨识时，则需要具有足够高的建模精度。神经网络直接自校正控制与神经网络直接逆模型控制本质上是相同的。下面简要介绍神经网络间接自校正控制。

神经网络间接自校正控制的结构框图如图 10.2 所示，由一个常规控制器和一个神经网络辨识器组成。通过辨识器对被控对象参数进行在线估计，然后对控制器的参数进行校正。

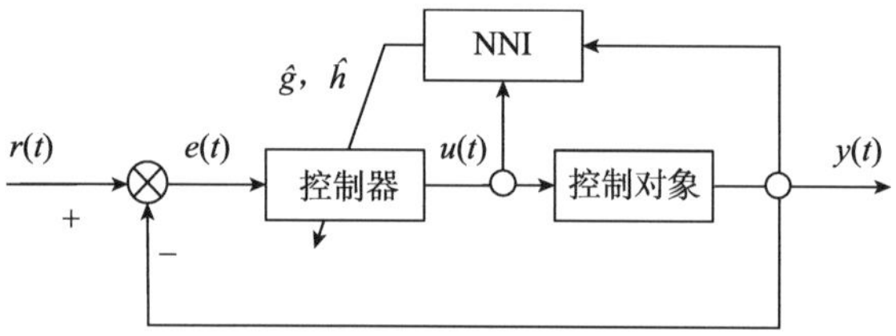

图 10.2　神经网络间接自校正控制

假设被控对象为一阶非线性系统

$$y_{k+1}=h(y_k)+g(y_k)u_k \tag{10.2.1}$$

如果用神经网络对非线性函数 $h(y_k)$ 和 $g(y_k)$ 进行离线辨识，得到具有足够逼近精度的估计值 $\hat{h}(y_k)$ 和 $\hat{g}(y_k)$，则常规控制器的控制规律为

$$u_k=\frac{-\hat{h}(y_k)}{\hat{g}(y_k)}+\frac{r(k+1)}{\hat{g}(y_k)} \tag{10.2.2}$$

式(10.2.2)中，$r(k+1)$ 为 $k+1$ 时刻系统的期望输出值。

10.2.3 神经网络 PID 控制

在自动化控制中，PID 控制方法[243,311]一直是一种非常重要的和常用的方法。PID 控制方法具有控制规律直观、结构简单、易于设计和实现以及鲁棒性好等优点。在线性系统的控制中，PID 控制方法具有良好的控制性能。但是，线性系统在现实中是比较少见的。实际的控制对象和过程一般是非线性的，有些系统是高度复杂的非线性、时变系统。对于高度复杂的非线性、时变系统，采用 PID 控制方法往往难以获得满意的控制效果。神经网络具有良好的非线性逼近能力和自适应学习能力，将神经网络方法与 PID 控制方法结合起来，形成神经网络 PID 控制方法，这是神经网络理论与控制理论一种很自然的结合方式。这种方法可以弥补传统的 PID 控制方法的不足，提高控制作用的效果。基于神经网络的 PID 控制有多种方法，常见的有基于单神经元的 PID 控制和基于多层神经网络的 PID 控制方法。

(1)基于单神经元的 PID 控制方法

基于单神经自适应 PID 控制系统如图 10.3 所示[243,250]。单神经元自适应 PID 控制器是按神经网络结构而构成的 PID 控制器。控制器由一个神经元与自适应机构 k_u组成。w_j ($j=1,2,3$)为神经元的连接权值,k_u为自适应系数,在控制器学习过程中对其进行在线调节。$u(t)$为控制器输出。给定值输入 $r(t)$与被控对象输出 $y(t)$进行比较得到误差量 $e(t)$,即

$$e(t)=r(t)-y(t) \tag{10.2.3}$$

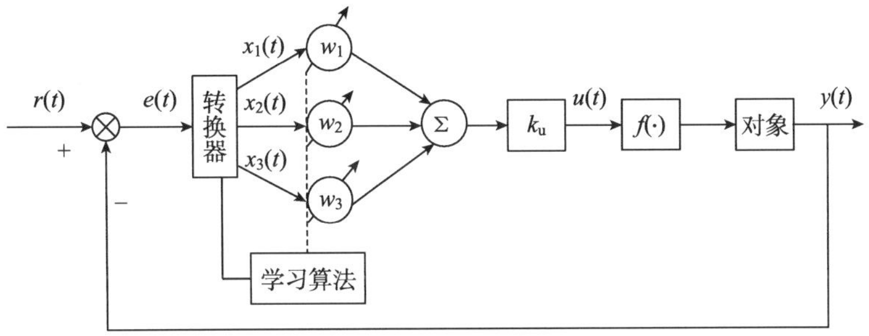

图 10.3 单神经自适应 PID 控制系统框图

下面介绍图 10.3 中单神经元控制器的学习算法。

设神经元的权向量为 $\boldsymbol{W}=[w_1,w_2,w_3]$。权向量 $\boldsymbol{W}$ 中的元素 $w_j(j=1,2,3)$即表征 PID 控制器的比例、积分和微分系数 k_P,k_I,k_D。应用神经网络所具有的学习能力使得当对象与扰动有变化时,辨识的对象的模型随着变化。神经 PID 控制器中神经元的权值不断地调整,使系统能够适应环境,以实现对被控对象进行有效地控制。

如图 10.3 所示,转换器将 $e(t)$转换为状态变量 $x_i(t)(i=1,2,3)$后作为神经元网络的输入。设采样周期为 T_s,则神经元网络的输入的三个状态量 $x_i(t)(i=1,2,3)$分别为

$$\begin{cases} x_1(t)=e(t) \\ x_2(t)=\sum\limits_{i=0}^{t} e(i)T_s \\ x_3(t)=\Delta e(t)/T_s=e(t)-e(t-1) \end{cases} \tag{10.2.4}$$

控制器输出为

$$u'(t)=K_u\sum_{i=1}^{3} w_i(t)x_i(t)/W \tag{10.2.5}$$

式(10.2.5)中,$W=\sum\limits_{i=1}^{3}|w_i(t)|$;$K_u=\eta_u|r(t)-y(t)|$,$\eta_u$ 为学习系数,设定为正数。

$$u=u_{\max}\frac{1-e^{-u'(t)}}{1+e^{-u'(t)}} \tag{10.2.6}$$

式(10.2.6)中,$u_{\max}$为最大控制量。

目标函数为

$$E(t)=\frac{1}{2}[r(t)-y(t)]^2=\frac{1}{2}E_k{}^2(t) \tag{10.2.7}$$

控制器的权值学习算法为

$$w_i(t+1)=w_i(t)+\Delta w_i(t) \tag{10.2.8}$$

$$\begin{aligned}\Delta w_i(t)&=-\eta_i \frac{\partial J}{\partial w_i(t-1)}\\&=-\eta_i \frac{\partial J}{\partial y(t)}\cdot\frac{\partial y(t)}{\partial u(t-1)}\cdot\frac{\partial u(t-1)}{\partial u'(t-1)}\cdot\frac{\partial u'(t-1)}{\partial w_i(t-1)}\end{aligned} \tag{10.2.9}$$

式(10.2.9)中，η_i为学习因子。

因 W 变化比较平缓，可近似为常数，可得

$$\begin{aligned}\Delta w_i(t)=&-\eta_i u_{\max}\left[1-u^2(t-1)/u_{\max}^2\right]\times\\&e(t-1)x_i(t-1)\frac{\partial y(t)}{\partial u(t-1)}\end{aligned} \tag{10.2.10}$$

在实际控制过程中，因为对象$\partial y(t)/\partial u(t-1)$未知，所以利用差分来近似，即

$$\frac{\partial y(t)}{\partial u(t-1)}\approx\frac{y(t)-y(t-1)}{u(t-1)-u(t-2)} \tag{10.2.11}$$

(2)基于多层神经网络的 PID 控制方法

基于多层神经网络的 PID 控制方法具有多种结构形式。

一种基于多层神经网络的 PID 控制系统结构如图 10.4 所示。系统主要由控制器网络 NN、辨识器网络 NNI 以及 PID 控制器组成。NNI 对被控对象进行在线辨识，在此基础上调整 NN 各连接权值，从而自适应调节 PID 控制器参数，使 PID 控制器具有良好的控制性能，以实现对被控对象的有效控制。

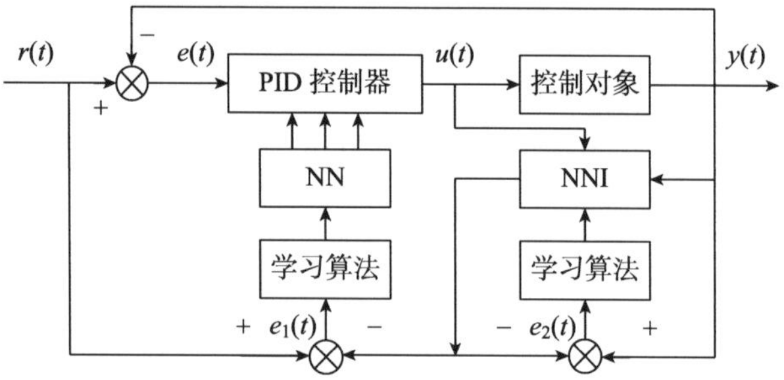

图 10.4 神经网络 PID 控制原理框图(Ⅰ)

另一种基于多层神经网络的 PID 控制系统结构如图 10.5 所示。系统主要由控制器网络 NNC 和辨识器网络 NNI 组成。NNI 对被控对象进行在线辨识，在此基础上调整 NNC 各连接权值，NNC 的输出为控制规律，从而实现对被控对象的控制。

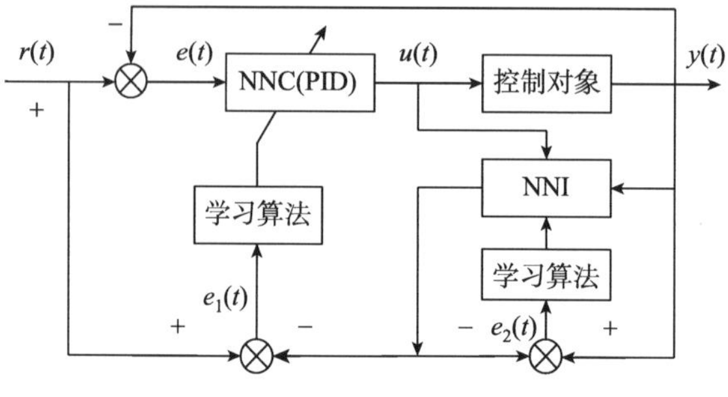

图 10.5 神经网络 PID 控制原理框图(Ⅱ)

10.2.4 神经网络监督控制结构

神经网络监督控制是为模仿人工控制行为，用神经网络对人工或传统控制器的进行学习，然后用神经网络控制器取代或逐渐取代原控制器的方法，称为神经网络监督控制。

神经网络监督控制有两种主要结构形式，分别如图 10.6 和图 10.7 所示。图 10.6 所示的结构中，利用神经网络建立人工控制器的正向模型。通过训练，神经网络记忆控制器的动态特性，使神经网络的输出与人工控制器的输出具有相似的控制作用。这种监督控制方法的缺点是，人工控制器是利用视觉反馈进行控制的，当使用神经网络控制器取代原控制器进行控制后，因缺乏人工视觉反馈而使控制系统成为一个开环系统，从而影响控制系统的稳定性和鲁棒性。

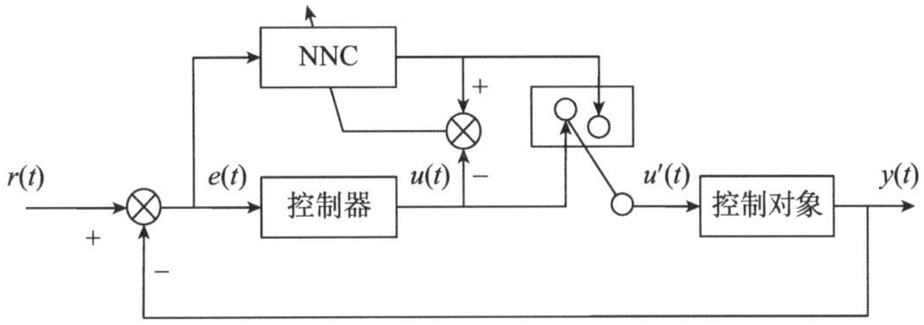

图 10.6 神经网络监督控制（Ⅰ）

图 10.7 所示的神经网络监督控制结构特点是，在传统控制器的基础上增加一个神经网络控制器，该神经网络控制器构成一个前馈控制器。神经网络控制器通过线学习，逐渐起主导作用，最终取代传统控制器。

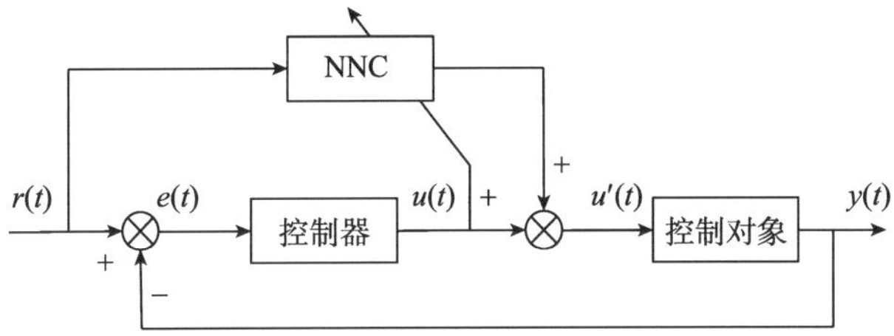

图 10.7 神经网络监督控制（Ⅱ）

图 10.7 所示的结构与图 10.6 所示的结构不同之处在于，图 10.7 为前馈加反馈的神经网络监督控制结构。当系统出现干扰等问题影响控制系统性能时，反馈控制器可以重新对被控对象进行控制。与图 10.6 所示的神经网络监督控制系统相比，这种控制方法既保证了控制系统的稳定性和鲁棒性，又提高了控制系统的精度和自适应能力。

10.2.5 神经网络模型参考自适应控制

(1)神经网络直接模型参考自适应控制

神经网络直接模型参考自适应控制系统一般由神经网络控制器、参考模型、控制对象和比较单元等部分组成，如图 10.8 所示。参考模型给出控制系统要遵循的参考轨迹。神经网络控制器的任务是维持被控对象的输出与参考模型输出之间的输出一致或两者之间的差值在某个误差范围内。两个比较单元则分别将被控对象输出与给定值和参考模型输出比较，以得到被控对象输出与给定值以及对象输出与参考模型输出之间的误差。

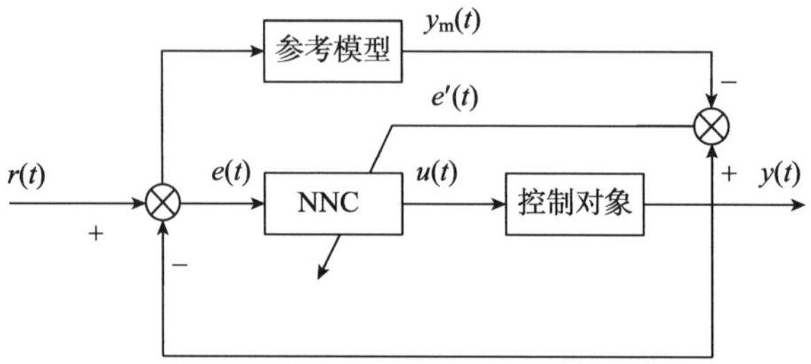

图 10.8 神经网络直接模型参考自适应控制

(2)神经网络间接模型参考自适应控制

神经网络间接模型参考自适应控制系统一般由神经网络控制器、神经网络辨识器(NNI)、参考模型、控制对象和比较单元等部分组成，如图 10.9 所示。与神经网络直接模型参考自适应控制类似，参考模型给出控制系统要遵循的参考轨迹。神经网络控制器的任务是维持被控对象的输出与参考模型之间的输出一致或两者之间的差值在某个误差范围内。与神经网络直接模型参考自适应控制不同的是，在神经网络间接模型参考自适应控制中，NNI 首先辨识被控对象的前馈模型。

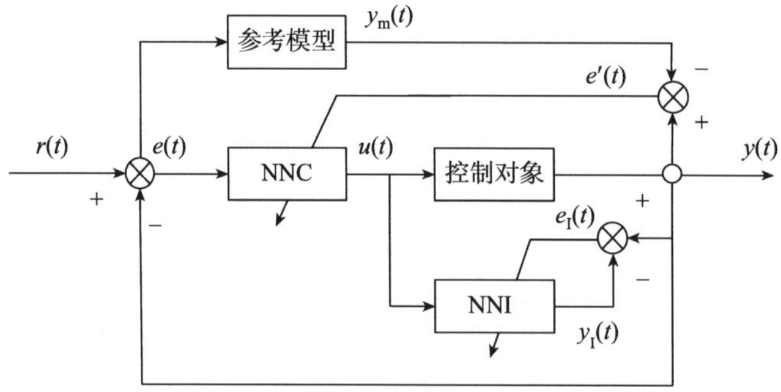

图 10.9 神经网络间接接模型参考自适应控制

10.2.6 神经网络预测控制

神经网络预测控制是在神经网络建模与模型预测控制基础上发展起来的一种新的智能控制方法[272]。模型预测控制主要包括参考轨迹、预测模型、滚动优化和反馈校正等几个关键性环节。在神经网络预测控制方法中，是用神经网络作为预测模型以取代模型预测控制中的内部模型，用非线性优化器进行优化计算。神经网络预测控制系统原理如图 10.10 所示。图 10.10 中，利用神经网络预测器建立被控对象的预测模型，该神经网络模型可以在线学习。根据神经网络预测模型，可以由当前的控制输入 $u(t)$，预测出被控系统在未来一段时间范围内的输出值

$$y(t+j\,|\,t),\ j=N_1,N_1+1,\cdots,N_p$$

这里，N_1、N_p 分别称为最小与最大输出预测水平，反映了所考虑的跟踪误差和控制增

量的时间范围。

在$(t-j)$时刻,预测误差定义为

$$e(t+j)=y_{\rm d}(t+j)-y(t+j\,|\,t) \tag{10.2.12}$$

目标函数定义为

$$E=\sum_{j=N_1}^{N_2}e^2(t+j)+\sum_{j=N_1}^{N_2}\lambda_i\Delta u^2(t+j-1) \tag{10.2.13}$$

$$\Delta u(t+j-1)=u(t+j-1)-u(t+j-2) \tag{10.2.14}$$

式(10.2.13)中,λ_i为控制加权因子。

非线性优化器通过极小化目标函数以得到控制信号$u(t)$。

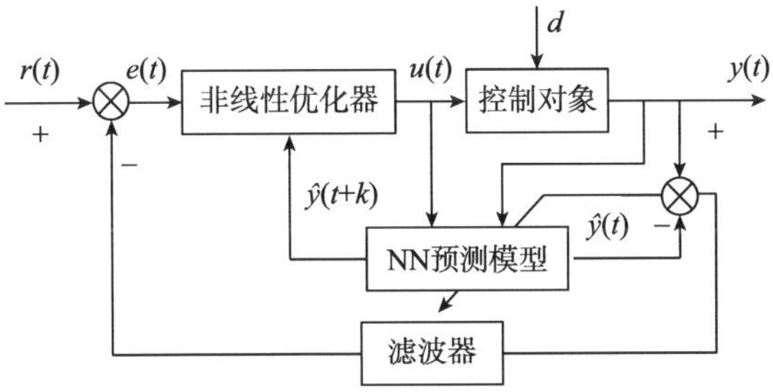

图 10.10 神经网络预测控制原理框图

根据预测控制原理,神经网络预测控制算法的步骤为:

(1)计算未来的期望输出序列$y_{\rm d}(t+j\,|\,t)$,$j=N_1,N_1+1,\dots,N_2$。

(2)利用神经网络预测模型得到预测输出序列$y(t+j\,|\,t)$,$j=N_1,N_1+1,\dots,N_2$。

(3)计算预测误差序列$e(t+j)=y_{\rm d}(t+j)-y(t+j\,|\,t)$,$j=N_1,N_1+1,\dots,N_2$。

(4)极小化目标函数E,获得最优控制序列$u(t+j)$,$j=0,1,2,\dots,N_2$。

(5)采用第一控制量$u(t)$,返回到第(1)步。

10.2.7 神经网络内模控制

内模控制是近年来人们关注较多的一种控制方法,该方法是使用被控对象的正向模型与逆模型构成控制系统。神经网络内模控制原理框图如图10.11所示。在神经网络内模控制系统中,被控对象的逆模型(控制器) NN1 与正向模型 NN2 及均为神经网络模型,滤波器为常规线性滤波器,正向模型 NN2 与实际系统并行设置。神经网络内模控制系统的反馈信号为系统输出与系统正向模型 NN2 输出之差。

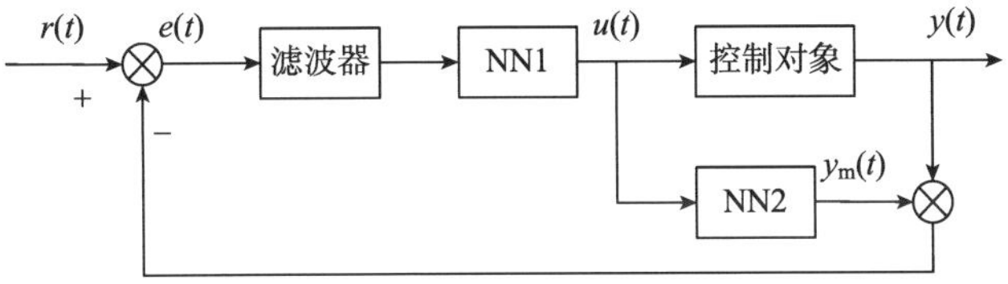

图 10.11 神经网络内模控制

10.2.8 神经网络自适应评判控制

在神经网络控制系统中，一般都需要提供被控对象的参考输入信号，神经网络训练采用有导师学习方法。但是当系统模型未知时，就很难提供这种参考输入信号，神经网络训练也难以采用有导师学习方法。在这种情况下，系统可以通过一种“再励学习(Reinforcement Learning)”的方式记忆经验，从而给控制系统提供一些有关控制器性能好坏的评价结果和奖励、惩罚信息，使控制器根据评价结果调整自己的参数，以获得较好的控制性能。这种具有再励学习学习、自适应评价和奖惩作用的神经网络控制方法，就是由Barto 等首先提出的神经网络自适应评判控制方法。

神经网络自适应评判控制系统一般通常由两个网络组成，如图 10.12 所示。图 10.12 中，自适应评判网络首先通过再励学习，使自己逐渐成为一个“合格”的教师。在学习完成后，自适应评判网络根据被控系统目前的状态和外部再励反馈信号 $r(t)$，产生一再励预测信号，并进而给出内部再励信号 $r'(t)$，以便能够对目前控制作用的效果进行评价。控制选择网络 CSNN 的作用相当于一个多层前馈神经网络控制器，它在内部再励信号指导下进行学习。在学习之后，CSNN 根据编码后的系统状态，将选择下一步的控制作用。现在神经网络自适应评判控制发展为多种方式，如模糊神经网络自适应评判控制等。

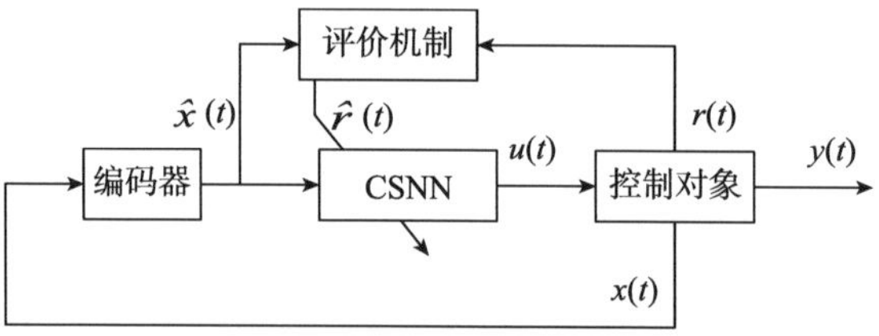

图 10.12 神经网络自适应评判控制

10.3 核动力装置神经网络 PID 控制

10.3.1 SG 水位单神经元自适应控制

蒸汽发生器是一个高度复杂的非线性、时变的非最小相位系统，具有较小的稳定裕度。蒸汽发生器水位传统的控制方法是采用常规 PI(D)控制方案。要在变工况运行情况下获得良好的控制效果，往往需要改变 PI(D)控制器的参数和增益。单神经元自适应 PID 控制系统将 PID 控制规律与神经元学习算法结合起来，可在线调节 PID 控制器的参数和增益。在蒸汽发生器水位控制中，采用单神经元自适应 PID 控制有助于提高蒸汽发生器水位控制系统的性能[312]。

(1)单神经元自适应 PID 控制系统结构

一种可用于滞后控制的单神经元自适应 PID 控制系统如图 10.13 所示[243,311]。

图 10.13 中 $r(t)$为设定值，$y(t)$为实际输出，$e(t)$为系统误差信号；$w_i(k)$为 k 时刻的权重，$i=1,2,3$，分别代表 PID 控制三个参数 k_P,k_I,k_D；$G_p(s)e^{-\tau_d s}$ 被控对象传递函数。

$$e(t)=r(t)-y(t) \tag{10.3.1}$$

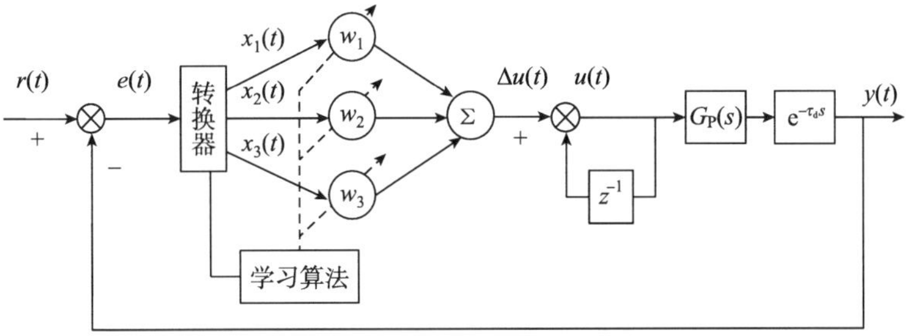

图 10.13　单神经元 PID 控制系统原理框图

设 $\boldsymbol{X}$ 为神经元的状态量，$\boldsymbol{W}$ 表示权向量，则 $\boldsymbol{X}$ 与 $\boldsymbol{W}$ 可分别表示为

$$\boldsymbol{X}=[x_1(k),x_2(k),x_3(k)]^{\mathrm{T}} \tag{10.3.2}$$

$$\boldsymbol{W}=[w_1(k),w_2(k),w_3(k)] \tag{10.3.3}$$

式(10.3.2)中，$\boldsymbol{X}$ 的 3 个分量(状态)的具体表达式如下

$$\begin{cases}x_1(k)=e(k)\\x_2(k)=e(k)-e(k-1)\\x_3(k)=e(k)-2e(k-1)+e(k-2)\end{cases} \tag{10.3.4}$$

控制器的输出可表示为

$$\Delta u(k)=\frac{\sum_{i=1}^{3}w_i(k)x_i(k)}{\|\boldsymbol{W}\|}=\frac{\boldsymbol{WX}}{\|\boldsymbol{W}\|} \tag{10.3.5}$$

$$u(k)=u(k-1)+k_{\mathrm{u}}\Delta u(k) \tag{10.3.6}$$

在式(10.3.5)中，权向量 $\boldsymbol{W}$ 和状态向量 $\boldsymbol{X}$ 内积后除以权重向量的欧几里德范数 $\|\boldsymbol{W}\|$，其目的是保证控制策略的收敛性，可减少震荡，增强控制过程的平稳性。

连接权的学习采用联想式学习策略，该学习策略将 Hebbian 与有监督学习相结合，在导师信号的作用下对权值进行在线调整。将输入状态 $\boldsymbol{X}$ 加到神经元的输入端，同时将相应的期望输出与实际输出相比较得到误差信号，以此调整连接权值。随着环境(包括期望输出、模型参数漂移以及干扰等)不断地提供输入状态，$\boldsymbol{W}$ 不断改变。如果环境发生变化，$\boldsymbol{W}$ 也随之改变。这种权重修正过程可描述为

$$w_i(k+1)=w_i(k)+\eta_i e(k)u(k)x_i(k) \tag{10.3.7}$$

式(10.3.7)中，η_i 为学习速率。

与单级三冲量 PID 控制器一样，比例因子 k_{u} 值的选择很重要。k_{u} 取值比较大时，系统响应速度快，但超调量大，甚至可能产生震荡；k_{u} 取值比较小时，系统响应速度慢，且 k_{u} 值取的太小，有可能产生稳态误差。

(2)SG 水位单神经元自适应 PID 控制

蒸汽发生器水位单神经元自适应 PID 控制系统结构原理框图如图 10.14 所示。图 10.14中，k_1、k_2 分别表示给水流量和蒸汽流量的测量放大系数。为保证给水流量能匹配蒸汽流量，同单级三冲量 PID 控制器一样，k_1 和 k_2 取值应相等。

在蒸汽发生器水位控制中，为克服蒸汽发生器的“虚假水位”现象，并有助于消除水位静态误差，采用三冲量水位控制系统。所谓三冲量是指控制系统具有 3 个输入量作为控制

变量，即蒸汽发生器水位、蒸汽流量和蒸汽发生器给水流量。在三冲量水位控制系统中，蒸汽发生器水位为被控变量，是主调节信号，蒸汽流量和给水流量是两个辅助调节信号。因此，在控制方案上，这种三冲量水位控制系统实质上是一种前馈加反馈的控制系统。蒸汽流量前馈信号的引入可克服“虚假水位”现象，给水流量反馈信号的引入则会克服给水侧的波动。

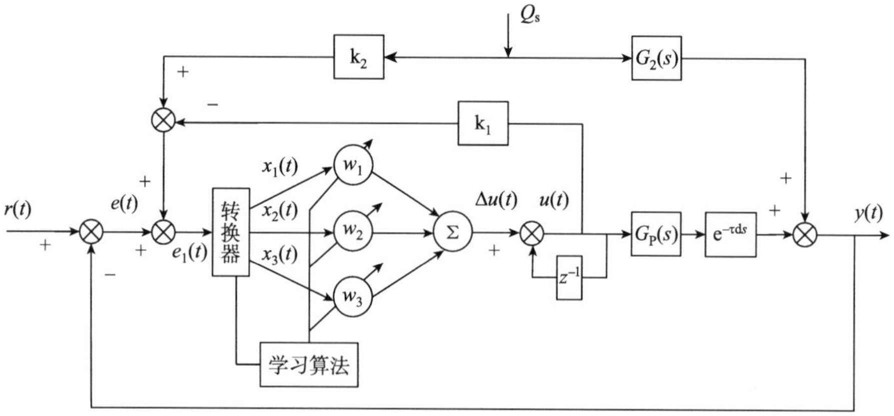

图 10.14　蒸汽发生器单神经元自适应 PID 控制系统

(3)仿真结果[312]

蒸汽发生器数学模型采用第 3 章所描述的蒸汽发生器水位过程仿真数学模型[226]。

在仿真计算中，控制系统的 k_1、k_2 同取为 0.5，k_u 取值 1。PID 系数初始值为采用 Z－N 法设计出的系数，即 $k_P=32.730\ 8$，$k_I=0.924\ 1$，$k_D=335.922\ 8$。仿真中限制控制量 u（即给水流量）在 0 kg/s 到额定流量 258 kg/s 之间。

设期望水位在第 250 s 时由初始的 0 m 阶跃上升到 4 m 并保持在 4 m；在第 1 000 s 时蒸汽流量由 150 kg/s 阶跃上升为 200 kg/s。当采用神经元自适应 PID 控制时，k_P、k_I、k_D 的在线自适应调整过程如图 10.15 所示，给水流量对蒸汽流量的跟踪过程如图 10.16 所示，采用神经元自适应 PID 控制与常规 PID 控制的性能比较如图 10.17 所示。

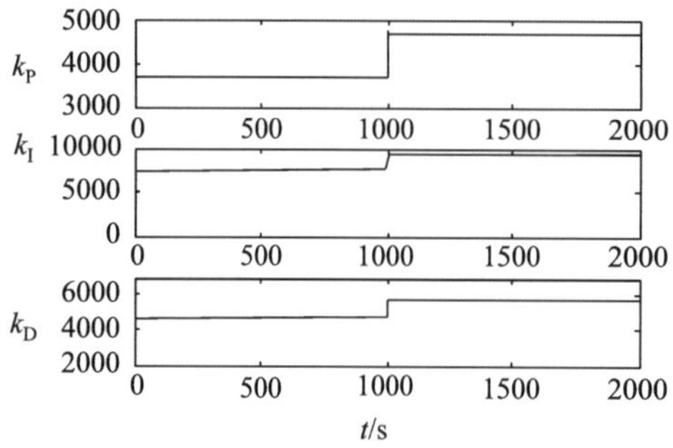

图 10.15　k_P、k_I、k_D 的在线调整过程

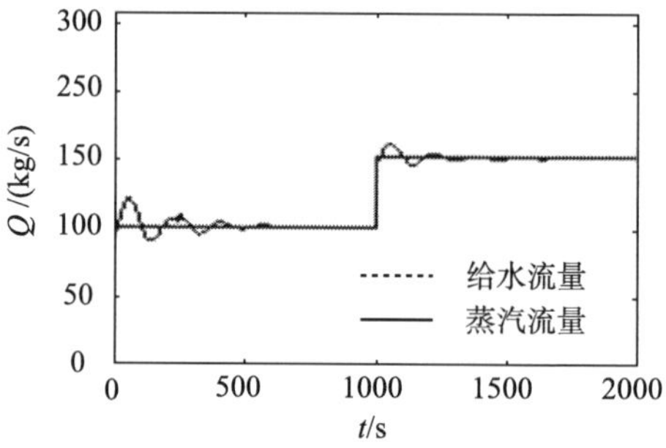

图 10.16　给水流量对蒸汽流量的跟踪

从图 10.17 可见，与常规 PID 控制相比，神经元自适应三冲量 PID 控制系统的超调量、上升时间、调节时间均显著减少。从仿真结果可以看出，单神经元三冲量自适应 PID 控制系统性能大大优于单级三冲量 PID 控制系统。

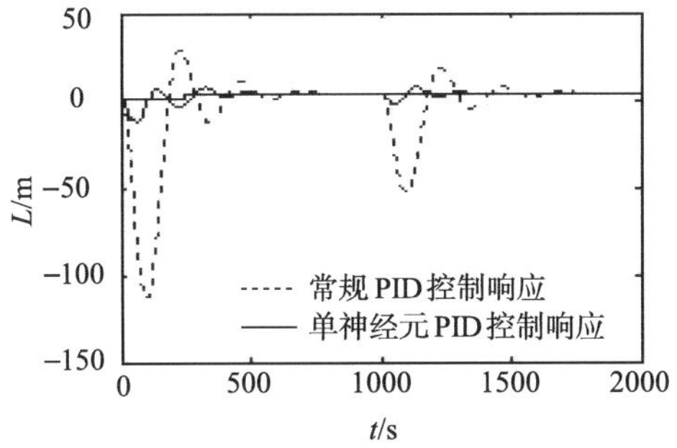

图 10.17 期望水位、蒸汽流量阶跃响应

单神经元自适应 PID 控制系统将 PID 控制与神经元结合起来，充分利用神经网络的非线性逼近特性及自学习、自组织的能力，在线调节 PID 的三个系数，可克服蒸汽发生器的大滞后特性和模型时变特性的影响。单神经元自适应 PID 控制系统结构简单，易于设计，容易实现。单神经元 PID 控制器的参数可以在线调节，控制效果好。

这里需要指出的是，上述结果为蒸汽发生器水位单神经元自适应 PID 控制的仿真结果。在仿真计算时引入了水位扰动和蒸汽流量的扰动，主要是验证单神经元自适应 PID 控制的效果。实际蒸汽发生器水位的波动，主要是由于蒸汽负荷的扰动引起水位的变化。当蒸汽负荷扰动引起水位变化时，通过控制系统的控制作用来调节给水流量，进而蒸汽负荷与给水流量同时作用于系统，使蒸汽发生器水位进一步发生变化，最后蒸汽负荷与给水流量保持平衡，使蒸汽发生器水位维持在设定值上。

10.3.2 核动力装置二回路 PID 神经网络解耦控制[199,248]

(1)PID 神经网络

PID 神经网络是一种将 PID 规律融入神经元而构成的三层前向神经网络。PID 神经网络的基本结构如图 10.18 所示，其隐含层神经元分别为 P(比例)、I(积分)和 D(微分)单元。图 10.18 中，x_1、x_2 表示 PID 神经网络的输入变量，y 表示 PID 神经网络的输出，w^1、w^2 分别为输入层与隐含层、隐含层与输出层之间的连接权。

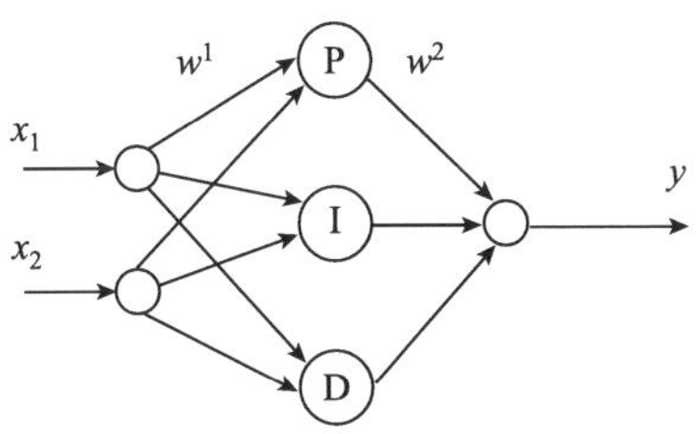

图 10.18 PID 神经网络结构

(2)PID 神经网络多变量解耦控制结构

PID 神经网络多变量控制结构如图 10.19 所示。假设被控对象 P 为强耦合的多输入/多输出复杂系统，其控制器由 n 个 PID 神经子网络组成。各 PID 神经子网络的输入层到隐含层之间的联系是相互独立的，而隐含层到输出层之间则相互连接。各子网络隐含层中的 3 个神经元分别为 P、I、D 单元。每个子网络的一个输入对应一个设定值，另一个输入对应

系统的一个输出值。图 10.19 中，r_n、u_n分别为 PID 控制器网络的输入、输出(控制量)；y_n、v_n分别为控制系统输出端的输出和扰动；w^1、w^2 分别为输入层与隐含层、隐含层与输出层的连接权；S 为被控对象。令 r_p、y_p($p=1,2,\cdots,n$)分别为设定值和与多变量控制系统的输出。

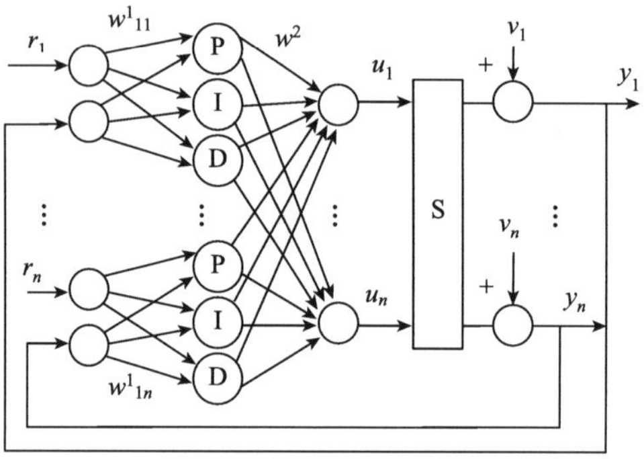

图 10.19　PID 神经网络多变量控制结构

设多变量 PID 神经网络的输入向量为 $\boldsymbol{R}$，则

$$\boldsymbol{R}=[r_{11},r_{12},r_{21},r_{22},\cdots,r_{sj},\cdots,r_{n1},r_{n2}]$$
$$=[r_1,y_1,r_2,y_2,\cdots,r_n,y_n]$$
$$r_{s1}(k)=r_p(k),r_{s2}(k)=y_p(k)\quad(s=p=1,2\cdots,n)$$

这里，s 为子网络的序号，$s=1,2,\cdots,n$；j 为子网络中输入层的序号，$j=1,2$。

令

$$m^2_{si}=x^2_{si}(k) \tag{10.3.8}$$

式(10.3.8)中，$x^2_{si}(k)$ 表示隐含层神经元的输入。

$$x^2_{si}(k)=\sum_{j=1}^{2}w^1_{sij}r_{sj}(k),i=1,2,3 \tag{10.3.9}$$

式(10.3.9)中，w^1_{sij} 为子网络 s 的输入层第 j 个神经元至隐含层第 i 个神经元的连接权值。

第 s 个子网络，隐含层比例、积分与微分神经元的输出记为 $q_{si}(k)$ 分别为

$$q^2_{s1}(k)=x^2_{s1}(k)$$
$$q^2_{s2}(k)=q^2_{s2}(k-1)+x^2_{s2}(k)$$
$$q^2_{s3}(k)=x^2_{s3}(k)-x^2_{s3}(k-1)$$

输出层神经元的输入为

$$x'_h(k)=\sum_{s=1}^{n}\sum_{i=1}^{h}w^2_{shi}q_{si}(k) \tag{10.3.10}$$

式(10.3.10)中，w^2_{shi} 表示第 s 个子网络的隐含层神经元 i 至输出层神经元 h 的连接权值。

PID 神经网络控制器输出的第 h($h=1,2,\cdots,n$)个控制分量为

$$u_h(k)=x'_h(k) \tag{10.3.11}$$

PID 神经网络控制器与被控对象一起构成广义网络，其训练算法采用 BP 学习算法，可在线实时训练。PID 神经网络训练的目标函数为

$$J=\sum_{p=1}^{n}E_p=\frac{1}{2}\sum_{p=1}^{n}[r_p-y_p]^2\leqslant\varepsilon \tag{10.3.12}$$

式(10.3.12)中，ε 给定误差限值。

(3)PID 神经网络训练算法

PID 神经网络训练算法如下：

1)经 k 步训练后，神经网络隐含层至输出层连接权值调整算法为

$$w_{shi}^{2}(k+1)=w_{shi}^{2}(k)-\eta_{shi}\frac{\partial J}{\partial w_{shi}^{2}}. \tag{10.3.13}$$

式(10.3.13)中，η_{shi} 为学习步长。

$$\frac{\partial J}{\partial w_{shi}^{2}}=\sum_{p=1}^{n}\frac{\partial E_{p}}{\partial y_{p}}\frac{\partial y_{p}}{\partial u_{h}}\frac{\partial u_{h}}{\partial x'_{h}}\frac{\partial x'_{h}}{\partial w_{shi}^{2}} \tag{10.3.14}$$

由于对象的特性未知，式(10.3.14)中 $\partial y_s/\partial u_h$ 项不能直接计算，因此，这里采用 y_p 与 u_h 的相对变化量的符号函数来近似表示

$$\frac{\partial y_{p}}{\partial u_{h}}=\operatorname{sgn}\frac{y_{p}(k)-y_{p}(k-1)}{u_{h}(k-1)-u_{h}(k-2)} \tag{10.3.15}$$

上述符号函数的正负可以确定对收敛方向所起的作用。

由于输出层神经元的传递函数采用线性模型，且神经元的输入等于输出，即

$$\frac{\partial u_{h}}{\partial x'_{h}}=1 \tag{10.3.16}$$

代入式(10.3.15)，可得

$$\frac{\partial J}{\partial w_{shi}^{2}}=-\sum_{s=1}^{n}\delta_{ph}^{2}(k)q_{si}^{2}(k) \tag{10.3.17}$$

式(10.3.17)中

$$\delta_{ph}^{2}(k)=(r_{s1}-r_{s2})\operatorname{sgn}\frac{y_{s}(k)-y_{s}(k-1)}{u_{h}(k-1)-u_{h}(k-2)} \tag{10.3.18}$$

2)经 k 步训练后，输入层至隐层权值调整算法为

$$w_{sij}^{1}(k+1)=w_{sij}^{1}(k)-\eta_{sij}\frac{\partial J}{\partial w_{sij}^{1}} \tag{10.3.19}$$

$$\frac{\partial J}{\partial w_{sij}^{1}}=\sum_{p=1}^{n}\sum_{h=1}^{n}\frac{\partial E_{p}}{\partial y_{p}}\frac{\partial y_{p}}{\partial u_{h}}\frac{\partial u_{h}}{\partial x'_{h}}\frac{\partial x'_{h}}{\partial q_{si}}\frac{\partial q_{si}}{\partial x_{si}^{2}}\frac{\partial x_{si}^{2}}{\partial w_{sij}^{1}} \tag{10.3.20}$$

$$\frac{\partial x'_{h}}{\partial q_{si}}=\frac{\partial}{\partial q_{si}}\sum_{s}\sum_{i}w_{shi}^{2}q_{si}=w_{shi}^{2} \tag{10.3.21}$$

式(10.3.21)中

$$\frac{\partial q_{si}^{2}}{\partial x_{si}(k)}\approx\operatorname{sgn}\frac{q_{si}^{2}(k)-q_{si}^{2}(k-1)}{x_{si}^{2}(k-1)-x_{si}^{2}(k-2)} \tag{10.3.22}$$

则式(10.3.20)可写为

$$\frac{\partial J}{\partial w_{sij}^{1}}=-\sum_{s=1}^{n}\sum_{h=1}^{n}\delta_{shi}^{1}(k)r_{sj}(k) \tag{10.3.23}$$

式(10.3.23)中

$$\delta_{shi}^{1}(k)=\delta_{ph}^{2}(k)w_{shi}^{2}\operatorname{sgn}\frac{q_{si}^{2}(k)-q_{si}^{2}(k-1)}{x_{si}^{2}(k-1)-x_{si}^{2}(k-2)} \tag{10.3.24}$$

(4)核动力装置二回路 PID 神经网络解耦控制

在采用直流蒸汽发生器的核动力装置中,各参数间存在着耦合关系。直流蒸汽发生器给水流量和汽轮机耗汽量都会影响蒸汽发生器内受热面分界点的变化,而蒸汽产量则取决于给水流量。直流蒸汽发生器给水控制和汽轮机转速控制之间存在着较强的耦合作用。在船用核动力装置中,由于系统动态过程变化频繁,动态过程波动幅度大,因而对船用核动力装置的控制提出了更高的要求。孙建华等[199]用 PID 神经网络解耦控制方法设计了的船用核动力装置二回路 PID 神经网络解耦控制器,通过 PID 神经网络解耦控制来消除直流蒸汽发生器与汽轮机运行中的耦合通道之间的影响,实现汽轮机与直流蒸发器多变量解耦控制。

核动力装置二回路 PID 神经网络解耦控制系统结构如图 10.20 所示。它包含两个子网络。其中,子网络 1 的输入信号为蒸汽压力期望值 P_d 和实际蒸汽压力值 P,网络输出为蒸汽发生器给水调节阀的指令阀位 u_p;子网络 2 的输入信号为汽轮机转速指令 n_{com} 与汽轮机实际转速 n_{rs},其输出为主蒸汽阀的指令阀位 u_n。

u_p通过下述前向计算包含了子网络 2 的神经元 P 和 D 的解耦控制,即

$$x'_h = \sum_{s=2}^{n}\sum_{i=1}^{3} w_{shi}^2 q_{si}^2 \tag{10.3.25}$$

u_n通过下述前向计算包含了子网络 1 的神经元 P 和 D 的解耦控制,即

$$x'_h = \sum_{s=1}^{n}\sum_{i=1}^{3} w_{shi}^2 q_{si}^2 \tag{10.3.26}$$

为了防止压力偏差太大造成不利影响,设计了压力偏差限制器。压力偏差限制器的输入分别为主蒸汽阀实际阀位 v_n、子网络 2 的输出 u_n 和函数器 $f(x)$的输出。通过压力偏差限制器来调整核动力装置负荷的适应性与运行稳定性的综合性能。压力偏差限制器作用方式是:当压力偏差大于规定的范围时,就限制主蒸汽阀开度的变化速度;当压力偏差过大时,就限制主蒸汽阀开度的进一步变化。

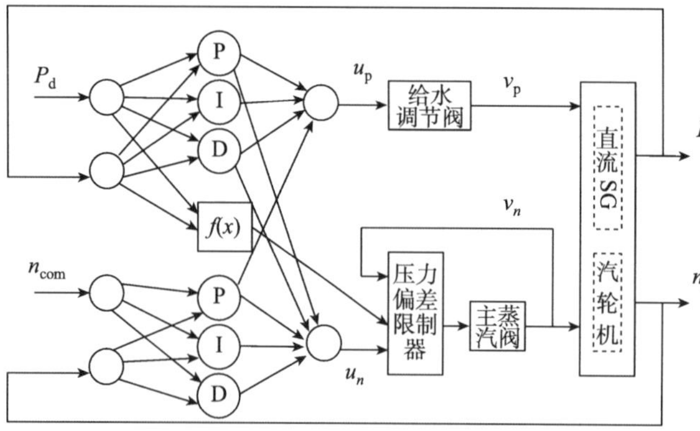

图 10.20　船用核动力装置 PID 神经网络解耦控制系统

图 10.20 中,函数单元 $f(x)$为一个带有死区的比例环节函数器。当压力偏差ΔP 小于死区的限值时,压力偏差对汽轮机转速调节不产生影响;当压力偏差ΔP 大于死区的限值时,就利用压力偏差来限制主蒸汽阀开度的变化速度。

PID 神经网络的训练采用 BP 学习算法,通过极小化目标函数,使系统输出与期望值之间的误差为最小(满足规定的误差范围,或达到预先规定的迭代次数)。具体训练方法如下:

1)在控制器理想工作条件下,给水阀开度叠加一个阶跃信号,蒸汽发生器出口的主蒸汽压力改变,而汽轮机转速保持不变。

2)采用与1)类似的方法。主蒸汽阀开度叠加一个阶跃信号,则汽轮机转速改变,而蒸汽发生器出口的主蒸汽压力保持不变。

3)在每一次训练迭代过程中,重复上述步骤,直到预先规定的迭代次数为止。网络训练所选取学习步长分别为:$\eta_{shi}=0.22$,$\eta_{sij}=0.15$。在不同运行工况下和不同大小的阶跃干扰值,分布选择学习样本。每次迭代所采用的训练样本数为1300个。

(5)仿真结果

PID神经网络训练完成后,对PID神经网络解耦控制器的控制效果进行仿真验证,并与常规三冲量PID控制器进行比较。汽轮机主机转速常规PID给水控制器为增量型PID控制器。

PID神经网络解耦控制器与常规PID控制器控制仿真比较的工况如下:

1)主机升负荷。

2)稳态运行工况下,给水调节阀引入15%的扰动。

3)稳态运行工况下,主蒸汽阀引入15%的扰动。

主机由满转速的16%升负荷到满转速的75%变工况过程中,主要参数的动态响应曲线如图10.21~图10.24所示。图10.21~图10.24中主蒸汽压力和汽轮机转速为归一化数值。

根据仿真结果可知,采用PID神经网络解耦控制时,蒸汽压力波动在13%以内,小于常规PID控制器作用下的波动范围(19%)。此外,通过函数$f(x)$可调整压力波动的范围,以便利用核动力装置的蓄热功能,从而提高装置的快速性。通过神经网络权值动态调整,使主机转速第一次到达期望值的时间约缩短10 s,而主蒸汽压力也得到了较快的恢复,控制过程的超调量比较小。

在稳态运行工况下,给水调节阀引入15%扰动时的控制仿真结果以及主蒸汽阀引入15%扰动时的控制仿真结果,可参见文献[199]。

通过仿真比较可以看出,PID神经网络解耦控制器通过权值在线调整,可加快核动力装置对于变工况的响应速度;通过压力偏差限制器可限定动态过程中主蒸汽压力波动值,便于对装置蓄热的利用,同时避免正常变工况时蒸汽安全排放;可对直流蒸汽发生器给水和主机转速进行有效控制,适应系统快速变工况和抑制系统干扰的控制要求。PID神经网络解耦控制器将解耦器与控制器融于一体,具有良好的控制性能,适用于非线性多变量系统的解耦控制。

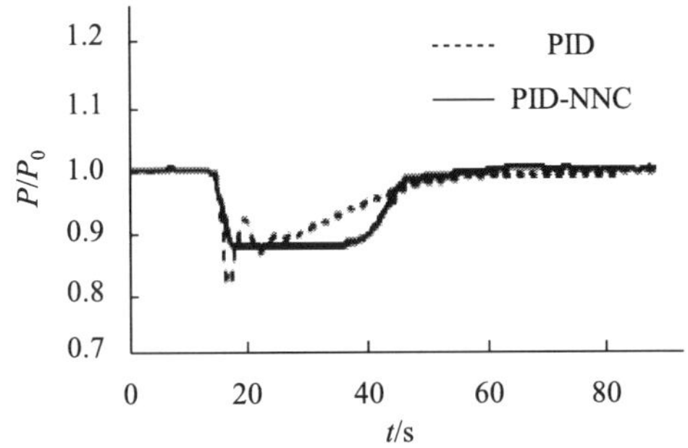

图10.21 主蒸汽压力动态响应曲线

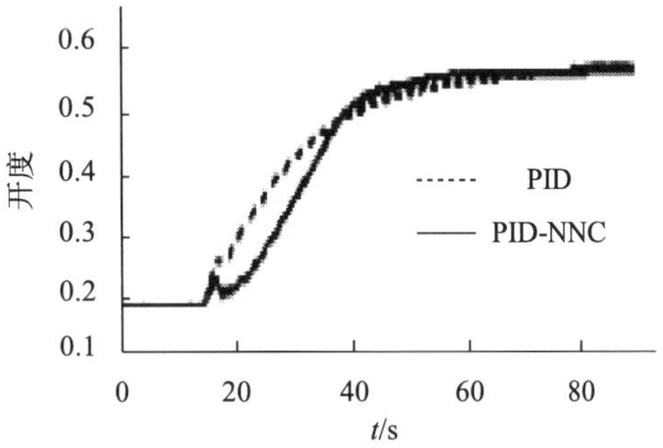

图10.22 给水调节阀开度响应曲线

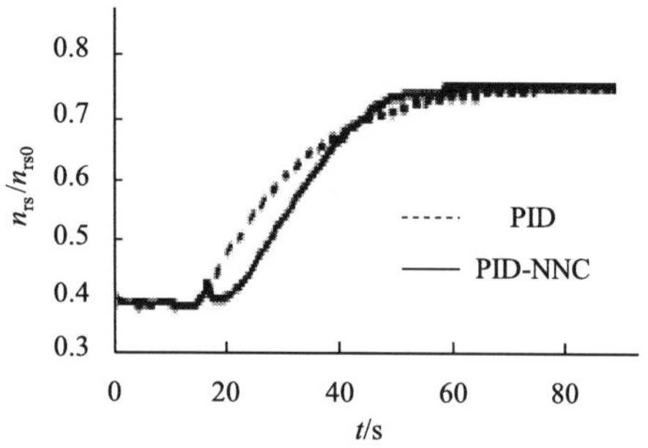

图 10.23　主机转速动态响应曲线

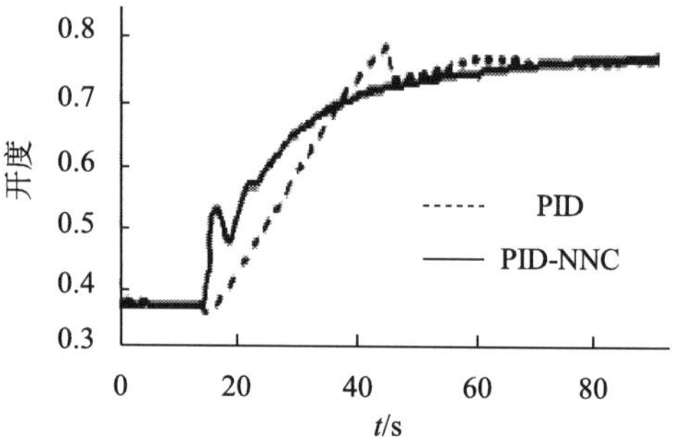

图 10.24　主蒸汽阀开度响应曲线

10.4　基于 MLP 的反应堆负荷跟踪控制方法

核反应堆是一个非线性系统，其参数是功率水平、燃耗与控制棒价值的函数，且随着时间而变化。在核电厂运行过程中，如果发生大功率变化（如负荷跟踪状态），就需要考虑核反应堆参数变化特性。为解决这个问题，Khajavi M N 等[197]在核反应堆功率控制中，提出一种神经网络控制器（NNC）。为确定 NNC 的反馈、前馈以及观测器增益，将一种鲁棒最优自校正调节器（Robust Optimal Self - Tuning Regulator——ROSTER）（如图 10.25 所示）的响应作为参考轨迹。

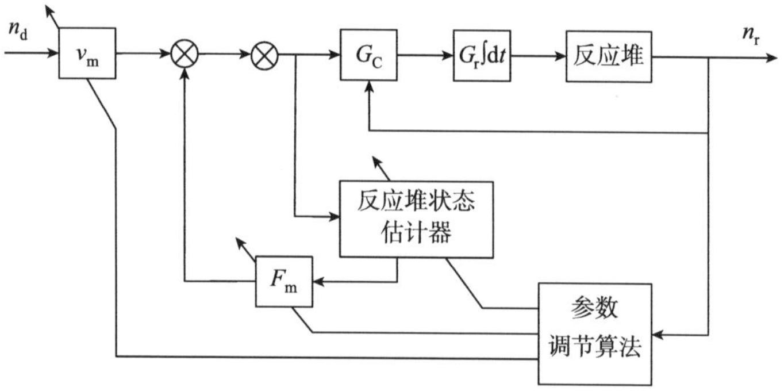

图 10.25　鲁棒最优自校正调节器框图（ROSTER）

（1）神经网络控制器（NNC）

Khajavi M N 等提出的基于 MLP 的反应堆功率控制器的结构如图 10.26 所示。这种神经网络控制器的特点是由并行的多层感知器构成。控制器由 11 个单输入单输出神经网络组成，这些网络以并行的方式运行。每个感知器网络的结构为 1×15×1。神经网络的输入为相对功率 n_r，输出为 $f_1, f_2, \cdots, f_5$（相应于 5 个反馈增益）和 $l_1, l_2, \cdots, l_5$（相应于 5 个观测器增益），以及 v_m（相应于前馈增益）。

图 10.26 中，各参数的含义如下：

$W^{1,1}, W^{1,2}, \cdots, W^{1,11}$ 为第 1 层连接权矩阵；

$b^{1,1}, b^{1,2}, \cdots, b^{1,11}$ 为第 1 层神经元偏置矩阵；

$W^{2,1}, W^{2,2}, \cdots, W^{2,11}$ 为第 2 层连接权矩阵；
$b^{2,1}, b^{2,2}, \cdots, b^{2,11}$ 为第 2 层神经元偏置矩阵；
$W^{3,1}, W^{3,2}, \cdots, W^{3,11}$ 为第 3 层连接权矩阵；
$b^{3,1}, b^{3,2}, \cdots, b^{3,11}$ 为第 3 层神经元偏置矩阵。

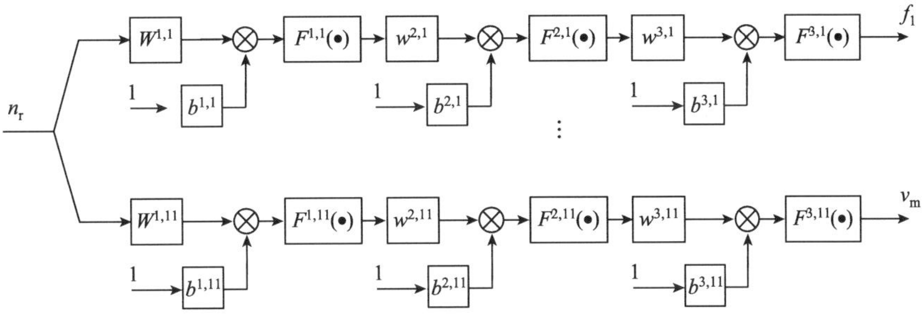

图 10.26　神经网络控制器结构框图

神经网络控制器的学习算法采用 Marquardt 方法。各神经网络参数的修正方法可描述如下

$$\boldsymbol{X}(k+1)=\boldsymbol{X}(k)-[\boldsymbol{J}_k^{\mathrm{T}}\boldsymbol{J}_k+\mu_k\boldsymbol{I}]^{-1}\boldsymbol{J}_k^{\mathrm{T}}\boldsymbol{e}(k)$$

上式为一通用表达式，式中向量 $\boldsymbol{X}$ 由参数 w_{ij}^{mn} 和 b_i^{mn} 组成；$\boldsymbol{J}$ 为雅可比矩阵，$J_{ij}=\partial e_i/\partial x_j$；$w_{ij}^{mn}$ 表示具有 m 层 n 个输出的神经网络连接权矩阵的第 i 行和第 j 列元素；b^{mn} 为神经网络的偏置矩阵。

(2)仿真结果

反应堆负荷跟踪控制仿真计算采用 Edwards R M 建立的压水堆数学模型(Edwards R M et al., 1990，参见第 3 章压水堆核动力装置简化模型)。仿真控制的工况为，反应堆从停堆开始到启堆结束，中间相对功率具有 15%/min 的波动。反应堆功率从 100%→10%→100%变化时，负荷跟踪控制的仿真结果如 10.27 所示。图 10.27 中，P_r 为反应堆相对功率。从反应堆负荷跟踪控制的仿真结果可以看出，在宽功率运行范围内，NNC 显示出良好的稳定性和性能，并且具有计算时间少的优点。

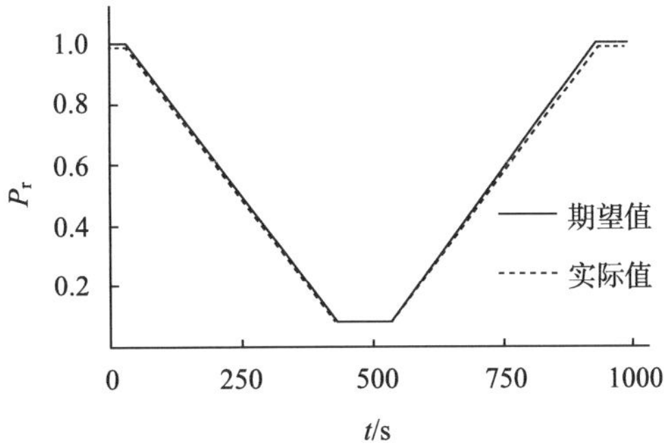

图 10.27　反应堆功率从 100%→10%→100%变化时负荷跟踪控制响应

10.5 对角神经网络用于反应堆温度控制[193]

多层前馈神经网络(Feed Forward Neural Network,FFNN)一般都是静态映射网络。将前馈神经网络用于动态系统控制,需要加入时延环节以解决动态系统的辨识与建模问题。静态神经网络用于解决动态问题不但需要大量的神经元,而且神经网络的训练也需要花费较长的时间,神经网络训练的结果收敛性往往难以保证。回归神经网络一般都是动态映射网络,比较适于动态系统的辨识和建模。在各种回归神经网络中,对角回归神经网络(Diagonal Recurrent Neural Network,DRNN),也称对角递归神经网络,是一种特殊的神经网络,它不是一个完全回归的神经网络。DRNN 比完全回归的神经网络简单,而且是一个动态的神经网络。将对角回归神经网络用于动态系统控制,与静态神经网络和完全回归的神经网络相比,不仅结构相对简单,而且收敛速度比前馈神经网络快。1992 年,Ku C C,Lee K Y 和 Edwards R M[193]研究了对角神经网络在反应堆温度控制中的应用问题,提出了基于对角神经网络和具有自适应学习率的反应堆温度宽范围最优控制方案,以提高反应堆温度控制的性能。下面介绍这种基于对角神经网络的反应堆温度控制方法。

10.5.1 基于 DRNN 的控制系统结构

基于对角回归神经网络的反应堆温度控制系统结构(DRNCS)如图 10.28 所示,它包括对角回归神经网络控制器(DRNC)、对角回归神经网络辨识器(DRNI)、一个线性参考模型和延迟环节 D 等几个部分。DRNC 和 DRNI 均为只有一个隐含层的对角回归神经网络。神经控制器与神经辨识器均为对角回归神经网络,训练时采用具有自适应学习率的动态反向传播算法(Dynamic Backpropagation Algorithm,DBPA)。图中,$y_u(k)$ 表示系统对输入的敏感性因子,$y_u(k)=\partial y(k)/\partial u(k)$;$y_m(k)$ 表示 DRNI 的输出。其他符号的含义参见下文的描述。

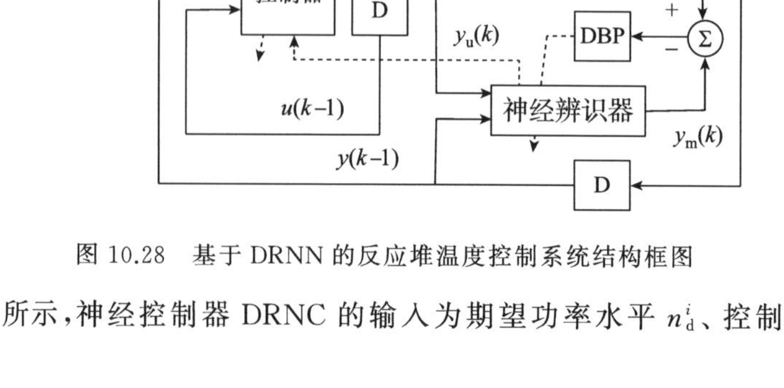

图 10.28 基于 DRNN 的反应堆温度控制系统结构框图

如图 10.28 所示,神经控制器 DRNC 的输入为期望功率水平 n^i_d、控制棒反应性增益

G_r^i、延迟控制信号 $u(k-1)$和系统输出延迟信号 $y(k-1)$。期望功率水平 n_d^i 包括两个部分，即：$n_d^i = n_{r0}^i + \Delta n_d$。对一个确定的时变线性参考模型，$n_{r0}^i$ 项表示区域 i 的平衡功率水平；Δn_d 表示距离 n_{r0}^i 的功率偏差。

神经辨识器 DRNI 的输入为 DRNC 产生的控制信号 $u(k)$和系统延迟输出 $y(k-1)$。

10.5.2 对角回归神经网络

(1)对角回归神经网络结构

对角回归神经网络的基本结构如图 10.29 所示。它是一个三层的神经网络，其输入层和输出层与前馈神经网络没有什么差别，均为线性神经元；而隐含层则由一定数目的自回归神经元组成。在隐含层中，每个神经元将其输出又反馈到自己本身，而不是反馈到其他神经元。

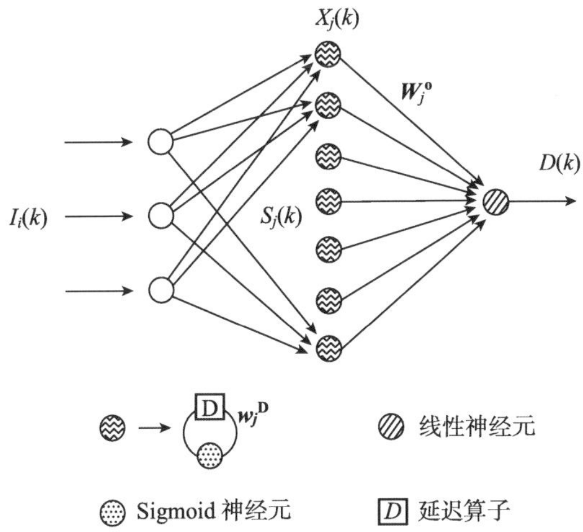

图 10.29 对角回归神经网络结构

(2)DRNN 的学习算法

1)DRNN 的数学描述

图 10.29 中 DRNN 的数学模型描述如下

$$D^o(k) = \sum_j \boldsymbol{W}_j^o \boldsymbol{X}_j(k)$$

$$\boldsymbol{X}_j(k) = f\left[S_j(k)\right] \tag{10.5.1}$$

$$S_j(k) = \boldsymbol{W}_j^D \boldsymbol{X}_j(k-1) + \sum_i \boldsymbol{W}_{ij}^I \boldsymbol{I}_i(k) \tag{10.5.2}$$

式(10.5.1)及式(10.5.2)中，$\boldsymbol{I}_i(k)$为 DRNN 的第 i 个输入；$S_j(k)$为第 j 个回归神经元输入之和；$X_j(k)$为第 j 个回归神经元输出；$D^o(k)$ 为 DRNN 的输出；$f(\cdot)$ 为 Sigmoid 函数；$\boldsymbol{W}^I$、$\boldsymbol{W}^D$ 和 $\boldsymbol{W}^o$ 分别为输入层到隐含层、回归层和隐含层到输出层的连接权向量，$\boldsymbol{W}^I \in R^{n_i}$、$\boldsymbol{W}^D \in R^{n_d}$、$\boldsymbol{W}^o \in R^{n_o}$。

令 $r(k)$与 $y(k)$分别为系统的期望响应与实际响应，则 DRNN 的误差函数 E_c可定义为

$$E_c = \frac{1}{2}\left[r(k) - y(k)\right]^2 \tag{10.5.3}$$

一般地说，系统响应是输入 $u(k)$ 的非线性映射 $G(\cdot)$，如 $y(k)=G[u(i),i\leqslant k]$。这里系统输入 $u(k)$ 为 DRNC 的输出，即 $u(k)=D^{\circ}(k)$。另一方面，在 DRNI 中，输入到 DRNI 的 $u(k)$ 与输入到系统的 $u(k)$ 相同。

用 $y(k)$ 和 $y_{\mathrm{m}}(k)$ 分别代替误差函数式(10.5.3)中的 $r(k)$ 与 $y(k)$，则可得到 DRNI 的误差函数

$$E_{\mathrm{m}}=\frac{1}{2}[y(k)-y_{\mathrm{m}}(k)]^{2} \tag{10.5.4}$$

式(10.5.4)中，$y_{\mathrm{m}}(k)$ 为 DRNI 的输出，$y_{\mathrm{m}}(k)=D^{\circ}(k)$。

在式(10.5.3)中，对于任意权向量 $\boldsymbol{W}\in R^{n}$，其梯度表示如下

$$\begin{aligned}\frac{\partial E_{\mathrm{c}}}{\partial \boldsymbol{W}}&=-e_{\mathrm{c}}(k)\frac{\partial y_{\mathrm{c}}(k)}{\partial \boldsymbol{W}}\\&=-e_{\mathrm{c}}(k)y_{\mathrm{u}}(k)\frac{\partial u(k)}{\partial \boldsymbol{W}}\\&=-e_{\mathrm{c}}(k)y_{\mathrm{u}}(k)\frac{D^{\circ}(k)}{\partial \boldsymbol{W}}\end{aligned} \tag{10.5.5}$$

式(10.5.5)中，$e_{\mathrm{c}}(k)=r(k)-y(k)$，为期望输出与系统输出之间的误差；$y_{\mathrm{u}}(k)=\partial y(k)/\partial u(k)$，表示系统对输入的敏感性。因为系统是未知的，所以需要估计 DRNC 的敏感性。在 DRNI 辨识中，式(10.5.4)的误差梯度可以简单地表示为

$$\begin{aligned}\frac{\partial E_{\mathrm{m}}}{\partial \boldsymbol{W}}&=-e_{\mathrm{m}}(k)\frac{\partial y_{\mathrm{m}}(k)}{\partial \boldsymbol{W}}\\&=-e_{\mathrm{m}}(k)\frac{D^{\circ}(k)}{\partial \boldsymbol{W}}\end{aligned} \tag{10.5.6}$$

式(10.5.6)中，$e_{\mathrm{m}}(k)=r(k)-y_{\mathrm{m}}(k)$，为期望输出与 DRNI 输出之间的误差。

在式(10.5.5)和式(10.5.6)中，需要计算的 DRNC 与 DRNI 的输出梯度 $\partial D^{\circ}(k)/\partial \boldsymbol{W}$ 是一个一般形式。关于输出、回归与输出权值的梯度，用下式计算

$$\frac{\partial D^{\circ}(k)}{\partial \boldsymbol{W}_{j}^{\circ}}=\boldsymbol{X}_{j}(k) \tag{10.5.7}$$

$$\frac{\partial D^{\circ}(k)}{\partial \boldsymbol{W}_{j}^{\mathrm{D}}}=\boldsymbol{W}_{j}^{\circ}P_{j}(k) \tag{10.5.8}$$

$$\frac{\partial D^{\circ}(k)}{\partial \boldsymbol{W}_{ij}^{\mathrm{I}}}=\boldsymbol{W}_{j}^{\circ}\boldsymbol{Q}_{ij}(k) \tag{10.5.9}$$

式(10.5.8)和式(10.5.5)中，$P_{j}(k)=\dfrac{\partial X_{j}(k)}{\partial \boldsymbol{W}_{j}^{\mathrm{D}}}$，$\boldsymbol{Q}_{ij}=\dfrac{\partial X_{j}(k)}{\partial \boldsymbol{W}_{ij}^{\mathrm{I}}}$，满足

$$p_{j}(k)=f'(S_{j})[X_{j}(k-1)-W_{j}^{\mathrm{D}}P_{j}(k-1)],P_{j}(0)=0 \tag{10.5.10}$$

$$Q_{ij}(k)=f'(S_{j})[I_{i}(k)+W_{j}^{\mathrm{D}}\boldsymbol{Q}_{ij}(k-1)],\boldsymbol{Q}_{ij}(0)=0 \tag{10.5.11}$$

上述表达式(10.5.10)和式(10.5.11)是梯度 $\partial X_{j}/\partial \boldsymbol{W}$ 的非线性动态迭代方程。该方程在给定初始值，可以通过迭代方式求解。对于一般的前馈，权值迭代 $\boldsymbol{W}_{j}^{\mathrm{D}}$ 为零，上述方程成为代数方程。

2)DRNI 动态 BP 算法

从式(10.5.6)可以得到 R^{n} 空间中权值向量的误差负梯度为

$$-\frac{\partial E_{\mathrm{m}}}{\partial \boldsymbol{W}}=e_{\mathrm{m}}(k)\frac{D^{\circ}(k)}{\partial \boldsymbol{W}} \tag{10.5.12}$$

式(10.5.12)中，输出梯度由式(10.5.7)～式(10.5.11)给出；$\boldsymbol{W}$ 可分别表示 R^{ni}、R^{nd} 或 R^{no} 空间中的 $\boldsymbol{W}^{\mathrm{I}}$、$\boldsymbol{W}^{\mathrm{D}}$ 或 $\boldsymbol{W}^{\circ}$。

权值调整可以采用任意的梯度方法。例如，采用最速下降法时，权值调整的规则为

$$\boldsymbol{W}(n+1)=\boldsymbol{W}(n)+\eta\left(-\frac{\partial E_{\mathrm{m}}}{\partial \boldsymbol{W}}\right)+\alpha\Delta\boldsymbol{W}(n) \tag{10.5.13}$$

式(10.5.13)中，η 为学习率，α 为动量因子，$\Delta\boldsymbol{W}(n)$ 表示在权值的第 n 次迭代中的增量。式(10.5.7)～式(10.5.13)确定了 DRNI 的动态反传算法。

(3)DRNC 动态 BP 算法

从式(10.5.5)可以得到 R^{n} 空间中权值向量的误差负梯度为

$$-\frac{\partial E_{\mathrm{c}}}{\partial \boldsymbol{W}}=e_{\mathrm{c}}(k)y_{\mathrm{u}}(k)\frac{D^{\circ}(k)}{\partial \boldsymbol{W}} \tag{10.5.14}$$

因为系统是未知的，所以敏感性 $y_{\mathrm{u}}(k)$ 也是未知的。这个未知的值可以利用 DRNI 进行辨识。当 DRNI 经过训练时，其动态特性接近于未知的系统，即

$$y(k)\approx y_{\mathrm{m}}(k) \tag{10.5.15}$$

式(10.5.15)中，$y_{\mathrm{m}}(k)$ 为 DRNI 的输出。

因此，敏感性 $y_{\mathrm{u}}(k)$ 可以利用式(10.5.12)进行估计

$$y_{\mathrm{u}}(k)\equiv\frac{\partial y(k)}{\partial u(k)}\approx\frac{\partial y_{\mathrm{m}}(k)}{\partial u(k)}=\sum_{j}W_{j}^{\circ}f'\left[S_{j}(k)\right]W_{1j}^{\mathrm{I}} \tag{10.5.16}$$

式(10.5.16)中的变量和权值为 DRNI 的变量和权值；W_{1j}^{I} 为相应于输入量 $u(k)$ 的 DRNI 的输入权值。

利用式(10.5.14)中的负梯度，DRNC 的连接权可以用类似于式(10.5.13)所描述的方法进行调整。方程式(10.5.7)～式(10.5. 11)、式(10.5.13)～式(10.5.16) 确定了 DRNC 的动态 BP 算法。

(4)DRNN 训练的自适应学习率

在动态 BP 算法中，收敛的速度依赖于学习率 η。然而，任意大的学习率将导致算法不稳定。下述介绍可有效确保稳定性的最大可能学习率的方法。

一离散型 Lyapunov 函数如下式所示

$$V(k)=\frac{1}{2}e^{2}(k) \tag{10.5.17}$$

式(10.5.17)中 $e(k)$ 表示学习过程中的误差。

这样，训练过程中 Lyapunov 函数的变化量可以通过下式获得

$$\Delta V(k)=V(k+1)-V(k)=\frac{1}{2}\left[e^{2}(k+1)-e^{2}(k)\right] \tag{10.5.18}$$

由于学习而引起的误差变化可以表示如下：

$$e(k+1)=e(k)+\Delta e(k)=e(k)+\left[\frac{\partial e(k)}{\partial \boldsymbol{W}}\Delta\boldsymbol{W}\right] \tag{10.5.19}$$

式(10.5.19)中 $\Delta\boldsymbol{W}$ 表示 R^{n} 空间中权向量的变化量。

1)DRNI 的收敛性

当 $\alpha=0$ 时,因 $e_m(k)=y(k)-y_m(k)$,从式(10.5.6)和式(10.5.13)可以得到

$$\frac{\partial e_{\mathrm{m}}(k)}{\partial \boldsymbol{W}_{\mathrm{I}}}=-\frac{\partial y(k)}{\partial \boldsymbol{W}_{\mathrm{I}}}$$

$$\Delta \boldsymbol{W}_{\mathrm{I}}=-\eta_{\mathrm{I}} e_{\mathrm{m}}(k) \frac{\partial e_{\mathrm{m}}(k)}{\partial \boldsymbol{W}_{\mathrm{I}}}=-\eta_{\mathrm{I}} e_{\mathrm{m}}(k) \frac{\partial D^{\circ}(k)}{\partial \boldsymbol{W}_{\mathrm{I}}} \tag{10.5.20}$$

式(10.5.20)中,$\boldsymbol{W}_{\mathrm{I}}$与 η 分别表示 DRNI 中的权向量和相应的学习率; $D^{\circ}(k)$ 为 DRNI 的输出。

这样,有下述一般性收敛定理:

定理 1:令 DRNI 权向量的学习率 η_{I} 满足 $\eta_{\mathrm{I}}=\eta_1/g_{\mathrm{I,max}}^2$;$0<\eta_1<2$;$g_{\mathrm{I,max}}=\max_k\|g_i(k)\|$;$g_i(k)=\partial D(k)/\partial \boldsymbol{W}_{\mathrm{I}}$; $\|\cdot\|$ 为欧几里德空间 R^n 的范数。那么,η_{I} 的选择如果满足下式

$$0<\eta_{\mathrm{I}}<\frac{2}{g_{\mathrm{I,max}}^2} \tag{10.5.21}$$

则可保证收敛性。

2)DRNC 的收敛性

当 $\alpha=0$ 时,从式(10.5.13)和式(10.5.14)描述的连接权调整方法可以得到

$$\begin{aligned}\Delta \boldsymbol{W}_{\mathrm{c}} &=-\eta_{\mathrm{c}} e_{\mathrm{c}}(k) \frac{\partial e_{\mathrm{c}}(k)}{\partial \boldsymbol{W}_{\mathrm{c}}} \\ &=-\eta_{\mathrm{c}} e_{\mathrm{c}}(k) y_{\mathrm{u}}(k) \frac{\partial u(k)}{\partial \boldsymbol{W}_{\mathrm{c}}} \\ &=\eta_{\mathrm{c}} e_{\mathrm{c}}(k) y_{\mathrm{u}}(k) \frac{\partial D^{\circ}(k)}{\partial \boldsymbol{W}_{\mathrm{c}}}\end{aligned} \tag{10.5.22}$$

式(10.5.22)中,$y_{\mathrm{u}}(k)=\partial y(k)/\partial u(k)$,表示系统对输入的敏感性;$\boldsymbol{W}_{\mathrm{c}}$与 η_{c}分别表示 DRNC 中的权向量和相应的学习率; $D^{\circ}(k)$ 为 DRNC 的输出。

定理 2(收敛定理):令 DRNC 权向量的学习率 η_{c} 满足 $\eta_{\mathrm{c}}=\eta_2/g_{\mathrm{c,max}}^2S_{\max}^2$,$0<\eta_2<2$,$g_{\mathrm{c,max}}=\max_k\|g_{\mathrm{c}}(k)\|$,$g_{\mathrm{c}}(k)=\partial O(k)/\partial W_{\mathrm{c}}$,$S_{\max}=h_{\mathrm{I}}W_{\mathrm{I,1max}}^{\mathrm{O}}W_{\mathrm{I,1max}}^{\mathrm{I}}/2$,$h_{\mathrm{I}}$为隐含层神经元的数目,$\|\cdot\|$ 为欧几里德空间 R^n 的范数。那么,η_{I}的选择如果满足下式

$$0<\eta_{\mathrm{c}}<\frac{2}{S_{\max}^2 g_{\mathrm{c,max}}^2} \tag{10.5.23}$$

则可保证收敛性。

因为对一个任意的权向量,式(10.5.21)和式(10.5.23)确定了学习率的上界,所以它们可以分别用来计算输入层、隐含层以及输出层权向量的最大学习率。

10.5.3 在反应堆温度控制中的应用

(1)反应堆功率系统模型

Ku C C 等将根据上述方法设计的基于 DRNN 的控制器用于反应堆温度的控制,并通过仿真实验验证了基于 DRNN 的控制器的性能。在核反应堆温度控制仿真实验中,采用的压水堆的简化模型(参见 3.2 节压水堆核动力装置简化模型)。这个简化模型描述了具有一组缓发中子和燃料与冷却剂温度反馈的点堆动力学特性,是一个理想化的压水堆模型。对于线性参考模型,Ku C C 等用 9 个时变模型来估计时变线性参考模型,其中第 i 个时变模

型表示第 i 个区域,该区域代表了第 i 个运行点 (G_r^i, n_{r0}^i)。

训练参考响应由基于模型的最优控制器产生。最优状态反馈控制为

$$u = \boldsymbol{FX} \tag{10.5.24}$$

式(10.5.24)中,$\boldsymbol{F}=[f_1, f_2, f_3, f_4]$,为最优反馈增益矩阵。

为得到最优反馈增益,用表 3.1 中定义的 9 个不同区域的性能指标进行计算,优反馈增益计算结果如表 10.1 所示。利用每个区域的最优反馈增益,通过参考模型产生训练 DRNN 的期望响应。

表 10.1 最优反馈增益

n_{r0}	G_r	最优反馈增益				
		f_1	f_2	f_3	f_4	f_5
0.1	0.007 0	−0.001 46	−0.508 96	−0.000 13	−0.000 15	−20.46 81
0.1	0.0145	−0.001 78	−0.509 88	−0.000 34	−0.000 36	−15.695 3
0.1	0.029 0	−0.002 05	−0.466 49	−0.000 58	−0.000 74	−11.912 6
0.5	0.007 0	−0.000 42	−0.146 89	−0.000 38	−0.000 02	−24.645 1
0.5	0.014 5	−0.000 64	−0.161 59	−0.000 15	−0.000 02	−20.997 9
0.5	0.029 0	−0.000 87	−0.156 32	−0.000 32	−0.000 31	−17.326 7
1.0	0.007 0	−0.001 12	−0.240 69	−0.000 37	−0.000 76	−56.556 7
1.0	0.014 5	−0.001 65	−0.233 05	−0.000 75	−0.000 96	−47.747 9
1.0	0.029 0	−0.002 21	−0.205 79	−0.001 18	−0.001 05	−39.003 2

(2)测试工况

设 n_c 与 n_I 分别表示 DRNC 与 DRNI 输入变量的数目;h_c 与 h_I 分别表示 DRNC 与 DRNI 隐含层神经元的数目。隐含层神经元的数目一般用试错法确定,这里选择为 $h_c = 2n_c + 1, h_I = 2n_I + 1$。DRNC 与 DRNI 所有隐含层神经元均为非线性神经元,输出层神经元为线性神经元。因此,基于 DRNN 的控制系统神经元的总数目为:$N_T = h_c + h_I + 2$;连接权的总数目为:$W_T = (n_c+3)h_c + (n_I+3)h_I$。DRNC 与 DRNI 的输入集分别为 $P_c = \{G_r^i, n_d^i, u(k-1), y(k-1)\}$ 与 $P_I = \{u(k), y(k-1)\}$。这样,$n_c = 4, n_I = 2, N_T = 16, W_T = 88$。这里 $u(k)$ 与 $y(k)$ 分别为控制输入与系统输出。

神经网络先采用全局训练,然后进行局部训练,训练方法如下:

1)所有 9 个区域训练 2 次(全局训练,功率水平变化为±10%),以跟踪其参考模型。

2)仅在区域 6(即 100%稳态功率区,平均控制棒值为 $G_r = 0.0145$)训练 4 次(局部训练)。

在训练过程中,每个区域的参考模型用于产生期望的轨迹响应。参考响应与系统输出之差用于调节神经控制器的连接权。

当训练过程完成后,选用局部控制、全局运行、应急运行和停堆/启堆运行 4 种工况进行测试,以验证 DRNC 控制器的性能。

1)局部控制

在区域 6 中,其功率变化为:100%→90%→100%。

2)全局运行

①在区域 7 中,功率变化为:100%→90%→100%。

②在区域 5 中,功率变化为:100%→90%→100%。

③在区域 1 中,功率变化为:40%→50%→40%。

④在区域 9 中,功率变化为:20%→10%→20%。

⑤在区域 3 中,功率变化为:20%→10%→20%。

3)应急运行

从区域 5 到区域 3 的大阶跃功率下降:100%→25%。

4)停堆/启堆运行

以 15%/min 的速率,先从区域 5 的 100%运行功率下降到区域 3 的 25%运行功率的斜坡功率变化;然后从 10%上升到 100%的斜坡功率变化。

(3)仿真测试结果

根据上述 4 种工况,下面介绍一些测试结果,其余工况测试结果可参见文献[193]。

1)局部控制

在训练过程(先全局训练,然后在区域 6 进行局部训练)完成后,对 DRNN 控制器的局部控制(LC)性能进行测试。在区域 6 中,功率水平先从 100%阶跃下降到 90%,然后再阶跃上升到 100%。反应堆功率、出口温度以及控制棒速度响应如图 10.30 所示。测试结果显示出 DRNN 控制器具有良好的性能。对于其他区域进行局部控制测试,得到与上述类似的结果,参考模型响应与系统响应非常接近。

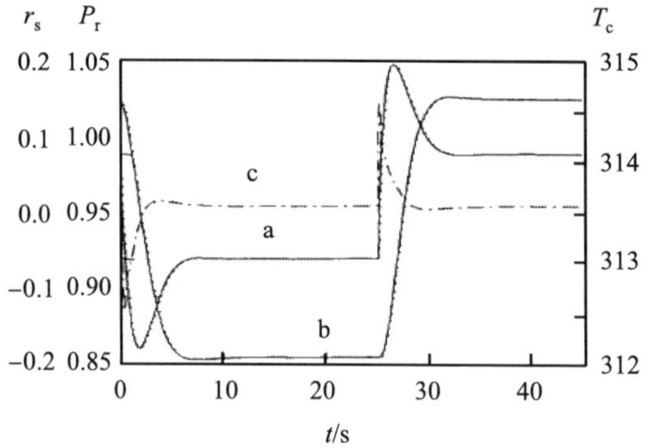

(a) 反应堆相对功率; (b) 出口温度(℃); (c) 控制棒速度

图 10.30　事例 LC:区域 7 中功率从 100%→90%→100%变化时全局控制的性能

2)全局运行

在全局运行控制测试中,是将在区域 6 中(正常运行)训练完成后的 DRNN 控制器用于其他 5 个区域全局运行控制的测试。选择表 3.1 中的中心和最边角的区域 1、3、5 和区域 9 进行测试。在所有的测试事例中,采用功率水平±10%阶跃变化的形式。图 10.31 给出了全局运行控制测试事例 1(GC1)的反应堆功率、出口温度和控制棒速度响应。测试结果表明,无论是在高功率区域还是在中间功率区域和低功率区域,DRNN 控制器都给出良好的控制结果。

3)应急运行

该事例验证最紧急运行(EO)工况下 DRNN 控制器的有效性。系统运行在区域 5 和区域 3,控制棒具有较高的价值($Gr=0.029$),需求功率从 100%→25%变化。反应堆功率和出口温度控制响应如图 10.32 所示。

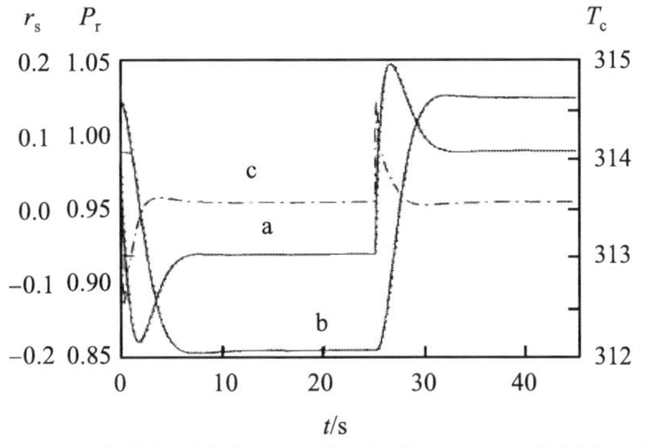

(a) 反应堆相对功率；(b) 出口温度(℃)；(c) 控制棒速度

图 10.31　事例 GC1:区域 7 中功率从 100%→90%→100%变化时全局控制的性能

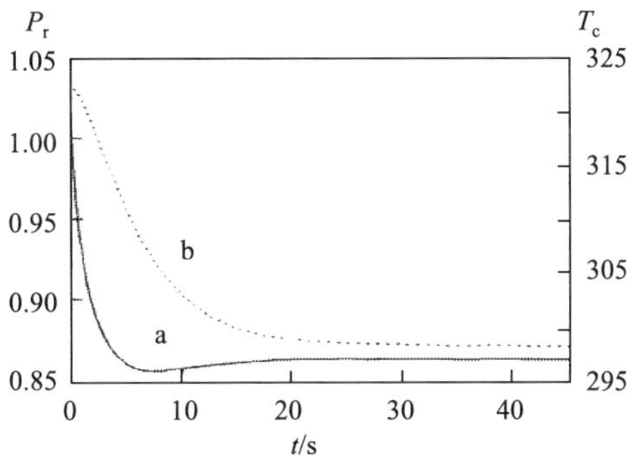

(a)反应堆相对功率；(b)出口温度(℃)

图 10.32　事例 EO:从区域 5 到区域 3 的应急运行,功率从 100%→25%变化时全局控制的性能

4)停堆/启堆运行

该事例验证在停堆/启堆运行(SD/U)中,功率水平以 15%/min 相对比较快的斜坡变化时 DRNN 控制器的有效性。系统在区域 5 运行(100%功率,控制棒值为 $Gr=0.029$),在保持高控制棒价值时,输入到系统的需求信号为 100%→10%→100%快速斜坡变化信号。反应堆功率和出口温度控制响应如图 10.33 所示。

仿真测试结果表明,DRNN 控制器具有良好的动态映射特性。与前馈神经网络相比,在完成相同的映射任务时,采用 DRNN 不但所需要的神经元较少,而且连接权的数量也较少。

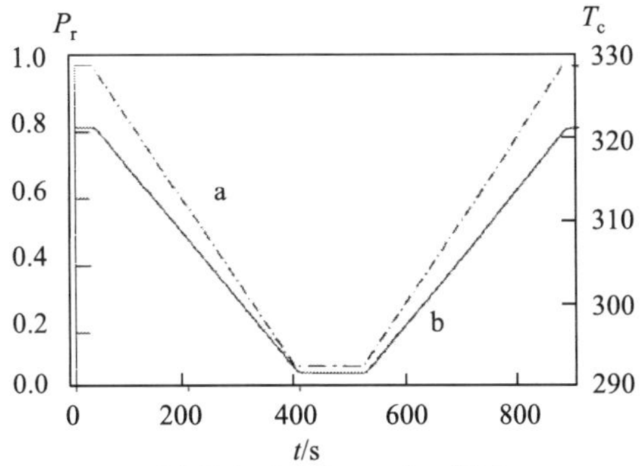

-·- 反应堆相对功率; —出口温度(°C)

图 10.33　事例 SD/U:从区域 5 到区域 3 的启堆/停堆运行(功率从 100%→10%→100%变化)

10.6 基于 RNN 的蒸汽发生器水位预测控制[10]

在介绍神经网络基础知识时已经知道，RNN 网络(递归神经网络)是一种动态反馈网络，可用于动态过程建模，它在系统辨识和动态过程建模中具有广泛的应用。Parlos A G 等[11]利用递归神经网络适于动态过程建模这一特点，将其应用于蒸汽发生器水位预测控制研究。其方法是，先利用递归神经网络构造多步神经网络预测器，并用于蒸汽发生器动态过程建模，然后结合传统的 PI 控制器，采用并行学习结构和梯度下降算法，以获得控制器增益自适应律，在此基础上设计了神经网络预测自适应 PI 控制器。

(1)控制系统结构

基于 RNN 的蒸汽发生器水位预测自适应控制系统结构如图 10.34 所示。神经网络预测控制是将模型预测控制(MPC)与神经网络预测方法结合起来。控制系统由两个回路构成。第一个回路由 PI 控制器、被控对象和反馈控制组成；第二个回路增益由自适应调节模块、神经网络预测模块组成。在控制系统设计中，用递归神经网络构造神经网络多步预测器(Multistep-Ahead Predictor，MSP)，神经网络与控制过程以并行的方式运行，通过并行学习结构和最速下降算法获得控制器增益自适应学习率。

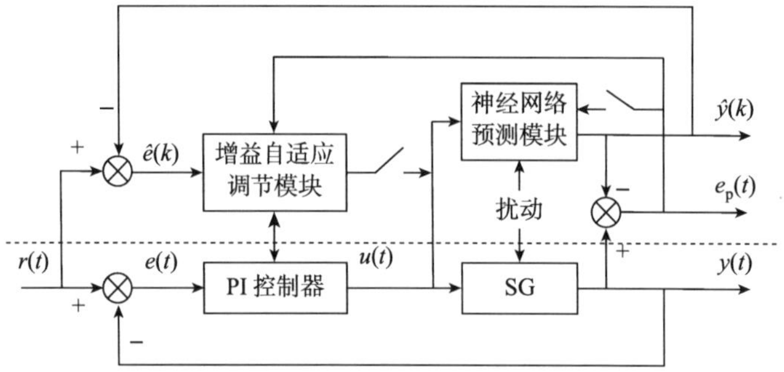

图 10.34　SG 水位神经网络预测控制结构

图 10.34 中，各符号的含义如下：

$r(t)$ ——设定值；

$y(t)$ ——被控系统输出值；

$u(t)$ ——控制量；

$\hat{y}(k)$ ——预测器输出值；

$e(t)$ ——设定值与被控系统输出值之间的误差；

$\hat{e}(k)$ ——预测器输出值与设定值之间的误差；

$e_p(t)$ ——预测器输出与被控系统输出值之间的误差；

SG——蒸汽发生器。

1)预测模块

神经网络预测器用于模拟过程的多步预测器响应。神经网络预测器采用递归神经网络，即利用递归神经网络和多步预测方法来预测被控过程的动力学特性。预测器可以离线训练，可以精确预测多操作变量的过程响应和未来的扰动值。为提高预测器的精度，可进一步对其进行在线训练。

递归神经网络第 l 层第 i 个神经元的状态描述如下

$$\begin{cases} z_{[l,i]}(k+1) = \sum_{j=1}^{N(l)} w_{[l,j][l,i]} x_{[l,i]}(k) + \sum_{j=1}^{N(l-1)} w_{[l-1,j][l,i]} x_{[l-1,i]}(k+1) + b_{[l,i]} \\ x_{[l,i]}(k) = F_{[l,i]}[z_{[l,i]}(k+1)] \end{cases} \tag{10.6.1}$$

式(10.6.1)中,

$z_{[l,i]}(k)$ ——神经网络第 l 层第 i 个神经元的状态;

$x_{[l,i]}(k)$ ——神经网络第 l 层第 i 个神经元的输出;

$F_{[l,i]}$ ——第 i 个节点的传递函数;

$b_{[l,i]}$ ——神经网络第 l 层第 i 个神经元的阈值;

$b_{[l,j][l',i]}$ ——神经网络第 l 层第 j 个神经元与第 l'层第 i 个神经元之间的连接权($j=1,2,\cdots,N(l)$,$N(l)$为各层神经元的个数);($l=1,2,\cdots,L$,L 为神经元的层数)。

2)增益自适应模块

增益自适应模块由仿真控制器和增益自适应律两个子模块组成。如果没有增益自适应时,则仿真控制器在任何时刻都与反馈回路中实际的控制器的增益是相同的。当增益自适应模块工作时,两个控制器进行协调调节。

设目标函数为

$$E = \frac{1}{2}\sum_{i=1}^{H} \hat{e}^2\left(k + \frac{i}{k}\right) \tag{10.6.2}$$

式(10.6.2)中,$\hat{e}(k+i/k)$为第$(k+i)$步预测器输出值与设定值之间的误差。

在离散时间域中,PI 控制器的输出可表示如下

$$u(k) = A_1 e(k) + A_2 e(k-1) + u(k-1) \tag{10.6.3}$$

式(10.6.3)中,A_1与A_2为控制器的增益;

$u(k)$ ——在 k 时刻的控制量;

$e(k)$ ——在 k 时刻,设定值与被控系统输出值之间的误差。

设 $\boldsymbol{A}$ 与 $\boldsymbol{e}$ 分别为 PI 控制器的增益和误差向量,$\boldsymbol{A}$ 与 $\boldsymbol{e}$ 可分别表示为

$$\boldsymbol{A} = \begin{bmatrix} A_1 \\ A_2 \end{bmatrix}, \boldsymbol{e}(k) = \begin{bmatrix} e(k) \\ e(k-1) \end{bmatrix} \tag{10.6.4}$$

$$u(k) = \boldsymbol{A}^{\mathrm{T}} \boldsymbol{e}(k) + u(k-1) \tag{10.6.5}$$

在优化过程中,跟踪误差 $\boldsymbol{e}(k)$由预测误差 $\hat{\boldsymbol{e}}(k)$代替。

控制器的增益可以看作可调参数,即加权误差信号。PI 控制器方程可用预测回路中包含一个线性节点的神经网络模块实现。线性节点将加权误差信号和前一时刻的控制信号作为其输入。这样,增益的调节可看作在线调节输入到线性节点的、与误差信号有关的权值。PI 控制器与神经预测器串联,如图 10.35 所示。

在给定的预测时刻,增益自适应的误差可以用如下最速下降算法计算,即

$$\Delta\boldsymbol{A} = \alpha_A \frac{\partial E(k)}{\partial \boldsymbol{A}} \tag{10.6.6}$$

式(10.6.6)中,α_A 为修正控制器增益的的自适应率。

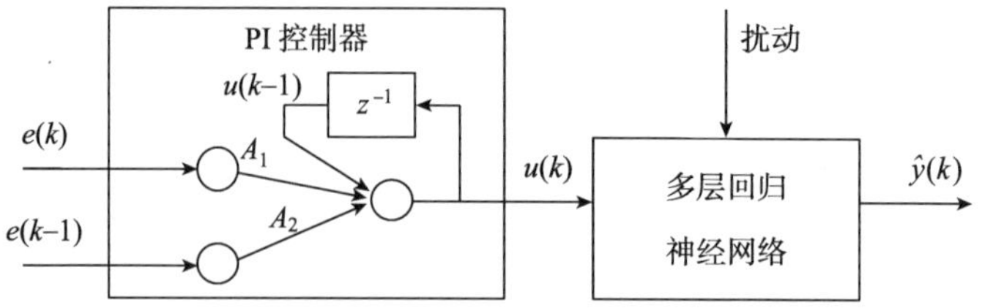

图 10.35　PI 控制器与神经预测器串联

这里，在增益自适应算法中采用沿时间的误差反传算法(BPTT)。

令 $\delta(l)$ 为神经网络在在 l 步误差梯度向量，则对于控制器增益的预测跟踪误差梯度可表示为

$$\frac{\partial E(k)}{\partial \boldsymbol{A}}=-\sum_{i=0}^{H-1}\delta(k+i)\boldsymbol{e}(k+i) \tag{10.6.7}$$

式(10.6.7)中，$e(j)$ 由式(10.6.4)给出；而当 $j>k$ 时，用 $\hat{e}(j)$ 代替 $e(j)$，$\delta(k+i)$ 为预测跟踪误差梯度。

在离散时间域中，U 形管蒸汽发生器三冲量水位控制器可以表示为以下形式

$$Q_{\text{fw}}(k)=Q_{\text{fw}}(k-1)+K\left[1+\frac{\tau_{\text{s}}}{T_i}\right]e_{\text{L}}(k)-Ke_{\text{L}}(k-1) \tag{10.6.8}$$

式(10.6.8)中：

τ_{s} ——采样周期；

K——比例增益；

T_i ——积分时间常数；

根据上式，可定义 PI 控制器参数的向量 $\boldsymbol{A}$，即

$$A_1=K\left[1+\frac{\tau_{\text{s}}}{T_i}\right] \tag{10.6.9}$$
$$A_2=K$$

这样，结合图 10.35 所示的 PI 控制器与神经预测器串联形式，控制器控制动作的改变可以描述为通过增益 A_1、A_2进行“加权”的误差的线性组合。

蒸汽发生器水位神经预测自适应控制器的关键部分是神经预测模块。神经预测模块包含一个经验模型，即 MSP 预测器。

(2)仿真结果

神经预测自适应 PI 控制器与常增益 PI 控制器控制性能比较的主要瞬态工况如下：

1)工况 I：功率斜坡上升，由满功率的 60%上升到 70%，斜率为 9%/min；

2)工况 II：功率阶跃下降，由满功率的 20%下降到 10%；

3)工况 III：功率斜坡下降，由满功率的 10%下降到 5%，斜率为 6%/min；

4)工况 IV：功率斜坡下降，由满功率的 95%下降到 5%，斜率为 6%/min。

图 10.36、图 10.37 给出了功率由满功率的 95%斜坡下降到 5%时，神经预测自适应 PI 控制器的控制效果。其他工况下，常增益 PI 控制器与神经预测自适应 PI 控制器的控制效果见文献[10]。仿真结果表明，自适应 PI 控制器通过在线自适应调节增益，能够成功地对蒸汽发生器水位进行控制。

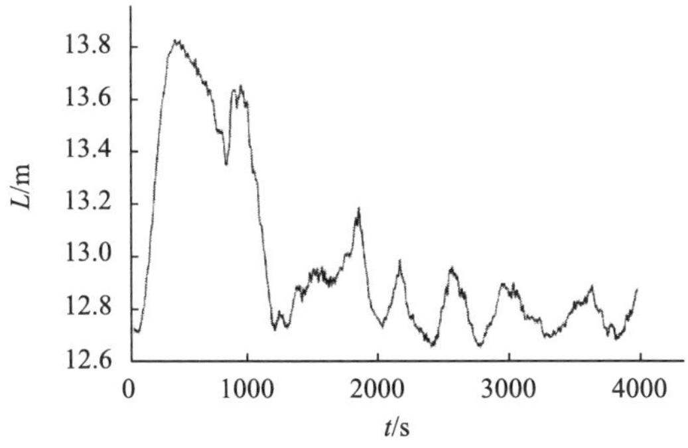

图 10.36　功率需求斜坡减小时水位调节结果

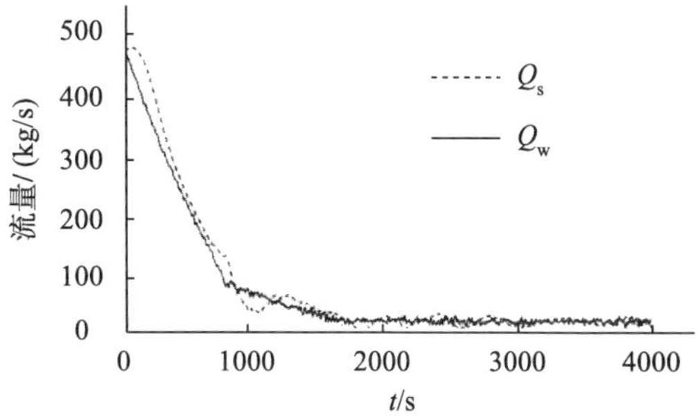

图 10.37　功率需求斜坡减小时自适应增益控制器响应

10.7　SG 水位模糊神经网络控制

10.7.1　模糊神经网络控制

广义地说，模糊神经网络控制（Fuzzy Neural Network Control，FNNC）是将模糊逻辑与神经网络结合起来用于系统控制。模糊神经网络控制，有时也称为神经模糊控制（Neurofuzzy Control，NFC）。在模糊神经网络控制中，模糊逻辑与神经网络结合的方式主要有以下几种形式：(1)模糊逻辑融入神经网络，构成模糊神经网络，使神经网络能够直接处理模糊信息；(2)利用神经网络的信息存储能力和学习能力，用神经网络来等效模糊系统的功能模块，将模糊控制的模糊化、模糊推理和解模糊等基本过程用神经网络来实现；(3)模糊逻辑与神经网络组合起来构成模糊—神经系统，例如用神经网络优化模糊逻辑控制器的参数。

在核动力系统控制中，目前已提出的方法有保证稳定性的神经模糊控制[313]、神经模糊控制[195]、神经—模糊评判控制[198]、自适应神经模糊控制[41]、基于自适应评判的神经模糊控制（Adaptive Critic-based Neurofuzzy Control）[43]、基于神经网络自学习的模糊控制[314]、基于自适应神经模糊推理系统（Adaptive Neuro-fuzzy Inference System，ANFIS）的 PID 控制[21]等。在核动力系统控制中，目前模糊神经网络主要用于反应堆功率和蒸汽发生器水位控制的研究。

10.7.2　蒸汽发生器水位 FNN 自适应评判控制

自适应评判控制是一种无导师的、不依赖于数学模型的控制方式。它是运用再励学习的方式记忆经验，通过再励学习为控制系统提供一些关于控制器性能好坏的评价结果和奖励、惩罚方面的信息，然后根据评价结果和奖励、惩罚信息来调整控制器的参数，以获得良好的控制性能。

在蒸汽发生器水位控制的研究中，Fakhrazari A 等[43]提出了模糊神经网络自适应评判控制（Adaptive Critic-based Neurofuzzy Control，ACNFC）方法。在该方法中，模糊评判学习方法是以动态规划为基础的再励学习方法。评判代理得到的信息为以前状态中控制器作用下的系统反馈，评判代理具有比例—微分结构。评判代理产生的信号与误差反向传播算法用于在线调节模糊推理规则的结论部分。评判根据学习结果给出“奖励”和“惩罚”作用。经过评判代理再励学习而产生的信号用于调节模糊神经控制器的参数，以获得期望的控制性能。

(1)模糊神经自适应评判控制系统的结构

蒸汽发生器水位模糊神经网络自适应评判控制系统(ACNFCS)的结构如图 10.38 所示。图 10.38 中，$r(t)$表示蒸汽发生器水位设定值，$y(t)$表示蒸汽发生器水位测量值，$e(t)$表示蒸汽发生器水位设定值与测量值之间的偏差，$u(t)$表示模糊神经自适应评判控制器输出。

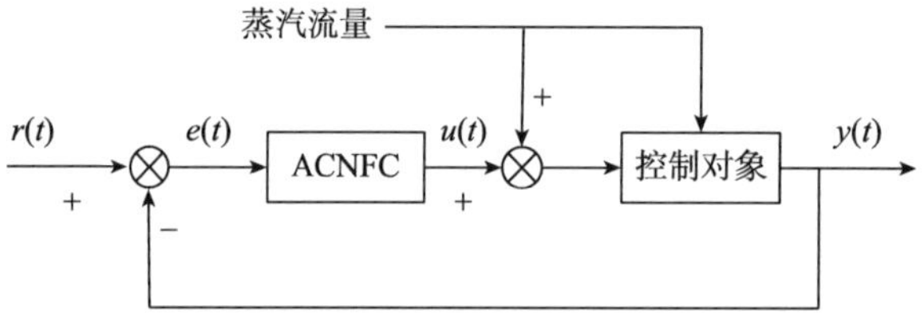

图 10.38　蒸汽发生器 ACNFC 水位控制系统结构

Fakhrazari A 等提出的自适应评判模糊神经控制器(ACNFC)的结构如图 10.39 所示，由模糊神经控制器、评判代理单元和学习单元组成。自适应评判模糊神经控制器的工作原理是：评判代理单元根据系统输出来评价控制器的性能，提供适当的再励信号 r。再励信号 r 作用于学习单元，学习单元通过极小化目标函数的方法自适应地修正模糊神经控制器的系数 w，从而得到所需要的控制信号。

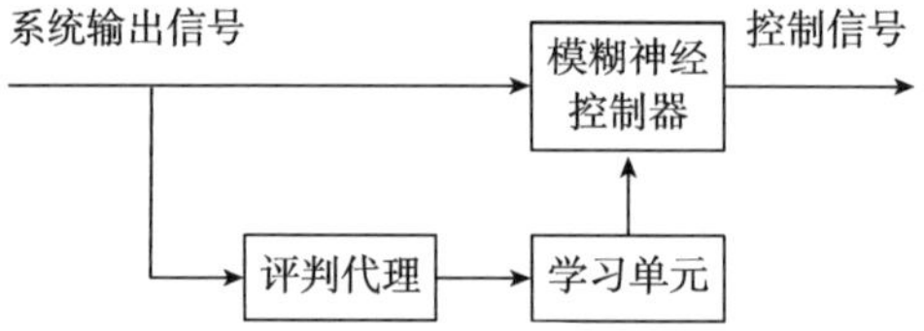

图 10.39　模糊神经自适应评判控制器的结构

(2)模糊神经控制器

自适应评判模糊神经控制器中，模糊神经网络的拓扑结构如图 10.40 所示。模糊神经网络共包括 6 层：第一层为输入层，其节点用 I 表示；第二层各节点描述输入量满足语言规则的程度，计算隶属度函数 $\mu_{Fji}(x_i)$，其节点用 M 表示；第三层各节点表示模糊规则的前提条件($\mu_{Fj1}(x_1)$，$\mu_{Fj2}(x_2)$，…，$\mu_{Fjn}(x_n)$)，其节点用 T 表示；第四层各节点分别计算各规则作用强度与所有规则作用强度之间的比率，即 $\mu_j \Big/ \sum_{j=1}^{N} \mu_j$，其节点用 N 表示；第五层各节点为线性处理单元(T-S)，分别计算各规则的结论 c_j，其节点用 T-S 表示，在网络学习阶段将自适应线性组合的系数；最后一层为去模糊化节点，执行计算结果去模糊化功能。图 10.40 中的 T-S 表示 TSK(Takagi-Sugeno-Kang，TSK)规则，Y 表示网络输出。

设一个多输入单输出模糊系统(MISO)由 N 个规则组成。其中第 j 个规则表示如下：

$$R_j(\text{规则 } j)\text{：IF }(x_1\text{是 }F_{j1})\text{且}(x_2\text{是 }F_{j2})\text{且}\cdots(x_n\text{是 }F_{jn})\text{，Then } c_j = g(X)$$

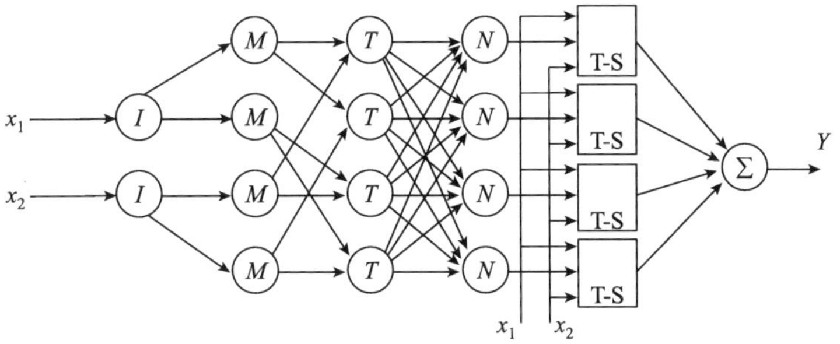

图 10.40　多输入单输出 TSK 模糊神经网络结构

在上述规则中，$j=1,2,\cdots,N$；$x_i(i=1,2,\cdots,n)$是模糊系统的输入变量；F_{ji}是相应于隶属度函数$\mu_{Fji}(x_i)$的特征量；c_j是第 j 个规则的结论；g_j为$R^n \to R$ 上的映射。每个规则 R_j 可以看作一个模糊蕴涵。

每个规则$(F_1 \times F_2 \times \cdots \times F_n)$的前提条件模糊集(笛卡尔积)可由 t 范数算子(可定义为极小算子或乘积算子)描述如下

$$\mu_{F1\times F2\times\cdots\times Fn}(x_1,x_2,\cdots,x_n)=\begin{cases}\min[\mu_{F1}(x_1),\mu_{F2}(x_2),\cdots,\mu_{Fn}(x_n)]\\ \mu_{F1}(x_1),\mu_{F2}(x_2),\cdots,\mu_{Fn}(x_n)\end{cases} \tag{10.7.1}$$

去模糊化可按照下式运算

$$\tilde{y}=\tilde{f}(X)=\frac{\sum_{j=1}^{N}c_j\mu_j}{\sum_{j=1}^{N}\mu_j},\ X=[(x,x_2,\cdots,x_n]^{\mathrm{T}} \tag{10.7.2}$$

$$\mu_j=\mu_{F1}\times\mu_{F2}\times\cdots\times\mu_{Fn}(x_1,x_2,\cdots,x_n) \tag{10.7.3}$$

式(10.7.3)中，μ_j为第 j 个规则前件的作用(激发)强度。

在 TSK 模糊推理系统中，规则的结论可表示如下

$$c_j=a_{0j}+\sum_{i=1}^{n}a_{ij}\cdot x_i \tag{10.7.4}$$

式(10.7.4)中，a_{0j}、a_{ij}为系数。

设误差函数(目标函数)为 E。令 $e=y_{\mathrm{d}}-y$，则 E 可表示为再励信号 r 的函数，即

$$E=\frac{1}{2}r^2 \tag{10.7.5}$$

再励信号 r 可表示为系统参考值和输出值之间误差及误差变化率的线性组合，即

$$r=k_1e+k_2\dot{e} \tag{10.7.6}$$

式(10.7.6)中，k_1、k_2分别为正常数；$e=y_{\mathrm{d}}-y$，y_{d}与 y 分别为系统参考信号和实际输出值。

设 u 为控制器的输出，控制信号 u 可表示为

$$u=\frac{\sum_{j=1}^{N}\left(a_{0j}+\sum_{i=1}^{n}a_{ij}x_i\right)\mu_j}{\sum_{j=1}^{N}\mu_j} \tag{10.7.7}$$

模糊神经网络学习的目标是通过极小化目标函数 E 的方法来修正控制器网络的系数

w。极小化目标函数方法可采用梯度下降法,即

$$\frac{\partial E}{\partial w}=\frac{\partial E}{\partial r}\times\frac{\partial r}{\partial u}\times\frac{\partial u}{\partial w} \tag{10.7.8}$$

其中

$$\frac{\partial r}{\partial u}=\frac{\partial r}{\partial y}\times\frac{\partial y}{\partial u}=\left(\frac{\partial e}{\partial y}\times\frac{\partial r}{\partial e}\right)\times\frac{\partial y}{\partial u}=(-1\times k_1)\times\frac{\partial y}{\partial u} \tag{10.7.9}$$

因此

$$\frac{\partial E}{\partial w}=r\times\left(-k_1\times\frac{\partial y}{\partial u}\right)\times\frac{\partial u}{\partial w} \tag{10.7.10}$$

参数 w 的修正按照下式进行

$$\Delta w=\eta\times r\times\frac{\partial u}{\partial w} \tag{10.7.11}$$

式(10.7.11)中,η 为学习率,$\eta>0$。

模糊神经控制器参数的修正方法为

$$\Delta a_{0j}=\eta\times r\times\frac{\partial u}{\partial a_{0j}}=\eta\times r\times\frac{\mu_j}{\sum_{j=1}^{N}\mu_j} \tag{10.7.12}$$

$$\Delta a_{ij}=\eta\times r\times\frac{\partial u}{\partial a_{ij}}=\eta\times r\times x_i\times\frac{\mu_j}{\sum_{j=1}^{N}\mu_j} \tag{10.7.13}$$

ACNFC 的输入为水位误差和水位误差的导数。ACNFC 共有 3 个语言变量,即负(N)、零(Z)和正(P);规则库由 9 个规则组成。因此,模糊神经控制器参数的具体修正方法为

$$\Delta a_{0j}=\eta\times r\times\frac{\mu_j}{\sum_{j=1}^{9}\mu_j},\ j=1,2,\cdots,9 \tag{10.7.14}$$

$$\Delta a_{1j}=\eta\times r\times e\times\frac{\mu_j}{\sum_{j=1}^{9}\mu_j},\ j=1,2,\cdots,9 \tag{10.7.15}$$

$$\Delta a_{2j}=\eta\times r\times\dot{e}\times\frac{\mu_j}{\sum_{j=1}^{9}\mu_j},\ j=1,2,\cdots,9 \tag{10.7.16}$$

式(10.7.14)~式(10.7.16)中,$\eta=0.36$。

在模糊推理系统中,语言变量 Z 的隶属度函数采用高斯函数,即

$$\mu_{F_{ji}}(x_i)=\exp\left[-(x_i-c_{ji})/\sigma_{ji}{}^2\right] \tag{10.7.17}$$

式(10.7.17)中,c_{ji}、σ_{ji} 分别为高斯函数的中心和标准化参数。

语言变量 N 和 P 的隶属度函数采用 S 函数,即

$$\mu_{F_{ji}}(x_i)=\left[1+\exp(-a_{ji}(x_i-c_{ji}))\right]^{-1} \tag{10.7.18}$$

式(10.7.18)中,c_{ji}、σ_{ji} 分别为高斯函数的中心和曲线变形系数。

在自适应评判机制中,通过自适应评判用来评价控制器性能的好坏。评判代理产生的再励信号用于调节模糊神经控制器的参数,以获得期望的控制性能。评价以(10.7.6)式为

基础，因为它满足语言描述且简化了评判程序的设计。在评判设计中，选择水位误差和误差的导数的线性组合。评判方法如(10.7.6)式所示，其系数依赖于蒸汽发生器的运行功率水平。控制器性能评价的方法是：如果蒸汽发生器的实际水位与设定值之间的误差比较大但误差的导数是减小的，则认为控制器的性能不是太差；如果蒸汽发生器的实际水位与设定值之间的误差比较小但误差的导数是较大的正值，则认为控制器的性能不好。评价代理的系数值为运行功率水平的函数。不同功率水平下 k_1、k_2 的值如表 10.2 所示(P_N%表示额定功率份额)。评判的作用是真实地评价系统状态而不需要非常精确。

表 10.2 不同功率水平下 ACNFC 评判模型参数值

P_N%	5	15	30	50	100
k_1	0.017	0.06	0.393	1.05	4.16
k_2	4.3	3	3	3	3

(3)仿真结果

图 10.41、图 10.42 分别给出了在 5%和在 15%功率水平下，蒸汽发生器水位模糊神经网络自适应评判控制的仿真结果(其他仿真结果见文献[43])。仿真结果表明，模糊神经网络自适应评判控制器结构简单，具有鲁棒性，能够对蒸汽发生器水位进行有效地控制，可以应用于不同类型蒸汽发生器的水位控制。

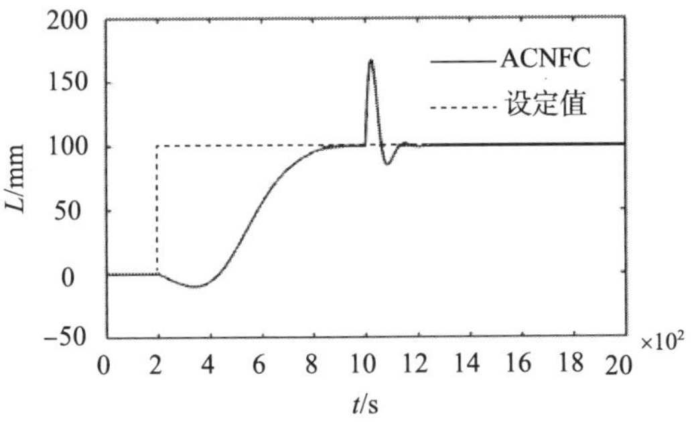

图 10.41 在 5%功率下 ACNFC 的控制性能

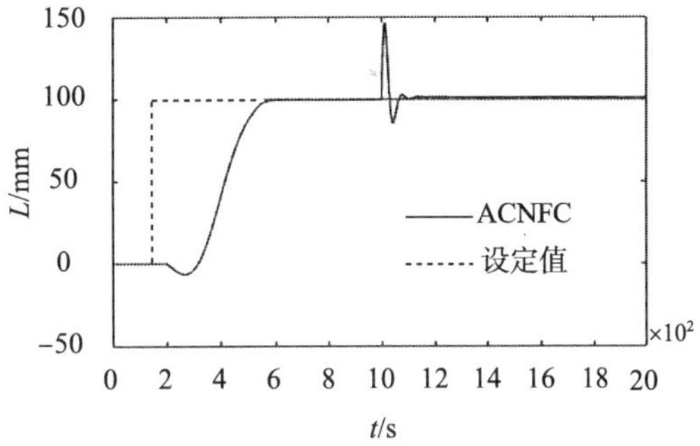

图 10.42 在 15%功率下 ACNFC 的控制性能

10.7.3 蒸汽发生器水位 FNN 稳定控制

模糊逻辑控制器的应用结果表明，在许多情况下其控制品质优于常规控制器。但是，由于模糊理论和模糊控制理论的发展还很不完善，模糊控制系统的设计还缺乏严密的理论基础，因此，如何保证模糊控制规则的完整性和控制系统的稳定性，是模糊控制系统设计中一个复杂且难以解决的问题。为解决模糊控制器规则的优化和完整性以及控制系统的稳定性问题，1996 年，Cho B H 与 No H C[313] 在蒸汽发生器水位控制器的设计中，从理论上研究了保证模糊控制器规则的完整性和控制系统的稳定性的方法，提出了保证稳定性的模糊神经网络水位控制器(简称 NFLC)。

(1)控制系统结构

Cho B H 等提出的保证稳定性的蒸汽发生器水位模糊神经网络控制系统原理框图如

图 10.43 所示。与蒸汽发生器常规的三冲量水位控制系统类似，在 NFLC 控制系统设计中采用蒸汽流量前馈控制方案。NFLC 的优点是其能够将任意的二输入、单输出线性控制器映射为特殊的控制规则集。蒸汽发生器水位模糊神经网络稳定控制的原理是：为了设计稳定的控制器，利用李亚普洛夫稳定性准则取得稳定向量，然后，将这个向量映射为两个线性规则表，作为实际规则的限制，通过这种方法保证 NFLC 系统的渐近稳定性；通过 BP 学习算法获得最优规则并实现 NFLC 规则表的自动更新。

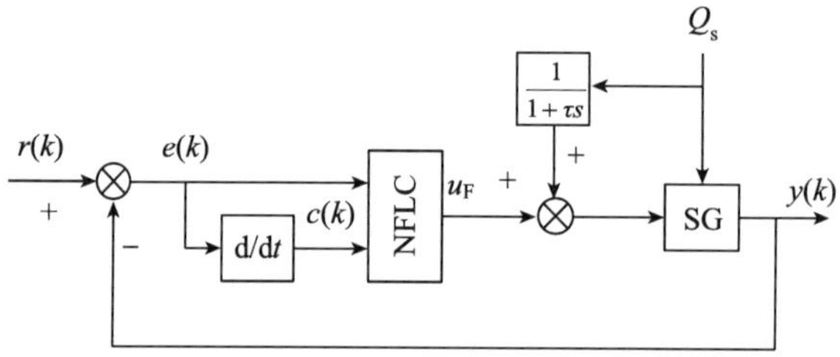

图 10.43　模糊神经网络水位控制系统原理框图

(2)模糊神经控制器

蒸汽发生器水位模糊神经控制器由一个模糊神经网络实现，如图 10.44 所示。控制器包括等腰三角形隶属函数、模糊化单元、产生式推理以及中心平均去模糊化等单元。模糊神经网络每个输入变量一侧均有三个模糊集，在模糊推理运算中使用等腰三角形隶属函数。在模糊神经网络中，模糊化和三角形隶属函数由输入层和第三层实现。第三层单元的输出分别对应于输入变量 $e(k)$ 与 $c(k)$ 的模糊集 A1、A2 的隶属度 $\mu_{A1}[e(k)]$ 和 $\mu_{A2}[c(k)]$。由于在 NFLC 中采用单元素模糊化，因此，隶属度受第 k 步输入层数据 $e(k)$ 和 $c(k)$ 的影响。第四层分别完成模糊集推理和中心平均去模糊化。

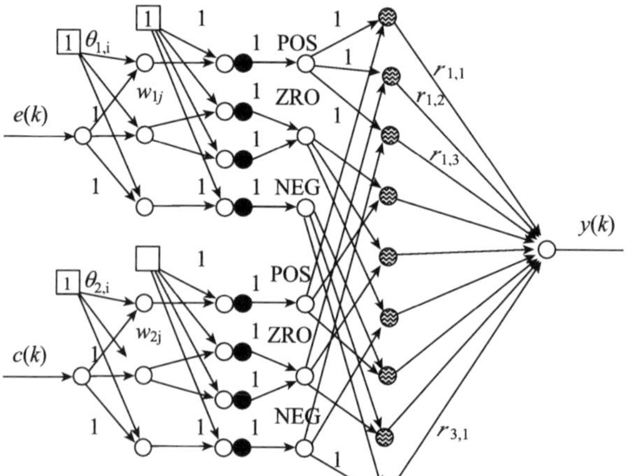

图 10.44　用神经网络构造的模糊神经控制器

设 $w_{1,j}$、$w_{2,j}$ 为模糊神经网络的连接权；m_1、m_2 分别为输入变量 $e(k)$ 和 $c(k)$ 的模糊集的数量；$\theta_{1,i}$、$\theta_{2,i}$ 为偏置项；L_1、L_2 分别为输入变量 $e(k)$ 和 $c(k)$ 的论域。图 10.44 中的偏置项以及第一层与第二层的连接权值确定如下

$$\theta_{1,i}=-L_1+\frac{2L_1}{m_1-1}(i-1)\quad i=1,\cdots,m_1$$
$$w_{1,j}=-\frac{m_1-1}{2L_1}(-1)^j\quad j=1,\cdots,2(m_1-2)+2 \tag{10.7.19}$$

$$\theta_{2,i}=-L_2+\frac{2L_2}{m_2-1}(i-1)\quad i=1,\cdots,m_2$$
$$w_{1,j}=-\frac{m_1-1}{2L_1}(-1)^j\quad j=1,\cdots,2(m_1-2)+2 \tag{10.7.20}$$

图 10.44 中带黑色单元的函数为

$$f(x)=\begin{cases}x, & 0<x\leqslant 1\\ 0, & x<0 \text{ 或 } x>1\end{cases} \tag{10.7.21}$$

图 10.44 中，带有波浪条纹的单元产生输入值的积。

模糊神经控制器设计的重点在于在图 10.44 中使用 BP 算法寻找一个策略构建一个适当的模糊规则 $r_{i,j}$。

如果采用线性控制规则，则图 10.44 所示的 NFLC 可以为任意的线性函数。这样，可定义下述线性函数

$$y(k)=a_1e(k)+a_2c(k) \tag{10.7.22}$$

将上述线性函数的等价映射到 NFLC。NFLC 具有下述规则

$$r_{i,j}=a_1s_{1,i}+a_2s_{2,j}\quad i=1,2,\cdots,m_1;j=1,2,\cdots,m_2 \tag{10.7.23}$$

式(10.7.23)中，$s_{1,i}$和 $s_{2,j}$ 是论域$[-L_1,L_1]$和$[-L_2,L_2]$等分定义的等腰隶属函数的中心。为了方便，定义下述算子

$$R=\mathrm{Rule}\{[a_1,a_2],L_1,L_2\} \tag{10.7.24}$$

这里，规则表 $R\in R^{m_1\times m_2}$ 包含了与线性函数 $y(k)=a_1e(k)+a_2c(k)$ 等价的规则。

(3)NFLC 的稳定域

NFLC 规则的稳定域通过两个线性规则的指导来确定，这两个线性规则具有上限和下限的作用。非线性增益稳定向量由李亚普罗夫稳定准则确定。

定理 1：非线性增益的渐近稳定向量(多维情况)

设 NFLC 控制系统可以描述如下

$$\boldsymbol{x}(k+1)=\boldsymbol{\Phi x}(k)+\boldsymbol{\Gamma u}(k)$$
$$\boldsymbol{u}(k)=\boldsymbol{k}_s^{\mathrm{T}}x(k)+\boldsymbol{k}_n^{\mathrm{T}}(k)\boldsymbol{x}(k) \tag{10.7.25}$$

式(10.7.25)中，$\boldsymbol{\Phi}\in R^{n\times n}$，$\boldsymbol{\Gamma}\in R^{n\times 1}$；$\boldsymbol{k}_s^{\mathrm{T}}\in R^{1\times n}$，$\boldsymbol{k}_n^{\mathrm{T}}(x)\in R^{1\times n}$，分别表示 NFLC 规则中蕴涵的非线性增益。

假如选择 $\boldsymbol{k}_s^{\mathrm{T}}$ 使 $\boldsymbol{\Phi}+\boldsymbol{\Gamma k}_s^{\mathrm{T}}$ 的特征值都在单位圆内，对于每个具有实数值的非线性增益 $[k_{ni}^-,k_{ni}^+]$ $(i=1,2,\cdots,n)$，当且仅当存在一个对称正定矩阵 $\boldsymbol{V}_s$满足下式时，存在渐近稳定向量

$$[\boldsymbol{\Phi}+\boldsymbol{\Gamma}(\boldsymbol{k}_s^{\mathrm{T}}+\boldsymbol{k}_n^{\mathrm{T}}(x))]^{\mathrm{T}}\boldsymbol{V}_s[\boldsymbol{\Phi}+\boldsymbol{\Gamma}(\boldsymbol{k}_s^{\mathrm{T}}+\boldsymbol{k}_n^{\mathrm{T}}(x))]-\boldsymbol{V}_s+\boldsymbol{Q}=0$$
$$\forall k_{ni}x\in[k_{ni}^-\quad k_{ni}^+]\quad i=1,2,\cdots,n \tag{10.7.26}$$

式(10.7.26)中，$\boldsymbol{Q}$ 是一个任意的对称正定矩阵。

证明：线性与非线性控制的 Lyapunov 函数的变化形式可以定义为

$$\Delta \boldsymbol{J}(x)=\boldsymbol{x}^{\mathrm{T}}(k+1)\boldsymbol{V}_{\mathrm{s}}\boldsymbol{x}(k+1)-\boldsymbol{x}^{\mathrm{T}}(k)\boldsymbol{V}_{\mathrm{s}}\boldsymbol{x}(k) \tag{10.7.27}$$

将式(10.7.25)代入式(11.7.27)可得

$$\begin{aligned}\Delta \boldsymbol{J}(x)=&\boldsymbol{x}^{\mathrm{T}}(k)[(\boldsymbol{\Phi}+\boldsymbol{\Gamma k}_{\mathrm{s}}^{\mathrm{T}})^{\mathrm{T}}\boldsymbol{V}_{\mathrm{s}}(\boldsymbol{\Phi}+\boldsymbol{\Gamma k}_{\mathrm{s}}^{\mathrm{T}})-\boldsymbol{V}_{\mathrm{s}}]\boldsymbol{x}(k)+\\&\boldsymbol{x}^{\mathrm{T}}(k)\boldsymbol{k}_{\mathrm{n}}(x)\boldsymbol{\Gamma}^{\mathrm{T}}\boldsymbol{V}_{\mathrm{s}}\boldsymbol{\Gamma k}_{\mathrm{n}}^{\mathrm{T}}(x)\boldsymbol{x}(k)+\\&\boldsymbol{x}^{\mathrm{T}}(k)(\boldsymbol{\Phi}+\boldsymbol{\Gamma k}_{\mathrm{s}}^{\mathrm{T}})^{\mathrm{T}}\boldsymbol{V}_{\mathrm{s}}\boldsymbol{\Gamma k}_{\mathrm{n}}^{\mathrm{T}}(x)\boldsymbol{x}(k)+\\&\boldsymbol{x}^{\mathrm{T}}(k)\boldsymbol{k}_{\mathrm{n}}(x)\boldsymbol{\Gamma}^{\mathrm{T}}\boldsymbol{V}_{\mathrm{s}}(\boldsymbol{\Phi}+\boldsymbol{\Gamma k}_{\mathrm{s}}^{\mathrm{T}})\boldsymbol{x}(k)\end{aligned} \tag{10.7.28}$$

式(10.7.28)第一项可表示为

$$\boldsymbol{x}^{\mathrm{T}}(k)[(\boldsymbol{\Phi}+\boldsymbol{\Gamma k}_{\mathrm{s}}^{\mathrm{T}})^{\mathrm{T}}\boldsymbol{V}_{\mathrm{s}}(\boldsymbol{\Phi}+\boldsymbol{\Gamma k}_{\mathrm{s}}^{\mathrm{T}})-\boldsymbol{V}_{\mathrm{s}}]\boldsymbol{x}(k)=-\boldsymbol{x}^{\mathrm{T}}(k)\boldsymbol{Q}_{\mathrm{s}}\boldsymbol{x}(k) \tag{10.7.29}$$

式(10.7.29)中,$\boldsymbol{Q}_{\mathrm{s}}$和给定的$\boldsymbol{V}_{\mathrm{s}}$变成对称正定矩阵。

由于非线性控制 $\boldsymbol{u}_{\mathrm{n}}(k)=\boldsymbol{k}_{\mathrm{n}}^{\mathrm{T}}(x)\boldsymbol{x}(k)$ 是标量,则(10.7.27)式可以表示为

$$\begin{aligned}\Delta \boldsymbol{J}(x)=&\boldsymbol{u}_{\mathrm{n}}^{2}(k)\boldsymbol{\Gamma}^{\mathrm{T}}\boldsymbol{V}_{\mathrm{s}}\boldsymbol{\Gamma}+\boldsymbol{u}_{\mathrm{n}}(k)\boldsymbol{x}^{\mathrm{T}}(k)\times\\&[(\boldsymbol{\Phi}+\boldsymbol{\Gamma k}_{\mathrm{s}}^{\mathrm{T}})^{\mathrm{T}}\boldsymbol{V}_{\mathrm{s}}\boldsymbol{\Gamma}+\boldsymbol{\Gamma}^{\mathrm{T}}\boldsymbol{V}_{\mathrm{s}}(\boldsymbol{\Phi}+\boldsymbol{\Gamma k}_{\mathrm{s}}^{\mathrm{T}})]\boldsymbol{x}(k)-\boldsymbol{x}^{\mathrm{T}}(k)\boldsymbol{Q}_{\mathrm{s}}\boldsymbol{x}(k)\end{aligned} \tag{10.7.30}$$

为了计算单个向量 $[k_{\mathrm{n}i},k_{\mathrm{n}i}^{+}]$ $(i=1,2,\cdots,n)$,n 维向量 $k_{\mathrm{n}}(k)$ 可以划分为 n 个标量变量 $k_{\mathrm{n}i}(x)$。因此,每个非线性增益的非线性控制变成两个标量值的积

$$u_{\mathrm{n}i}(k)=k_{\mathrm{n}i}(k)x_{i}(k) \tag{10.7.31}$$

将(式 10.7.31)代入式(10.7.30)可得

$$\begin{aligned}\Delta \boldsymbol{J}_{i}(x)=&k_{\mathrm{n}i}^{2}(x)\boldsymbol{x}_{i}^{2}(k)\boldsymbol{\Gamma}^{\mathrm{T}}\boldsymbol{V}_{\mathrm{s}}\boldsymbol{\Gamma}+k_{\mathrm{n}i}(x)\boldsymbol{x}_{i}(k)\boldsymbol{x}^{\mathrm{T}}(k)\times\\&[(\boldsymbol{\Phi}+\boldsymbol{\Gamma k}_{\mathrm{s}}^{\mathrm{T}})^{\mathrm{T}}\boldsymbol{V}_{\mathrm{s}}\boldsymbol{\Gamma}+\boldsymbol{\Gamma}^{\mathrm{T}}\boldsymbol{V}_{\mathrm{s}}(\boldsymbol{\Phi}+\boldsymbol{\Gamma k}_{\mathrm{s}}^{\mathrm{T}})]\boldsymbol{x}(k)-\boldsymbol{x}^{\mathrm{T}}(k)\boldsymbol{Q}_{\mathrm{s}}\boldsymbol{x}(k)\\=&a_{1i}k_{\mathrm{n}i}^{2}(x)+a_{2i}k_{\mathrm{n}i}(x)+a_{3i}\end{aligned} \tag{10.7.32}$$

(4)模糊神经网络学习算法

模糊神经网络学习算法采用 BP 算法。为了处理系统逆动力学问题,在目标函数中引入变误差测度。两种目标函数分别表示如下

$$E_{p1}(k)=\frac{1}{2}\sum_{k}[y_{\mathrm{d}k}(k)-y_{\mathrm{o}k}(k)]^{2} \tag{10.7.33}$$

$$E_{p2}(k)=\frac{1}{2}\sum_{k}[a(y_{\mathrm{d}k}(k)-y_{\mathrm{o}k}(k))]^{2}+b\frac{1}{2}\sum_{k}[(e_{\mathrm{d}k}(k)-e_{\mathrm{d}k}(k-1))]^{2} \tag{10.7.34}$$

式(10.7.33)、式(10.7.34)中,$y_{\mathrm{d}k}(k)$ 与 $y_{\mathrm{o}k}(k)$ 分别表示某给定模式 p 第 k 层神经网络的目标值与输出值。a、b 分别为非负数。

$E_{p1}(k)$ 在连接权空间曲面的梯度可以表示为

$$\frac{\partial E_{p1}(k)}{\partial w_{kj}(k)}=-[y_{\mathrm{d}k}(k)-y_{\mathrm{o}k}(k)]\frac{\partial f[net_{pk}(k)]}{\partial net_{pk}(k)}\frac{\partial net_{pk}(k)}{\partial w_{kj}(k)} \tag{10.7.35}$$

式(10.7.35)中,$f[\cdot]$ 为激励函数。

设 $\theta_{k}(k)$ 为第 k 层单元的偏置项,则 $y_{\mathrm{o}k}(k)$ 与 $net_{pk}(k)$ 可表示如下

$$y_{\mathrm{o}k}(k)=f[net_{pk}(k)] \tag{10.7.36}$$

$$net_{pk}(k)=\sum_{j}w_{kj}(k)y_{\mathrm{o}k}(k)+\theta_{k}(k) \tag{10.7.37}$$

式(10.7.35)中,$\partial net_{pk}(k)/\partial w_{kj}(k)$ 可表示为

$$\frac{\partial net_{pk}(k)}{\partial w_{kj}(k)}=\frac{\partial\left[\sum_{j}w_{kj}(k)y_{\mathrm{o}j}(k)+\theta_{k}(k)\right]}{\partial w_{kj}(k)}=y_{\mathrm{o}j}(k) \tag{10.7.38}$$

则

$$\frac{\partial E_{p1}(k)}{\partial w_{kj}(k)}=-[y_{dk}(k)-y_{ok}(k)]f'[net_{pk}(k)]y_{oj}(k) \tag{10.7.39}$$

根据 BP 算法,连接权的修正算法可以表示为

$$w_{kj}(k)=w_{kj}(k-1)+\eta[y_{dk}(k)-y_{ok}(k)]f'[net_{pk}(k)]y_{oj}(k) \tag{10.7.40}$$

目标函数式(10.7.34)可以表示为

$$E_{p2}(k)=\frac{1}{2}\sum_{k}[a(y_{dk}(k)-y_{ok}(k))]^{2}+b\frac{1}{2}\sum_{k}[(\Delta y_{dk}(k)-\Delta y_{ok}(k))]^{2} \tag{10.7.41}$$

式(10.7.41)中

$$\begin{aligned}\Delta y_{dk}(k)&=y_{dk}(k)-\Delta y_{dk}(k-1)\\ \Delta y_{ok}(k)&=y_{ok}(k)-y_{ok}(k-1)\end{aligned} \tag{10.7.42}$$

$E_{p1}(k)$ 在权空间曲面的梯度可以表示为

$$\begin{aligned}\frac{\partial E_{p2}(k)}{\partial w_{kj}(k)}=&-a[y_{dk}(k)-y_{ok}(k)]\frac{\partial f[net_{pk}(k)]}{\partial net_{pk}(k)}\frac{\partial net_{pk}(k)}{\partial w_{kj}(k)}-\\ &b[\Delta y_{dk}(k)-\Delta y_{ok}(k)]\frac{\partial f[\Delta net_{pk}(k)]}{\partial \Delta net_{pk}(k)}\frac{\partial \Delta net_{pk}(k)}{\partial w_{kj}(k)}\end{aligned} \tag{10.7.43}$$

则

$$\frac{\partial E_{p2}(k)}{\partial w_{kj}(k)}=-\{a[y_{dk}(k)-y_{ok}(k)]+b[\Delta y_{dk}(k)-\Delta y_{ok}(k)]\}f[net_{pk}(k)]y_{oj}(k) \tag{10.7.44}$$

根据 BP 算法,连接权的修正算法可以表示为

$$\begin{aligned}w_{kj}(k)=&w_{kj}(k-1)+\eta\{a[y_{dk}(k)-y_{ok}(k)]+b[\Delta y_{dk}(k)-\Delta y_{ok}(k)]\}\\ &f[net_{pk}(k)]y_{oj}(k)\end{aligned} \tag{10.7.45}$$

反传误差由下式确定

$$\delta_{pj}(k)=f'[net_{pj}(k)]\sum_{k}\delta_{pk}(k)w_{kj}(k) \tag{10.7.46}$$

(5)蒸汽发生器水位控制

1)蒸汽发生器水位数学模型

如图 10.43 所示,NFLC 控制系统采用蒸汽流量前馈控制方案。蒸汽流量前馈通道中的滞后环节时间常数设定为 $\tau=7.2$ s(为采样时间间隔的 3 倍)。

在 NFLC 控制仿真计算中,蒸汽发生器的水位模型采用 Irving E(参见文献[40]或第 3 章内容)提出的模型。由于机械振动项与“收缩—膨胀”现象相比不是很重要,因此,在计算中忽略模型的 Irving E 模型的机械振动项。这样,蒸汽发生器水位模型可以表示如下

$$\begin{aligned}\boldsymbol{x}(k+1)&=\begin{bmatrix}1 & 0\\ 0 & \mathrm{e}^{-h/\tau_2}\end{bmatrix}\boldsymbol{x}(k)+\begin{bmatrix}G_1\\ (1-e^{-h/\tau_2})G_2\end{bmatrix}\times\begin{bmatrix}Q_s(k)\\ Q_w(k)\end{bmatrix}\\ \boldsymbol{y}(k)&=[1\quad 1]\boldsymbol{x}(k)\end{aligned} \tag{10.7.47}$$

式(10.7.47)中,$Q_s(k)$ 为蒸汽流量;$Q_w(k)$ 为给水流量,其他参数与采样时间 T_s 如表 10.3 所示。

表 10.3　5%功率时 SG 模型的参数

T_s/s	G_1	G_2	τ_2/s
2.4	0.058	9.630	48.4

2)保证 NFLC 稳定性的规则向量

为了以状态变量的方式表示模糊输入信号 $e(\cdot)$ 和 $c(\cdot)$，将式(10.7.47)表示的蒸汽发生器模型修改为具有单个延迟的形式

$$\boldsymbol{x}(k+1)=\begin{bmatrix}1 & 0 & 0\\ 0 & \mathrm{e}^{-h/\tau_2} & 0\\ 1 & 1 & 0\end{bmatrix}\boldsymbol{x}(k)+\begin{bmatrix}G_1\\ (1-\mathrm{e}^{-h/\tau_2})G_2\\ 0\end{bmatrix}\times\begin{bmatrix}Q_s(k)\\ Q_w(k)\\ 0\end{bmatrix} \tag{10.7.48}$$

$$y(k)=[1\quad 1\quad 0]\,\boldsymbol{x}(k)$$

这样，误差 $e(k)$ 及其变化率 $c(k)$ 分别变成 $-[x_1(k)+x_2(k)]$ 与 $-[x_1(k)+x_2(k)-x_3(k)]$。线性增益 $k_s=[k_e,k_c]$ 或 $k_s=[0.06,-0.4]$ 通过数字仿真和稳定性测试得到。通过定理 1 得到非线性增益向量。定理 1 的状态反馈增益从 $k_s=[k_e+k_c,k_e+k_c,-k_c]$ 和单位矩阵 $\boldsymbol{I}$ 开始。非线性增益向量中的 k_e、k_c 按照给定的步骤逐渐扩展，直到满足式(10.7.26)。将得到的状态反馈增益向量转换为等效的 k_e 和 k_c，得到

$$\begin{aligned}&k_e^+=0.1284,\quad k_e^-=0\\&k_c^+=2.896,\quad k_c^-=-0.856\end{aligned} \tag{10.7.49}$$

反馈控制系统线性增益的特征值和向量边界如表 10.4 所示。

表 10.4　控制系统线性增益的特征值与向量边界

增益		特征值		
k_e	k_c	λ_1	λ_2	λ_3
0.06	−0.4	−0.136 4	0.985 5−j0.014 9	0.985 5+j0.014 9
0.0	2.896	0.948 9+j0.255 1	0.948 9+j0.255 1	0.999 9
0.0	−0.856	−0.295 0	0.999 9	0.967 3
0.128 4	2.896	0.986 5−j0.160 3	0.986 5+j0.160 3	0.966 6
0.128 4	−0.856	−0.285 3	0.999 6−j0.025 9	0.999 6

对应于线性控制与向量的线性规则表可从式(10.7.23)和式(10.7.24)得到，即

$$R=\mathrm{Rule}\{[k_e,k_c],L_1,L_2\} \tag{10.7.50}$$

$$\begin{aligned}&R_1=\mathrm{Rule}\{[k_e^-,k_c^-],L_1,L_2\}\\&R_2=\mathrm{Rule}\{[k_e^-,k_c^+],L_1,L_2\}\\&R_3=\mathrm{Rule}\{[k_e^+,k_c^-],L_1,L_2\}\\&R_4=\mathrm{Rule}\{[k_e^+,k_c^-],L_1,L_2\}\end{aligned} \tag{10.7.51}$$

这里误差 $e(\cdot)$ 和误差变化率 $c(\cdot)$ 的论域分别设定为：$L_1=150$ mm、$L_2=50$ mm；规则上限和下限 R^+、R^- 分别由下式确定

$$\begin{aligned}&r_{i,j}^+=\max(r_{1i,j},r_{2i,j},r_{3i,j},r_{4i,j})\quad i=1,2,\cdots,m_1\\&r_{i,j}^-=\min(r_{1i,j},r_{2i,j},r_{3i,j},r_{4i,j})\quad j=1,2,\cdots,m_2\end{aligned} \tag{10.7.52}$$

由输入变量的5个模糊集构成的NFLC规则表R、R^+、R^-分别如表10.5～表10.7所示。

表10.5 线性规则表(R) 单位:mm

误差变化	误差				
	NEG	*NMD*	*ZRO*	*PMD*	*POS*
POS	−29	−24.5	−20	−15.5	−11
PMD	−19	−14.5	−10	−5.5	−1
ZRO	−9	−4.5	0	4.5	9
NMD	1	5.5	10	14.5	19
NEG	11	15.5	20	24.5	29

表10.6 上限规则表(R^+) 单位:mm

误差变化	误差				
	NEG	*NMD*	*ZRO*	*PMD*	*POS*
POS	144.8	144.8	144.8	144.8	144.8
PMD	72.4	72.4	82.4	82.03	91.66
ZRO	0	0	0	9.63	19.26
NMD	21.4	21.4	21.4	31.03	40.66
NEG	42.6	42.6	42.6	52.43	62.06

表10.7 下限规则表(R^-) 单位:mm

误差变化	误差				
	NEG	*NMD*	*ZRO*	*PMD*	*POS*
POS	−62.06	−52.43	−42.8	−42.8	−42.8
PMD	−40.66	−31.03	−21.4	−21.4	−21.4
ZRO	−19.26	−9.63	0	0	0
NMD	−91.66	−82.03	−72.4	−72.4	−72.4
NEG	−164.06	−154.43	−144.8	−144.8	−144.8

3)NFLC规则自动产生

在NFLC控制系统中,利用BP算法来建立NFLC的规则。根据上面的描述,状态$x_1(\cdot)$和$x_2(\cdot)$的偏导数为

$$\frac{\partial \boldsymbol{x}(k+1)}{\partial Q_{\mathrm{w}}(k)}=[G_1(1-\mathrm{e}^{-h/\tau_2})G_2 0]^{\mathrm{T}} \tag{10.7.53}$$

规则的更新算法建立在逆动力学与蒸汽发生器水位分离的基础上,因此,对于状态$x_1(\cdot)$和$x_2(\cdot)$存在两种独立的误差。$x_1(\cdot)$表示受蒸汽发生器容积影响的水位动力学,$x_2(\cdot)$表示逆动力学。

由式(10.7.40)、式(10.7.46)及式(10.7.53)可得

$$e_1(k)=-G_1X_1(k) \tag{10.7.54}$$

$$r_{1i,j}(k)=r_{1i,j}(k-1)+\eta e_1(k)o_{p4i,j}(k),i=1,2,\cdots,m_1;j=1,2,\cdots,m_2 \tag{10.7.55}$$

式(10.7.55)中,$o_{p4i,j}(k)$ 为第 4 层第(i,j)单元在第 P 个模式对作用下的输出;激励函数为线性函数 $f(x)=x$

需要指出的是,此处用 r 替代式(10.7.46)中的权重符号 w,表示 NFLC 的规则。对于状态 $x_2(\cdot)$,通过式(10.7.45)、式(10.7.46)、式(10.7.53)对规则进行修正,即

$$e_2(k)=-G_2(1-\mathrm{e}^{-h/\tau_2})\times[ax_2(k)-b(x_2(k)-x_2(k-1))] \tag{10.7.56}$$

$$r_{2i,j}(k)=r_{2i,j}(k-1)+\eta e_2(k)o_{p4i,j}(k),i=1,2,\cdots,m_1;j=1,2,\cdots,m_2 \tag{10.7.57}$$

将式(10.7.55)与式(10.7.57)组合起来,得到完整的规则修正算法

$$r_{i,j}(k)=r_{i,j}(k-1)+\eta[e_1(k)+e_2(k)]o_{p4i,j}(k) \tag{10.7.58}$$

为保证控制系统的稳定性,一般将 $r_{i,j}(k)$ 的值限制在 $[r_{i,j}^-,r_{i,j}^+]$ 内。

这样,可得蒸汽发生器数学模型(10.7.48)式中的控制输入为

$$Q_{\mathrm{w}}(k)=\sum_{i=1}^{m1}\sum_{j=1}^{m2}r_{i,j}(k)o_{p4i,j}(k) \tag{10.7.59}$$

(6)仿真结果

在初始学习阶段,所有的规则值为零。用表 10.8 中的模式学习 10 次之后,得到控制规则。表 10.9 给出了控制规则实例,表 10.9 中各符号含义如表 10.10 所示。在 100 mm 初始水位偏差和 10%蒸汽流量干扰作用下,具有稳定规则的 NFLC 的动态响应如图 10.45 所示。

表 10.8 用于仿真计算的学习模式

迭代次数	运行事件	数量
1~500	SG 初始水位偏差	100 mm
501~100	蒸汽流量阶跃增加	$0.1Q_s$ kg/s

注:$Q_s=1.435$ kg/s。

表 10.9 稳定性规则($a=6,b=500$)

误差变化	误差				
	NEG	*NMD*	*ZRO*	*PMD*	*POS*
POS	−29	−24.5	−148.9	−264.1	−11
PMD	−0.0067	−0.3519	−1.093	−0.3782	−0.2256
ZRO	−0.2507	−5.775	0	5.775	0.2507
NMD	0.2256	0.3782	−1.093	0.3519	−0.0067
NEG	11	264.1	−148.9	24.5	29

表 10.10 推理规则中有关符号含义

序号	符号	含义
1	*NEG*	负大
2	*NMD*	负中
3	*ZRO*	零
4	*PMD*	正中
5	*POS*	正小

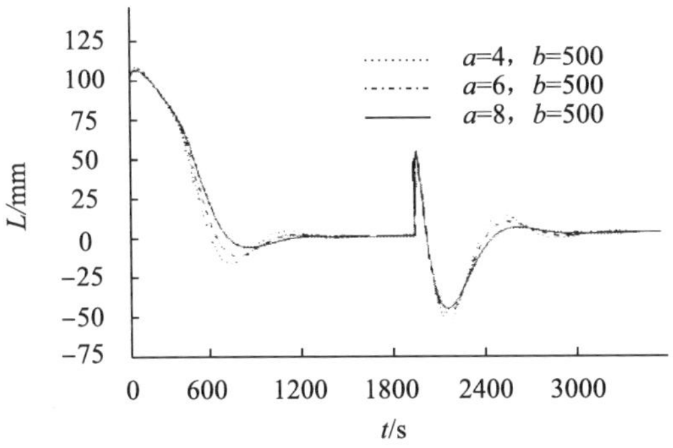

图 10.45 具有稳定规则的 NFLC 的动态响应

仿真实验表明，该控制器在水位与蒸汽流量的扰动下能够减小“收缩—膨胀”的不良影响。此外，NFLC 能够满足多变量被控对象对渐进稳定性和良好控制性能的要求。

10.8 本章小结

本章介绍了神经网络控制方法及其在核动力装置控制中的应用。在神经网络控制方法中，阐述了神经网络控制系统的典型结构，包括直接逆模型控制、自校正控制、神经网络PID 控制、神经网络监督控制、神经网络自适应控制、神经网络预测控制、神经网络内模控制以及神经网络自适应评判控制(或称神经网络再励控制)等结构。在此基础上，介绍了神经网络 PID 控制等方法在蒸汽发生器水位控制、核反应堆温度控制、负荷跟踪控制以及核动力装置二回路解耦控制中的应用。神经网络控制方法是核动力装置控制中研究比较多的方法，神经网络控制在核动力装置中的应用研究随着神经网络理论、神经网络控制理论以及相关理论的发展而发展。

复习思考题

1.试分析神经网络在控制系统中的作用。

2.神经网络控制结构有哪些？各有什么特点？

3.试分析神经网络直接逆模型控制与神经网络自校正控制的区别。

4.神经网络 PID 控制有哪几种结构形式？各有什么特点？

5.试分析神经网络监督控制结构的特点。

6.神经网络模型参考自适应控制有哪几种结构形式？试分析其特点。

7.试分析神经网络预测控制与常规预测控制的区别。

8.试分析神经网络内模控制结构的特点。

9.试分析神经网络自适应评判控制结构的特点。

10.神经网络预测控制有哪几种结构形式？各有什么特点？

11.试分析模糊神经网络控制与一般神经网络控制的异同。

12.试分析神经网络控制在核动力装置控制中应用研究特点。

第 11 章　核动力装置专家控制与专家系统诊断方法

11.1　概述

专家系统（Expert System，ES）起源于 20 世纪 60 年代中期，在 20 世纪 80 年代得到了广泛的研究并获得了较大的发展。专家系统是一种模拟人类专家推理和决策的计算机程序系统，它利用大量的专业知识和人类专家的经验以解决只有人类专家才能解决的特定领域的问题[315-316]。专家系统是一种典型的人工智能方法，目前已在许多领域获得成功应用。专家系统在核动力领域的应用研究始于 20 世纪 80 年代初期。1982 年，美国爱达荷 EG&G 公司（EG&G Idaho，Inc.）的 Nelson W R[96,316]将专家系统应用于核反应堆系统故障诊断研究，研制了第一个诊断和处理核反应堆事故的专家系统 REACTOR。此后，法国、日本和韩国等国家先后开展了专家系统在核动力领域的应用研究。本章简要介绍专家系统的基本原理及其在核动力装置控制与故障诊断中的应用。

11.2　专家系统

11.2.1　什么是专家系统

关于什么是专家系统，专家系统的先驱、美国斯坦福大学教授费根鲍姆（Feigenbaum E A）认为，专家系统是一个使用知识和推理的智能计算机程序系统，它用来解决人类专家都很难解决的问题[241,315,317]。这些知识加上推理必须达到某特定领域中人类专家的水平。从本质上说，专家系统是一个高性能的计算机程序系统，该程序系统拥有大量的、具有某个领域人类专家水平的专门知识与经验，能够根据人类专家提供的知识、经验和一定的推理机制进行推理和判断，模仿人类专家的推理、判断和决策过程，以解决那些人类专家都很难解决的复杂问题。

如上所述，专家系统是一个使用知识和推理的智能计算机程序系统，但是它并不等同于一般的计算机程序系统。专家系统与一般的计算机程序系统的区别可以用下述式子形象地描述[315-316]：

算法＋数据结构＝计算机程序

知识＋推理＝专家系统

20 世纪 60 年代，费根鲍姆教授将人工智能应用于化学质谱分析[316]。1965 年，费根鲍姆等开始设计第一个专家系统 DENDRAL。DENDRAL 是一个用分子式与质谱数据来推断分子结构的专家系统。1968 年，DENDRAL 投入使用并获得成功。此后，专家系统被先后引入不同的专业领域并发展为多种类型的专家系统，如解释专家系统、预测专家系统、诊断专家系统、设计专家系统、规划专家系统、监视专家系统以及控制专家系统等。在20世纪80年代中后期，世界上出现了专家系统研究的热潮，专家系统在研究和应用上都取得了较大的进展。现在专家系统已成为人工智能的一个重要分支。

11.2.2 专家系统的一般结构

就其本质而言，专家系统是一个具有大量专门知识和特定推理机制且能使用知识和推理机制来解决某专业领域复杂问题的计算机程序系统。专家系统的知识来自于人类专家和某个专业领域，专家系统解决问题的主要方式是利用知识库中的知识和特定的推理机制进行推理和判断。专家系统的一个重要特点是"模拟"，即模拟人类专家进行推理、判断和决策的工作方式；专家系统的另一个重要特点是"专"，即专家系统是针对某一具体专业领域问题而建立的智能程序系统。一般专家系统都具有存贮、推理、解释、知识获取以及人机交互等功能，其基本组成包括知识库、综合数据库、推理机、解释机构、知识获取和人机接口等部分。专家系统的基本结构如图11.1所示，一般由知识库、综合数据库、推理机、解释机构和知识获取等5个基本部分组成。

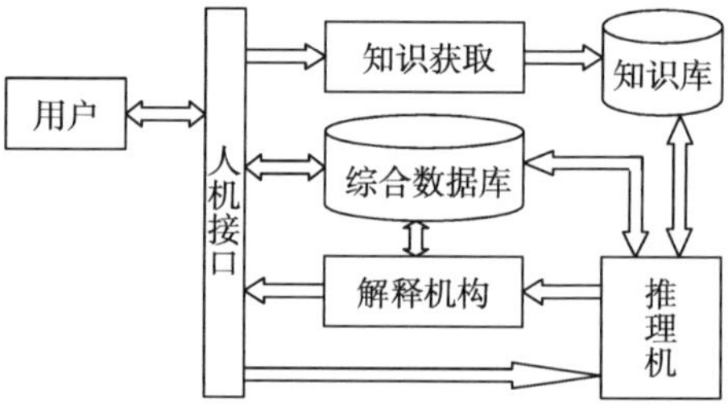

图11.1 专家系统的基本结构

(1)知识库(Knowledge Base)

知识库是专家系统的关键组成部分之一，它用于存贮和管理从人类专家那里获得的关于某个领域的专门知识或从其他途径获得的关于某个领域的经验、事实或常识等知识。知识库中的知识是专家系统进行推理的基础。

知识库所存贮的知识可分为以下两类：

1)某领域的事实知识。这类知识主要包括某特定领域的广为人知的或被普遍认可的事实、原理、常识、规则以及过程描述等知识。

2)启发性知识。启发性知识主要来自于人类专家的专门知识，通常为人类专家所拥有，它可以是人类专家对某领域问题的深刻的认识，也可以是专家的处理某领域问题的思维方式或推理方式。

(2)综合数据库(Data Base)

综合数据库用于存贮领域内的初始数据、证据和推理过程中所得到的中间结果等。

(3)推理机(Inference Engine)

推理机是专家系统的核心组成部分，它实质上是一组程序，用来协调和控制专家系统的工作。该程序根据用户的输入信息，利用知识库中的知识和相应的推理策略进行推理，从而得出问题的答案。

推理机的推理方式主要有3种类型，即正向推理、反向推理和正反向混合推理。正向推理的方式是从原始数据出发，运用知识库中的知识并按照一定的推理策略推断出结论。反向推理的方式是在推理时先提出结论或假设，然后再去寻找支持这个结论或假设的证据。正反向混合推理方式综合了正、反向两种推理的特点，它是在推理时先根据数据库中原始数据，通过正向推理帮助系统提出假设，然后运用反向推理进一步寻找支持该假设的证据。

(4)解释机构(Explanatory Interface)

解释接口是一个完成人机交互工作的程序系统。该程序系统一方面处理用户的提问或输入信息,另一方面给出专家系统的推理结果及结果的解释。

(5)知识获取(Knowledge Acquisition)

知识获取部分的主要功能是:1)通过知识工程师从人类专家那里获取知识;2)为修改或扩充知识库提供手段。

(6)人机接口(User Interface)

人机接口是专家系统与外界进行人机交流和通信的机构。一方面,用户可通过人机接口进行提问或输入信息并获得结果,另一方面专家系统通过人机接口与外界进行信息交流。

11.2.3 专家系统知识表示方法

专家知识的获取与知识的表达是专家系统研究与设计中的一项至关重要的工作。一个专家系统的功能和性能如何,在很大程度上取决于知识库中知识的多少、知识的水平、知识的表达方式和专家系统的推理机制。知识表示方法有多种,典型的表示方法有产生式规则、语义网络、谓词逻辑、框架、剧本和过程等。

11.2.3.1 产生式系统

产生式系统(Production System)来源于 1943 年美国数学家 Post 提出的产生式规则(Production Rule)[81]。产生式系统知识表示法是专家系统中广泛采用的一种知识表示方法。产生式系统表示知识的方法包括事实表示方法和规则表示方法。在专家系统中,基于规则的专家系统就是以产生式规则为基础的系统。

(1)事实的表示方法

1)孤立事实的表示

孤立事实一般用三元组(对象,属性,值)或(关系,对象 1,对象 2)表示[317],可以表示为如下方式

(Object,Attribute,Value)

例如,对于“上海市位于中国东部”这一事实可以表示为

(Shanghai,Location,the East of China)

对于孤立事实的表示,有时根据事实描述的需要,可采用四元组表示方法。

2)事实之间关系的表示

在客观世界中,事实往往不是孤立的,而是相互之间存在着一定的联系。对于事实之间关系,在知识表示中就需要通过某种方法或途径将其表示出来。表示事实之间关系的常见方法有树状结构表示法和网状结构表示法。

①树状结构

根据对象的层次之间关系,将不同的事实对象以上下文的形式表示,这种上下文表示法就形成一种树状的结构。

②网状结构

在知识表示中,将对象按照知识(事实)相互间关系连接起来或按照对象子集和成员关系连接起来,形成一种网状的结构。

(2)产生式规则

1)单个规则表示

单个产生式规则一般包括前件(也称为前提、条件)和后件(也称为结论)两个部分。前件表示事实所描述事件的前提,后件表示当前件为真时所执行的内容或得出的结论。单个产生式规则可以表示为如下形式

$$如果\ A,则\ B$$

在实际专家系统的设计中,单个产生式规则常用下述方法表示

$$\text{If}\quad A,\text{Then}\quad B$$

2)规则间的关系表示

当产生式系统中存在多个规则且一些规则之间具有某种关系时,需要表示出这些关系。目前对于产生式系统中规则之间关系典型的表示方法有按照参数分类表示法和网状结构表示法。

① 按照参数分类表示法

按照参数分类表示的典型方法是根据参数特性设计专门的特征表,表中设置属性值。通过属性值指明参数和规则的关系,将参数和规则联系起来。

② 网状结构表示法

在产生式系统中,规则之间通过各种方式构成相互联系。当一个规则的结论是另一个规则的前提时,这两个规则之间就构成一种类似串联的"上—下"或"前—后"关系。将各规则之间的这种关系用带箭头的线条连接起来,就构成一种网状的结构。

11.2.3.2　语义网

语义网是语义网络(Semantic Network)的简称。语义网络是 Quilian 于 1968 年提出的。从知识表达的方式来说,一些知识可以用命题来说明或陈述。语义网络是一种用于表示命题信息的方法,因此常常称为命题网。一个语义网络是一个具有图形、标记和线条连接的有向图。因此,语义网络是用图解表示知识的方法。

一个语义网络由下述几个相关的部分组成[81,317]:

(1)词法部分

词法部分决定表示词汇表中允许有哪些符号,它涉及各个节点和弧线。

(2)结构部分

结构部分叙述符号排列的约束条件,指定各弧线连接的节点对。

(3)过程部分

过程部分说明访问过程,这些过程能用来建立和修正描述,以及回答相关问题。

(4)语义部分

语义部分确定与描述相关的(联想)意义的方法,即确定有关节点的排列及其占有物和对应弧线。

11.2.3.3　谓词逻辑

逻辑表示法是人工智能领域中一种重要的知识表示方法。在专家系统中,常用谓词逻辑(Predicate Logic)来表示知识,并通过谓词演算实现问题求解。谓词逻辑最简单的形式是一阶谓词逻辑(First Order Predicate Logic)。

谓词逻辑主要有以下几个基本要素[316]:

(1)常量

表示事物或概念等特定对象。

(2)变量

表示非特定对象。

(3)谓词

表示对象的属性或对象间的关系。

(4)逻辑运算及逻辑运算符

基本的逻辑运算包括合取(与,∧)、析取(或,∨)、否定(非,~)以及蕴含(如果……则……→)等。

(5)量词

量词是谓词逻辑中所使用的一种特殊的词,分为全称量词(表示对于所有的,用符号∀表示)和存在量词(表示存在一个……,用符号∃表示)[315,317]。使用全称量词的语句表示同一论域内所有成员都有相同的真值。使用存在量词的语句表示同一论域内至少有一个成员的值为真。

(6)函数

谓词逻辑中的函数主要用来限制对象的范围或表示从对象到对象的映射。

谓词逻辑一般由谓词符号、常量符号、变量符号以及函数符号等组成,这些符号之间用各种括号和逗号隔开。

谓词逻辑的演算一般用合式公式表示。合式公式由原子公式、连接词和量词组成。原子公式是最基本的合式公式,它由谓词、括号以及括号中的项等部分组成。连接词用于对原子公式进行组合,同时也表示原子公式间的演算关系。

11.2.3.4 框架

框架[81,241,315]是一种复杂结构的语义网络,它是采用结构来描述知识的方法。框架可以看作描述某个问题或某种事物形态的数据结构。框架描述知识的方法类似于高级语言如C语言的记录结构。在框架中,与高级语言记录类型和记录值相对应的是槽和槽值。框架是通过定义槽和槽值来描述知识的。

11.2.3.5 剧本

剧本[81]是框架的一种特殊的形式,它是采用一组槽来描述事件的发生序列,类似于剧本中事件发生的序列。剧本表示法一般由开场条件(事件发生的前提条件)、角色(事件中可能出现的有关人物的一些槽)、道具(事件中可能出现的有关物体的一些槽)、场景(描述事件发生的真实顺序)和结果(事件发生所产生的结果)等几部分组成。

剧本表示法表达知识的范围比较窄,一般适于表达预先构思好的特定知识。

11.2.3.6 过程

过程[81,241]表示法是将某一领域的知识以及使用这些知识的方法,隐含地表示为一个求解问题的过程。过程表示法所给出的是事物的一些客观规律,它表达如何求解问题。过程表示法对于知识的描述是通过程序表达,即所表示的知识隐含于程序之中。

过程表示法对于知识的描述没有固定的形式,一般根据具体的问题采取相应的表示方式,它比较适于启发式知识的描述。

11.3 专家系统诊断与专家控制原理

11.3.1 专家诊断原理

基于专家系统的故障诊断系统一般由人机接口、故障征兆检测模块、故障诊断知识库、故障诊断推理机、综合知识库、知识库管理模块及诊断结果解释模块等部分组成，基于专家系统的故障诊断系统基本原理如图 11.2 所示[82]。在进行故障诊断时，专家系统根据用户提问信息或被诊断对象在线监测信息，先利用故障诊断推理机和知识库中的知识进行推理，然后利用综合数据库的知识对推理结果进行解释，最后将解释结果（诊断结果）机通过接口单元提供给用户或通过显示单元将诊断结果显示出来。

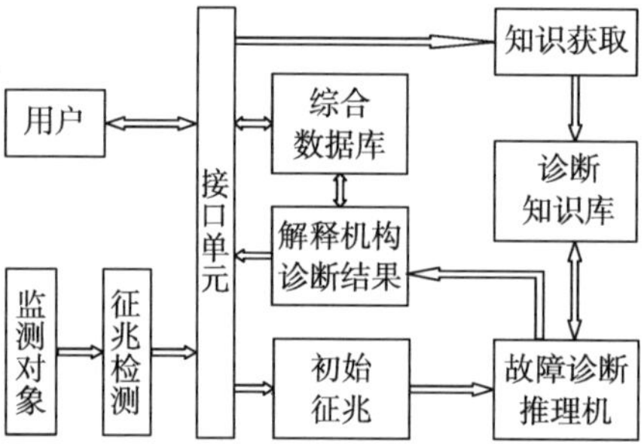

图 11.2 基于专家系统的故障诊断系统原理框图

11.3.2 专家控制原理

关于专家控制的分类，目前还没有统一的看法。常见的分类方法是将专家控制分为直接专家控制和间接专家控制[255,318]。

在直接专家控制控制系统中，控制器直接采用专家控制器，如图 11.3 所示。直接专家控制控制系统一般由直接式专家控制器、控制对象、测量单元和比较单元等部分组成。

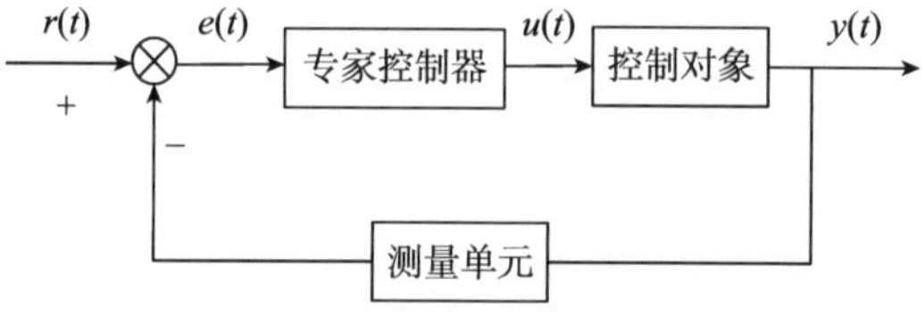

图 11.3 直接专家控制系统结构框图

在间接专家控制控制系统中，系统控制器一般采用常规控制器，同时通过专家控制对常规控制器的参数进行调整。如图 11.4 所示，间接专家控制控制系统一般由间接式专家控制单元、控制对象、测量单元和比较单元等部分组成。

在核动力装置状态监测与控制中，一般将专家系统用于运行程序监测或监督控制的研究[103,108]。Coban R 等[319]将专家轨迹与模糊逻辑控制器结合起来用于研究堆功率的控制，其结构如图 11.5 所示。图中，T_f 为燃料温度，T_m 为冷却剂温度，P 为反应堆功率，e 为误

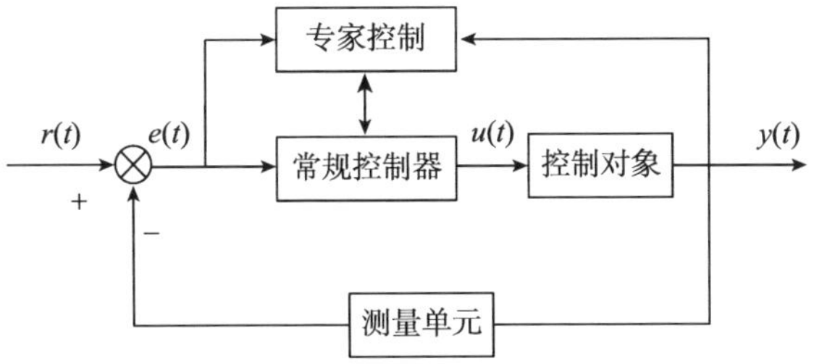

图 11.4 间接专家控制系统结构框图

差，Δe 为误差偏差，P_0为初始稳态功率，P_T为功率预测值，P_d为功率期望值。

如图 11.5 所示，在专家轨迹模块中，设计了基于神经网络的专家周期发生器。通过专家周期发生器将轨迹的周期信息自动加入控制系统，然后与模糊逻辑控制器一起实现对研究堆功率的控制。但是，在这种反应堆模糊—专家轨迹控制系统中，并没有推理机制，只是将专家的经验通过在基于神经网络的专家周期发生器表现出来。

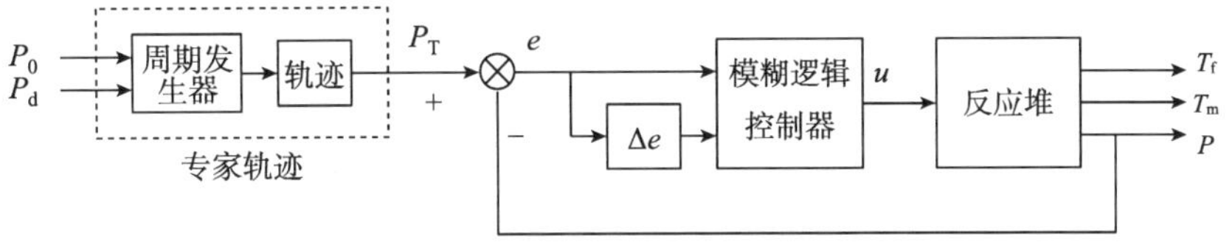

图 11.5 反应堆模糊—专家轨迹控制

11.4 在核动力装置故障诊断与控制中的应用

11.4.1 核反应堆诊断专家系统—REACTOR[96]

核动力装置诊断专家系统的研究主要源于美国三哩岛核电厂事故。1979 年 3 月 28 日美国三哩岛核电厂发生的事故表明，当时控制室提供的信息不能满足各种条件下操作员操作决策的需求。在三哩岛核电厂事故开始的几秒钟内，控制室内至少有上百个警报器报警。面对众多的报警信息，操作员因判断失误而采取了错误的行动，结果导致堆芯部分融化和部分放射性物质外逸事故。此后，人们深感研制操作员辅助决策系统的必要。为帮助操作员诊断和处理核反应堆系统发生的故障，并对先进的决策支持手段进行评价，1982 年美国的 Nelson W R 在美国核管理委员会的资助下研制了第一个诊断和处理核反应堆事故的专家系统 REACTOR。此后，专家系统在核电厂故障诊断中的应用研究逐渐发展起来，一些国家研究人员先后研制了多种诊断专家系统[82,113]，如操作员决策专家系统[108]、专家显示系统[101]、核电厂诊断专家系统[99,101,110,111,136]、核电厂监测专家系统[103,109]、报警处理专家系统[100,102]、信号分析专家系统[104,105]，以及严重事故管理专家系统[106]等。

下面介绍 Nelson W R 研制的核反应堆事故诊断和处理的专家系统 REACTOR。

REACTOR 系统集成了彩色图形显示、响应树(Response Tree)和专家系统技术。REACTOR系统的目的在于：

1)监视反应堆系统的状态；

2)检测运行状态的偏差；

3)对重要的情况作出判别；

4)提出适当的响应建议。

为了执行上述任务，REACTOR 利用一个大型的数据库和程序进行前向和反向推理。前向推理是从已知的事实进行推理以得到结论。如果没有推论所需的足够的信息，就进行反向推理来确定需要哪些信息。随后，REACTOR 将查询电站仪表或询问操作员以满足知识需求。

REACTOR 的知识库中存有两类知识，即面向事件的知识和面向功能的知识。面向事件的知识描述已知故障条件下反应堆系统的预期行为。面向功能的知识用于描述反应堆系统的结构，以及其设备为了执行一个给定的功能如何进行协调的工作。

(1)面向事件的知识

面向事件的知识用产生式规则表示，即 IF-THEN 规则表示

$$\text{IF} \quad A, \text{THEN} \quad B$$

面向事件的知识集中了以往实际事故的经验、反应堆实验的测试结果以及计算机仿真模型分析的结果等。

下面结合故障诊断的示例来说明规则表示方法和 REACTOR 系统的原理，其诊断示例包括以下四种事故：

1)给水丧失；

2)蒸汽管道破裂；

3)蒸汽发生器传热管破裂；

4)失水事故(LOCA)。

REACTOR 在对故障进行诊断时，先使用面向事件的知识进行诊断。如果使用面向事件的知识不能实现故障诊断，再使用面向功能的知识进行诊断。

上述 4 种事故推理规则可表示为如图 11.6 所示的树形网络结构。

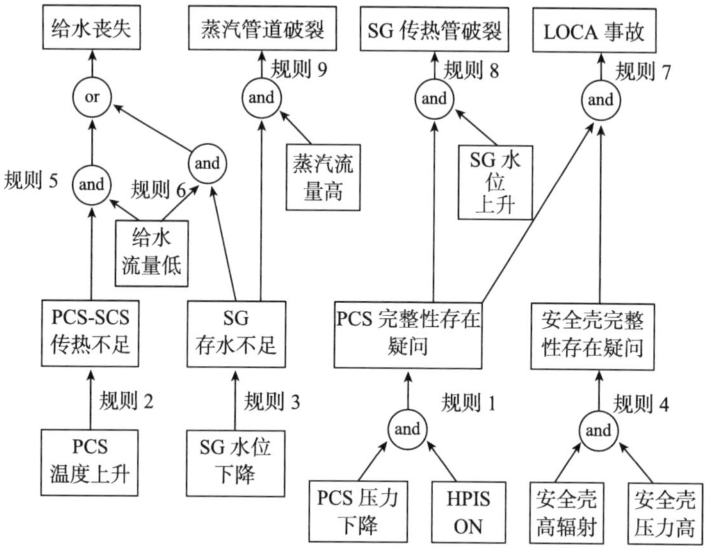

图 11.6　推理规则树形网络结构

图 11.6 中一些符号的含义如下：PCS——一回路冷却剂系统；SCS——二回路系统；HPIS——高压注射系统；LPIS——低压注射系统。

上述 4 种事故对应的规则可表示成如下形式：

1)规则 1

如果 PCS 压力下降且 HPIS 高压注射系统启动工作，则 PCS 完整性存在疑问。

2)规则 2

如果 PCS 温度上升，则 PCS—SCS 传热不充分。

3)规则 3

如果 SG 水位下降，则 SG 存水不足。

4)规则 4

如果安全壳存在高放射性且安全壳存压力高，则安全壳完整性存在疑问。

5)规则 5

如果 PCS-SCS 传热不足且给水流量低，则发生给水丧失事故。

6)规则 6

如果 SG 存水不充足且给水流量低，则发生给水丧失事故。

7)规则 7

如果 PCS 与安全壳的完整性均存在疑问，则事故为 LOCA。

8)规则 8

如果 PCS 的完整性存在疑问且 SG 水位上升，则事故为 SG 传热管破裂。

9)规则 9

如果 SG 存水不充足且蒸汽流量高，则发生蒸汽管道破裂。

根据推理规则，可对反应堆系统发生的事件进行推理诊断。下面是操作员应用 REACTOR 系统诊断 SG 传热管破裂事故的一段人(操作员)—机(REACTOR 系统)对话的例子。

诊断对话：

机：PCS 温度上升是否为真？

操作员：否。

机：SG 水位下降是否为真？

操作员：否。

机：PCS 压力下降是否为真？

操作员：是。

机：规则 1 推出 PCS 完整性存在疑问；

安全壳内高放射性是否为真？

操作员：否。

机：SG 水位上升是否为真？

操作员：是。

机：根据规则 8 推出事故为传热管破裂

(2)面向功能的知识

面向功能的知识用响应树表示。响应树显示了用于提供给定的安全功能的成功路径。安全功能是指一组防止堆芯损坏或放射性物质释放到安全壳外的动作。每个提供安全功能的特殊动作的集合称为一个成功路径。当设备故障使某个成功路径无法使用时，就自动或通过操作员手动启动另一个成功路径。

下面以低压注射系统(LPIS)的响应树来说明面向功能的知识表示方法。低压注射系统(LPIS)的原理如图 11.7 所示，它用于堆芯应急冷却。图中各符号的含义如下：BWST 表示硼水贮存箱，LPIS A 表示低压注射系统 A 泵，LPIS B 表示低压注射系统 B 泵，LPIS A HX 表示低压注射系统热交换器 A，LPIS B HX 表示低压注射系统热交换器 B。图中虚线以及阴影设备和部件表示 A 泵发生故障后不可用的设备、部件和通路，实线及其连接的设备和部件表示可用的设备、部件和通路。

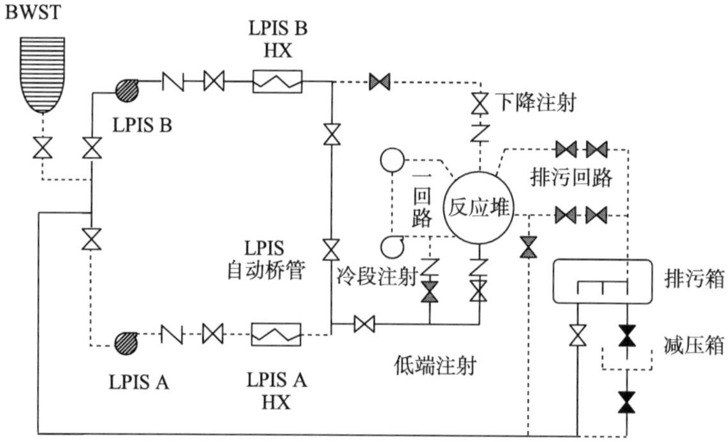

图 11.7　低压注射系统原理图

低压注射系统(LPIS)的响应树如图 11.8 所示，它显示了利用低压注射系统的设备为堆芯提供冷却的成功路径。从响应树底部到顶部的每条路径分别代表一条不同的成功路径。每个成功路径编排一个反映其提供堆芯冷却的相对有效性的模式数目，最低的模式数目是最期望的模式数目。当低压注射系统的设备因事故失效时，就从可用的成功路径中选择最低模式数目的路径。

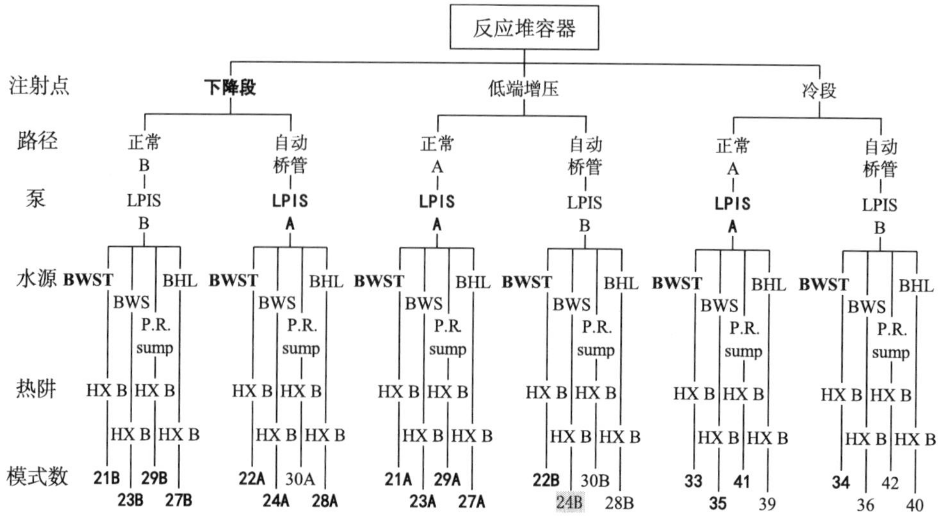

图 11.8　测试堆流体丧失 LPIS 响应树

图 11.8 显示了当发生 A 泵失效的事件时，REACTOR 系统是如何确定响应树的。REACTOR 系统确定了不可用的成功路径（如图中粗体字部分），同时选择路径数为 24B 的路径作为执行路径。

11.4.2 核电厂 ASICS 与 ADIOS 系统[108]

ASICS 与 ADIOS 系统是 Kim J T 等[108]于 2001 年研制的核电厂控制与诊断专家系统。ASICS 为反应堆自动启堆智能控制系统（Automatic Startup Intelligent Control System，ASICS），它完成压水堆从冷停堆到 5%额定功率水平的自动控制；ADIOS 为核电站报警、诊断与操作支持系统（Alarm and Diagnosis - Integrated Operator Support System，ADIOS），它完成核电站报警、过程变量值与诊断信息的综合处理，为操作决策提供支持。

（1）核电厂 ASICS 系统

ASICS 是一个反应堆自动启堆智能控制系统，包括监督系统和分布式控制系统（DCS）两个部分。它的作用是完成压水堆从冷停堆到 5%额定功率水平的自动控制，包括反应堆临界控制与二回路控制。通过使用 ASICS，以减轻操作员运行操作中的工作负担。

自动启堆运行模式以及与 ASICS 有关的过程参数如图 11.9 所示。ASICS 的软件结构如图 11.10 所示。

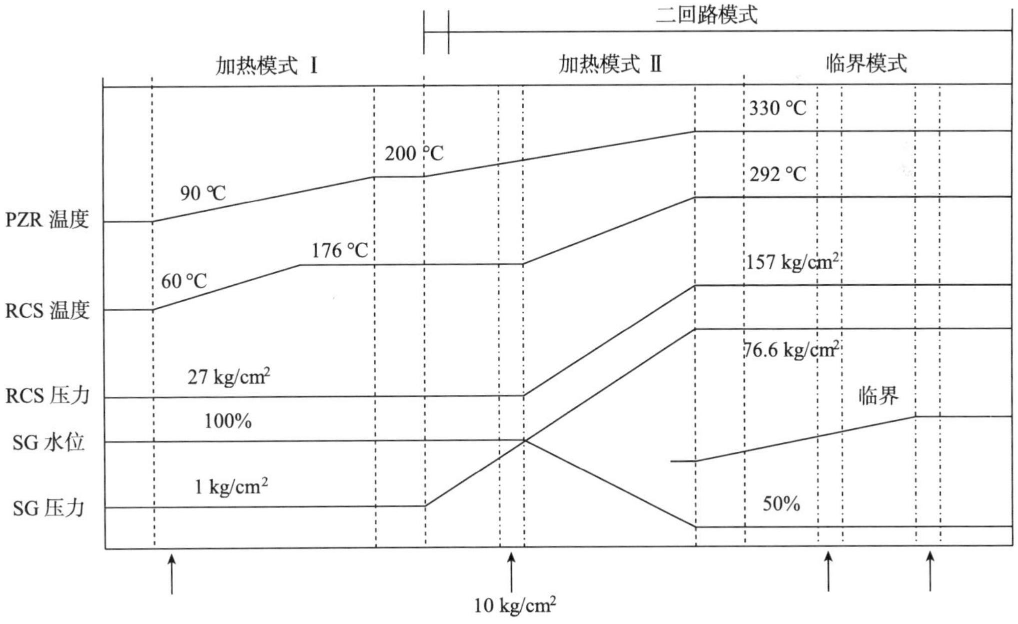

图 11.9 自动启堆模式以及与 ASICS 相关过程的参数

ASICS 由一个监督系统和一个分布式控制系统（DCS）组成。监督系统通过监督程序来控制分布式控制系统和知识库。监督系统为实时专家系统，有一个用于自动启动控制、DCS 监督管理以及显示总运行程序、运行信息和报警信息的知识库。

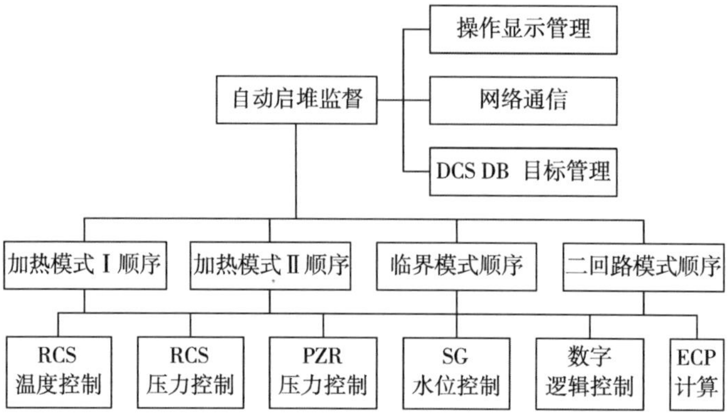

图 11.10　自动启堆智能控制系统软件结构

分布式控制系统有 4 种自动模式，即加热模式Ⅰ、加热模式Ⅱ、临界模式和二回路模式，如表 11.1 所示。每个模式有一个控制器和保持带。保持带对自动模式具有检查功能和保持过程变量而允许操作员动作的功能。DCS 由输入输出模块、通信模块、控制模块以及工作站模块等部分组成。操作员通过监督程序选择运行模式程序。各运行模式程序具有用于回路控制器和顺序控制（依赖于运行程序）的控制程序。通过各运行模式程序检查启动运行模式的初始条件。

表 11.1　ASICS 的运行模式

运行模式	运行
加热模式Ⅰ	反应堆冷却剂从 50℃→176℃加热运行
加热模式Ⅱ	反应堆冷却剂从 176℃→292℃加热运行
临界模式	使反应堆达到临界
二回路模式	BOP 运行与蒸汽发生器水位控制

ASICS 用 3 个显示器（CRT）分别显示各种信息，各信息显示的层次如图 11.11 所示。

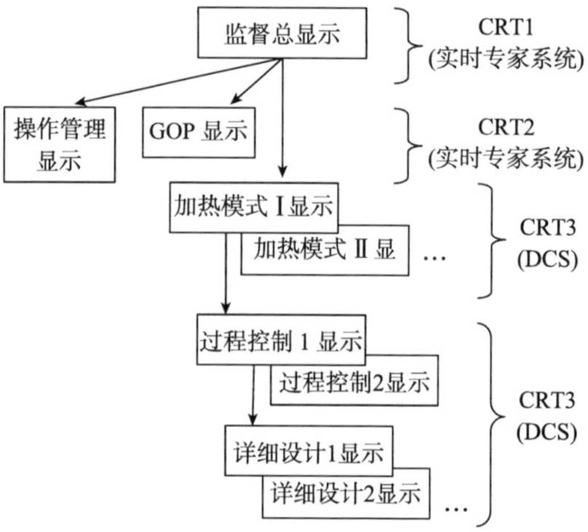

图 11.11　ASICS 信息显示的层次

(2)核电厂 ADIOS 系统

在 ADIOS 中,以报警分类方案为基础对报警进行管理。通过报警分类方案,根据报警的内在特征对报警进行清晰地分类。报警信号分为以下 3 种类型:

1)过程报警;

2)状态报警;

3)系统报警。

过程报警分为主过程报警和辅助过程报警。主过程报警属于主要过程系统和设备报警,如反应堆冷却剂系统、蒸汽发生器、冷凝器、给水系统以及主蒸汽系统等报警;辅助过程报警属于辅助要过程系统和设备报警,如设备冷却水系统、循环水系统等报警。

状态报警包括与设备有关的报警、设备状态报警、设备状态信息、系统状态信息以及系统故障报警。与设备有关的报警以设备支持功能的方式显示异常状态,如泵轴承温度高等。设备状态报警指示设备不在所预期的状态,如泄压阀打不开等。设备和系统状态信息显示设备和系统的运行信息。为清晰地区分状态信息与状态报警,将状态信息与状态报警分开显示。系统故障报警包括故障/失效报警。此外,将电厂层次上的最重要的报警如安全壳压力报警等归属于电厂报警之中。

在 ADIOS 中,ADIOS 结构如图 11.12 所示。

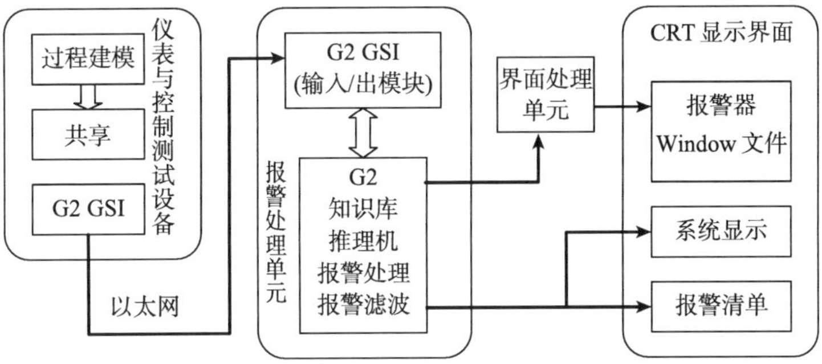

图 11.12 ADIOS 结构

ADIOS 采用多种报警处理技术如设备状态相关性、电厂模式相关性、报警产生方式、因果关系以及多定值关系等对报警信号进行处理。此外,其他报警处理方法如将报警分为过程报警、设备有关的报警以及状态、同类报警信息等不同类型,也是 ADIOS 报警处理的关键技术特点。

在 ADIOS 中,所有报警信号最初给出其默认的优先级。根据报警处理算法,这些优先级可以动态增加或减少。在专用显示屏上以时间的顺序显示报警清单。

11.4.3 AANN 与专家系统在核电厂监测中的应用

神经网络具有很强的非线性动态系统建模和故障诊断能力,专家系统在实时决策方面具有显著的优势。将神经网络与专家系统结合起来用于系统状态监测和故障诊断,可以实现两者优势的互补[109,320]。

2000 年以来,Nabeshima K 等[109,320]将神经网络与专家系统相结合,研究了基于神经网络与专家系统的核电厂混合监测系统(NNES),其原理如图 11.13 所示。它包括神经网络监测模型和实时专家系统两个部分。神经网络用于建立核电厂动力学模型,并利用该模型检测核电厂实际运行参数与动力学模型预测值之间的偏差。专家系统用于异常检测和诊断核电厂的状态。

在神经—专家系统监测系统中,所采用的神经网络为一个3层的自联想神经网络(Auto-Associative Neural Network,AANN),其结构为22×25×22。自联想神经网络具有相同的输入和输出。在NNES中,神经网络的输入为22个监测参数,如表11.2所示。这些监测参数均是核电厂最重要的监测参数。

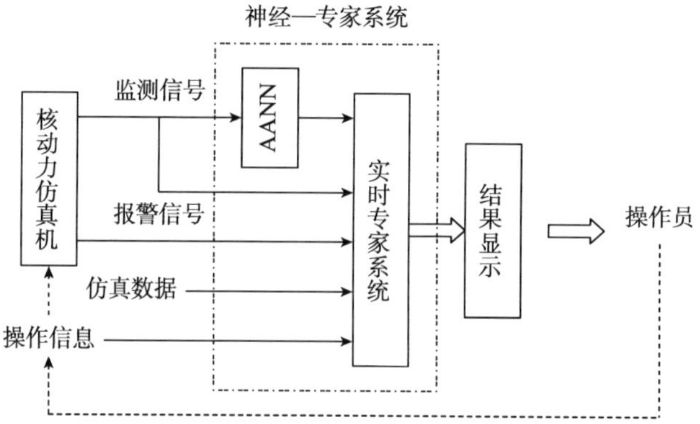

图 11.13 神经—专家系统监测原理

实时专家系统是神经—专家系统监测系统的决策机构。它根据神经网络的输出结果和操作员的操作信息以及其他相关信息进行推理和决策。专家系统处理的运行模式包括以下5种:启堆、停堆、瞬态、稳态和不稳定运行工况。专家系统推理的结果通过图形显示界面显示出来。

表 11.2 AANN 输入变量与故障严重水平

序号	变量	最大误差 ε_{max}
1	堆外中子通量 A	0.388 48(%)
2	堆外中子通量 C	0.374 94(%)
3	堆外中子通量 B	0.378 83(%)
4	堆外中子通量 D	0.385 32 (%)
5	冷却剂平均温度	0.117 59(℃)
6	稳压器压力	0.171 25(kg/cm^2)
7	容积控制箱液位	0.385 83(%)
8	汽轮机脉冲压力	0.135 19(kg/cm^2)
9	SG 水位 B	0.099 53(%)
10	SG 水位 C	0.089 40(%)
11	蒸汽流量(回路 B)	2.821 09(t/h)

续表

序号	变量	最大误差 ε_{max}
12	蒸汽流量(回路C)	2.940 88(t/h)
13	给水流量(回路B)	3.129 66(t/h)
14	给水流量(回路C)	2.718 75(t/h)
15	主蒸汽联箱压力	0.097 17(kg/cm^2)
16	给水压力	0.075 43(kg/cm^2)
17	热段温度(回路B)	0.108 24(℃)
18	热段温度(回路C)	0.197 81(℃)
19	蒸汽压力(回路B)	0.070 70(kg/cm^2)
20	蒸汽压力(回路C)	0.071 22(kg/cm^2)
21	平均中子注量率	0.586 40(%)
22	电功率	2.315 00(MW)

在NNES研制完成后，Nabeshima K等利用荷兰Borsselet（PWR，480MW）核电厂运行数据对该系统进行了离线测试，并使用Borssele核电厂仿真机进行了在线测试。测试结果显示，神经—专家系统监测系统能够很好地监测和诊断核电厂的状态，并且能够在异常发生的早期阶段成功地检测出异常的征兆；与专家系统监测系统相比，神经—专家系统监测系统显著提高了状态监测和诊断的速度。

11.5 本章小结

本章介绍了专家系统及其在核动力装置控制与故障诊断中的应用。主要内容包括专家系统的基本知识、专家系统诊断与专家控制原理以及在核动力装置故障诊断与控制中的应用三个部分的内容。专家系统的基本知识包括专家系统的概念、专家系统的一般结构以及专家系统知识表示方法。在专家控制原理中，介绍了直接专家控制和间接专家控制两种结构。在核动力装置故障诊断与控制中的应用中，介绍了几个具有代表性的应用研究事例。在核动力领域，专家系统应用研究的发展特点主要体现在与其他方法的结合方面。

复习思考题

1.什么是专家系统？专家系统与一般计算机程序有什么区别？
2.专家系统主要由哪几个模块组成？各模块的作用是什么？
3.专家系统有哪些知识表示方法？这些知识表示方法有什么不同？
4.试分析专家系统诊断方法与模糊诊断方法的异同。

5.专家系统在控制系统的作用是什么？

6.试分析专家系统诊断方法的优缺点。

7.试分析专家系统在核动力领域应用研究的特点。

第 12 章　智能优化算法控制及相关诊断方法

12.1　引言

前面几章阐述了基于神经网络、模糊理论和专家系统的核动力装置控制与故障诊断方法。这几种方法分别是模拟人类大脑神经机理和人类思维行为的智能方法，是典型的人工智能方法。除了神经网络、模糊理论和专家系统之外，在智能理论的研究和发展过程中，还提出了许多智能优化算法，如遗传算法、粒子群算法、蚂蚁算法、人工免疫算法等智能优化算法。目前已经提出的智能优化算法有一百多种[321]。对于这些智能优化算法，可以采用多种分类方法进行分类，有些文献将这些智能优化算法统称为仿生智能计算方法。为便于问题的分类阐述，本书根据这些智能优化算法的起源和机理将其简单地分为进化计算（Evolutionary Computation，EC）、群智能算法（Swarm Intelligence，SI）和仿生智能算法（Bionic Intelligent Optimization Algorithm，BIOA）。进化计算如遗传算法是模拟自然界生物群体遗传和进化行为的智能算法[272]。群智能算法是模拟自然界生物群体某种行为的智能优化方法。仿生智能算法实际上是模拟自然界各种生物生理或生存行为的优化算法的统称，在广义上可将进化计算、群智能算法和各种个体仿生算法都包括在内。虽然这些优化算法的机理不同，但在本质上可以认为是从不同的思路处理优化或搜索问题的数学方法。在核动力领域，一些智能优化算法被用于研究核动力装置控制与诊断问题。本章阐述在核动力装置控制与诊断应用中有所研究的典型智能优化方法，主要包括遗传算法、粒子群算法、人工免疫算法和粗糙集方法。

12.2　基于遗传算法的控制与诊断方法

12.2.1　遗传算法概述

（1）遗传算法的起源

遗传算法（Genetic Algorithm，GA）是以自然界生物进化理论中适者生存、优胜劣汰的遗传规律为基础而提出的一种智能搜索优化算法，它是一种模拟自然界生物群体遗传和进化行为的智能优化算法。遗传算法的一词起源于 20 世纪 60 年代[322-323]。1967 年，美国 Michigan 大学教授 Holland J H 的博士研究生 Bagley 在其博士论文中首次提出“遗传算法”一词。1975 年，Holland J H 教授出版的专著《Adaptation in Natural and Artificial Systems》被认为是遗传算法的早期经典著作，该书阐述了遗传算法的基本思想、理论和方法。同年，Dejong 在其博士论文《An Analysis of the Behavior of a Class Genetic Adaptive System》中通过大量计算得出了有关遗传算法的指导性结论。20 世纪 80 年代以后，遗传算法逐渐发展，一些专著和图书先后出版。1989 年，Goldberg D E 出版了《Genetic Algorithms in Search, optimization and Machine Learning》一书，作者在书中阐述了遗传算法的基本原理及其在搜索、优化和机器学习中的应用。20 世纪 90 年代以来，遗传算法及其应用研究迅速发展，成为一种重要的智能搜索优化算法。

(2)遗传算法的基本思想

遗传算法是以自然界生物进化理论中适者生存、优胜劣汰的进化和遗传规律为基础而提出的一种搜索最优解的算法，它是一种模拟自然界生物群体进化和遗传行为的智能优化算法。通过模拟生物进化和遗传机理并将其与数学方法相结合，将对问题的求解转化为类似生物进化与遗传中的生物个体选择、配对及其染色体部分基因的交叉、变异等操作过程。

(3)遗传算法的特点[323-324]

1)遗传算法通过编码将待解决的问题转化为代表生物学中染色体的字符串的形式，从而使遗传算法处理的问题是字符串，而不是问题或参数本身。这样采用遗传算法就可以对结构对象进行直接操作，也使遗传算法的应用领域非常广泛。

2)遗传算法采用群体搜索策略，即同时处理种群中的多个个体，从而使算法减少陷入局部最优解的概率，同时也使遗传算法易于实现并行化。

3)遗传算法仅采用适应度函数值来评价个体的品质，不需要搜索空间的其他知识或信息，且适应度函数容易设计和定义，对函数是否连续、可微等都无特殊要求。遗传算法这个特点使其易于广泛应用。

4)遗传算法具有自适应的特点，是一种自适应随机搜索算法。与其他算法相比，遗传算法具有更高的搜索概率。

5)遗传算法采用概率变迁的方法来确定其搜索方向，而不是采用确定性规则。这使遗传算法与其他方法相比更具有灵活性和更高的搜索效率。

12.2.2 遗传算法的基本术语

遗传算法的思想来源于达尔文的生物进化论学说，遗传算法的有关概念也借用了生物进化和遗传方面的术语，如种群、遗传、复制、交叉、选择、变异等。在遗传算法中，包含复制、交叉、选择、变异等基本操作步骤。在阐述遗传算法基本操作之前，先介绍与其相关的基本术语。

(1)种群(Population)。在生物进化和遗传学说中，种群是指同一时间生活在某一自然区域内同种生物的所有个体。同一种群中的所有生物具有共同的基因库。种群中的个体通过彼此交配和繁殖将各自的基因传给后代。在遗传算法中，可以认为种群是研究对象的集合。集合中个体的数量称为种群的大小。

(2)种群规模(Population Size)。种群中个体的数量称为种群规模或种群大小。

(3)个体(Individual)。种群中的单个生物称为生物个体。在遗传算法中，个体一般是指染色体带有某种特征的实体。

(4)遗传(Heredity)。在生物学中，亲代通过繁殖方式将生物信息传递给子代，使子代获得父代信息并根据所得信息进行发育，从而表现出与父代相同或相似性状的现象。

(5)基因(Gene)。基因主要存在于细胞核内的染色体上，是生物体携带和传递遗传信息的基本遗传单位。

(6)染色体(Chromosome)。它是生物遗传物质的主要载体,是生物细胞中一种微小的线状化合物,由多个遗传因子(基因)组成。在遗传算法中,通常形象地将具有一定长度的二进制编码称为染色体。

(7)进化(Evolution)。生物在生存、繁衍发展过程中,逐渐适应种群生存环境,使自己品质不断改良的过程。

(8)选择(Selection)。以某种概率从种群中选取个体的行为或操作。选择体现了生物发展过程中优胜劣汰的规律。在遗传算法中,选择也称为复制(Reproduction)。

(9)交叉(Crossover)。把两个父代个体的部分结构加以替换重组而生成新个体的操作。

(10)变异(Mutation)。在生物遗传中,染色体在复制时可能因某种因素发生错误,从而使其DNA发生改变,产生出了新的染色体。在遗传算法中,指对群体中的个体串的某些基因座上的基因值作变动。

(11)适应度(Fitness)。指在生物遗传与进化中,物种或物种个体对其生存环境的适应程度。

(12)编码(Coding)与解码(Decoding)。在遗传算法中,将搜索空间中的参数转换为遗传空间中个体的过程。解码是遗传算法中编码相反的过程。

12.2.3 遗传算法的基本操作

在解决一个具体问题时,事实上是不能直接使用遗传算法对问题进行求解的[323-324]。在求解问题之前,需要根据遗传算法的具体方法先将问题进行分析处理,将其转化为遗传算法能够处理的求解的问题模式,然后再运用遗传算法进行求解。换句话说,就是要将求解问题空间映射到遗传算法空间,将问题的解表达为遗传空间中染色体的形式。从一个具体问题转换处理到运用遗传算法进行求解的过程要进行一系列的操作。应用遗传算法求解一个具体问题的过程,要包含编码、初始化种群、确定适应度函数、遗传操作(选择或复制、交叉、变异)和参数设定等要素。

(1)编码

在遗传算法中,对问题的表达和求解一般是以字符串的形式进行操作处理的。常用的字符串形式是以二进制表示的字符串。将待解决的问题转换为字符串表达的形式,实际上就是遗传算法中的编码,字符串也相当于生物学中的染色体,一个字符串也表示遗传空间中的个体。二进制编码形成的字符串是将种群中的个体用若干个二进制数表示,字符串的每一位是0或1。用二进制编码表示的个体与生物学中的染色体结构是很相似的,也容易采用遗传算法进行操作。

除了采用二进制编码方法外,还有树形编码、自然数编码,或直接采用实数编码等方法。采用二进制编码求解高维优化问题时,字符串很长会影响遗传算法的效率。采用实数编码的优点是不需要进行二进制转换,而且采用实数编码可以使遗传算法与其他方法相结合,有利于求解高维的或者复杂的优化问题。

编码是遗传算法操作的需要,要对某个体进行评价时,则需要回到问题的解空间,也就是解码。

(2)初始化种群

在遗传算法中,编码完成后,需要确定求解问题的搜索空间。一般通过随机生成多个个体,从而形成第一代种群,这种操作就是也就是初始化种群。一个种群中个体的总数量称为种群规模。种群规模的大小往往会影响遗传算法搜索的结果和效率。如果种群规模太小,遗传算法搜索范围有限,往往得不到最优解。反之,如果种群规模太大,不但会导致计算量增加,而且由于淘汰的个体太多而影响交叉操作效果。

(3)适应度函数

遗传算法以自然界生物适者生存、优胜劣汰的遗传进化规律为基础。为表示和评价个体对环境的适应程度,引入了适应度的概念,并将个体对环境的适应性用函数来表示,这种函数就是适应度函数。在遗传算法中,每个个体对环境的适应程度都有一个适应度函数值。适应度函数值越大,表明个体的品质越优,被选择的概率就越大。在遗传算法中,适应度函数值是遗传算法操作的依据,它直接影响到遗传算法的搜索结果与收敛速度。因此,在应用遗传算法解决问题时,适应度函数的选取与设计非常重要。

适应度函数可以根据实际问题的需要来选取和设计,对于优化问题的求解,一般是将目标函数或性能函数作为适应度函数。

例如,在求解问题的极值时,若用$F_{\text{fit}}(x)$表示适应度函数,用$P(x)$表示性能函数,当求解的问题是极大值问题时,$F_{\text{fit}}(x)$可以选取为[338]

$$F_{\text{fit}}(x)=P(x) \tag{12.2.1}$$

当求解的问题是极小值问题时,$F_{\text{fit}}(x)$可以选取为[338]

$$F_{\text{fit}}(x)=1/P(x) \tag{12.2.2}$$

(4)选择

选择是从当前种群中选取品质优良的个体,使其有机会作为父代来繁殖下一代个体。遗传算法中,选择的方法体现了生物学中优胜劣汰的原则。在遗传算法选择操作中,适应度函数值越大的个体被选择作为父代的机会就越大。反之,适应度函数值越小的个体就越容易被淘汰。

选择操作的方法有多种,常用的方法是轮盘赌选择方法。轮盘赌选择个体的具体方法是,根据种群中个体的选择概率形成一个轮盘,轮盘中各分区(用角度表示)的大小与个体的选择概率成正比,如图12.1所示a、b、c、d、e分区所对应的选择概率分别为$p_1\%$、$p_2\%$、$p_3\%$、$p_4\%$、$p_5\%$。实际选择时,先产生一个随机数,即落入轮盘的哪个区域就将该区域对应的个体作为选中对象。

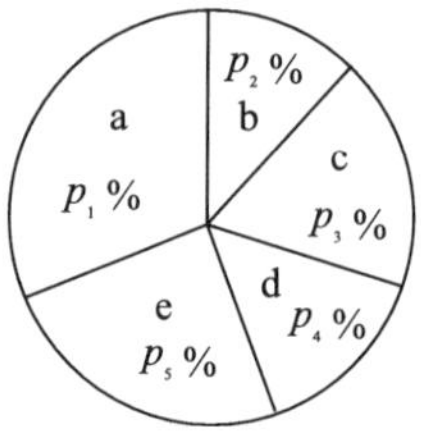

图12.1 轮盘赌选择方法示意图

(5)交叉

在生物进化过程中,两个配对个体通过交换其染色体上的部分基因而形成新的染色体这个过程就是交叉，也称为基因重组(Recombination)。在生物进化中，正是通过交叉交换部分基因而产生下一代的新个体，并使其后代能够继承上代的基因。从遗传算法求解问题来说，是通过交叉操作产生问题的新解。因此，交叉是遗传算法的重要操作。

在进行交叉操作之前，首先要确定交叉配对的个体。确定配对个体最简单的方法是采用随机配对法。

交叉的核心是两个个体的染色体交换部分基因。在遗传算法中，用字符串表示染色体，交换基因就是互换两个字符串的部分字符。交叉的方法常见的有一点交叉、两点交叉或多点交叉。一点交叉是最简单的交叉方法，它是在两个字符串中选择一点，互换该位置的字符，从而产生两个新的字符串。图 12.2 给出了两个字符串一点交叉的示意图。图中，字符串 1 和字符串 2 将两条虚线区域所对应位置的字符进行交叉，得到新的字符串。如果在字符串上选择两个点，使两个字符串上两个位置的字符串同时进行交换而形成两个新的字符串，这种交叉方法就是两点交叉。类似地，两个字符串可以进行多点交叉。

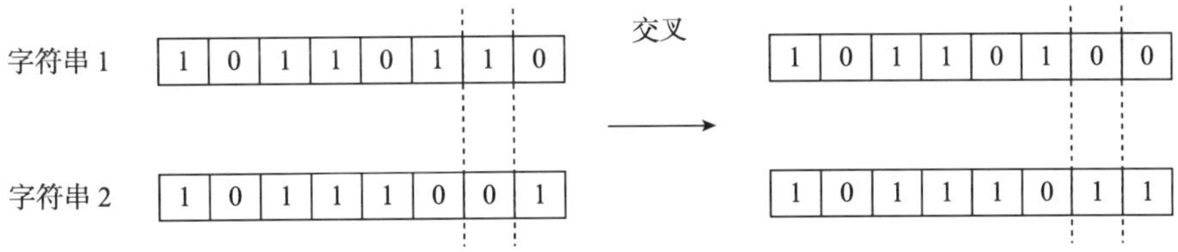

图 12.2　字符串交叉示意图(一点交叉)

(6)变异

自然界的生物是在不断发展进化的，在生物进化的过程中，生物个体的染色体可能由于某种因素使其基因发生突变而产生新的染色体，这种现象就是基因变异。在遗传算法中，变异操作是将表示染色体的字符串的某一位或某些位的字符随机发生改变。变异是遗传算法中产生问题新解的一种特殊方法。在自然界，变异是维持生物种群多样性的重要因素。从求解优化问题的角度来说，交叉操作可以看做对问题最优解的全局搜索，而变异操作则是进行局部搜索。在遗传算法中，对于某个个体是否进行变异操作，一般是通过变异概率来确定。变异概率是指字符串中某字符发生改变的概率。变异概率过大或过小都会影响遗传算法的效果。在求解具体问题时，需要根据实际情况确定合适的变异概率。

12.2.4　遗传算法在故障诊断中的应用

在核动力领域，随着遗传算法应用研究领域的不断扩展，遗传算法在核动力装置故障诊断中应用研究也引起了一些研究人员的关注。进入 21 世纪以来，遗传算法在核动力领域的应用研究逐渐增多。

遗传算法具有良好的全局搜索性能，在算法操作中仅采用适应度函数值来评价个体的品质，而且适应度函数的设定也比较灵活。遗传算法所表现出的独特性能使其应用领域不断扩展。在故障诊断领域，遗传算法的应用研究也在不断发展。遗传算法在故障诊断中的应用方法主要体现在以下方面[324]：遗传算法用于故障特征提取；遗传算法用于优化推理；遗传算法与知识库结合[144-145]；遗传算法与因果模型结合[147-148]；遗传算法与模糊理论结合[146]；遗传算法与神经网络结合[325-326]等。

遗传算法在故障诊断中研究较多的是遗传算法与神经网络相结合的故障诊断方法。遗传算法与神经网络相结合主要有以下方式：

(1)先用遗传算法优化神经网络的连接权值和神经元(节点)阈值参数，然后将经过优化后的神经网络用于故障诊断。

(2)用遗传算法优化神经网络结构，即用遗传算法优化神经网络输入层和隐含层的节点数，获得求解问题的最优神经网络拓扑结构，其原理如图 12.3 所示。在实际应用中，一般只需要优化神经网络隐含层神经元的数目。文献[326]用改进遗传算法同时优化 BP 网络结构和权值。

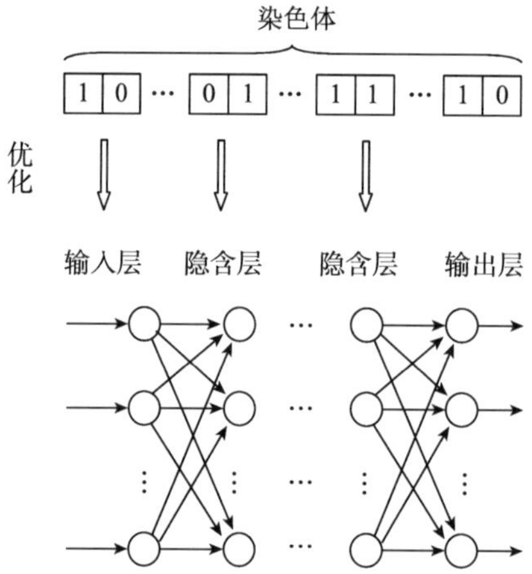

图 12.3 GA 优化神经网络结构

12.2.5 遗传算法在控制中的应用

在控制系统中，遗传算法的作用主要在以下几个方面[327]：

①系统辨识。

②与其他控制方法相结合用于控制系统，如遗传算法与 PID 控制、最优控制、自适应控制、预测控制、模糊控制、神经网络控制以及其他非线性控制方法相结合。

③遗传算法直接用于优化控制器参数。

④遗传算法用于多目标优化。

遗传算法本质上是一种智能优化算法，其主要功能是优化计算。在上述应用中，遗传算法的主要作用是对求解问题进行优化。

在核动力装置控制方法的研究中，遗传算法的作用与其在一般控制系统中的作用类似，主要用于控制器或模型参数优化[328-330]，或与 PID 控制、预测控制等方法相结合形成复合控制方案[214-217][331-334]。下面分别介绍遗传算法与 PID 控制及预测控制相结合的控制系统结构。

(1)遗传算法优化 PID 控制器参数

在基于遗传算法的控制方法中，比较常见的方法是遗传算法与 PID 控制方法相结合，利用遗传算法优化 PID 控制器的比例(k_P)、积分(k_I)和微分(k_D)系数。遗传算法优化 PID 控制器参数的控制方法原理如图 12.4 所示[214]。图中，$r(t)$为系统输入，$u(t)$为控制器输出，$y(t)$为系统输出，$e(t)$为为参考输入与系统实际输出测量值之间的误差。

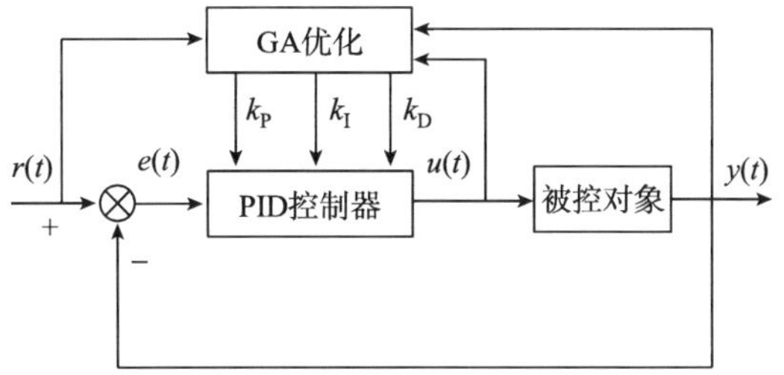

图 12.4　遗传-PID 控制方法原理框图

图 12.5 给出了遗传算法与 PID 控制方法相结合的另一种方法[333]。图中，$r(t)$为控制系统输入。在这种控制系统结构中，有多个 PID 控制器，分别对被控对象不同参数进行控制。系统根据参考轨迹输出与系统实际输出之间的误差建立目标函数，利用遗传算法对各 PID 控制器的参数进行优化。

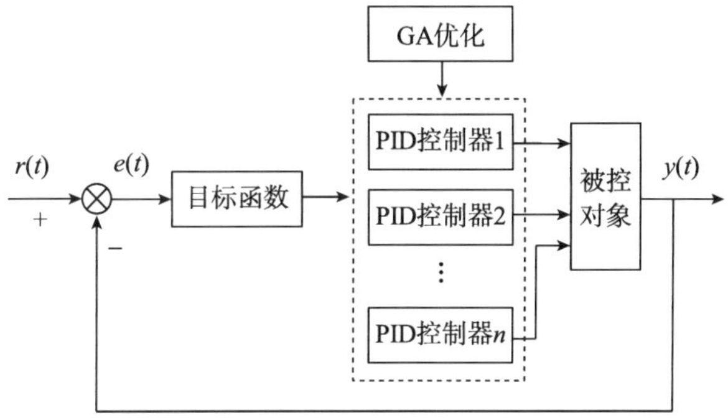

图 12.5　遗传-PID 控制方法原理框图

(2)遗传预测控制方法

一种遗传算法与预测控制相结合的控制系统结构如图 12.6 所示[334]。图中，$R_f(t)$为控制系统参考轨迹。遗传算法的主要作用是根据输出预测结果和参考轨迹输出结果进行优化。与一般的模型预测控制方法相比，图 12.6 所示遗传预测控制是用遗传优化方法取代一般的滚动优化方法。

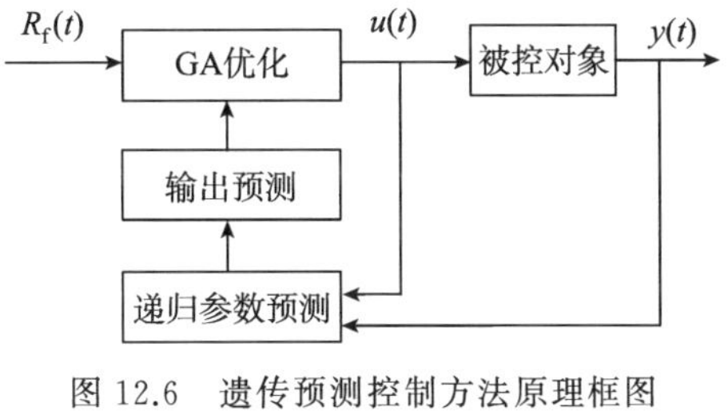

图 12.6　遗传预测控制方法原理框图

12.3 粒子群优化方法及其应用

12.3.1 概述

(1)粒子群优化算法

粒子群优化(Particle Swarm Optimization,PSO)算法简称粒子群算法,是一种模拟鸟群觅食行为的群智能算法,又称微粒群优化算法。它是由美国社会心理学家 Kennedy 和电气工程师 Eberhart 是受鸟群觅食行为启发,于 20 世纪 90 年代中期共同提出的一种群智能优化算法。1995 年,Kennedy 与 Eberhart 在关于神经网络的国际会议 (International Conference on neural works,IEEE)和第 6 届关于微机械与人文科学的国际会议(6th International Symposium on Micromachine and Human Science)上分别发表了关于粒子群优化的论文[272,335]。此后,Kennedy 和 Eberhart 等又对粒子群优化算法及其应用进行了进一步深入研究,使粒子群优化算法发展成为一种重要的智能优化算法。21 世纪以来,关于对粒子群优化算法及其应用的研究不断增多,被广泛应用于解决多目标优化、函数优化、带约束优化、规划、调度、控制器优化等问题以及电力、医学、生物、通信等多个研究领域。

粒子群优化算法来源于对自然界鸟群觅食行为的模拟。在自然界有一鸟群在某一区域觅食,该区域某个地点有食物,但是鸟群中没有鸟知道食物的具体位置在哪里,各鸟通过飞行搜索寻找食物。在搜索寻找食物的过程中,各鸟之间相互交换信息,以此来估计自身的位置距离食物还有多远。对鸟群来说,找到食物的最有效的方法就是搜索目前距离食物最近的那只鸟周围的区域。这样,鸟群通过各鸟之间的协作能够快速高效地寻找到食物。Kennedy 与 Eberhart 正是受到鸟群觅食行为的启发,通过模拟搜索食物的机理提出了粒子群优化算法。在模拟鸟群觅食行为建模中,是将每只鸟简化为一个没有质量和体积的微粒,因而称为粒子群优化算法[335]。在粒子群优化算法模型中,用速度和位置向量来描述各微粒的运动状态,每个微粒都有一个由目标函数来决定的适应值(fituess value)。粒子群每个微粒知道现在的位置和当前发现的最好位置(P_b),这种信息可以认为是粒子本身的运动经验,反映了粒子本身搜索经验的认知。鸟群搜索食物的行为与人类对于一些优化问题的求解思路有相似之处。此外,每个粒子还知道到当前整个粒子群体中所有粒子发现的最好位置(g_b,是 P_b中的最好值),这种信息可以认为是对粒子同伴经验的认知。粒子群优化算法体现了通过群体中个体之间的协作和信息共享来寻找最优解的思想。与其他优化算法相比,粒子群优化算法概念明确,原理简单,算法调节的参数少,不需要梯度信息,搜索速度快、搜索范围大而且容易编程实现,属于一种高效的全局优化随机搜索算法。

粒子群优化算法(PSO)是群智能理论研究的主要算法之一。与大多数基于梯度下降的优化算法不同,PSO 依靠的是概率搜索和迭代计算。在 PSO 算法中,每一个潜在的问题都相当于 n 维空间中的一个微粒,在 n 维空间中以一定的速度飞行,通过群体中粒子间的信息共享和个体对自身经验的总结,来不断改变自己的速度和位置,以飞向最优位置,进而求得优化问题的解。

(2)粒子群优化算法的主要特点[336]

1)粒子群优化算法是一种群智能算法,本质上属于随机搜索算法。

2)该算法通过粒子群中各粒子的竞争和合作指导搜索,采用并行搜索的方式,是一种高效的优化算法。

3)在粒子群优化计算中,采用全局搜索策略,具有良好的全局搜索能力。

4)PSO 模型简单,需要调节的参数少,尤其是不需要梯度方面的信息,计算速度快。

5)粒子群中各个体能够既能利用各自的历史经验,又能利用粒子群的社会经验或全局性社会知识。

6)粒子群优化算法能够有效地处理算法中的多样性和方向性问题。

7)由于在优化搜索后期粒子群中粒子向同一方向运动而失去多样性,使优化计算过程易限于停滞,收敛速度变慢而影响了粒子群优化算法的性能。

(3)在核动力领域应用

粒子群优化算法一般不直接用于故障诊断。在故障诊断中,常见的方法是将粒子群优化算法与其他方法相结合用于故障诊断。如,文献[337]将隐马尔可夫模型与粒子群优化算法相结合用于核电机械设备故障诊断的研究。

与在故障诊断中的应用情况相似,粒子群优化算法难以单独用来解决控制问题。在控制器设计中,一般是将粒子群优化算法与某种控制方法相结合,用粒子群优化算法来优化控制器的参数。如,Guimin Sheng 等[211]将混沌协同粒子群算法用于蒸汽发生器水位 PID 控制器的参数的优化,Wenjie Zeng 等[213]用 PSO 优化内模的衰减因子,Mousakazemi S M H 等[212,214]将 PSO 用于 PID 控制器的参数优化。

从已经发表的文献资料看,粒子群优化算法在核动力装置控制与故障诊断中应用研究并不多,在故障诊断方面的研究则更少。因此,本章对于粒子群优化算法在故障诊断中的应用问题不作介绍,仅介绍粒子群优化算法在核动力装置控制中的应用方法。

12.3.2 粒子群优化算法的数学描述

(1)粒子群优化算法[335-336]

设粒子群的搜索空间为 N 维,粒子群体的规模为 M;第 i 个粒子的位置为 X_i,其运动速度为 V_i,搜索到的最好位置为 P_i,v_{ij} 为第 i 个粒子第 j 维时的运动速度;整个粒子群体搜索到的最好位置为 P_b。上述各变量可具体表示如下

$$\boldsymbol{X}_i=(x_{i1},x_{i2},\cdots,x_{iN})$$

$$\boldsymbol{V}_i=(v_{i1},v_{i2},\cdots,v_{iN})$$

$$\boldsymbol{P}_i=(p_{i1},p_{i2},\cdots,p_{iN})$$

根据上述假设,基本的粒子群算法可表示为

$$v_{ij}(t+1)=v_{ij}(t)+c_1r_1\lfloor P_{ij}(t)-x_{ij}(t)\rfloor+c_2r_2\lfloor P_{bj}(t)-x_{ij}(t)\rfloor \quad (12.3.1)$$

$$x_{ij}(t+1)=x_{ij}(t)+v_{ij}(t+1) \quad (12.3.2)$$

式(12.3.1)和式(12.3.2)中,$i=1,2,\cdots,M$;$J=1,2,\cdots,N$;t 表示进化计算的迭代次数;c_1、c_2 为学习因子,也称为加速度因子;r_1、r_2 为区间[0,1]上均匀分布的随机数。

式(12.3.1)中,$v_{ij}(t)$ 表示粒子 i 自身惯性运动速度,称为“惯性”部分;$c_1r_1\lfloor P_{ij}(t)-x_{ij}(t)\rfloor$ 表示粒子 i 根据自身的搜索经验进行的调整,即对自身搜索经验的认知,称为“认知”部分;$c_2r_2\lfloor P_{bj}(t)-x_{ij}(t)\rfloor$ 表示粒子 i 根据群体中其他粒子的搜索经验进行的调整,是对粒子群体社会搜索经验的认知,反映了粒子群运动信息的共享,称为“社会”部分。

在采用上述算法进行迭代计算时，为防止粒子的速度过大或过小，通常将粒子的速度限定在一定范围内。

粒子群优化算法的基本步骤如下：

1)设定粒子群粒子数、加速度系数和最大进化代数次数等参数。初始化位置 $x(t)$ 和速度 $v(t)$ 参数。

2)计算每个粒子的适应值 $f_{it}(i)$。

3)将当前粒子 m 的适应度值 $f_{mfit}(i)$ 和自身最优值 $p_{mbest}(i)$ 进行比较。如果 $f_{mfit}(i) > p_{mbest}(i)$，则用 $f_{mfit}(i)$ 替换 $p_{mbest}(i)$。

4)将每个粒子的适应度值 $f_{fit}(i)$ 与整个粒子群的最优值 $p_{best}(i)$ 进行比较。如果 $fit(i) > p_{best}(i)$，则用 $f_{fit}(i)$ 替换 $p_{best}(i)$。

5)按照式(12.3.1)和式(12.3.2)更新粒子的位置 $x(t)$ 和速度 $v(t)$ 参数，得到粒子新的位置参数 $x(t+1)$ 和速度参数 $v(t+1)$。

6)检查计算结束条件，若满足结束条件则优化计算结束。否则，令 $t=t+1$，转步骤2)。

(2)粒子群优化算法的参数

粒子群优化算法的参数的主要参数有群体规模即粒子数量，惯性权重系数和学习因子(或称为加速度常数)。

1)群体规模

粒子群优化算法相关研究表明，对于求解维数不大的问题，群体规模一般可取20～40；而对于维数比较大问题的求解，粒子数量可选取相对大的数目。

2)惯性权重系数

惯性权重系数 w 控制着微粒过去的速度对当前速度的影响程度。当惯性权重系数 w 的取较大的值时，算法全局寻优能力较强，而其局部寻优能力则较弱，反之亦然。当 $w=0$ 时，算法的惯性项为零，微粒对于速度没有记忆性。根据式(12.3.1)，粒子群各微粒将向个体最优位置与全局最优位置的加权中心运动，而处于全局最优位置的粒子将保持静止。这时的粒子群优化算法是一个局部优化算法。因此，惯性权重 w 可使算法具有全局搜索的能力，改变算法的 w 值可以调节全局与局部搜索能力之间的平衡。

3)加速常数

加速常数 c_1 和 c_2 分别代表粒子趋向个体最优解与全局最优解的加速度权重。当 $c_1=c_2=0$ 时，粒子将一直以以前的惯性速度飞行，直至求解问题空间的边界。在此情况下，粒子群算法只能搜索有限的区域，难以搜索到问题的最优解。当 $c_1=0$ 而 $c_2\neq 0$ 时，粒子没有自我“认知”的能力。在此情况下，由于粒子之间的相互作用，使算法有能力到达一个新的搜索空间，而且收敛速度快。但是对复杂问题的求解，则容易使搜索陷入局部最优的问题。当 $c_1\neq 0$ 时而 $c_2=0$ 时，粒子之间则缺乏“社会”信息共享。在此情况下，因粒子群中个体之间没有相互作用，一个规模为 m 的粒子群等价于 m 个粒子的单独运动，从而难以获得问题的最优解。在优化计算中，一般采用 c_1 与 c_2 都不等于零的方法。

4)最大速度

粒子的最大速度决定了粒子在当前位置和最优位置之间区域的分辨率，与惯性权重 w 的作用类似，在算法中它也是起着平衡全局和局部搜索能力的作用。在具体优化计算中，一般是将速度的上限值设置为各变量的变化范围。

12.3.3 在核动力装置控制中的应用

(1)PSO 在控制中的应用方式

如上所述，粒子群优化算法应用于控制的方法一般是用来优化控制器或控制系统其他模块的参数。常见的方法是使用粒子群优化算法优化 PID 控制器的参数，或者使用粒子群优化算法优化神经网络-PID 控制器中神经网络的参数。粒子群优化算法优化 PID 控制器的参数的原理如图 12.7(a)与图 12.7(b)所示。

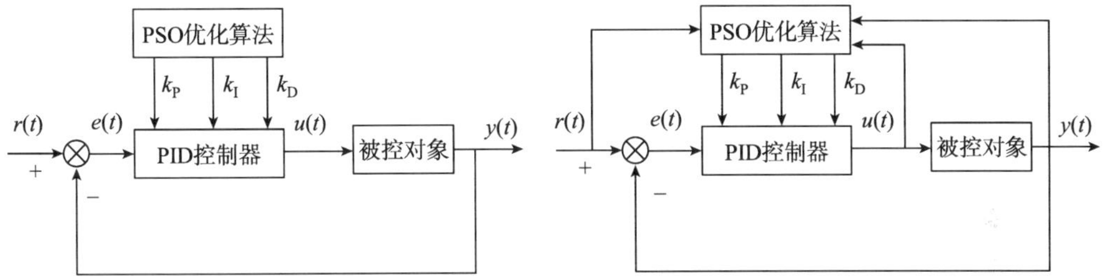

(a) PSO算法优化PID控制器参数　　(b) PSO算法优化神经网络-PID控制器参数

图 12.7　PSO 优化 PID 控制控制系统结构

(2)应用实例[209]

下面介绍一种 PSO 在核动力蒸汽发生器水位控制中应用实例。

文献[209]将 PSO 算法应用于蒸汽发生器水位控制器参数的优化，研究了基于改进粒子群算法的蒸汽发生器水位控制方法。

1)改进型 PSO 算法

设 $X_i=(x_{i1}, x_{i2}, \cdots, x_{id})$表示第 i 个粒子在 d 维空间的当前位置；$V_i=(v_{i1}, v_{i2}, \cdots, v_{id})$为微粒 i 的当前飞行速度；PSO 在每一次迭代中，粒子通过跟踪两个“极值”来更新粒子在空间中的飞行速度和位置。第一个就是粒子本身所找到的最优位置，记为 $p_{besti}=(p_1, p_2, \cdots, p_d)$。另一个极值是整个种群目前找到的最优解 g_{best}。在找到这两个最优值后，粒子按照式(12.3.3)和式(12.3.4)迭代更新自己的速度和位置。

$$V_i(k+1)=wV_i(k)+c_1r_1[p_{bi}(k)-X_i(k)]+c_2r_2[g_b(k)-X_i(k)] \tag{12.3.3}$$

$$X_i(k+1)=X_i(k)+v_i(k+1) \tag{12.3.4}$$

式(12.3.3)和式(12.3.4)中，$V_i(k)$、$X_i(k)$分别表示的是第 k 次迭代时第 i 个粒子的速度和位置；w 为惯性权重。c_1、c_2为学习因子，通常在 0～2 之间取值。r_1，r_2是[0,1]之间的随机数。

在解决实际问题时，往往需要先用全局搜索，以快速收敛到一个较小的区域，然后再采用局部搜索，从而在提高优化速度的同时避免陷入局部最优。惯性权重 w 具有平衡全局和局部搜索能力的作用。如果 w 逐步减小，就使得 PSO 在开始时能探索较大的区域，较快地定位最优解的大致位置，而随着 w 逐渐减小，粒子速度减慢，就可以进行精细地局部搜索。基于以上思路，w 按照下式调整

$$w(k)=w_{max}-k\cdot(w_{max}-w_{min})/N \tag{12.3.5}$$

式(12.3.5)中，k 为当前迭代次数，N 为最大迭代次数，w_{max}，w_{min} 分别为权重的最大值和最小值。仿真证明，该方法可加快收敛速度，能取得比基本 PSO 算法更好的结果。

2)确定目标函数

在蒸汽发生器工作过程中,蒸汽发生器水位要受到给水流量、蒸汽流量、给水温度以及一回路冷却剂温度等因素的影响。其中,给水流量和蒸汽流量扰动是影响蒸汽发生器水位主要因素。

常用的蒸汽发生器水位控制方案是三冲量串级 PID 控制,其原理图 12.8 所示。这种系统由两个闭合的回路与一个前馈部分组成。如图所示,控制系统的前馈部分由蒸汽流量信号 G,蒸汽流量变送器 k_1 组成的;主控制回路由主控制器、副控制回路和被控对象 $G_{st}(s)$ 组成;副控制回路由给水流量 W,给水流量变送器 k_2、给水控制器组成。

在基于 PSO 优化的蒸汽发生器水位控制研究中,这里研究主调节器参数 k_p、k_i 和 k_d 的优化整定,而将给水调节器可近似看作 P 规律控制器。

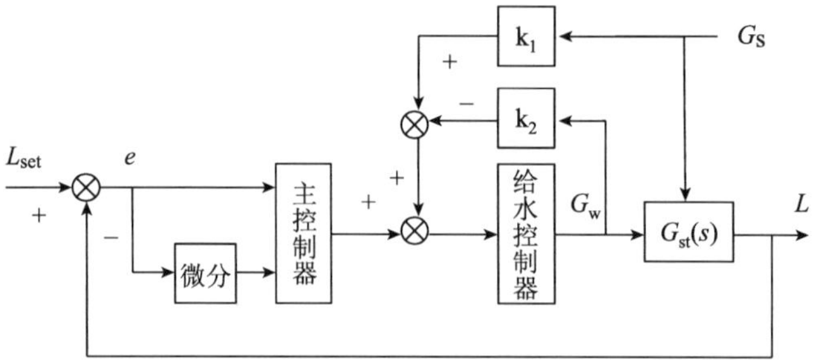

图 12.8 蒸汽发生器水位三冲量串级 PID 控制原理框图

综合考虑水位控制系统的动、静态性能,是希望系统超调量能尽量小,上升时间尽量短,系统输出尽快稳定于期望值。因此,目标函数 J 选取如下:

$$J = w_1\sigma + w_2 t_r + w_3 \sum_{k=1}^{n} \frac{|e_k|}{n} \tag{12.3.6}$$

式(12.3.6)中,σ 表示水位的超调量;t_r 为上升时间,这在里将其定义为水位从 0 第一次达到 0.95 倍稳定值的时间;e_k 为采样时刻 k 的输出误差;n 是采样点数;w_i 是加权系数。

J 是调节器参数 k_p、k_i 与 k_d 的函数。根据式(12.3.6)来计算种群中每一个粒子的适应度,由适应度函数值的大小来评价粒子的优劣。

3)PSO 优化算法步骤

采用 PSO 算法优化蒸汽发生器 PID 控制器参数,实际上就是将 PID 控制器的 3 个参数 k_p、k_i 与 k_d 分别作为粒子的 3 个位置向量,经 PSO 算法优化后输出的 g_b 的 3 个位置向量就是所得到 PID 控制器的最优参数。

具体优化计算步骤如下:

①参数初始化。确定粒子的维数、粒子群的规模、进化的代数和粒子位置范围(即控制器参数 k_p、k_i 与 k_d 的取值范围)。随机初始化粒子的初始位置、速度、粒子的个体极值 p_b 和种群的全局极值 g_b。

②对每个粒子(k_p、k_i 和 k_d),计算其适应度值。

③对每个粒子的适应度进行评价并更新。将每个粒子的当前适应度值与其个体极值 p_b 进行比较,若当前适应度值小于其个体极值,则更新个体极值,然后找出当前粒子群的最小适应度;若当前粒子的最小适应度小于 g_b,则更新 g_b。

④更新粒子位置及速度。惯性权重 w 按式(12.3.6)或者其他方式变化;根据式(12.3.3)和式(12.3.4)更新每个粒子的速度 V_i 和位置 X_i。若位置越过限定的范围时,则将其限制位置在边界。粒子的速度处理方法与位置处理方法相同。

⑤判断是否到达终止迭代状态。迭代计数加 1,如果到达最大迭代次数或全局最优适应度值达到设定值,终止迭代计算。否则,返回步骤②。寻优计算完成后,输出 g_b,即控制器参数 k_p、k_i和 k_d的最优化结果。

4)仿真结果

基于 PSO 优化的蒸汽发生器控制仿真计算采用模型式(3.4.8)和式(3.4.9)所表示的某核电厂蒸汽发生器模型。

蒸汽发生器蒸汽流量和给水流量变送器的传递系数 r_s、r_w的值分别为 0.5,0.5;给水调节器的控制律是比例系数 k_p值为 4 的 P 控制器。

粒子群的规模取为 50,最大迭代次数设为 100,加速因子 c_1 和 c_2 的取值均为 2;惯性权重 w 的取值是 w_{max}为 0.9,w_{min}为 0.4;适应度函数的加权系数 w_1、w_2和 w_3的值分别取为 1.0、0.05 和 1.0。

为便于评价和比较基于改进粒子群算法的蒸汽发生器水位控制方法的效果,用传统 Z-N法整定方法得出 1 组参数(32.730,0.9241,335.9228)。对蒸汽发生器期望水位由初始的 0 m 阶跃到 5 m,仿真时间为 2000 秒的这个过程来进行基于惯性权重法的 PSO 寻优。整定得另一组参数(26.057 2,0.721,251.548 1)。采用上述两种方法分别控制系统的阶跃响应,如图 12.9 所示。

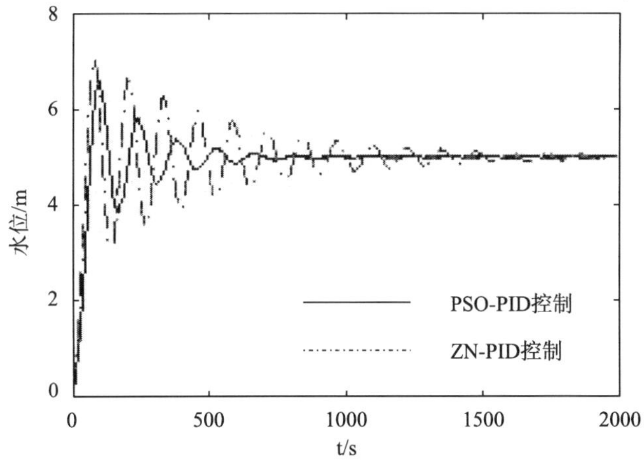

图 12.9 PSO 与 Z-N 整定方法控制效果比较

从图 12.9 可看出,与 Z-N 参数整定法控制系统阶跃响应相比,采用 PSO 优化整定方法时控制系统不仅减小了超调量,且其缩短了稳定时间。PSO 算法是一种优化计算方法,其算法简单,参数较少,优化性能好。

12.4 免疫算法及其应用

12.4.1 免疫算法概述

(1)免疫算法起源及发展

人工免疫算法(Artificial Immune Algorithm)来源于人类对生物免疫系统的认识和模拟。生物免疫系统能够识别侵入生物体的外来抗原性异物并通过激活自身免疫系统将其清除。生物免疫系统识别和清除抗原性异物是一个包含检测、识别、记忆和自调节的复杂过程。免疫算法(Immune Algorithm,IA)正是通过对生物免疫机制的模拟而建立的一种仿生智能算法。

人类对生物免疫机制的模拟一般认为始于20世纪80年代,人工免疫系统在20世纪90年代获得认可并得到初步发展。1986年,Farmer等以免疫网络学说为基础给出了免疫系统的动态模型,开始对人工免疫系统的研究。1996年12月,在日本首次举行了关于免疫系统的国际专题研讨会,正式提出了"人工免疫系统(Artificial Immune System,AIS)"概念[255,272]。20世纪90年代后期以来,人工免疫系统和免疫算法逐步发展。IEEE国际会议分别在1997和1998年就人工免疫系统方面的研究组织了专题讨论,并成立了"人工免疫系统及应用分会"。随着人工免疫系统和免疫算的发展,其他相关国际会议也开始关注人工免疫系统和免疫算法的研究。21世纪以来,人工免疫系统和免疫算法研究的不断扩展,提出了多种人工免疫算法,使人工免疫算法发展成为一种新的人工智能算法。

(2)免疫算法基本术语

免疫算法起源于生物免疫理论,在介绍免疫算法之前,下面先介绍与免疫算法相关的一些术语。

1)免疫(Immune)。是指生物机体识别异体抗原,对其产生相应作用并清除异体抗原的行为。

2)抗原(Antigen,Ag)。指外来的能够刺激或诱导生物免疫系统产生免疫应答,并能与生物抗体发生特异性结合的物质。

3)B细胞(B lymphocyte)。产生于骨髓的淋巴细胞,属于一种免疫细胞。B细胞受抗原刺激之后能够分化为大量的浆细胞,产生抗体在并在血液中循环,并通过抗体完成免疫作用。

4)T细胞(T lymphocyte)。指骨髓产生的淋巴干细胞,这些淋巴干细胞在胸腺中进行分化和发育,成熟后通过淋巴和血液循环分布到生物体全的免疫器官和组织,以发挥免疫功能。

5)抗体(Antibody)。指生物机体由于受抗原刺激而产生的对机体具有保护作用的一种免疫球蛋白。它是由浆细胞所分泌而被生物免疫系统用来识别与中和外来物质的大型Y形蛋白质。抗体一个特征是能识别特定外来物,该外来物质就是一般所指的抗原。抗体实际上是一种可以进行特异性识别和清除抗原的免疫分子。

6)免疫识别(Immunological Recognition)。免疫系统通过识别自身(Self)和非自身(Not Self)而要将自身以外的物质从机体内排除出去的活动免疫识别。

7)免疫记忆(Immunological Memory)。免疫系统对某种抗原发生反应,而在下次遇到同样抗原刺激时产生更强烈的反应,称之为免疫记忆。

8)亲和力(Affinity)。抗体的结合基与抗原的决定基的结合强度。

(3)生物免疫系统及免疫机理

生物免疫系统是生物体内具有监视、防御和自适应调节控制功能的系统,它由免疫器官、免疫细胞和免疫活性物质等组成。其中,免疫器官包括生物骨髓、脾脏、淋巴结以及胸腺等机体物质。免疫细胞包括淋巴细胞、单核吞噬细胞、中性粒细胞、嗜碱粒细胞以及嗜酸粒细胞等机体物质。免疫活性物质包括抗体、溶菌酶、免疫球蛋白以及干扰素等物质。生物免疫分为固有免疫(非特异性免疫)和适应免疫(特异性免疫)两种发生。适应免疫又分为生物体液免疫和细胞免疫两种方式。

生物免疫系统能够识别机体中"本体"和"异己"(抗原、机体内发生突变的肿瘤细胞、衰老细胞、死亡细胞以及其他有害成分)物质成分,当发现机体中侵入"非己"物质成分时就产生抗体将其清除,当识别出机体中的物质成分为"自己"时就予以认可或"耐受",不发生排斥反应。生物免疫系统通过自身免疫耐受和免疫调节活动使生物免疫系统内的环境保持稳定。这就是生物免疫系统最简单的免疫机制。

(4)免疫算法的特点

免疫算法具有以下特点:

1)具有全局搜索能力。免疫算法同时搜索空间中的一系列点,而不是搜索某一个点。

2)求解问题简化。免疫算法处理的对象是代表待求解问题的编码字符串,而不是所求解问题的参数,简化了求解问题的复杂性。

3)采用并行分布式搜索方式。

4)具有自调节能力。通过促进或抑制抗体浓度,进行自我调节,提高搜索能力。

5)具有多样性保持机制,可以提高全局优化搜索能力。

6)对问题初始解的依赖性不强,具有良好的鲁棒性。

(5)免疫算法在核动力装置控制与诊断中的应用

目前免疫算法在核动力装置故障诊断中的应用研究还很少,在核动力装置控制中有少量应用研究[219,220]。作为一种典型的智能优化方法,将在后面简要介绍其在核动力装置控制中的应用。

12.4.2 免疫优化算法

(1)免疫算法基本步骤

在生物机体免疫过程中,其免疫系统根据所识别基因的类型而产生不同的抗体。抗原与抗体以及抗体与抗体之间的匹配程度通常用亲和力或亲和度来描述。如果任意一个细胞系所产生的抗体的基因相同,则亲和力值就表示这些抗体完全相同。

当将免疫算法应用于求解优化问题而与优化问题相对应时,那么抗原、抗体及两者的亲和力就分别代表待优化问题的目标函数、优化解(可行解)以及优化解与目标函数的匹配度。因此,如果把实际求解问题的目标函数视为外来入侵的抗原,免疫响应中产生的抗体视为问题的解,则不同亲和力抗体的进化与成熟机制就是寻找目标函数最优解的过程。生物免疫学与免疫算法相关概念或活动对应关系如表 12.1 所示[336]。在免疫算法中,亲和力定义为抗体(解)所对应的函数值。

表 12.1　免疫学与免疫算法相关概念或活动对应关系

免疫学概念	免疫算法
抗原	待求解(优化)问题
抗体	问题的可行解
亲和力	可行解质量
抗原识别	问题识别
细胞活化	免疫选择
细胞分化	个体克隆
细胞抑制	消除剩余候选解

免疫算法的基本思路是将待求解问题的目标函数(或约束条件)与抗原相对应,通过免疫机制找到可以与抗原进行亲和反应的抗体,这个抗体就是对应于待求解问题的最优解。因此,免疫算法需要解决主要问题是:计算抗原和抗体的亲和力,亲和力越高,则越可能是最优解;计算抗体与抗体之间的相似度。

免疫算法基本流程如图 12.10 所示,基本步骤如下:

1)开始

抗原产生,即描述最优化问题目标函数和约束条件。

2)抗原识别

输入目标函数及相关约束条件,并将其作为免疫算法的抗原。

3)产生初始抗体群

在初次迭代计算时,可采用随即方法产生初始抗体群。在产生初始抗体群时,可根据先验知识,将问题的初始解作为初始抗体。

4)计算亲和力

分别计算抗原与抗体之间以及抗体与抗体之间的亲和力,为后面产生记忆细胞提供依据。

5)产生记忆细胞

将抗体按照其与抗原亲和力的高低进行排序,从中选择亲和力较高的个体构成新的群体,取前几个抗体构成记忆库。

6)抗体产生调节

促进和抑制抗体的产生,通过计算抗体的浓度,并结合前面的抗体适应度来确定抗体的死亡和分裂的概率,而幸存下来的抗体可进入下一过程。

7)产生新一代抗体群

利用交叉和变异操作,对抗体进行更新,产生新一代抗体群。

8)终止判断

根据终止条件判断计算是否满足终止条件(找到最优解或达到最大迭代次数)。若满足终止条件则算法结束,否则转向亲和力计算,重复上述过程。

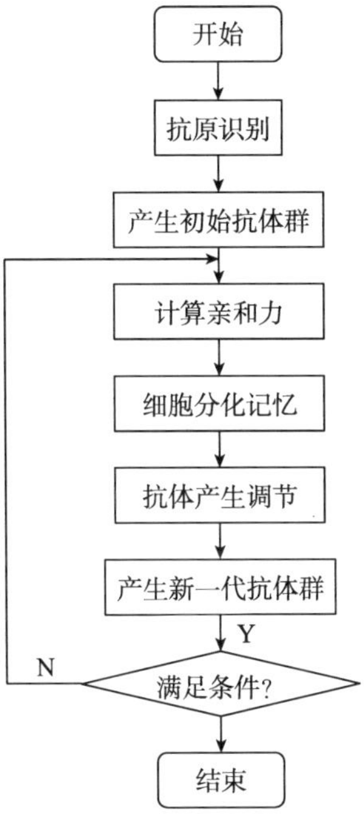

图 12.10 免疫算法基本流程

(2)亲和力计算

在免疫算法中,需要计算抗原与抗体以及抗体与抗体之间的亲和力[336]。亲和力计算的一般公式为

$$(A_g)_r = \frac{1}{1+t_r} \tag{12.4.1}$$

式(12.4.1)中,t_r表示抗原与抗体 r 之间的结合强度。

当两种亲和力计算方法相同时,可采用上述公式计算。当两种亲和力计算方法不同时,可根据实际问题分别采用不同的计算公式。

(3)结合强度计算[336]

在免疫算法中,对于结合强度 t_r常见的计算方法有海明距离、Euclidean 以及 Mantattan 距离等方法。

1)海明距离计算公式

$$D = \sum_{i=1}^{L} \delta \begin{cases} \delta = 1, & p_i \neq q_i \\ \delta = 0, & 其他 \end{cases} \tag{12.4.2}$$

2)Euclidean 距离计算公式

$$D = \sqrt{\sum_{i=1}^{L} (p_i - q_i)^2} \tag{12.4.3}$$

3)Mantattan 距离计算公式

$$D = \sqrt{\sum_{i=1}^{L} |p_i - q_i|^2} \tag{12.4.4}$$

在上述各式中,p_i、q_i分别为抗体和抗原的坐标。

12.4.3 基于免疫算法的控制方法

如粒子群等优化算法类似，免疫算法提出后不久就被引入到自动控制领域，用于控制问题的研究。免疫算法是一种优化算法，免疫算法在控制领域的应用也主要体现了其优化和自适应调节功能。目前已提出了多种关于与免疫算法相关的控制方法，其中研究较多的或具有代表性的基于免疫算法控制方法有基于免疫算法的反馈控制、基于免疫算法的 PID 控制、免疫模糊控制、基于免疫算法的预测控制、基于免疫算法的内模控制等方法。

(1)基于免疫算法的反馈控制

人工免疫算法模拟了生物免疫系统的自调节机制，具有自调节能力。免疫算法自调节机制与控制系统的自动调节原理具有相似的特性。因此，可以将免疫算法的自调节机制应用于控制器的设计，构建基于免疫算法的反馈控制系统。

(2)基于免疫算法的 PID 控制

基于免疫算法的 PID 控制是基于免疫算法的控制中研究比较多的方法。最基本的基于免疫算法的 PID 控制是直接运用免疫算法优化 PID 控制器的比例 k_p、积分 k_i和 k_d微分系数。而实际对于基于免疫算法的 PID 控制方法的研究，则呈现出多样化的特点，主要体现在免疫算法、PID 控制和其他方法的结合方面。在基于免疫算法的 PID 控制的发展过程中，先后提出了基于改进人工免疫算法的 PID 控制、基于免疫遗传算法的 PID 控制、基于免疫粒子群算法的 PID 控制、基于模糊免疫的 PID 控制、基于免疫单神经元 PID 控制、基于免疫神经网络的 PID 控制等。

(3)免疫模糊控制

免疫模糊控制方法是免疫算法与模糊控制相结合的控制方法。在免疫模糊控制中，免疫算法的作用是对模糊控制器的参数进行优化，优化方式包括对模糊推理规则优化、隶属函数参数优化、模糊论域优化以及模糊控制器其他参数的优化。

(4)基于免疫算法的预测控制

基于免疫算法的预测控制是免疫优化与预测控制方法的结合。典型的免疫预测控制与常规的预测控制在控制系统结构上是类似的。两者不同之处在于滚动优化环节，即，在基于免疫算法的预测控制中采用免疫算法来进行滚动优化。

(5)基于免疫算法的内模控制

基于免疫算法的内模控制是将免疫算法与内模控制相结合的控制方法，其基本思路是应用免疫算法调节内模控制器的参数，以提高控制系统的性能。

在核动力控制与故障诊断领域，关于免疫算法的应用研究还处于初步阶段，目前仅有少量的研究。

12.5 基于粗糙集的故障诊断方法

12.5.1 粗糙集概述

(1)粗糙集理论的提出及发展

粗糙集(Rough Sets，RS)理论又称粗集理论，是研究和处理不确定、不精确或不完整知识的数学理论[234,338-341]。粗糙集是波兰科学家 Pawlak Z 于 1982 年提出和创立的[342-343]。1982 年,Pawlak Z 发表了题目为 *Rough Sets* 的论文[342]。1991 年,Pawlak Z 出版了专著 *Rough Sets: Theoretical Aspects of Reasoning about Data, System Theory*(粗糙集—关于数据、系统推理的理论)[343]。1992 年,在波兰 Poznan-Kiekrz 召开了第一届关于粗糙集理论的国际会议(Rough Sets:State of the Art Perspective, Kiekrz, Poznan, Poland, 2-4, September 1992),讨论了集合近似定义及应用等粗糙集相关问题。在此以后,每年都有以粗糙集为主题的国际会议或相关学术会议召开,从而推动了粗糙集理论的研究和发展。1995 年粗糙集理论被 ACM(Association for Computing Machinery,ACM)列为新兴计算机科学研究项目。21 世纪以来,随着粗糙集理论及其应用研究的不断发展,粗糙集已成为一种重要的智能计算方法,国外研究机构和研究人员已开发了一些粗糙集相关应用软件。我国在粗糙集理论及其应用研究方面起步比较晚,20 世纪 80 年代后期才开始有所研究[344],20 世纪 90 年代中后期开始有该方面的专著出版,在 2000 年代后期开始有粗糙集在核动力领域中的应用研究。现在粗糙集理论已被广泛应用于故障诊断、模式识别与分类、机器学习、数据挖掘等方面的研究。

(2)粗糙集理论的特点

在人类的各种活动中,时常会遇到一些具有不定期因素和不完备信息的问题,而通过数据采集得到的数据往往包含着噪声。对于这些具有不定期因素和不完备信息问题的分析和处理,20 世纪 80 年代以前已经有概率论、模糊理论和证据理论等数学理论和方法。这些理论和方法在实际应用时往往需要相关附加信息或先验知识,如概率论方法需要统计概率分布、模糊理论需要模糊隶属函数、证据理论基本概率分配函数等。但是,要得到这些附加信息或先验知识有时是比较困难的。

粗糙集理论是继概率论、模糊理论和证据理论之后又提出的一种处理不确定性问题的数学理论。粗糙集理论在处理不精确(imprecise)、不一致(inconsistent)和不完整(incomplete)等不完备信息问题时,不需要提供先验知识,可以直接对数据进行分析和推理并从中发现隐含的知识,揭示潜在的规律。这是粗糙集理论与其他在处理不确定、不精确不完备问题理论的明显区别。

粗糙集理论以研究对象的分类为基础,将分类看作特定空间上的等价关系,将等价关系理解为属性的描述或看作知识库上的知识。通过等价关系对空间进行划分。粗糙集理论的基本思想是利用已知知识库中的知识来刻画不精确或不确定的知识。

简单地说,粗糙集理论具有以下特点:

1)粗糙集理论在数学上具有严密的理论基础和理论体系,有系统地处理问题的方法;

2)以分类机制为基础,将知识定义为特定空间或论域上不可分辨关系的等价类,便于使用数学的方法对知识进行分析处理;

3)能够处理不确定、不精确或不完整的知识,而且不需要附加信息或先验知识;

4)能够在分类精度不变的条件下,通过约简求得知识的最小表达,找到最小属性集或最少的规则。

12.5.2 粗糙集理论基础

12.5.2.1 知识及其分类表示

(1)粗糙集知识

在不同的范畴,对于“知识”这一概念具有不同的含义。在粗糙集理论中,认为“知识”是根据事物的特征对于某种事物进行分类的能力。

(2)知识表示系统

在信息处理中,设某研究对象相关信息可以表示为一个知识系统 S 可用公式表示如下

$$S=(U,C,D,V,f)$$

这里,U 表示研究论域;C 表示研究对象的条件属性集;D 表示研究对象决策属性集;$C\cup D=R$ 表示属性集合;$V=v_r$,v_r 表示某一属性 $r\in R$ 的属性值范围,r 是属性值的集合;f 定义了一个信息函数 $f:U\times R\to V$,它映射了论域 U 中每一个对象的属性值。

(3)知识分类表示

从粗糙集理论的角度来看,知识是与分类模式相联系的,知识反映了人类对自然界和人类社会各种事物的分类能力。人类对如何事物的认识,通常是通过属性知识来描述和加以区分的。知识的分类表示可以用知识系统的集合表达形式来描述。

例如,某单位人员的知识系统,可以用表 12.2 所示的分类形式来描述。

表 12.2 某单位人员知识系统分类表示

人员	年纪	性别	学历	身高	体型
x_1	老	男	本科	高	胖
x_2	中	女	本科	中	瘦
x_3	青	女	硕士	矮	瘦
x_4	中	男	博士	中	中
x_5	老	女	本科	中	瘦
x_6	青	男	硕士	高	中
x_7	老	男	硕士	矮	瘦
x_8	青	男	本科	矮	瘦
x_9	中	女	博士	高	中
x_{10}	青	男	本科	中	胖

为分析上述某单位人员情况,将其用集合 U 来表示,则

$$U=\{x_1, x_2, \cdots, x_{10}\}$$

将集合 U 中人员按照年纪、性别、学历、身高和体型等属性进行分类,并将这些属性分别定义为年纪(R_1)、性别(R_2)、学历(R_3)、身高(R_4)、体型(R_5)。根据上述属性,可以得到以下分类:

1)按照年纪分类

老——x_1,x_5,x_7;中——x_2,x_4,x_9;青——x_3,x_6,x_8,x_{10}

2)按照性别分类

男——$x_1,x_4,x_6,x_7,x_8,x_{10}$;女——$x_2,x_3,x_5,x_9$

3)按照学历分类

本科——x_1,x_2,x_5,x_8,x_{10};硕士——x_3,x_6,x_7;博士——x_4,x_9

4)按照身高分类

高——x_1,x_6,x_9;中——x_2,x_4,x_5,x_{10};矮——x_3,x_7,x_8

5)按照体型分类

胖——x_1,x_{10};中——x_4,x_6,x_9;瘦——x_2,x_3,x_5,x_7,x_8

如果用属性 R 描述 U 中属性关系,则可得到如下的等价类:

$U|R_1=\{\{x_1,x_5,x_7\},\{x_2,x_4,x_9\},\{x_3,x_6,x_8,x_{10}\}\}$

$U|R_2=\{\{x_1,x_4,x_6,x_7,x_8,x_{10}\},\{x_2,x_3,x_5,x_9\}\}$

$U|R_3=\{\{x_1,x_2,x_5,x_8,x_{10}\},\{x_3,x_6,x_7\},\{x_4,x_9\}\}$

$U|R_4=\{\{x_1,x_6,x_9\},\{x_2,x_4,x_5,x_{10}\},\{x_3,x_7,x_8\}\}$

$U|R_5=\{\{x_1,x_1\},\{x_4,x_6,x_9\},\{x_2,x_3,x_5,x_7,x_8\}\}$

在粗糙集集合属性的描述中,用 R 代表 U 中对象之间的等价关系,并通常使用等价关系来代替分类。而具有等价关系的聚类称为等价类。粗糙集在处理问题是一般是处理论域 U 上的一些分类族。论域 U 上的分类族被定义为 U 上的知识库。每一个等价类称为基本范畴。所有具有特定属性的元素构成的子集称为初等范畴,初等范畴可由一些基本范畴组成。分类和范畴是粗糙集理论的基础性概念。

12.5.2.2 粗糙集基本概念[234]

(1)不可分辨与等价关系

将论域 U 中的分类族定义为一个 U 中的知识库,该分类族构成了某特定论域 U 的分类。

根据定义的属性,论域 U 中的等价关系是没有区别的元素的集合。对于子集 X、$Y\subset U$,若根据关系 X 与 Y 定义的关系 R 不可分辨时,称其为 $ind(R)$,它代表子集 X、Y 均属于 R 中的一个范畴,可表示为

$$[X]_R=U|R=U|ind(R)$$

当不可分辨关系由属性 P 表达时,属性集 $P\subset R$,对象 X、$Y\subset U$,当且仅当 $f(X,a)=f(Y,a)$时($a\in P$),X、Y 是不可分辨的。可表示为

$$ind(P)=\{(X,Y)\subset U|\text{all } a\in P,\ f(X,a)=f(Y,a)\}$$

$ind(P)$可表达为 $U|ind(P)$或 $U|P$。

令 P、$Q\subset R$,$K_p=(U,P)$、$K_q=(U,Q)$为两个知识库。当 $U|ind(P)=U|ind(Q)$时,称 K_p与 K_q是等价的,即 $K_p\equiv K_q$。这就是说,当 K_p与 K_q都具有同样的基本范畴集时,则知识库 K_p与 K_q都能确切地表达论域的完全相同的事实,这样就可以用不同的属性集对某对象进行描述而表达论域的完全相同的事实。

(2)精确集与粗糙集

在某论域 U 中,子集 $X\subset U$,R 为等价关系。当子集 X 可用 R 属性集确切地描述时,则称 X 是 R 可定义的;否则称 X 是 R 不可定义的。R 可定义的集合称为 R 的精确集,R 不可定义的集合称为 R 的非精确集或粗糙集。

R 的粗糙集不能被 R 的等价类精确地描述,但可以使用两个精确集来近似地描述。也

就是说，在对粗糙集进行描述时，可采用粗糙集的上近似集和下近似集来描述。

设 Y_i 为 R 的基本集合，即 $Y_i \subset ind(R)$。用 $R\_(X)$ 与 $R^-(X)$ 分别为 X 的 R 下近似集和上近似集。

$$R\_(X)=\bigcup\{Y\subset U \mid ind(R):Y_i\subset X\}$$

$$R^-(X)=\bigcup\{Y\subset U \mid ind(R):Y_i\cap X\neq\varnothing\}$$

$R\_(X)$ 与 $R^-(X)$ 也可以分别表示为以下的形式

$$R\_(X)=\{X\subset U:[X]_R\subset X\}$$

$$R^-(X)=\bigcup\{X\subset U:[X]_R\cap X\neq\varnothing\}$$

记

$$B_R(X)=R^-(X)-R\_(X)$$

$$P_R(X)=R\_(X)$$

$$N_R(X)=U-R^-(X)$$

上述式中，$B_R(X)$ 称为 X 的 R 边界，$P_R(X)$ 称为 X 的 R 正域，$N_R(X)$ 称为 X 的 R 负域。

集合 $R\_(X)$ 可以理解为 X 中的最大可定义集，$R^-(X)$ 可以理解为包含 X 的最小可定义集。

(3)集合的近似精度

边界域的存在使集合具有不确定性。集合的边界域越大，其精确性就越低。为准确描述集合的近似程度，在粗糙集理论中引入近似精度的概念。

令 $d_R(X)$ 表示集合的近似精度，其定义如下

$$d_R(X)=\frac{card\,[R_-(X)]}{card\,[R^-(X)]}$$

这里，$card(\cdot)$ 表示集合的基数，亦即该集合元素的数目。

近似精度 $d_R(X)$ 表达了对于集合 X 的了解程度。当 $0<d_R(X)<1$ 时，表示集合 X 有非空边界域，集合 X 为部分 R 可定义的。当 $d_R(X)=1$ 时，表示集合 X 的边界域为空集，集合 X 为全部 R 可定义的。当 $d_R(X)=0$ 时，表示集合 X 为全部 R 不可定义的。

集合 X 的不确定性还可以用 R 的粗糙度 $C_R(X)$ 来表示。粗糙度 $C_R(X)$ 定义为

$$C_R(X)=1-d_R(X)$$

从上式可以看出，粗糙度 $C_R(X)$ 与 $d_R(X)$ 的含义是相反的，它表示用 R 的基本集合描述集合 X 的不完全程度。

(4)分类近似

在根据集合知识对知识的某些对象进行分类时，由于分类是基于 R 进行的，因此基于知识的分类是一个近似分类问题。描述分类的精确程度，可通过定义分类精度来描述。

分类 H 的下近似和上近似可以分别定义如下

$$R\_(H)=\{R\_(X_1),R\_(X_2),\cdots,R\_(X_n)\}$$

$$R^-(H)=\{R^-(X_1),R^-(X_2),\cdots,R^-(X_n)\}$$

在这里，用 $d_R(H)$ 表示 H 的近似分类精度。$d_R(H)$ 定义如下

$$d_R(H)=\frac{\sum_{i=1}^{n}card\,[R_-(X_i)]}{\sum_{i=1}^{n}card\,[R^-(X_i)]}$$

为度量近似分类的不精确性,可以以用下式表示

$$p_R(H)=\frac{\sum_{i=1}^{n} card\,[R_-(X_i)]}{card(U)}$$

设 $K_p=(U,R)$ 为某一给定的知识库。对于 $X\subset U$, $R\subset ind(R)$ 可以根据 R 的基本集合来划分集合 X。

12.5.2.3 知识及范畴简化

(1)知识简化

在信息处理中,为了简化计算,有时需要在保持系统初等范畴的情况下消除知识库中的那些冗余属性。在粗糙集理论中,消除知识库冗余属性的方法是知识化简。知识化简涉及到“简化”和“核”这两个基本概念。

设某一知识库 $K=(U,R)$,对于论域 U,定义等价关系 $R\subset ind(K)$,且有 $r\in R$。若存在下述关系

$$ind(R)=ind(R-\{r\})$$

且

$$U|ind(R)=U|ind(R-\{r\})$$

则称 r 为 R 中可省略的,否则称 r 为 R 中不可省略的。

若对于任一 $r\in R$, R 不可省略,则称 R 是独立的。当用 R 来表达某系统的知识时,如果 R 是独立的,则表明属性集 R 中的属性是必不可少的。该属性集独立地构成一组表达该系统分类知识的特征。

当属性集 R 是独立的时,若存在某属性子集 $P\subset R$,则 P 也是独立的。对于某属性子集 $P\subset R$,若存在最小子集 Q,满足 $Q=P-r$ 且 $Q\subset P$,使 $ind(Q)=ind(P)$,则称 Q 为 P 的简化。P 的简化用 $red(P)$ 表示。需要说明的是,对于某一属性集,可能存在多种简化。P 的简化集 $red(P)$ 的交称为 P 的核,用 $core(P)$ 表示。P 的核表示的是知识系统必不可少的重要属性集。

根据 P 的简化与 P 的核的概念,两者存在如下关系

$$red(P)=\bigcap red(P)$$

这里,$red(P)$ 为 P 的所有简化族。

在决策系统中,一般存在条件属性集 C 和决策属性集 D。条件属性集 C 所建立的等价关系,对于决策系统存在一个分类 $U|C$。决策属性集 D 所建立的等价关系,对于决策系统存在一个分类 $U|D$。根据决策的需要,往往需要考虑一个分类关系相对于另一个分类的关系。当用一个分类关系来表达另一个分类的关系时,条件属性集 C 所建立的等价关系的简化问题,就涉及到知识的相对简化问题。

为讨论知识的相对简化,先给出一个分类相当于另一个分类正域的概念。设某一知识库 $K=(U,R)$,存在等价关系 $R\subset ind(K)$, $R=(C,D)$,对于系统中的等价子集 D,其正域 $POS_C(D)$

$$POS_C(D)=\bigcup C\_(D)\quad (X\in U|D)$$

若存在

$$POS_C(D)=POS_{C-r}(D)$$

则称 r 为 C 中相对于 D 是可省略的，称 r 为 C 中相对于 D 是不可省略的。

对于任意 $C \in R$，若 C 相对于 D 不可省略则称 C 为独立的。对于 $C \subset R$，若存在 $Q = C - r$，且 Q 为 $Q \subset C$ 的最小子集，使 $POS_C(D) = POS_{C-r}(D)$，则称 Q 为 C 相对于 D 的简化，记作 $red_D(C)$。

一个条件属性集合 C 相对于决策集 D 可能有多种简化。属性集合 C 中所包含的不可省略关系的集合称为 C 相对于 D 的核，用 $core_D(C)$ 表示。

C 相对于 D 的核实际上就是 C 相对于 D 所有简化集 $red_D(C)$ 的交，即

$$core_D(C) = \bigcap red_D(C)$$

这里，$red_D(C)$ 是 C 相对于 D 的所有简化族。

(2)范畴简化

在粗糙集理论中，基本范畴是一种知识，是根据不可分辨关系定义的一种等价类，是构成系统的模块。在实际计算中，有时需要消除不必要的知识模块，这就是范畴的简化。

设某一知识库 $K = (U, R)$，对于论域 U，集合族 $F = \{X_1, X_2, \cdots, Xn\}$，$X_i \subset U$。若存在下述关系

$$\bigcap F = \bigcap (F - \{X_i\})$$

则称 X_i 为 F 中可省略的，否则称 X_i 为 F 中不可省略的。

如果存在下述关系

$$\bigcup F = \bigcup (F - \{X_i\})$$

则称 X_i 为 F 中可省略的，否则称 X_i 为 F 中不可省略的。

集合族 F 可能有多种简化，简化集合族的交称为 F 的核，即

$$core(F) = \bigcap red(F)$$

式中，$red(F)$ 是 F 的所有简化族。

与知识的相对简化类似，范畴也存在相对简化问题。

设某一知识库 $K = (U, R)$，对于论域 U，集合族 $F = \{X_1, X_2, \cdots, X_n\}$，$X_i \subset U$，子集 $M \subset U$。当 $\bigcap \subset M$ 时，若存在下述关系

$$\bigcap (F - \{X_i\}) \subset M$$

则称 X_i 为 F 中相对于 M 可省略的。

对于集合族 $V = F - X_i$，$V \subset F$。若 V 中所有分量都不可省略，则 V 称为独立的。所有不可省略的最小子集称为 F 相对于 M 的简化，表示为 $red_M(F)$。

用于表达数据模块的集合族 F 可能存在多种简化，所有简化集合族的交称为 F 相对于 M 的核，表示为 $core_M(F)$。即

$$core_M(F) = \bigcap red_M(F)$$

$red_M(F)$ 是 F 相对于 M 的所有简化族。

12.5.2.4　知识的依赖性与决策表

(1)知识依赖性

对于一个知识系统，既可以用条件属性的基本集合表达，也可以用结果属性的基本集合表达，也可以从某一给定知识导出另一知识。当 A 中的知识可以用 B 中的知识部分表达时，知识库中的知识就存在依赖性。当知识 A 依赖于知识 B 时，称为知识 A 是从知识 B 可导的，表示为 $A \Rightarrow B$。知识的依赖性可通过知识的部分可导性来表达。

知识的部分可导性定义为：

$$L=l_B(A)=\frac{card\ [POS_B(A)]}{card(U)}$$

这里，当 $L=1$ 时，表示 A 是由 B 全可导的。当 $0<L<1$ 时，表示 A 是粗可导的。当 $L=0$ 时，表示 A 是全全不可导的。因此，可以将 L 看作 A 与 B 之间的依赖性的量度，或对于研究对象的分类能力。

(2)决策表

现实中的一些决策问题可以表格的形式来表达，表格中列出条件属性和决策属性。决策表是一种特殊的知识表达系统。

决策表的定义如下：

设 $K=(U,R)$ 为一知识表达系统，C、D 为系统的属性子集，C、$D\subset R$，C 称为系统的条件属性集，D 称为系统的决策属性集。利用条件属性和决策属性可以将知识表达系统表示为表格的意思，这个表格称为决策表。

在知识表达系统中，$ind(C)$ 和 $ind(D)$ 的等价类分别称为条件分类和决策分类。

假设论域 U 中条件属性 C 可定义的分类为 X，决策属性 D 可定义的分类为 Y。x_i、$y_i \in U$，定义映射 f_X

$$f_X: decC(x_i)\Rightarrow decD(y_i),x_i\in X,y_i\in Y$$

在决策表中将 f_m 称为决策规则。

用 $f_X|C$ 和 $f_X|D$ 分别表示 f_X 对于 C、D 的条件和决策约束。对于 $X\neq Y$，$f_X|C=f_Y|C$，表明 $f_X|D=f_Y|D$，则称决策规则是协调的；否则决策规则称为是不协调的。

12.5.3 基于粗糙集理论的故障诊断方法

自 1982 年 Pawlak Z 提出粗糙集理论以来，随着其影响范围不断扩大，粗糙集理论应用逐渐扩展到故障诊断领域。21 世纪以来，研究人员先后研究了基于粗糙集理论或粗糙集与其他理论、技术相结合的故障诊断方法。目前粗糙集理论在常规系统及设备故障诊断方面的研究比较广泛，而在核动力系统及设备故障诊断中的应用研究还比较少。作为一种独特的不完备信息处理方法，粗糙集理论及其应用技术值得进一步探索和深入研究。

在故障诊断中，利用粗糙集方法可以在不影响决策的前提下，通过删除那些不相关或者不重要的条件属性，得到最小属性集和相应的样本集。因此，在故障诊断数据处理时，可以使用粗糙集方法来选择有效的故障特征集，以减小输入特征量的维数。粗糙集方法用于故障诊断的方法主要有两种：粗糙集直接用于故障诊断；粗糙集与其他方法相结合用于故障诊断。在有关粗糙集的故障诊断方法中，常见的方法是将粗糙集与支持向量机、专家系统、神经网络以及决策树等方法构成各种复合诊断方案。粗糙集在故障诊断的作用主要是数据等进行预处理、对故障诊断条件属性及数据进行约简以及对规则进行提取等作用。

(1)粗糙集直接用于故障诊断

粗糙集直接用于故障诊断是建立在粗糙集信息处理和规则提取功能基础之上的。粗糙集直接用于故障诊断的基本思路是[345]：通过对原始症状信息进行提取和量化，建立故障诊断表；对故障条件属性进行约简，消除冗余信息，处理冲突信息，获得“核”症状参数；根据“核”症状参数得到故障诊断规则；利用故障诊断规则进行推理分析，得到故障诊断结果。

(2)粗糙集与支持向量机结合

在故障诊断中,近些年来关于粗糙集与支持向量机相结合诊断方法的研究逐渐增多。粗糙集理论具有处理不确定、不精确或不完整知识的能力,其缺点是不具备必要的学习能力和推广能力。支持向量机虽然具备良好的推广能力,但是它对不确定性数据的处理能力比较差,直接用支持向量机及原始数据进行故障诊断的效率也比较低。将粗糙集与支持向量机结合起来,先采用粗糙集理论对条件属性和样本集进行预处理,消除冗余属性和相同样本,在不失数据完备性的前提下降低数据维数,可以简化支持向量机输入,建立泛化能力强且能够反映不确定信息的故障分类器[151,346-348]。粗糙集与支持向量机相结合的故障诊断原理如图 12.11 所示[346]。

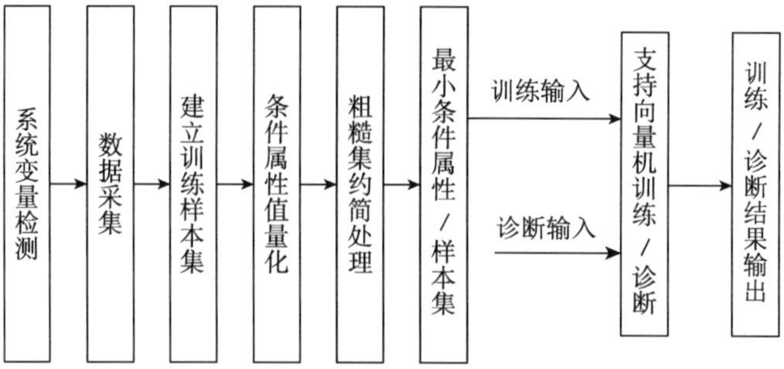

图 12.11　粗糙集与支持向量机相结合的故障诊断原理框图

基于粗糙集与支持向量机的故障诊断方法基本步骤如下:

1)监测变量数据采集

对预先确定的特征变量进行数据采集并进行处理,建立训练样本集。

2)条件属性值量化

对条件属性值进行离散化。然后采用粗糙集数据处理方法,利用离散化后的条件属性和决策属性值生成决策表。

3)属性约简

用粗糙集处理方法对属性进行约简;用差别矩阵法来计算属性的核,确定属性约简集。

4)支持向量机训练

选择适当的核函数及参数,初始化相关参数,用二次规划的方法训练支持向量机。

5)故障诊断

将特征变量监测、采集和处理后的数据输入到支持向量机进行计算,即可得到故障诊断(分类)结果。

(3)基于粗糙集与专家系统的诊断方法

专家系统诊断方法一般采用基于规则的推理方法。诊断系统的输入参数和推理规则一般是根据专家的经验进行选择和设计。描述故障的特征参数和规则往往具有相关性,容易产生冗余的参数、规则或者说冗余信息。参数、规则等冗余信息的存在将增加诊断系统的计算量,影响诊断系统的性能。将粗糙集方法与专家系统结合起来,可利用粗糙集方法对故障诊断知识进行约减,提取有用的诊断规则,减小诊断系统的计算量,提高诊断系统的性能[346,349]。

一种基于粗糙集与专家系统的诊断方法原理如 12.12 图所示。图中评价机制模块对推理机的推理结果进行评价，将评价结果输入到反馈处理模块，反馈处理模块根据评价结果对知识库的规则进行优化更新。同时，将正确结果通过接口模块提供给用户模块。

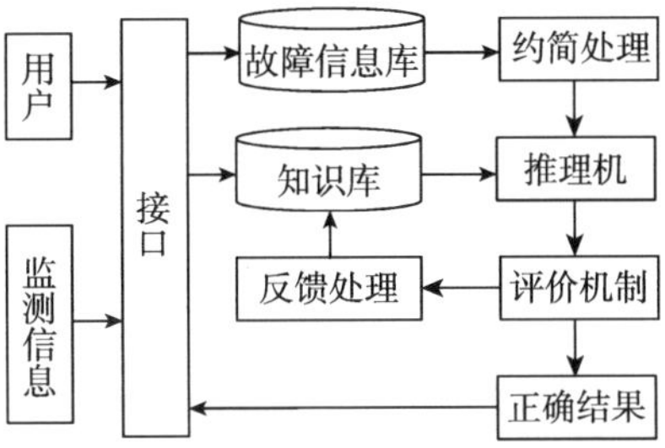

图 12.12 基于粗糙集与专家系统的诊断方法原理框图

(4)基于粗糙集与神经网络的诊断方法

在故障诊断中，粗糙集与神经网络主要有两种结合方式。

1)用粗糙集方法优化神经网络的输入

用粗糙集方法优化神经网络故障诊断原理如图 12.13 所示。用粗糙集方法优化神经网络的输入，实际上是将粗糙集运算模块作为神经网络的前端处理器，对神经网络的输入参数进行处理，找出神经网络输入的最小条件属性集(最小输入参数集)和相应的学习样本集[350]。然后，用最小训练样本集对神经网络进行训练，训练成功后的神经网络即可用于故障诊断。

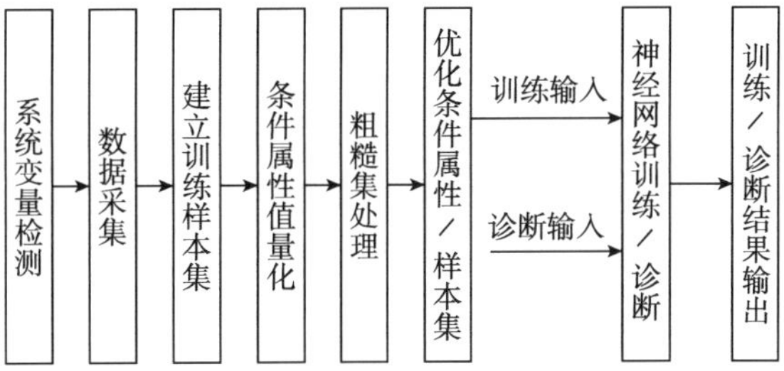

图 12.13 粗糙集方法优化神经网络故障诊断原理框图

2)用粗糙集方法构造神经网络

应用粗糙集理论可以直接对研究对象数据进行分析和推理，能够在分类精度不变的条件下，通过约简消除冗余数据，求得知识的最小表达，找到最小属性集或最少的规则。神经网络具有良好的自组织、映射、联想记忆和泛化等能力，在故障诊断中与其他方法相比具有显著的优点。但是，在应用神经网络解决问题时，对于其特征参数的选择和神经网络结构的设计缺乏严密的方法，一般是根据经验或采用试验测试的方法而设计，从而导致神经网络的特征参数和结构往往存在一定的冗余和不合理性，影响了神经网络的训练和效果。将粗糙集方法和神经网络结合起来，利用粗糙集方法构造神经网络可得到性能较好的神经网络模型，这种神经网络称为粗糙神经网络或粗神经网络[351-355]。粗糙神经网络主要有粗糙BP 神经网络[353]、粗糙模糊神经网络[354]和自适应粗糙径向基神经网络(Adaptive rough radial basis function neural network，ARRBFNN)[355]。

12.6 基于信息融合的故障诊断方法

12.6.1 引言

前面相关章节关于智能诊断方法的介绍，基本上以单种诊断方法为主，如模糊诊断方法、神经网络诊断方法、专家系统诊断方法等。从前面各种智能诊断方法的介绍中可知，每种诊断方法既有其优势，也存在着一定的不足之处。单种诊断方法一般用于简单的系统、设备或某些特定故障的诊断。对于复杂的动态系统，尤其是复杂的动态大系统，采用单种诊断方法进行故障诊断，是难以获得满意的诊断效果的。对于故障诊断中所遇到的这种问题，一种解决问题的方法就是将不同诊断方法结合起来形成综合诊断方案，以充分利用和发挥各诊断方法的优势。综合诊断方法是在单种诊断方法基础上发展起来的，是复杂动态系统故障诊断研究的主要发展方向。但是，综合诊断方法却没有固定的模式，在实际中一般是根据被诊断对象的特点，灵活选用合适的诊断方法和诊断方案。

综合诊断方法的一个关键问题是对不同诊断方法所获得的诊断结果的综合。对综合诊断系统诊断结果的综合，一般是根据具体的诊断问题采用相应的综合方法。目前比较典型的综合方法是信息融合方法。信息融合方法来源于数据融合，实际上是数据融合方法的扩展，其涵盖的范围比数据融合更为广泛。

12.6.2 信息融合诊断方法

12.6.2.1 信息融合概述

信息融合（Information Fusion，IF）也称数据融合（Data Fusion，DF），其概念产生于20世纪70年代。信息融合技术来源于军事需求，最早用于军事目的。1973年美国研究机构在国防部的资助下，开展了声纳信号解释系统的研究[356]。在该系统中，通过对多个独立的连续声纳信号进行融合处理，自动检测出敌方潜艇的位置，数据融合技术也在该系统中得到了最早的体现[357]。此后，信息融合技术的应用在美国各种 C^3I 系统的开发中引起越来越多的重视[358]。

在20世纪80年代中期，信息融合技术在军事领域中已经取得了相当的进展，初步形成信息融合理论与技术的基本框架。1984年，美国国防部 C^3I 助理机构授权实验室数据融合小组联合指导委员会（Joint Directors of Laboratories Data Fusion Subpanel，JDLDFS）成立了数据融合专家组，专门组织和指导相关技术的研究[358-360]。在该委员会的指导下，美国海军技术局（ONT）特别组成了一个研究小组，来修改计划以指导未来 ONT 在信息融合方面的资金投入。这些组织对信息融合的发展起到了基础性的推动作用。美国从1988年起，把信息融合列为重点研究和开发的20项关键技术之一，且列为最优先发展的A类[356-357,359-360]。20世纪90年代以来，信息融合获得了快速发展。现在，美国三军数据融合年会、SPIE传感器融合年会、国际机器人和自动化会刊以及IEEE的相关会议每年都有该技术的专门讨论[357]。1998年成立的国际信息融合学会（International Society of Information Fusion，ISIF），每年都举行一次信息融合国际学术会议，交流和报道该领域研究成果和最新进展[356-357]。

信息融合产生于军事应用方面的需要并得到了迅速的发展和推广，它是一门新的涉及多学科理论与技术的综合性信息处理理论和技术。现在信息融合技术已从最初的军事领域推广应用于广泛的民用领域，如目标识别、自动飞行器导航、机器人控制、图像处理、模式识别、故障诊断和交通管理等[357,361-365]。

我国在信息融合理论和技术方面的研究起步较晚，20 世纪 80 年代末，国内才开始出现信息融合技术方面的报道。20 世纪 90 年代以来，信息融合理论及其应用研究在国内逐渐引起重视，国内一些大学和有关研究机构相继开展信息融合理论及应用的研究。

从目前的研究进展来看，信息融合理论的内容框架大致包括以下几个方面[357,359-360,362-363,366-367]：信息融合的定义；信息融合模型；信息融合算法；信息融合的结构；信息融合技术的应用。其中，信息融合模型、融合算法和融合结构是信息融合理论与应用研究的核心内容。

虽然现在信息融合技术已经成功运用于众多领域并受到广泛重视，但是信息融合在理论和技术上目前还未形成统一和完整的体系。“信息融合”这一概念本身还没有统一的定义。现在对于“信息融合”的概念，被多数人接受的是 JDL(Joint Directors of Laboratories)关于信息融合的定义。JDL 认为，信息融合是在多级别、多方面对单源和多源的数据和信息进行自动检测、关联、相关、估计和组合的过程[358,366]。JDL 当前的最新定义是[366]：“信息融合是组合数据或信息以估计和预测实体状态的过程”。

信息融合模型可以理解为信息融合的过程或模式[367]。从信息融合技术诞生以来，人们提出了多种信息融合模型。信息融合模型一般可分为两大类[359]：1)功能型模型，如 UK 情报环、Boyd 控制回路(OODA 环)等；2)数据型模型，如 JDL 模型。此外，还有瀑布模型、Dasarathy 模型和混合模型等。

信息融合算法(或方法)是信息融合系统中对数据或信息进行关联、相关、估计和组合等处理的方法。JDL 关于信息融合的定义并没有限制在进行信息融合时应该采取何种融合算法(或方法)。因此，在设计一个信息融合系统时，信息融合算法(或方法)并非事先固定，要根据具体的情况或经验来选择合适的融合算法。这一方面给信息融合系统的设计带来了难度，另一方面也给信息融合理论与技术研究提供了灵活的处理问题的方式和广阔的发展空间。信息融合具有多种算法，根据目前的研究结果，一般可分以下几类[357-358]：1)信号处理方法，如小波变换方法；2)估计理论方法，如 Kalman 滤波、最小方差、最大似然估计等方法；3)概率论与统计推理方法，如古典概率推理、Bayes 推理、D-S(Dempster-Shafer)证据推理等方法；4)人工智能方法，如神经网络、模糊理论、粗糙集理论、专家系统等方法；5)信息论方法，如聚类算法、表决方法、熵方法等方法；6)决策论方法。目前，信息融合算法还在不断地发展。一方面许多新的融合算法不断提出，另一方面对于大型复杂系统多层面、多级别、多参数、多目标和多决策方面的有效融合算法还有待进一步研究。

信息融合的结构反映了信息融合系统中信息(或数据)融合或处理之间的关系。若根据信息在送入融合中心之前处理的程度分类，信息融合结构可分为分布式融合结构、集中式融合结构和混合式融合结构；若根据传感器数据抽象的层次，信息融合结构也可分为数据级融合、特征级融合和决策级三个级别的融合结构形式。

从信息融合理论与技术的发展现状来看，其主要成就体现在以下几个方面：1)信息融合理论与技术受到了日益广泛的重视，信息融合理论与技术研究不断取得进展；2)提出了多种信息融合模型、融合算法和融合结构，初步形成了信息融合理论与技术的基本框架；

3)信息融合技术在多个领域尤其在军事领域获得了成功运用。

虽然信息融合理论、技术及其应用研究取得了众多成果,但是还存在着许多问题有待进一步解决。这些问题从宏观上可以归纳为以下几个方面:1)如何构建完整的信息融合理论与技术体系,还值得广泛探索和深入研究;2)信息融合算法包括智能融合算法还有待进一步研究;3)信息融合工程应用实现技术尤其是大型复杂系统的信息融合方法与实现技术还需要进行广泛和深入的研究。

从信息融合理论与技术的研究进展和目前科学技术的发展来看,信息融合未来的主要研究方向应包括以下几个方面:1)信息融合理论与技术体系研究;2)多源异构信息处理与集成技术研究;3)信息融合模型、结构与算法研究;4)信息融合与人工智能相结合的研究;5)大型复杂系统的信息融合技术研究;6)网络环境下、跨地域和跨时空信息融合理论及相关技术研究;7)信息融合数据库与知识库技术研究;8)信息融合系统的集成研究;9)信息融合应用与实现技术研究。

12.6.2.2 信息融合在故障诊断中的应用

信息融合技术是应军事方面的需求而产生的,其早期的应用也主要集中在军事方面,如目标的检测、跟踪、定位、识别和战场态势评估等。随着信息融合理论与技术的发展,信息融合在故障诊断方面的应用研究也逐渐增多并提出了多种基于信息融合的诊断方法,如基于D-S证据理论的诊断方法、Bayes融合诊断方法、神经网络融合诊断方法、专家系统融合诊断方法、模糊融合诊断方法、多代理融合诊断方法以及D-S证据理论与神经网络相结合的诊断方法等。其中,主要的诊断方法包括D-S证据理论方法、D-S证据理论与神经网络相结合的诊断方法和多种理论相结合的融合诊断方法。

基于D-S证据理论的故障诊断方法是目前基于信息融合诊断方法中研究较多的方法。D-S证据理论可以看作经典概率理论的推广,证据理论为处理不完整数据和基于不完整信息的不确定推理提供了一种有效方法。D-S证据推理方法的优点是在推理过程中不需要先验概率,缺点是当诊断的故障模式(或故障数量)比较多时计算量迅速增加。

D-S证据理论与神经网络相结合的诊断方法也是应用研究较多的方法。两者结合的方式是,先用多个神经网络进行特征提取或初步诊断,然后再利用D-S证据推理对神经网络的输出进行决策融合。由于这种方法利用了D-S证据推理和神经网络各自的优点,因而具有良好的诊断效果。

除上述两种方法外,目前对多种理论相结合的融合诊断方法的研究也比较普遍,而D-S证据理论、神经网络、模糊理论以及专家系统等相结合的融合诊断方法及其应用研究则是基于信息融合的故障诊断方法研究的热点和重要发展趋势。不过,多种理论相结合的融合诊断方法所需要的知识、推理规则以及计算量往往比较大,增加了实际应用的难度与复杂性。

与信息融合理论在其他领域的应用研究相比,信息融合理论在核动力领域中的应用研究比较少,起步也较晚。1998年以来,夏虹、谢春丽等[368-372]研究了信息融合方法在核动力装置设备故障诊断中的应用。2005年,国际上权威的核动力研究机构美国橡树岭国家实验室的Wang J A与Rao N S V[373]研究了信息融合方法在反应堆压力容器辐射脆变预测中的应用。

随着信息融合理论的发展,信息融合理论也逐渐被应用于核动力装置故障诊断的研究。关于信息融合方法在核动力装置故障诊断中的应用,虽然目前已经提出了多种信息融合方法,但是并非所有的融合方法在核动力装置信息融合中都是适用的。有的融合方法如古典概率推理、贝叶斯融合方法需要事件发生的先验概率,而对于核动力装置来说,事件发生的先验概率往往难以得到,这使上述方法在核动力装置信息融合中的应用受到限制。D-S证据理论融合方法虽然不需要先验概率,但是在故障诊断中,当被诊断的故障数量比较多时推理的复杂性迅速增加,而且计算量也较大。采用模糊推理和专家推理融合方法时,推理规则往往难以确定,且当推理规则较多时,融合运算的复杂性也会迅速增加。在核动力装置信息融合中,能否找到一种简便而又可行的融合方法,这是一个具有实际意义且值得深入研究和广泛探索的问题。

12.6.2.3 D-S 证据理论

在信息融合理论中,D-S 证据理论融合方法是一种常见的融合方法,而且不需要先验概率。D-S 证据理论作为一种数学理论可以看作经典概率理论的推广。证据理论是处理不完整数据的一种有效方法。下面简要介绍 D-S 证据理论的几个基本概念和 D-S 证据理论融合方法。

令 $\Theta=\{A_1,A_2,\cdots,A_N\}$ 为某一论域上互斥且有限的假设集合,称为识别框架,用 Θ 表示。识别框架包含每个可能的假设。假设集合的所有子集称之为 Θ 的幂集,用 2^Θ 表示。

幂集上的映射:$2^\Theta\rightarrow[0,1]$ 称为 mass 函数,用 m 表示,它满足下列条件

$$m(\phi)=0 \tag{12.6.1}$$

$$\sum_{A\subseteq\Theta}m(A)=1 \tag{12.6.2}$$

mass 函数也称为基本概率分配函数(BPA)。mass 函数 $m(A)$ 描述了分配给集合 A 的信任程度,$m(A)$ 称为 A 的信度函数值。对于 $A\in\Theta$,当 $m(A)\neq0$ 的时,称 A 为信度函数分配上的焦元,表示由 A 描述的命题的精确信度。

对于所有的 $A\subseteq\Theta$,信任函数 $Bel_j(A)$ 和似然函数 $Pl_j(A)$ 分别定义为

$$Bel_j(A)=\sum_{B\subseteq A}m_j(B) \tag{12.6.3}$$

$$Pl_j(A)=1-Bel_j(\bar{A})=\sum_{B\cap A\neq\phi}m_j(B) \tag{12.6.4}$$

假设 m_i 与 m_j 是识别框架 Θ 中从两个不同的信息源得到的两个 mass 函数。利用 Dempster 组合规则,通过计算证据的正交集可以对多个证据进行融合。对于某一假设 C,与识别框架 Θ 中任何子集 A 和 B 有关的证据可以用来计算信任水平。组合规则可以表示为[374-375]

$$m(C)=m_i(A)\oplus m_j(B) \tag{12.6.5}$$

$$m(C)=\begin{cases}0 & C=\phi\\ \dfrac{\sum\limits_{A\cap B=C}m_i(A)m_j(B)}{1-K},\forall C\subset\Theta, & C\neq\phi\end{cases} \tag{12.6.6}$$

$$K=\sum_{A\cap B=\phi}m_i(A)m_j(B) \tag{12.6.7}$$

式(12.6.6)和式(12.6.7)中,K 是两个证据 i 和 j 之间的冲突因子。

Dempster 组合规则可以推广到多个假设的情形。当有 N 个证据时,这些证据可用下

式进行融合[374-375]

$$m = m_1 \oplus m_2 \oplus \cdots \oplus m_N = (((m_1 \oplus m_2) \oplus) \cdots \oplus m_N) \tag{12.6.8}$$

最后结果是所有证据的综合作用。

所有矛盾的证据是不能用 Dempster 组合规则进行融合的，因为这可能导致不正确的融合结果。为解决该问题，可用下式描述的改进组合规则[376]

$$m(C) = \begin{cases} 0 & C = \phi \\ \sum\limits_{A \cap B = C} m_1(A) m_2(B) + K q_a & C \neq \phi \end{cases} \tag{12.6.9}$$

$$q_a = \frac{1}{n} \sum_{i=1}^{n} m_i(A) \tag{12.6.10}$$

式(12.6.9)和式(12.6.10)中，q_a表示证据 C 的平均支持程度。

12.6.2.4　基于 ANN 与 D-S 证据理论的故障诊断方法

(1)诊断系统原理

D-S 证据理论融合方法虽然可以处理不完整数据，在推理融合时不需要事件发生的先验概率，但是，D-S 证据理论用于诊断时随着故障模式的增多其推理的复杂性和计算量都会迅速增加。目前在故障诊断中一般是将 D-S 证据理论与神经网络结合起来用于系统故障诊断。

基于神经网络与 D-S 证据推理融合的故障诊断方法原理如图 12.14 所示。应用该方法进行故障诊断时，首先将 N 个神经网络 ANN1、ANN2、…、ANN-N 等训练后同时用于系统故障诊断，然后将各神经网络的诊断结果用 D-S 证据推理方法进行融合，融合结果即为最后的诊断结果。在这里需要指出的是，目前在基于神经网络与 D-S 证据推理的故障诊断方法中，一般是将神经网络作为故障分类器使用的。因此，在该方法中，所使用的神经网络可能是不同种类的，但各神经网络的功能必须是相同的。

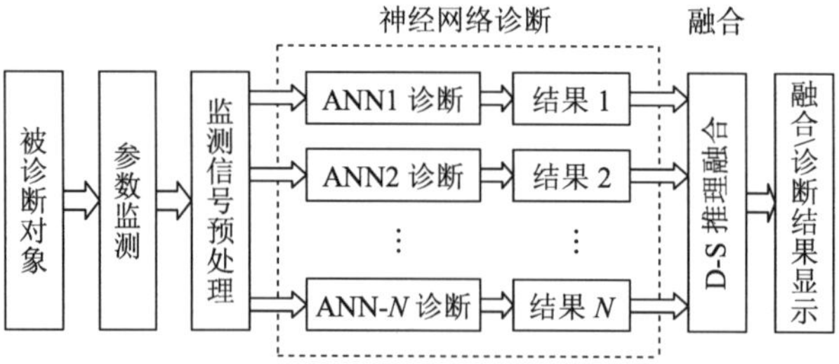

图 12.14　基于 ANN 与 D-S 证据理论的故障诊断原理

(2)仿真实例[377]

本节在前面分析的基础上，结合故障诊断的例子介绍神经网络与 D-S 证据理论在核动力装置故障诊断中的应用方法。

1)典型故障模式及其监测变量

为具体阐述基于神经网络与 D-S 证据理论在核动力装置故障诊断中的应用，在这里，选择核动力装置 7 个典型故障模式和一个满功率正常运行模式作为诊断测试模式。这 7 个典型故障模式是对核动力装置的安全运行有重要影响的初始故障模式。7 个典型故障模式和 1 个正常运行模式的具体内容及其代号、代码如表 12.3 所示。

表 12.3 所示的模式可以描述为一个故障假设集合 $\Theta=\{F_1,F_2,\cdots,F_n\}$，这里 F_n 表示发生了 F_n 故障。表 12.3 中，F_1 代表的是核动力装置一种正常的运行模式，为了研究问题的方便，我们也假设为一种典型的"故障"。

表 12.3 用于测试的核动力装置稳态工况与典型故障模式

序号	系统状态	代号	故障代码
1	核动力装置满功率正常运行	F_1	10000000
2	蒸汽发生器传热管泄漏	F_2	01000000
3	蒸汽发生器给水非正常减少	F_3	00100000
4	蒸汽发生器给水非正常增加	F_4	00010000
5	一回路管道冷却剂冷段破口	F_5	00001000
6	稳压器汽相破口	F_6	00000100
7	二回路主蒸汽管道破裂	F_7	00000010
8	热阱丧失	F_8	00000001

相应于这些模式，选择能够反映上述正常运行工况和典型故障工况的核动力装置重要运行参数作为监测变量。由于反应堆冷却剂流量、稳压器压力、反应堆冷却剂出口温度、反应堆冷却剂入口温度和稳压器水位等 18 个运行参数与上述正常运行工况和典型故障工况具有内在的联系，因此选取这些参数作为监测变量，如表 12.4 所示。

表 12.4 用于故障诊断的监测变量

序号	监测参数	单位	代号
1	反应堆冷却剂流量 A	kg/s	RCFL1
2	反应堆冷却剂流量 B	kg/s	RCFL2
3	蒸汽发生器蒸汽流量 A	kg/s	SGFL1
4	蒸汽发生器蒸汽流量 B	kg/s	SGFL2
5	蒸汽发生器水位 A	m	SGWL1
6	蒸汽发生器水位 B	m	SGWL2
7	蒸汽发生器蒸汽压力 A	MPa	SGSP1
8	蒸汽发生器蒸汽压力 B	MPa	SGSP2
9	蒸汽发生器给水流量 A	kg/s	SGFW1
10	蒸汽发生器给水流量 B	kg/s	SGFW2
11	反应堆冷却剂入口温度 A	℃	RCIT1
12	反应堆冷却剂入口温度 B	℃	RCIT2
13	反应堆冷却剂出口温度	℃	RCOT1
14	反应堆冷却剂出口温度	℃	RCOT2
15	稳压器压力	MPa	PP
16	稳压器水位	m	PWL
17	反应堆核功率水平	%	NPL
18	发电功率	MW	GEP

2)诊断模型结构

在确定待诊断的故障模式及其相应的监测参数之后,下一步工作是根据这些故障模式、监测参数和诊断方法确定故障诊断模型的结构。这里使用 BP、RBF 和 Elman 三个不同种类的神经网络同时对核动力装置的典型故障和运行状态进行诊断。对于这三个神经网络诊断结果的融合采用两级融合方式,其结构如图 12.15 所示。神经网络诊断结果融合算法采用 D-S 证据推理多级融合算法。

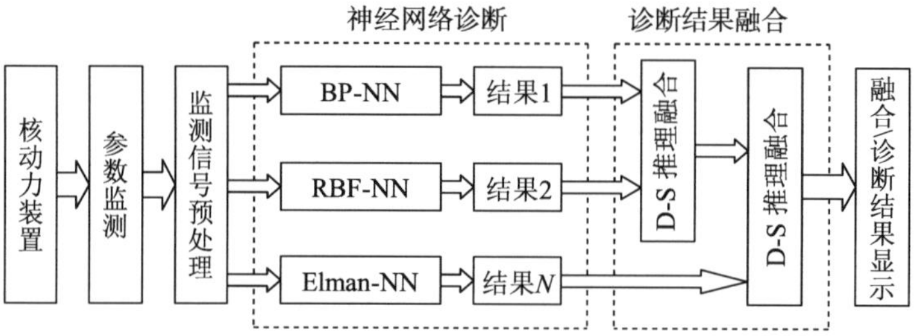

图 12.15 基于神经网络与 D-S 的证据推理的核动力装置故障诊断结构

如图 12.15 所示,基于神经网络与 D-S 证据推理的故障诊断方法包括两个阶段。在第一个阶段,经过训练的 BP、RBF 和 Elman 神经网络分别对核动力装置的故障同时进行诊断,对运行模式进行识别。在第二个阶段,对各神经网络的诊断结果或运行模式识别结果进行融合。采用多级融合方式时,对各神经网络的诊断结果的融合不是同时进行的。而是首先对其中两个神经网络的诊断结果进行融合。这两个神经网络的诊断结果再与下一个神经网络的诊断结果进行融合。第二级的融合结果就是对核动力装置故障诊断和运行模式识别的最终结果。

3)数据采集与神经网络训练

将表 12.4 所示的监测变量作为神经网络的输入变量,将表 12.3 所示的核动力装置的故障模式和正常运行模式作为神经网络的输出。根据表 12.3 所示的核动力装置典型故障模式和正常运行模式以及表 12.4 所示的监测变量,在各种运行模式下以 1 秒的间隔对监测变量进行数据采集。

将数据采集所得到的监测参数数据进行预处理,并将其统一规范化在[0,1]区间内,然后将其中部分数据作为训练样本对各神经网络进行训练。BP 神经网络与 Elman 神经网络的训练采用 Levenberg-Marququardt 型 BP 学习算法,RBF 神经网络的训练采用正交最小二乘学习算法。各神经网络的输出范围为[0,1]。

4)仿真结果

①神经网络诊断结果

当神经网络训练完成后,将训练好的各神经网络同时用于核动力装置故障诊断与运行模式识别测试,得到各神经网络的诊断结果。限于篇幅,这里只给出部分诊断结果(神经网络的诊断输出)用以说明融合的方法。对于几组测试样本,BP,RBF 和 Elman 神经网络诊断的结果分别如表 12.5、表 12.6 和表 12.7 所示。从诊断结果可以看出,虽然各神经网络的输入相同,但其诊断精度是不同的。由于神经网络的训练并不是很充分,单个神经网络有时可能给出不明确的诊断结果。因此,对多个神经网络的诊断结果进行融合是非常必要的。下面讨论多个神经网络的诊断结果的融合问题。

表 12.5 RBF 神经网络的诊断结果

状态	RBF 神经网络的输出							
$F1$	0.905 5	0	0	0	0.013 6	0.013 2	0.042 2	0.109 8
$F2$	0	0.905 4	0	0	0.015 5	0.010 6	0.038 9	0.088 6
$F3$	0.139 9	0	0.874 7	0.003 8	0.016 7	0.021 1	0.010 9	0.012 7
$F4$	0.444 4	0.009 0	0.016 6	0.991 4	0.018 4	0.007 7	0	0
$F5$	0.511 9	0	0	0.001 7	0.844 9	0.022 6	0.033 2	0
$F6$	0.479 2	0	0	0	0.016 1	0.992 6	0.030 4	0.124 2
$F7$	0.321 2	0	0.000 8	0.035 6	0.020 7	0.008 5	0.854 1	0
$F8$	0.000 4	0	0	0	0.012 4	0.015 2	0.036 4	1

表 12.6 BP 神经网络的诊断结果

状态	BP 神经网络的输出							
$F1$	0.876 6	0.082 8	0.139 5	0	0.026 1	0.009 8	0	0
$F2$	0.036 2	0.719 9	0.007 9	0.141 2	0	0.269 2	0	0.148 8
$F3$	0.123 2	0	0.239 0	0.042 1	0.035 2	0.026 3	0.269 2	0.292 2
$F4$	0	0.108 6	0.082 2	0.777 0	0.100 7	0	0.161 4	0
$F5$	0.080 1	0	0	0.031 2	0.987 3	0.083 7	0	0.037 9
$F6$	0	0.241 3	0	0	0.095 3	0.775 0	0.245 7	0
$F7$	0.055 4	0	0.210 7	0.091 8	0	0.290 1	0.585 4	0.048 3
$F8$	0	0.192 7	0.295 2	0	0.071 7	0	0.049 3	0.692 5

表 12.7 Elman 神经网络的诊断结果

状态	Elman 神经网络的输出							
$F1$	0.912 5	0.007 5	0.024 1	0	0	0.004 3	0.040 8	0.023 7
$F2$	0	1	0.081 8	0.103 9	0	0.020 6	0.016 2	0.051 2
$F3$	0	0	0.994 1	0	0	0	0.047 7	0.049 5
$F4$	0	0.062 9	0.094 6	0.979 2	0.005 2	0	0.045 7	0.077 0
$F5$	0.786 0	0	0	0	1	0	0	0
$F6$	0.028 6	0.055 6	0.008 4	0	0	1	0	0
$F7$	0	0.036 1	0.071 8	0.018 5	0.013 5	0	0.942 7	0.022 4
$F8$	0	0	0.032 4	0	0	0.008 1	0.039 8	0.991 0

②诊断结果融合

将神经网络的输出(诊断结果)作为决策层的证据体,采用 D-S 证据推理方法对其进行融合。根据 D-S 证据推理方法,在融合之前需要确定基本概率分配函数。假设 R 为神经网络输出的正确率。这里,根据经验各神经网络的 R 值分别确定为 0.999,0.954 和 0.986。则基本概率分配函数定义如下

$$m(F_i) = \frac{y_i}{\sum_{i=1}^{n} y_i} R \tag{12.6.11}$$

$$m(\Theta) = 1 - R \tag{12.6.12}$$

式(12.6.11)中,$y(j)$表示神经网络的输出(证据体);$m(F_i)$ 表示证据体对状态 F_i的信任程度。式(12.6.12)中,$m(\Theta)$表示识别框架不确定性。

在进行融合时,先将 BP 与 RBF 神经网络的诊断结果进行融合,融合后的结果如表12.8所示。

在 BP 与 RBF 神经网络诊断结果融合的基础上,再将 BP 与 RBF 神经网络诊断输出融合后的结果与 Elman 神经网络诊断结果进行融合,其融合结果如表 12.9 所示。

表 12.8 BP 与 RBF 神经网络诊断输出的融合结果

状态	BP 与 RBF 神经网络的融合结果								
	$m(F1)$	$m(F2)$	$m(F3)$	$m(F4)$	$m(F5)$	$m(F6)$	$m(F7)$	$m(F8)$	$m(\Theta)$
$F1$	0.915 4	0.012 2	0.020 6	0	0.006 8	0.004 1	0.008 3	0.021 7	0.010 5
$F2$	0.006 6	0.820 4	0.001 4	0.025 9	0.004 2	0.054 3	0.010 7	0.060 7	0.015 2
$F3$	0.112 0	0	0.598 8	0.016 4	0.019 4	0.017 8	0.101 5	0.111 0	0.022 7
$F4$	0.095 0	0.026 0	0.022 1	0.776 5	0.026 7	0.001 6	0.035 0	0	0.016 7
$F5$	0.138 1	0	0	0.006 2	0.806 3	0.021 2	0.006 5	0.007 1	0.014 3
$F6$	0.102 8	0.053 3	0	0	0.025 2	0.708 9	0.064 0	0.026 6	0.018 8
$F7$	0.117 5	0	0.051 1	0.034 4	0.006 0	0.073 9	0.685 7	0.011 6	0.019 4
$F8$	0.000 1	0.034 3	0.052 6	0	0.016 6	0.004 0	0.019 6	0.857 8	0.014 5

表 12.9 BP、RBF 与 Elman 神经网络诊断输出的融合结果

状态	BP-RBF 与 Elman 神经网络的融合结果								
	$m(F1)$	$m(F2)$	$m(F3)$	$m(F4)$	$m(F5)$	$m(F6)$	$m(F7)$	$m(F8)$	$m(\Theta)$
$F1$	0.979 6	0.001 9	0.004 6	0	0.000 6	0.000 8	0.004 7	0.004 7	0.002 6
$F2$	0.001 2	0.920 2	0.011 6	0.021 2	0.000 7	0.013 7	0.004 3	0.020 6	0.006 0
$F3$	0.025 4	0	0.875 4	0.003 7	0.004 4	0.004 0	0.037 2	0.040 3	0.009 3
$F4$	0.019 4	0.016 4	0.020 9	0.901 5	0.006 4	0.000 3	0.015 5	0.012 0	0.007 1
$F5$	0.200 6	0	0	0.001 5	0.780 7	0.005 3	0.001 6	0.001 7	0.008 2
$F6$	0.025 7	0.021 2	0.001 3	0	0.004 5	0.924 1	0.011 5	0.004 8	0.006 6
$F7$	0.024 9	0.006 7	0.027 5	0.011 3	0.003 8	0.015 6	0.894 9	0.006 9	0.007 9
$F8$	1.33E-05	0.003 8	0.010 7	0	0.001 8	0.001 2	0.006 8	0.971 8	0.003 5

③融合结果分析

将单个神经网络的诊断结果与上述两级融合的结果比较可以发现,经过 D-S 证据推理融合后的诊断结果更明确;而经过两级融合后的诊断结果比只经过一级融合的结果更清晰,经过两级融合之后的诊断结果的不确定性减小了。因此,与单个神经网络诊断方法相比,将多个神经网络与 D-S 证据理论融合方法相结合用于故障诊断可以提高诊断结果的精度。

通过基于神经网络与 D-S 证据理论的故障诊断方法的融合过程可以发现，随着被融合的数据种类的增加，其运算量和运算推理的复杂性都迅速增大。而被融合的数据种类与被诊断的故障数量是密切相关的。当使用的神经网络和被诊断的故障类型都较多时，使用 D-S证据推理融合方法计算量与推理的复杂性较大，这是应用该方法进行故障诊断需要考虑的问题。采用多级逐步融合结构可以在一定程度上减少计算的复杂性。

12.7 本章小结

本章介绍了几种典型的智能优化算法及其在核动力装置控制与故障诊断方法中的应用，主要包括遗传算法、粒子群算法、人工免疫算法和粗糙集方法。遗传算法是一种模拟自然界生物群体遗传和进化行为的优化算法。粒子群算法是模拟自然界生物群体某种行为的智能优化方法。人工免疫算法是模拟生物生理机制的优化算法。粗糙集方法是研究和处理不确定、不精确或不完整知识的数学方法。上述方法在核动力装置控制或故障诊断中都有所研究。目前已经提出的智能算法有很多种，但应用于核动力装置控制或故障诊断研究的仅限于一些典型的智能算法，智能算法在核动力装置控制和故障诊断中的应用还有待进一步探索和发展。本章最后简要介绍了信息融合及其在核动力装置故障诊断中的应用。

复习思考题

1.遗传算法包括哪几个操作步骤？每个操作的作用是什么？

2.试分析粒子群优化算法与遗传算法的异同。

3.免疫算法需要解决的主要问题是什么？如何解决？

4.粗糙集中的知识是什么？什么是范畴？两者有何联系？

5.什么是精确集与粗糙集？什么是集合的近似精度？什么是粗糙度？

6.在粗糙集理论中，决策表的要素是什么？

7.什么是信息融合？信息融合的方法主要有哪些？

8.D-S 证据理论的特点是什么？试分析 D-S 证据理论与经典概率理论的区别。

参考文献

[1] 赵仁恺. 中国核电的可持续发展[J]. 中国工程科学，2000，2(10)：33-41.

[2] 欧阳予. 秦山核电工程[M]. 北京：原子能出版社，2000.

[3] 薛汉俊，杜圣华. 核能动力装置[M]. 北京：原子能出版社，1990.

[4] 广东核电培训中心. 900 MW 压水堆核电站系统与设备[M]. 2 版. 北京：原子能出版社，2007.

[5] 闻新，张洪钺，周露. 控制系统的故障诊断与容错控制[M]. 北京：机械工业出版社，2000.

[6] Jianping Ma，Jin Jiang. Applications of fault detection and diagnosis methods in nuclear power plants：A review [J]. Progress in Nuclear Energy，2011，53：255-266.

[7] Nabeshima K，Suzudo T，Suzuki K. Real-time nuclear plant monitoring with neural network[J]. Journal of Nuclear Science and Technology，1998，35(2)：93-100.

[8] 周刚，杨立，张大发.核动力控制技术及其发展[A].编辑：卫广刚，丁怀兰.中国核科学技术进展报告-核能动力分卷(上)[C].北京：原子能出版社，2010，1(2)：292-298.

[9] Park M G，Cho N Z. Time-optimal control of nuclear reactor power with adaptive proportional-integral-feed forward gains [J]. IEEE Transactions on Nuclear Science，1993，40(3)：266-270.

[10] Parlos A G，Parthasarathy S，Atiya A. Neuro-predictive process control using online controller adaptation[J]. IEEE Transactions on Control Systems Technology，2001，9(5)：741-755.

[11] 钱明辉，谭海龙，金鑫，等.基于 MFAC-PID 的核电站蒸汽发生器水位控制[J]. 华东理工大学学报(自然科学版)，2015，41(1)：72-76，124.

[12] Kim D Y，Seong P H. Fuzzy gain scheduling of velocity PI controller with intelligent learing algorithm for reactor control[J]. Annals of Nuclear Energy，1997，24(10)：819-827.

[13] Cheng Liu，Jin-Feng Peng，Fu-Yu Zhao，et al. Design and optimization of fuzzy-PID controller for the nuclear reactor power control [J]. Nuclear Engineering and Design，2009，239：2311 - 2316.

[14] Peng W，Zhang D. Research of fuzzy PID adaptive control for steam generator water Level [C]// Proceedings of the 2nd International Conference on Intellectual Technique in industrial Practice，2010，Changsha，China：211-213.

[15] Deol H，Gabba H A. Self-tuning fuzzy logic PID controller，applications in nuclear power plants [J]. Int. J. Intelligent Systems Technologies and Applications，2015，14(1)：70-89.

[16] Rojas-Ramírez E, Benítez-Read J S, Ríos A S. A stable adaptive fuzzy control scheme for tracking an optimal power profile in a research nuclear reactor[J]. Annals of Nuclear Energy, 2013, 58:238 - 245.

[17] 贺新，杨锴. 模糊 PID 算法在数字化棒控系统中的应用[J]. 自动化仪表，2016，37(7):64-66.

[18] 钱虹，宋亮，周蕾，等. 压水堆核电厂稳压器压力模糊控制器研究及仿真[J]. 核动力工程，2016，37(4):63-67.

[19] Kim D H. Nuclear steam generator level control by a neural network-tuning 2-DOF PID controller [C]//International Symposium an Computational Intelligence for Measurements and Applications. Boston, USA:[s.n.], 2004:169-173.

[20] 孙建华，汪伟，郑可为. 船用核动力装置二回路 PID 神经网络解耦控制研究[J]. 哈尔滨工程大学学报，2007. 28(6):656-659.

[21] Xuekui Wang, Xuhong Yang, Gang Liu, et al. Adaptive neuro-fuzzy inference system PID controller for SG water level of nuclear power plant[C]// IEEE Proceedings of the Eighth International Conference on Machine Learning and Cybernetics, 12-15 July 2009, Baoding, China, 2009:567-572.

[22] Yi J, Ye J, Xue Y, et al. Research on pressurizer water level control of nuclear reactor based on CMAC and PID controller[C]// 2009 International Conference on Artificial Intelligence and Computational Intelligence, 2009:8-11.

[23] 须田信英. 核电站计算机控制[M].刘秀英，王成业，译. 北京：原子能出版社，1983:57-112.

[24] Monta K. Time optimal digital computer control of nuclear reactors (I) [J]. Journal of Nuclear Science and Technology, 1966, 3(6):227-236.

[25] Tiwari A P, Bandyopadhyay B, Govindarajan G. Spatial control of a large pressurized heavy water [J]. IEEE Transactions on Nuclear Science, 1996, 43(4):2440-2453.

[26] Sadek I S, Vedantham R. Optimal control of distributed nuclear reactors with pointwise controllers [J]. Mathematical and Computer Modeling, 2000, 32:341-348.

[27] Khajavi M N, Menhaj M B, Suratgar A A. Fuzzy adaptive robust optimal controller to increase load following capability of nuclear reactors [C]// International Conference on Power System Technology, 2000:115-120.

[28] Zhao F, Cheung K C, Yeung R M K. Optimal power control system of a research nuclear reactor [J]. Nuclear Engineering and Design, 2002 ,219:247-252.

[29] Alibeik H A, Setayeshi S. An adaptive-cost-function optimal controller design for a PWR nuclear reactor[J]. Annals of Nuclear Energy, 2003, 30:739-754.

[30] Li Y, Optimal control system for pressurizer in nuclear power plant based on NMGSA[C]// 2017 29th Chinese Control and Decision Conference(CCOD), Kunming, Yunnan, China, May, 2017:5113-5118.

[31] Abdennour A B , Edwards R M, Lee K Y. LQG/LTR robust control of nuclear reactors with improved temperature performance[J]. IEEE Transactions on Nuclear Science, 1992, 39(6):2286-2294.

[32] Alibeik H A, Setayeshi S. Improved temperature control of a PWR nuclear reactor using an LQG/LTR based controller[J]. IEEE Transactions on Nuclear Science, 2003, 50(1):211-218.

[33] Dong Z, Feng J, Huang X. Nonlinear observer-based feedback dissipation load-following control for nuclear reactors [J]. IEEE Transactions on Nuclear Science, 2009, 56(1):272-285.

[34] Dong Z, Huang X, Feng J. Water-level control for the U-tube steam generator of nuclear power plants based on output feedback dissipation [J]. IEEE Transactions On Nuclear Science, 2009, 56(3), 1600-1612.

[35] Dong Z, Huang X, Zhang L. Output-feedback load-following control of nuclear reactors based on a dissipative high gain filter [J]. Nuclear Engineering and Design, 2011, 241, 4783-4793.

[36] Dong Z. Nonlinear dynamic output-feedback power-level control for PWRs:A shifted-ectropy based design approach [J]. Progress in Nuclear Energy, 2013, 68, 223-234.

[37] Hassanvand R, Ansarifar G R, Nasrabadi M N. Nonlinear observer based control for travelling wave nuclear reactors based on the Lyapunov approach during load following operation [J]. Journal of Process Control, 2016, 46:84-91.

[38] Eliasi H. Design an anti-windup controller for a PWR power-level control in the presence of control rod speed saturation [J]. Annals of Nuclear Energy, 2019, 132: 415-426.

[39] Nejad M Z, Ansarifar G R. Observer based adaptive robust feedback-linearization control for VVER-1000 nuclear reactors with bounded axial power distribution based on the validated multipoint kinetics reactor model [J]. Annals of Nuclear Energy, 2020 ,142(107380):1-18.

[40] Irving E, Miossec C, Tassart J. Towards Efficient Full Automatic Operation of the PWR Steam Generator with Water Level Adaptive Control[C]//Proceedings of Conference on Boiler Dynamics and Control in Nuclear Power Stations, 1980:309-329.

[41] Munasinghe S R, Kim M S, Lee J J. Adaptive neurofuzzy controller to regulate UTSG water level in nuclear power plants [J]. IEEE Transactions on Nuclear Science,2005,52(1):421-429.

[42] Eliasi H, Davilu H, Menhaj M B. Adaptive fuzzy model based predictive control of nuclear steam generators[J]. Nuclear Engineering and Design, 2007, 237: 668-676.

[43] Fakhrazari A, Boroushaki M. Adaptive critic-based neurofuzzy controller for the steam generator water level[J]. IEEE Transactions on Nuclear Science, 2008, 55 (3):1678-1685.

[44] Alavi Z S, Menhaj M B, Eliasi H. Model reference adaptive control of a nuclear reactor[C]// Proceedings of the 2009 IEEE International Conference on Mechatronics and Automation. Changchun, China:IEEE International Conference,2009:735-740.

[45] Wei L, Fang F, Shi Y. Adaptive backstepping-based composite nonlinear feedback

water level control for the nuclear u-tube steam generator [J]. IEEE Transactions on control systems technology, 2014, 22(1):369-377.

[46] Li C, Wang J, Luan X, et al. Design of Nonlinear Adaptive Power-level Controller for PWR in Load Following Operation[C]//Proceedings of 2016 IEEE International Conference on Mechatronics and Automation, August, 2016, Harbin, China, 2016: 2443-2448.

[47] Dong Z, Pan Y, Zhang Z, et al. Model-free adaptive control law for nuclear superheated-steam supply systems [J]. Energy, 2017, 135:53-67.

[48] Nejad M Z, Ansarifar G R. Adaptive robust control for axial offset in the P.W.R nuclear reactors based on the multipoint reactor model during load-following operation [J]. Annals of Nuclear Energy, 2017, 103:251-264.

[49] Tao M, Ke Z, Yu Y. System identification and model-free adaptive control of once-through steam generator in nuclear power[C]// Proceedings of 2017 IEEE International Conference on Mechatronics and Automation, August 6-9, 2017, Takamatsu, Japan, pp. 1256-1261.

[50] Kim C H, Park SH, Lee S J, ET AL. Self-tuning predictive control with application to steam generator[C]// 13th Triennial World Congress, 1996, San Francisco, USA, pp. 6927-6936.

[51] Kothare M V, Mettler M, Morari M. Linear parameter varying model predictive control for steam generator level control [J]. Computer Chem. Eng. , 1997, 21(Suppl): S861-S866.

[52] 史小平，朱奕. 核反应堆中子通量密度的广义预测控制方法研究[J]. 原子能科学技术，2003, 37(4):340-344.

[53] Kim J H, Park S H, Na M G. Design of a model predictive load-following controller by discrete optimization of control rod speed for PWRs [J]. Annals of Nuclear Energy, 2014, 71:343-351.

[54] Hu K, Yuan J. Multi-model predictive control method for nuclear steam generator water level [J]. Energy Conversion and Management, 2008, 49:1167-1174.

[55] Wang G , Wu J, Zeng B, Xu Z, ET AL. Design of a model predictive control method for load tracking in nuclear power plants [J]. Progress in Nuclear Energy, 2017, 101:260-269.

[56] Wang G, Wu J, Zeng B, ET AL. State-space model predictive control method for core power control in pressurized water reactor nuclear power stations [J]. Nuclear Engineering and Technology, 2017, 49:134-140.

[57] Vajpayee V, Mukhopadhyay S, Tiwari AP. Data-driven subspace predictive control of a nuclear reactor [J]. IEEE Transactions on Nuclear Science, 2018, 65(2): 666-679.

[58] Ben-Abdennour, A, Edwards R M, Lee K Y. LQG/LTR robust control of nuclear reactors with improved temperature performance [J]. IEEE Transactions on Nuclear

Science, 1992, 39(6):2286-2294.

[59] Banavar R N, Deshpande U V. Robust controller design for a nuclear power plant using H∞ optimization [J]. IEEE Transactions on Nuclear Science, 1998, 45(2): 129-140.

[60] Eborn J, Panagopoulos H, Åström K J. Robust PID control of steam generator water level[C]// 14th Triennial World Congress, Beijing, P. R. China, 1999: 3652-3655.

[61] Parlos A G, Rais O T. Nonlinear control of U-tube steam generators via H∞ control [J]. Control Engineering Practice, 2000, 8:921-936.

[62] Jin X, Ray A, Edwards R M. Integrated robust and resilient control of nuclear power plants for operational safety and high performance [J]. IEEE Transactions on Nuclear Science, 2010, 57(2):807-817.

[63] Sohn J J, Seong P H. A steam generator model identification and robust H∞ controller design with m -gap metric for a feedwater control system [J]. Annals of Nuclear Energy, 2010 ,37:180-195.

[64] Yuan W, Wang J. Piecewise Observer-based H ∞ Control to Nuclear Steam Generator Water Level[C]// 2013 25th Chinese Control and Decision Conference (CCDC), 2013, pp. 3368-3373.

[65] Ablay G. A robust estimator-based optimal algebraic approach to steam generator feedwater control system [J]. Turkish Journal of Electrical Engineering & Computer Sciences, 2016, 24:206-218.

[66] Saadatzi S, Ansarifar G. Robust observer-based non-linear control for PWR nuclear reactors with bounded xenon oscillations during load-following operation using two-point nuclear reactor model [J]. Int. J. Nuclear Energy Science and Technology, 2017, 11(1):22-55.

[67] Kim K, Kim H, Kim Y, et al. An application of sliding mode controller to nonminimum-phase nuclear steam generator water level control[C]// 2002 IFAC 15th Triennial World Congress, Barcelona, Spain, 2002, pp. 227-231.

[68] Reddy G D, Park Y, Bandyopadhyay B, et al. Discrete-time output feedback sliding mode control for spatial control of a large PHWR [J]. Automatica, 2009, 45: 2159-2163.

[69] Ansarifar G R, Akhavan H R. Sliding mode control design for a PWR nuclear reactor using sliding mode observer during load following operation [J]. Annals of Nuclear Energy, 2015, 75:611-619.

[70] Ansarifar G R, Rafiei M. Higher order sliding mode controller design for a research nuclear reactor considering the effect of xenon concentration during load following operation [J]. Annals of Nuclear Energy, 2015 ,75:728-735.

[71] Ansarifar G R, Saadatzi S. Sliding mode control for pressurized-water nuclear reactors in load following operations with bounded xenon oscillations [J]. Annals of

Nuclear Energy, 2015, 76:209-217.

[72] Ansarifar G R. Control of the nuclear steam generators using adaptive dynamic sliding mode method based on the nonlinear model [J]. Annals of Nuclear Energy, 2016, 88:280-300.

[73] Ansarifar G R, Nasrabadi M N, Hassanvand R. Core power control of the fast nuclear reactors with estimation of the delayed neutron precursor density using sliding mode method [J]. Nuclear Engineering and Design, 2016, 296:1-8.

[74] Su Q, Quan W, Cai G, Li J. Improved adaptive backstepping sliding mode control for generator steam valves of non-linear power systems [J]. IET Control Theory Appl., 2017, 11(9):1414-1419.

[75] Surjagade P V, Shimjith S R, Tiwari A P. Second order integral sliding mode observer and controller for a nuclear reactor [J]. Nuclear Engineering and Technology, 2020, 52:552-559.

[76] Hui J, Ge S, Ling J, Yuan J. Extended state observer-based adaptive dynamic sliding mode control for power level of nuclear power plant [J]. Annals of Nuclear Energy, 2020, 143 (107417):1-9.

[77] Elsisi M, Abdelfattah H. New design of variable structure control based on lightning search algorithm for nuclear reactor power system considering load-following operation [J]. Nuclear Engineering and Technology, 2020, 52:544-551.

[78] 杨歧. 核电厂数字化 I&C 系统关键技术研究现状及发展策略[J]. 核动力工程, 2002, 23(s1):66-69.

[79] 李德毅. 人工智能导论[M]. 北京:中国科学技术出版社,2018.

[80] 史蒂芬·卢奇(Stephen Lucci), 丹尼·科佩克(Danny Kopec).人工智能[M]. 2 版. 林赐,译. 北京:人有的出版社, 2018.

[81] 蔡自兴,刘丽珏,蔡竞峰,等. 人工智能及其应用[M]. 5 版. 北京:清华大学出版社,2016.

[82] 周刚,杨立.核电厂智能诊断方法研究的进展[J].原子能科学技术,2008,42(Suppl):92-99.

[83] Ruan D. Fuzzy logic in the nuclear world [J]. Fuzzy Sets and System, 1995, 74:5-13.

[84] Marseguerra M,Zio E,Baraldi P.Fuzzy logic for signal prediction in nuclear system [J].Progress in Nuclear Energy,2003,43(1-4):373-380.

[85] Marseguerra M,Zio E,Oldrini A,et al.Fuzzy identification of transients in nuclear power plants[J].Nuclear Engineering and Design,2003,225:285-294.

[86] Marseguerra M,Zio E,Baraldi P.A fuzzy modeling approach to the identification of transients in nuclear components [J].Annals of Nuclear Energy,2004,31:2093-2112.

[87] Zio E,Baraldi P.Identification of nuclear transients via optimized fuzzy clustering [J]. Annals of Nuclear Energy,2005,32:1068-1080.

[88] Zio E,Gola G.Neuro-fuzzy pattern classification for fault diagnosis in nuclear components [J].Annals of Nuclear Energy,2006,33:415-426.

[89] Zio E, Popescu I C. Fuzzy-logic-based identification of transients in the feed-water system of a nuclear power plant [J]. Int. J. Nuclear Knowledge Management, 2007, 2(3):249-267.

[90] Guimarães A C F, Lapa C M F. Fuzzy inference to risk assessment on nuclear engineering systems[J]. Applied Soft Computing, 2007, 7:17-28.

[91] Guimarães A C F, Lapa C M F. Adaptive fuzzy system for fuel rod cladding failure in nuclear power plant [J]. Annals of Nuclear Energy, 2007, 34:233-240.

[92] Baraldi P, Far R R, Zio E. Bagged ensemble of fuzzy C-Means classifiers for nuclear transient identification[J]. Annals of Nuclear Energy, 2011, 38:1161-1171.

[93] Maio F D, Secchi P, Vantini S, et al. Fuzzy C-Means Clustering of Signal Functional Principal Components for Post-Processing Dynamic Scenarios of a Nuclear Power Plant Digital Instrumentation and Control System [J]. IEEE Transactions on Reliability, 2011, 60(2):415-425.

[94] Prusty M R, Jayanthi T, Chakraborty J, et al. Performance analysis of fuzzy rule based classification system for transient identification in nuclear power plant[J]. Annals of Nuclear Energy, 2015, 76:63-74.

[95] Wu G, Zhang L, Tong J. Online fault diagnosis of nuclear power plants using signed Directed graph and fuzzy theory[C]// Proceedings of the 2017 25th International Conference on Nuclear Engineering (ICONE25), July 2-6, 2017, Shanghai, China, ICONE25-66367:1-7.

[96] Nelson W R. Reactor: An expert system for diagnosis and treatment of nuclear reactor accidents[C]// Proc. 2nd Nat. Conf. on Artificial Intelligence, PA, USA, Aug. 1982:296-301.

[97] Nelson W R. Response trees and expert systems for nuclear reactor operations[R]. NUREGKR-3631, Feb. 1984:1-20.

[98] Beltracchi L. An expert display system and nuclear power plant control rooms [J]. IEEE Transactions on Nuclear Science, 1988, 35(2):991-1000.

[99] Yang J O, Chang S H. A diagnostic expert system for the nuclear power plant based on the hybrid knowledge approach[J]. IEEE Transactions on Nuclear Science, 1989, 36(6):2450-2458.

[100] Cheon S W, Chang S H, Chung H Y. Development strategies of an expert system for multiple alarm processing and diagnosis in nuclear power plants[J]. IEEE Transactions on Nuclear Science, 1993, 40(1):21-30.

[101] Chou G H, Lee K H, Chao H J. The development of a thermal performance diagnostics expert system for nuclear power plant [J]. IEEE Transactions on Nuclear Science, 1994, 41(5):1729-1735.

[102] Choi S S, Kang K S, Kim H G. Development of an on-line fuzzy expert system for integrated alarm processing in nuclear power plants[J]. IEEE Transactions on Nuclear Science, 1995, 42(4):1406-1418.

[103] Lee M R, Kim T E, Choi Y J. An expert-system approach to monitoring the general operating procedures of PWR plants[J]. Engng Applic. Artif. Intell. ,1996, 9(3):321-329.

[104] Benoist B, Gaillard P, Pigeon M, et al. Expert-system for the characterization of defect signals in steam generator tubes[J]. Engng Applic. Artif. Intell. ,1995,8(3): 309-318.

[105] Upadhyaya B R, Yan W, Behravesh M M, et al. Development of a diagnostic expert system for eddy current data analysis using applied artificial intelligence methods [J]. Nuclear Engineering and Design, 1999, 193:1-11.

[106] Park S Y, Ahn K I . SAMEX:A severe accident management support expert[J]. Annals of Nuclear Energy, 2010(37):1067-1075.

[107] Cilliers A C. Benchmarking an expert fault detection and diagnostic system on the Three Mile Island accident event sequence[J]. Annals of Nuclear Energy, 2013, 62: 326-332.

[108] Kim J T,Kwon K C,Hwang I K.Development of advanced I&C in nuclear power plants:ADIOS and ASICS [J].Nuclear Engineering and Design,2001,207:105-119.

[109] Nabeshima K,Suzudo T,Ohno T,et al.Nuclear reactor monitoring with the combination of neural network and expert system[J].Mathematics and Computers in Simulation,2002,60:233-244.

[110] 付明玉,边信黔,史觊,等.船用核动力装置专家系统技术研究[J].核科学与工程,2002,22(3):220-228.

[111] 陈志辉,夏虹,刘邈.核电系统故障诊断专家系统研究[J].核动力工程,2005,26(5):523-527.

[112] Wang W, Yang M. Implementation of an integrated real-time process surveillance and diagnostic system for nuclear power plants[J]. Annals of Nuclear Energy, 2016, 97:7-26.

[113] Uhrig R E,Tsoukalas L H.Soft computing technologies in nuclear engineering application [J].Progress in Nuclear Energy,1999,34(1):13-75.

[114] 周刚,张大发,蔡章生.人工神经网络理论在核动力领域的应用与展望[J].核技术,2004,27(3):237-240.

[115] Bartlett E B,Uhrig R E.Nuclear power plant status diagnostics using an artificial neural network[J]. Nuclear Technology,1992,97:272-281.

[116] Bartal Y, Lin J, Uhrig R E. Nuclear power plant transient diagnostics using artificial neural networks that allow "don't-know" classifications[J]. Nuclear Technoloy,1995, 110:436-449.

[117] Santosh T V,Vinod G,Saraf R K,et al.Application of artificial neural networks to nuclear power plant transient diagnosis [J]. Reliability Engineering and System Safety, 2007,92:1468-1472.

[118] Santosh T V, Srivastava A, Rao V V S S, et al. Diagnostic system for

identification of accident scenarios in nuclear power plants using artificial neural networks[J]. Reliability Engineering and System Safety, 2009, 94:759-762.

[119] Santhosh T V, Kumar M, Thangamani I, et al. A diagnostic system for identifying accident conditions in a nuclear reactor[J]. Nuclear Engineering and Design, 2011, 241:177-184.

[120] Hadad K, Mortazavi M, Mastali M, et al. Enhanced neural network based fault detection of a VVER nuclear power plant with the aid of principal component analysis [J]. IEEE Transactions on Nuclear Science, 2008, 55(6):3611-3619.

[121] Hadad K, Pourahmadi M, Maraghi H M. Fault diagnosis and classification based on wavelet transform and neural network[J]. Progress in Nuclear Energy, 2011, 53:41-47.

[122] Yan W, Upadhyaya B R. Hybrid digital processing and neural networks for automated diagnosics using eddy current inspection[C]// Proceedings of the International Conference on Neural Networks, Amsterdam, the Netherlands, September 1993: 13-16.

[123] Mukherjee A, Raijade P R, Moorthy R I K, et al. Artificial neural networks in CT-PT contact Detection[J]. Nuclear Engineering and Design, 1998, 183:303-309.

[124] Seker S, Ayaz E, Türkcan E. Elman's recurrent neural network applications to condition monitoring in nuclear power plant and rotating machinery[J]. Engineering Applications of Artificial Intelligence, 2003, 16:647-656.

[125] Heo G, Lee S K. Internal leakage detection for feedwater heaters in power plants using neural networks [J]. Expert Systems with Applications, 2012, 39:5078-5086.

[126] Guo Z, Uhrig R E. Use of artificial neural networks to analyze neural power plant performance[J]. Nuclear Technology, 1992, 99:36-42.

[127] Upadhyaya B R, Eryurek E. Application of neural networks for sensor validation and plant monitoring[J]. Nuclear Technology, 1992, 97:170-176.

[128] Basu A, Bartlett E B. Detecting faults in a nuclear power plant by using a dynamic node architecture artificial neural network[J]. Nuclear Science Engineering, 1995, 116:313-325.

[129] Adali T, Bakal B, Sönmez M K, et al. Modeling nuclear reactor core dynamics with recurrent neural networks[J]. Neurocomputing, 1997, 15:363-381.

[130] Ayaz E. Component-wide and plant-wide monitoring by neural networks for Borssele nuclear power plant[J]. Energy Conversion and Management, 2008, 49: 3721-3728.

[131] Nabeshima K, Suzudo T, Suzuki K. Real-time nuclear plant monitoring with neural network[J]. Journal of Nuclear Science and Technology, 1998, 35(2):93-100.

[132] Roverso D. Plant diagnostics by transient classification: The ALADDIN approach [J]. International Journal of Intelligent Systems (IJIS), Special Issue on Intelligent Systems for Plant Surveillance and Diagnostics, 2002:1-20.

[133] Lee S J,Seong P H.A dynamic neural network based accident diagnosis advisory system for nuclear power plants [J].Progress in Nuclear Energy,2005,46(3-4):268-281.

[134] Mo K,Lee S J,Seong P H.A dynamic neural network aggregation model for transient diagnosis in nuclear power plants[J].Progress in Nuclear Energy,2007,49:262-272.

[135] 刘永阔,夏虹,谢春丽,等.BP-RBF 神经网络在核电厂故障诊断中的应用[J].原子能科学技术,2008,42(3):193-199.

[136] Cayenne S W, Kang G S, Chang S H. Application of neural networks to connectionist expert system for identification of transients in nuclear power plants[C]// Proceedings of the Second International Forum, Expert Systems and Computer Simulation in Energy Engineering. Erlangen, Germany:1992,(22-1):1-5.

[137] 刘永阔,夏虹,谢春丽,等.基于模糊神经网络的核动力装置设备故障诊断系统研究[J].核动力工程,2004,25(4):328-331.

[138] Fantoni P F,Hoffmann M I,Shankar R.On-line monitoring of instrument channel performance in nuclear power plant using PEANO[J].Progress in Nuclear Energy,2003,43(1-4):83-89.

[139] Evsukoff A,Gentil S.Recurrent neuro-fuzzy system for fault detection and isolation in nuclear reactors[J].Advanced Engineering Informatics,2005,19:55-66.

[140] Mol A C A, Almeida J C S, Pereira C M N A, et al. Neural and genetic-based approaches to nuclear transient identification including 'don't know' response[J]. Progress in Nuclear Energy, 2006, 48:268-282.

[141] XIE Chunling,Jen-Yuan (James) Chang,SHI Xiaocheng, et al.Fault diagnosis of nuclear power plant based ongenetic-rbf neural network[C]// 15th International conference on Mechatronics and Machine Vision in Practice (M2VIP08). Auckland, New-Zealand.2008:334-339.

[142] Costa R G D, Mola A C D A, Carvalho P V R D, et al. An efficient Neuro-Fuzzy approach to nuclear power plant transient identification[J]. Annals of Nuclear Energy, 2011(38):1418-1426.

[143] Costa R G D, Mol A C D A, Carvalho P V R D, et al. An efficient Neuro-Fuzzy approach to nuclear power plant transient identification [J]. Annals of Nuclear Energy, 2011(38):1418-1426.

[144] Yangping Z, Bingquan Z, DongXin W. Application of genetic algorithms to fault diagnosis in nuclear power plants[J]. Reliability Engineering and System Safety, 2000, 67:153-160.

[145] 周杨平,赵炳全. 基于遗传算法和知识库的核电厂故障诊断方法[J]. 核动力工程, 2000, 21(4):362-367.

[146] 周杨平,赵炳全. 核电厂故障诊断的模糊遗传算法[J]. 原子能科学技术, 2001, 35(5):390-395.

[147] 谢春玲，戴景民，施小成. 基于遗传算法的船用核动力装置故障诊断[J]. 中国造船，2007，48(2):111-115.

[148] 孔衍，任鑫，王川，等. 基于改进遗传算法的核动力装置故障诊断研究[J]. 原子能科学技术，2012，46(11):1357-1361.

[149] 刘锐，李铁萍，韩向臻，等. 基于免疫遗传算法的核动力船舶设备故障诊断[J]. 舰船科学技术，2017，39(5):118-122.

[150] 杨启贤.粗糙集及其应用简介[J].贵州师大学报(自然科学版)，1988，(2):38-46.

[151] 徐金良，陈五星，唐耀阳.基于粗糙集理论和支持向量机算法的核电厂故障诊断方法[J].核动力工程，2009，38(4):52-54.

[152] 慕昱，夏虹，刘永阔.基于邻域粗糙集和决策树算法的核电厂故障诊断方法[J].原子能科学技术，2011，45(1):44-47.

[153] 夏虹，杜兴富，张楠.基于支持向量机的故障诊断技术研究[M].中国核科学技术进展报告(第一卷—核能动力分卷(下))，2009:1068-1076.

[154] 杜兴富.基于支持向量机的核动力装置故障诊断[D].哈尔滨:哈尔滨工程大学硕士学位论文，2009.

[155] 郑华文，曹衍龙，杨将新，等.基于支持向量机的核电站松动件质量估计方法[J].浙江大学学报(工学版)，2010，44(8):1525-1529.

[156] 郭沫.基于多分类支持向量机的核电站故障诊断技术研究[D].哈尔滨:哈尔滨工程大学硕士学位论文，2012.

[157] 王庆郑.基于支持向量机的核探测器故障诊断方法研究[D].衡阳:南华大学硕士学位论文，2015.

[158] 陈超.基于数据驱动的核电厂故障诊断技术研究[D].哈尔滨:哈尔滨工程大学硕士学位论文，2017.

[159] 李仕鲜，刘井泉，沈永刚.基于神经网络方法的 LOCA 事故诊断[J].核技术，2017，40(8):080604:1－8.

[160] 周文.基于 IPSO-SVM 和 DBN 的电动阀门故障诊断研究[D].哈尔滨:哈尔滨工程大学硕士学位论文，2019.

[161] 孟剑林，陈若宇，黄港婷，等.低信噪比下松动部件的检测方法[J].振动、测试与诊断，2020，40(2):222-229.

[162] Akin H L, Altin V. Rule-based fuzzy logic controller for a PWR-type nuclear power plant[J]. IEEE Transactions on Nuclear Science, 1991, 38(2):883-890.

[163] Ruan D, Wal A J V D. Controlling the power output of a nuclear reactor with fuzzy logic[J].Elsevier Information Sciences, 1998, 110:151-177.

[164] Fodil M S, Siarry P, Guély F, et al. A fuzzy rule base for the improved control of a pressurized water nuclear ueactor[J]. IEEE Transactions on Fuzzy System, 2000, 8(1):1-10.

[165] Marseguerra M, Zio E. Model-free fuzzy tracking control of a nuclear reactor[J]. Annals of Nuclear Energy, 2003, 30:953-981.

[166] Kuan C C, Lin C, Hsu C C. Fuzzy logic control of steam generator water level in

pressurized water reactors[J] . Nucl Technol, 1992, 100:125-134.

[167] Raju G V S, Zhou J. Fuzzy logic adaptive algorithm to improve robustness in a steam generator water level controller[J]. Control Theory and Advanced Technology,1992 ,8 (3) :479-493.

[168] Na M, Kwon K, Ham C, et al. A study on water level control of PWR steam generator at low power and the self-tuning of its fuzzy controller[J]. Fuzzy Sets and System, 1995 ,74(1) :43-51.

[169] Park G Y, Seong P H. Application of a fuzzy learning algorithm to nuclear steam generator level control[J]. Ann Nucl Energy, 1995 ,22(324) :135-146.

[170] Iijima T, Nakajima Y, Nishiwaki Y. Application of fuzzy logic control system for reactor feed-water control[J]. Fuzzy Sets and Systems, 1995,74 :61-72.

[171] Park G Y, Seong P H. Application of a self-organizing fuzzy logic controller to nuclear steam generator level control[J]. Nucl Eng Design, 1997 ,167 :345-356.

[172] 周刚，彭威，张大发. 核动力蒸汽发生器水位控制方法分析[J]. 原子能科学技术，2004, 38(suppl):19-23.

[173] Huang Z, Edwards R M, Lee K Y. Fuzzy-adapted recursive sliding-mode controller design for a nuclear power plant control[J]. IEEE Transactions on Nuclear Science, 2004, 51(1):256-266.

[174] Peng W, Zhang D. Research on fuzzy control for steam generator water Level[C]// Proceedings of the 2nd International Conference on computer, mechatronics control, electronic engineering(CMCE 2010)(Valum Ⅳ). August, 24-26, 2010, Changchun, China:527-529.

[175] Brown C, Gabbar H A. Fuzzy logic control for improved pressurizer systems in nuclear power plants [J]. Annals of Nuclear Energy, 2014, 72:461-466.

[176] Santhiya M, Pappa N. Evolutionary algorithms based fuzzy logic controller for pressurized water nuclear reactor [C]// 2014 IEEE International Conference on Advanced Communication Control and Computing Technologies (ICACCCT), 2014, pp.198-204.

[177] Agarwal J, Vidyarthi A, Parmar G. Comparative analysis of fuzzy and LQR for water level control of U-tube steam [C]// 2015 IEEE International Conference on Communication, Control and Intelligent Systems (CCIS) , 2015, pp. 324-329.

[178] Munje R K, Patre B M, Londhe P S, et al. Investigation of spatial control strategies for AHWR:a comparative study [J]. IEEE Transactions on Nuclear Science, 2016, 63(2):1236-1246.

[179] Liu C, Peng J F, Zhao F Y, et al. Design and optimization of fuzzy-PID controller for the nuclear reactor power control [J]. Nuclear Engineering and Design, 2009, 239:2311-2316.

[180] Peng Wei, Zhang Dafa. Research of fuzzy PID adaptive control for steam generator water Level[C]// Proceedings of the 2nd International Conference on Intellectual

Technique in industrial Practice. Changsha, China:IEEE International Conference, 2010:211-213.

[181] Das S, Pan I, Das S. Fractional order fuzzy control of nuclear reactor power with thermal-hydraulic effects in the presence of random network induced delay and sensor noise having long range dependence [J]. Energy Conversion and Management, 2013, 68:200-218.

[182] Puchalski B, Duzinkiewicz K, Rutkowski T. Multi-region fuzzy logic controller with local PID controllers for U-tube steam generator in nuclear power plant [J]. Archives of Control Sciences, 2015, 25(4):429-444.

[183] Na M G, Hwang I J, Lee Y J. Design of a fuzzy model predictive power controller for pressurized water reactors[J]. IEEE Transactions on Nuclear Science, 2006, 53(3):1504-1513.

[184] Eliasi H, Davilu H, Menhaj M B. Adaptive fuzzy model based predictive control of nuclear steam generators[J]. Nuclear Engineering and Design, 2007, 237:668-676.

[185] Hossu D, Făgărăşan I, Hossu A, et al. Evolved fuzzy control system for a steam generator [J]. Int. J. of Computers, Communications & Control , 2010,V(2):179-192.

[186] Liu X J, Jiang D, Lee K Y. Decentralized fuzzy MPC on spatial power control of a large PHWR [J]. IEEE Transactions on Nuclear Science, 2016, 63(4):2343-2351.

[187] Mingyu Fu, Zonghua Ding, Guoqing Xia, et al. Research on the fuzzy decoupling in the coordinated control system of nuclear power plant [C]// Proceedings of the IEEE International Conference on Automation and Logistics Qingdao, China, September 2008:405-410.

[188] Wei Zhang, Guoqing Xia , Jie Su, et al. Research on multi-variable fuzzy predictive control based on integrated model of secondary system of the nuclear power plant [C]// IEEE International Conference on Intelligent Control and Information Processing August 13-15, 201, Dalian, China, 2010:54-58.

[189] Zhang X. Adaptive fuzzy sliding mode control based on Takagi-Sugeno techniques for power tracking in nuclear reactor [J]. IEEJ Transactions on Electrical and Electronic Engineering(IEEJ Trans), 2019 14:160-162.

[190] Luan X C, Young A G, Han W S, et al. Load-following control of nuclear reactors based on Takagi-Sugeno fuzzy model[C]// Proceedings of the 18th World Congress The International Federation of Automatic Control, Milano, Italy, August 28-September 2, 2011:8253-8258.

[191] 韩文伟，栾秀春，杨爱民，等. 基于模糊状态观测器的核反应堆功率 T-S 模糊积分控制系统[J]. 原子能科学技术，2013，47(9):1572-1578.

[192] Jouse W C, Williams J G. Neural control of temperature and pressure during PWR start-up[J].Transactions of the American Nuclear Society,1990,(61):219-220.

[193] Ku C C, Lee K Y, Edwards R M. Improved nuclear reactor tempature control using

diagonal recurrent neural networks[J]. IEEE Transactions on Nuclear Science, 1992, 39(6):2298-2308.
[194] Park M G, Cho N Z. Self-tuning control of a nuclear reactor using a gaussian function neural network[J]. Nuclear Technology,1995,(110):285-293.
[195] Na M G, Upadhyaya B R. A neuro-fuzzy controller for axial power distribution in nuclear reactors[J]. IEEE Transactions on Nuclear Science,1998,45(1):59-67.
[196] Parlos A G, Parthasarathy S, Atiya A.Neuro-predictive process control using online controller adaptation[J]. IEEE Transactions on Control Systems Technology, 2001, 9(5):741-755.
[197] Khajavi M N, Menhaj M B, Suratgar A A. A neural network controller for load following operation of nuclear reactors[J]. Annals of Nuclear Energy,2002, 29:751-760.
[198] Boroushaki M, Ghofrani M B, Lucas C,et al. An intelligent nuclear reactor core controller for load following operations, using recurrent neural networks and fuzzy systems[J].Annals of Nuclear Energy, 2003, 30:63-80.
[199] 孙建华 ,汪伟 ,郑可为. 船用核动力装置二回路 PID 神经网络解耦控制研究[J]. 哈尔滨工程大学学报, 2007. 28(6):656-659.
[200] Shen H, Doster J M. Application of a neural network based feedwater controller to helical steam generators [J]. Nuclear Engineering and Design, 2009, 39:1056-1065.
[201] Xiangsong K, Xurui C, Jiansheng G. PID controller design based on radial basis function neural networks for the steam generator level control [J]. Cybernetics and Information Technologies(Special Issue on Application of Advanced Computing and Simulation in Information Systems) , 2016, 16(5):15-26.
[202] Zhao Y, Du X, Xia G, Gao, et al. A novel coordinated control for Integrated pressurized water reactor. Annals of Nuclear Energy, 2015, 85:1029-1034.
[203] Hatami E, Salarieh H, Vosoughi N. Design of a fault tolerated intelligent control system for a nuclear reactor power control: using extended Kalman filter. Journal of Process Control, 2014, 24:1076-1084.
[204] Dong W, Doster J M, Mayo C W. Steam generator control in nuclear power plants by water mass inventory [J]. Nuclear Engineering and Design, 2008, 238:859-871.
[205] Dong Z, Liu M. Optimized thermal power control for nuclear superheated-steam supply [J]. IFAC Papers On Line 51-28, 2018:121-125.
[206] Dong Z, Huang X, Dong Y, et al. Multilayer perception based reinforcement learning supervisory control of energy systems with application to a nuclear steam supply system [J]. Applied Energy, 2020, 259 (114193):1-12.
[207] Malik A H, Memon A A , Arshad F. Synthesis of a novel adaptive wavelet optimized neural cascaded steam blow-off control system for a nuclear power plant [J]. In:Proceedings of the Pakistan Academy of Sciences, 2013, 50(3):177-188.
[208] Jiuwu Hui, Jingqi Yuan. RBF-based adaptive sliding mode controller with extended state observer for load following of nuclear power plant [J]. Nuclear Engineering

and Design 2020,360-110465:1-9.

[209] 彭威，张大发. 基于改进粒子群算法的蒸汽发生器水位控制优化[J]. 船海工程，2010. 39(5):208-210.

[210] 程启明，程尹曼，汪明媚，等. 基于混沌粒子群算法优化的自抗扰控制在蒸汽发生器水位控制中的应用研究[J]. 华东电力，2011. 39(6):0857-0963.

[211] Guimin Sheng, Yu Mu. Chaos cooperative particle swarm optimization based water level control for nuclear steam generator [C]// MATEC Web of Conferences 55, 04004(2016)(ACPEE 2016) DOI:10.1051/ matecconf/ 20165504004:1-6.

[212] Mousakazemi S M H, Ayoobian N, Ansarifar G R. Control of the pressurized water nuclear reactors power using optimized proportional-integral-derivative controller with particle swarm optimization algorithm [J]. Nuclear Engineering and Technology, 2018, 50:877-885.

[213] Wenjie Zeng, Weicong Zhu, Tianyu Hui, et al. An IMC-PID controller with Particle swarm optimization algorithm for MSBR core power control[J]. Nuclear Engineering and Design, 2020, 360 (110513):1-7.

[214] Mousakazemi S M H. Computational effort comparison of genetic algorithm and particle swarm optimization algorithms for the proportional - integral - derivative controller tuning of a pressurized water nuclear reactor[J]. Annals of Nuclear Energy, 2020, 136 (107019):1-10.

[215] 曾碧凡,吴婕,武万强,等. 基于遗传算法的核电站蒸汽发生器水位动态滑模控制[J]. 热力发电，2016，45(8):43-48.

[216] Mousakazemi S M H, Ayoobian N, Ansarifar G R. Control of the reactor core power in PWR using optimized PID controller with the real-coded GA[J]. Annals of Nuclear Energy, 2018, 118:107-121.

[217] Mousakazemi S M H. Control of a PWR nuclear reactor core power using scheduled PID controller with GA, based on two-point kinetics model and adaptive disturbance rejection system[J]. Annals of Nuclear Energy, 2019, 129:487-502.

[218] Kavaklioglu K. Support vector regression model based predictive control of water level of U-tube steam generators. Nuclear Engineering and Design, 2014, 278: 651-660.

[219] 李程，成守宇，姜博. 基于改进人工免疫控制的直流蒸汽发生器压力控制研究[C]// 中国核科学技术进展报告(第三卷)—核技术工业应用分卷，2013:122-126.

[220] 成守宇,李程,彭敏俊,等. 基于人工免疫的直流蒸汽发生器压力控制研究[J].核动力工程，2015，36(3):62-65.

[221] Edwards R M, Ku C C, Schultz M A, Edwards R M. Optimal control of reactor temperatures using reactivity[J]. Trans. Amer. Nucl. Soc.,1990, 61:287-288.

[222] Edwards R M, Ku C C, Schultz M A, Edwards R M. State feedback assisted classical control: An incremental approach for control modernization of existing and future nuclear reactors and power plants[J]. Nucl. Technol.,1990, 92:167-185.

[223] Edwards R M, Ku C C, Ray A. Robust optimal control of nuclear reactors and power plants[J]. Nucl. Technol.,1992, 98:137-148.
[224] 邱志强,孙建华.船用蒸汽发生器水位模糊控制器研究[J].舰船科学技术,1998,(6):29-35.
[225] Kim M-K, Shin M H, Chung M J.A Gain-ScHeduled L2 Control to Nuclear Steam Generator Water Level[J]. Ann Nucl Energy,1999,26:905-916.
[226] Futao Zhao,Jing Ou,Wei Du. Simulation modeling of nuclear steam generator water level process—a case study[J]. ISA Transactions,2000,(39):143-151.
[227] 杨纶标, 高英仪, 张伟. 模糊数学原理及应用 [M]. 4 版. 广州:华南理工大学出版社,2005.
[228] 章卫国, 杨向忠. 模糊控制理论与应用 [M]. 西安:西北工业大学出版社,1999.
[229] 姜长生,王从庆,魏海坤,等.智能控制与应用[M].北京:科学出版社,2007:75-117.
[230] 陈贻源. 模糊数学 [M]. 武汉:华中工学院出版社,1984.
[231] 诸静,等著. 模糊控制原理与应用[M].2 版,北京:机械工业出版社,2005.
[232] 楼顺天, 胡昌华, 张伟. 基于 MATLAB 系统分析与设计[M].西安:西安电子科技大学出版社,2001.
[233] 边肇祺, 张学工. 模式识别[M]. 第 2 版. 北京:清华大学出版社,2000.
[234] 曾黄麟. 智能计算:关于粗集、模糊逻辑、神经网络的理论及其应用[M]. 重庆:重庆大学出版社, 2004.
[235] 钟秉林, 黄仁. 机械故障诊断学[M]. 3 版. 北京:机械工业出版社,2006.
[236] 张涵埒,何正嘉. 模糊诊断原理及应用[M]. 西安:西安交通大学出版社, 1992.
[237] Mamdani E H. Application of fuzzy algotrihms for control of simple dynamic plant [J]. Proc. IEEE, 1974, 12:1585-1588.
[238] Mamdani E H, Assilian S. An experiment in linguistic synthesis with a fuzzy logic controller[J]. International Journal of Man Machine Studies, 1975, 7(1):1-13.
[239] Marchleuba C, Abdalla M, Ford C E,et al. A hybrid fuzzy-PI adaptive control of U-tube steam generators[J]. Control Theory and Advanced Technology, 1992,8(3):567-575.
[240] ZHUO Xiu-juan, WANG Jun-ling, FENG Zhang-jun. Piecewise H∞ control based on T-S fuzzy model for nuclear steam generator water level[C]// Editorial Board. Toward Innovative Nuclear Safety and Simulation—Joint International Symposium of ISSNP2008/ CSEPC2008/ ISOFIS2008(1). Harbin:Harbin Engineering University Press, 2008:87-91.
[241] 李士勇. 模糊控制.神经控制和智能论[M]. 2 版.哈尔滨:哈尔滨工业大学出版社,1998.
[242] 诸静,等著. 智能预测控制及应用[M]. 杭州:浙江大学出版社,2002.
[243] 陶永华,尹怡欣,葛芦生. 新型 PID 控制及其应用[M].北京:机械工业出版社,2001.
[244] 王桂增,王诗宓,徐博文,等. 高等过程控制[M]. 北京:清华大学出版社,2002.
[245] 冯纯伯,费树岷. 非线性控制系统分析与设计[M]. 2 版,北京:电子工业出版社,1998.

[246] 胡跃明. 变结构控制理论与应用[M]. 北京:科学出版社,2003.
[247] 靳蕃. 神经计算智能基础[M]. 成都:西南交通大学出版社, 2000.
[248] 徐丽娜.神经网络控制[M]. 北京:电子工业出版社,2003.
[249] Hagan M T, Demuth H B, Beale M H. Nearul network design[M]. Beijing:Thomson Learning Asia and China Machine Press,2002.
[250] 王永骥,涂健. 神经元网络控制[M].北京:机械工业出版社,1998
[251] 杨建刚. 人工神经网络实用教程[M]. 杭州:浙江大学出版社,2001.
[252] Ham F M,Kostanic I.Principles of nearocomputing for science & engineering[M]. First Edition.Beijing:China Machine Press,2003.
[253] Zhang Q H, Benveniste A. Wavelet networks[J].IEEE Transactions on Networks, 1992,3(6):889-898.
[254] 闻新,周露,李翔,等.MATLAB 神经网络仿真与应用[M].北京:科学出版社, 2003.
[255] 师黎,陈铁军,李晓媛,等. 智能控制理论及应用[M]. 北京:清华大学出版社,2009.
[256] Renders J M, Goosens A, Viron F D,et al.A prototype neural network to perform early warning in nuclear power plant[J]. Fuzzy Sets and Systems, 1995, (74): 139-151.
[257] Reffens A P N, Zapranis A D. Neural model identification, variable selection and model adequacy [J]. Journal of Forecasting,1999,(18):299-332.
[258] 周刚,杨立.集成神经网络方法在蒸汽发生器故障诊断中的应用[J].原子能科学技术, 2009,43(11):997-1002.
[259] Ahmada Z,Zhang J.Combination of multiple neural networks using data fusion techniques for enhanced nonlinear process modelling[J].Computers and Chemical Engineering,2005,30:295-308.
[260] Zhang J. Improved on-line process fault diagnosis through information fusion in multiple neural networks [J]. Computers and Chemical Engineering, 2006,30:558-571.
[261] Hansen L K, Salamon P. Neural Network Ensembles[J] . IEEE Transaction on Pattern Analysis and Machine Intelligence, 1990 ,12(10) :993-1001.
[262] Roverso D. Neural Ensembles for Event Identification[J]. IFAC Proceedings Volumes, 2000,33(Issue 11):469-474.
[263] 邢杰,萧德云.基于集成神经网络的 CSTR 状态预测[J].计算机与应用化学,2007,24(4):433-436.
[264] 邓丽,吴春梅,罗芳琼.神经网络集成及研究进展[J].柳州师专学报,2007,22(4): 118-122.
[265] 史忠植. 神经网络[M]. 北京:高等教育出版社,2009.05, 180-182.
[266] 陈文宇,刘井波,孙世新.层次分析的神经网络集成方法[J].电子科技大学学报,2008, 37(3):432-435.
[267] Roverso D. Soft computing tools for transient classification[J].Elsevier Information Sciences, 2000, 127:137-156.
[268] 周青,李艾华.基于集成多神经网络在模拟电路故障诊断中的研究[J].计算机测量与

控制,2007,15(5):566-568.

[269] 陈进军，周刚，蔡琦. 基于 RBF 神经网络的核动力装置故障诊断方法研究[J]. 热科学与技术，2007,6(1)，2007.03.

[270] 熊晋魁,谢春玲,施小成,等.RBF 人工神经网络在核电厂故障诊断中的应用[J].核动力工程,2006,27(3):57-60.

[271] SHI Xiaocheng, XIE Chunling, WANG Yuanhui. Nuclear power plant fault diagnosis based on genetic-RBF neural network[J].Journal of Marine Science and Application.2006,5(3):57-62.

[272] 孙增圻,张再兴,邓志东. 智能控制理论与技术[M]. 2 版. 北京:清华大学出版社,2011.

[273] 周刚，张大发，彭威. 基于 Elman 神经网络的 NSG 水位特性辨识方法研究[J]. 海军工程大学学报，2005.17(5):68-71.

[274] Ayaz E,Seker S,Barutcu B,et al.Comparisons between the various types of neural networks with the data of wide range operational conditions of the borssele NPP [J].Progress in Nuclear Energy,2003,43(1-4):381-387.

[275] Seker S,Türkcan E,Ayaz E,Barutcu B.Artificial neural networks for dynamic monitoring of simulated-operating parameters of high temperature gas cooled engineering test reactor (HTTR) [J].Annals of Nuclear Energy,2003,30:1777-1791.

[276] Choi Y J, Kim H K, Baek WP, et al. Hybrid accident simulation methodology using artificial neural networks for nuclear power plants [J]. Information Sciences, 2004, 160:207-224.

[277] Kramer M. Nonlinear principal component analysis using autoassociative neural networks [J]. AIChE Journal, 1991, 37(2):233-243.

[278] 高志华,贲可荣,章林柯.一种基于直推置信的遗传优化概率神经网络[J].南京大学学报(自然科学),2012,48(1):48-54.

[279] 黄志刚,刘浩,刘顺波,等.基于 COP 与改进 PNN 的除湿机故障诊断研究[J].制冷与空调,2010,24(5):66-69.

[280] 李春芳,刘连忠,陆震.基于数据场的概率神经网络算法[J].电子学报,2011,39(8):1739-1745.

[281] Atiya A, Parlos A. Nonlinear system identification using spatiotemporal neural networks [J]. IJCNN on Neural Networks,1992,(2):504-5010.

[282] Sorensen O. Neural networks performing system identification for control applications[C]//Third International Conference on Artificial Neural Networks, 1993: 172-176.

[283] Ting K L,Berger C S, Conlon, M F. Neural network approach to signal modelling in power systems[J]. IEE Proc.-Control Theory Appl., 1995,142(4):257-264.

[284] Ren X M, Rad A B, Chan P T, et al.Identification and control of continuous-time nonlinear systems via dynamic neural networks[J]. IEEE Transactions on Industrial Electronics,2003,50(3):478-486.

[285] GU Chengkui, WANG Zhengou, SUN Yaming. Nonlinear time-variant systems identification based on neural networks combined with basis sequence approximation [J]. IEEE CNF on Machine Learning and Cybernetics, 2003.2:1057-1061.

[286] Sheirah M A, Hassan A, Hammad S A. Identification and control of nonlinear processes using neural network[J]. IEEE CNF on Intelligent Systems,2004, (2): 547-551.

[287] LU Wen-zhe, Keyhani A, Fardoun A. Neural network-based modeling and parameter identification of switched reluctance motors[J].IEEE Transactions on Energy Conversion, 2003,18(2):284-290.

[288] 方崇智,萧德云.过程辨识[M].北京:清华大学出版社,1988.

[289] Cybenko G. Approximation by super-positions of a sigmoidal function[J]. Mathematic control signal systems,19810.2:303-314.

[290] Funahashi K I. On the approximate realization of continuous mappings by neural networks[J].Neural networks,1989,(2):183-192.

[291] Homik K, Stinchcombe M, White H. Multilayer feedward networks are universal appromators[J].Neural networks,1989,(2):359-366.

[292] Girosi F, Poggio T. Representation properties of networks:Kolmogrov,s theorem is irrelevant[J].Neural computation, 1989,(1):465-4610.

[293] Chen T, Chen H. Approximation nonlinear continuous functionals by neural networks with application to dynamic system[J]. IEEE Transactions on neural networks, 1993, 4(3):910-918.

[294] Chester D. Why two hidden layers are better than one[J]. IEEE International joint conference on neural networks, 1990:265-268.

[295] 史忠科.神经网络控制理论[M].北京:电子工业出版社,2000.

[296] Mills P M,Zomaya A Y.A neural network approach to on-line identification of nonlinear systems[J].IEEE International Joint Conference on Neural Networks,1991, 202-207.

[297] Yamada T,Yabuta T. Dynamic system identification using neural networks[J]. IEEE Transactions on Systems,Man and Cybernetics, 1993,23(1):204-211.

[298] Lo J T, Bassu D. Adaptive parallel identification of dynamical systems by adaptive recurrent neural networks[J].IEEE CNF Neural Networks,2003,(2):914-918.

[299] 周刚, 殷虎. NSG 水位特性神经网络辨识方法研究[J]. 计算机仿真. 2006. 23(3): 113-116.

[300] 周刚, 张大发, 彭威. 基于 Elman 神经网络的 NSG 水位特性辨识方法研究[J]. 海军工程大学学报, 2005.17(5):68-71.

[301] Delgado A,Kambhampati C,Warwick K,Identification of nonlinear systems with a dynamic recurrent neural network[J]. IEEECNF on Artificial Neural Networks, 1995:318-322.

[302] Baruch J, Thomas F, Garrido R,et al. A hybrid multimodel neural network for

nonlinear systems identification[J]. Neural Networks, 1999, 6:4278-4283.

[303] Felix R A, Sanchez E N. Chaos identification using variable structure recurrent neural networks[C]//Proceedings of the 9th International Conference on Neural Information Processing,2002:262-266."

[304] Akkurtl H, Çolak Ü. PWR system simulation and parameter estimation with neural networks [J]. Annals of Nuclear Energy, 2002, 29:2087-2013.

[305] Embrechts M J, Benedek S. Hybrid identification of nuclear power plant transients with artificial neural networks [J]. IEEE Transactions on Industrial Electronics, 2004, 51(3):686-693.

[306] Boroushaki M, Ghofrani M B, Lucas C. Identification of a nuclear reactor core (VVER) using recurrent neural networks[J]. Annals of Nuclear Energy, 2002, 29: 1225-1240.

[307] Boroushaki M, Ghofrani M B, Lucas C, et al. Identification and control of a nuclear reactor core(VVER) using recurrent neural networks and fuzzy systems [J]. IEEE Transactions on Nuclear Science, 2003, 50(1):159-174.

[308] Boroushaki M, Ghofrani M B, Lucas C. Simulation of nuclear reactor core kinetics using multilayer 3-D cellular neural networks [J]. IEEE Transactions on Nuclear Science, 2005, 52(3):719-728.

[309] Masini R, Padovani E, Ricotti M E, et al. Dynamic simulation of a steam generator by neural networks [J]. Nuclear Engineering and Design, 1999, 187:197-213.

[310] 孙玉平,邱志强,孙建华.BP 神经网络在直流蒸汽发生器建模中的应用[J].舰船科学技术,2007,29(6):997-1002.

[311] 刘金锟. 先进 PID 控制及其 MATLAB 仿真[M]. 北京:电子工业出版社,2003.

[312] 彭威,张大发,周刚. 核动力蒸汽发生器水位神经自适应控制研究[J]. 海军工程大学学报,2006(suppl).18(1):115-118.

[313] Cho B H,No H C. Design of Stability-guaranteed neurofuzzy logic controller for nuclear steam generator[J].Necl Eng Design,1996,166:17-29.

[314] 付明玉,施小成,陈德娟.直流蒸汽发生器控制系统研究[J].核科学与工程,2002,22(2):108-112.

[315] Giarratano J C, Riley G D. 专家系统原理与编程[M]. 印签,陈忆群,刘星成,译. 北京:机械工业出版社,2010.

[316] 张文星,纪有奎. 专家系统原理与设计[M]. 武汉:武汉测绘科技大学出版社,1989.

[317] 朱福喜,杜友福,夏定纯,等. 人工智能引论[M]. 武汉:武汉大学出版社,2006.

[318] 赵明旺,王杰,高尚,等. 智能控制[M]. 武汉:华中科技大学出版社,2010.

[319] Coban R, Can B. An expert trajectory design for control of nuclear research reactors [J]. Expert Systems with Applications, 2009, 36:11502-11508.

[320] Nabeshima K, Suzudo T, Seker S, et al. On-line neuro-expert monitoring system for borssele nuclear power plant[J].Progress in Nuclear Energy,2003,43(1-4):397-404.

[321] 李士勇,李岩,林永茂. 智能优化算法与涌现计算[M]. 北京:清华大学出版社,2019.

[322] 史蒂芬.卢奇(Stephen Lucci)，丹尼.科佩克(Danny Kopec).人工智能[M]. 2 版. 林赐，译. 北京：人民邮电出版社，2018.
[323] 李德毅. 人工智能导论[M]. 北京：中国科学技术出版社，2018.
[324] 张金玉，张炜. 装备智能故障诊断与预测[M]. 北京：国防工业出版社，2013.
[325] Tian D，Deng J，Vinod G，et al，Hissam Tawfik. A constraint-based genetic algorithm for optimizing neural network architectures for detection of loss of coolant accidents of nuclear power plants[J]. Neurocomputing，2018，322：102-119.
[326] 谢春丽，夏虹，刘永阔，等. BP 神经网络改进算法在核电设备故障诊断中的应用[J]. 核动力工程，2007，28(4)：85-90.
[327] 杨智民，王旭，庄显义. 遗传算法在自动控制领域中的应用综述[J]. 信息与控制，2000，29(4)：329-339.
[328] Marseguerra M，Zio E，Canetta R. Using genetic algorithms for calibrating simplified models of nuclear reactor dynamics[J]. Annals of Nuclear Energy，2004，31：1219-1250.
[329] 李永玲，马进，黄宇，等. 基于遗传算法的压水堆核电一回路稳压器机理建模与仿真[J]. 核科学与工程，2012，32(3)：212-218.
[330] Jiashuang Wan，Fuyu Zhao. Optimization of AP1000 power control system setpoints using genetic algorithm[J]. Progress in Nuclear Energy，2017，95：23-32.
[331] Santhiya M，Abraham A，Pappa N，et al. Reduced order model based optimally tuned fractional order PID controller for pressurized water nuclear reactor[J]. IFAC Papers OnLine，2018，51-4：669-674.
[332] 朱群，卓书芳. 基于混沌优化遗传算法时域分数阶 PID 模型预测的液位控制研究[J]. 太原学院学报，2017，35(2)：44-47.
[333] Uren K R，Schoor G V. Genetic Algorithm based PID tuning for optimal power control of a three-shaft brayton cycle based power conversion unit[J]. IFAC Proceedings Volumes，2012 45(Issue 3)：685-690.
[334] Kim J H，Park S H，Na M G. Design of a model predictive load-following controller by discrete optimization of control rod speed for PWRs[J]. Annals of Nuclear Energy，2014，71：343-351.
[335] 刘勇，马良，张惠珍，魏欣.智能优化算法[M]. 上海：上海人民出版社，2019.
[336] 温正，孙克华. MATLAB 智能算法[M]. 北京：清华大学出版社，2017.
[337] 李劲播. 基于 HMM 和微粒群优化算法的核电设备机械故障诊断技术的研究[D]. 衡阳：南华大学，2010.
[338] 周献中，黄兵，李华雄，等. 不完备信息系统知识获取的粗糙集理论与方法[M]. 南京：南京大学出版社，2010.
[339] Grzymala-busse J W. Knowledge acquisition under uncertainty-a rough set approach [J]. Journal of Intelligent and Robotic Systems，1988，1：3-16.
[340] Kryszkiewicz M. Rough set approach to incomplete information systems[J]. Information Sciences，1998，112：39-49.

[341] Walczak B, Massart D L. Rough sets theory[J]. Chemometrics and Intelligent Laboratory Systems, 1999, 47:1-16.
[342] Pawlak Z. Rough sets [J]. International Journal of Computer and Information Sciences, 1982, 11(5):341-356.
[343] Pawlak Z, Skowron A. Rudiments of rough sets [J]. Information Sciences, 2007, 177 :3-27.
[344] 杨启贤.粗糙集及其应用简介[J]. 贵州师大学报(自然科学版), 1988, (2):38-46.
[345] 杨天社,杨开忠,李怀祖.基于粗糙集理论的卫星故障诊断方法[J]. 空间科学学报, 2003, 23(3):299-305.
[346] 张腾飞,王锡淮,叶银忠,等. 粗糙集理论在故障诊断中的应用综述[J]. 上海海事大学学报, 2005, 26(4):20-25.
[347] 张孝远,周建中,黄志伟,等. 基于粗糙集和多类支持向量机的水电机组振动故障诊断[J]. 中国电机工程学报, 2010, 30(20):88-93.
[348] 张建明, 曾建武, 谢磊, 等. 基于粗糙集的支持向量机故障诊断[J]. 清华大学学报, 2007, 47(S2):1774-1777.
[349] 项新建. 粗糙集理论在变压器故障诊断专家系统中的应用研究[J]. 科技通报, 2003, 19(4):288-291.
[350] 郝丽娜,王伟,吴光宇,等. 粗糙集-神经网络故障诊断方法研究[J]. 东北大学学报, 2003, 24(3):252-255.
[351] Lingras P J. Rough neural networks[C]// Proceedings of Sixth International Conference on Information Processing and Management of Uncertainty in Knowledge-Based Systems, Granada, Spain, 1996:1445-1450.
[352] Lingras P. Comparison of neofuzzy and rough neural networks[J]. Information Science, 1998, 110:207-215.
[353] 李永敏,朱善君,陈湘晖,等. 根据粗糙集理论进行 BP 网络设计的研究[J]. 系统工程理论与实践, 1999, 35(6):62-69.
[354] Gonzalo Nápoles, Carlos Mosquera, Rafael Falcon, Isel Grau, Rafael Bello, Koen Vanhoof. Fuzzy-rough cognitive networks[J]. Neural Networks, 2018, 97:19-27.
[355] Pey Yun Goh, Shing Chiang Tan, Wooi Ping Cheah, Chee Peng Lim. Adaptive rough radial basis function neural network with prototype outlier removal[J]. Information Science, 2019, 505:127-143.
[356] 周芳,韩立岩.多传感器信息融合技术综述[J].遥测遥控,2006,27(3):1-7.
[357] 韩崇昭,朱洪艳,段战胜,等.多源信息融合[M].北京:清华大学出版社,2006.
[358] Klein L A.多传感器数据融合及应用[M].第二版.戴亚平,刘征,郁光辉,译.北京.北京理工大学出版社,2004.
[359] 潘泉,于昕,程咏梅,等.信息融合理论的基本方法与进展[J].自动化学报,2002,29(4):599-615.
[360] 徐毅,金德琨,敬忠良.数据融合研究的回顾与展望[J].信息与控制,2002,31(3):250-255.

[361] 张彦铎,姜兴渭.多传感器信息融合及在智能故障诊断中的应用[J].传感器技术,1999,18(2):18-22.

[362] 王耀南,李树涛.多传感器信息融合及其应用综述[J].控制与决策,2001,16(5):518-522.

[363] 郭惠勇.多传感器信息融合的研究与进展[J].中国科学基金,2005,(1):17-21.

[364] 陶俊勇.组合导航系统信息融合理论及故障检测与诊断技术研究[D].长沙:国防科学技术大学,2000.

[365] 李俭川.贝叶斯网络故障诊断与维修决策方法及应用研究[D].长沙:国防科学技术大学,2002.

[366] 何友,关欣,王国宏.多传感器信息融合研究进展与展望[J].宇航学报,2005,26(1):324-329.

[367] 许德章,何去非.多传感器集成与信息融合原理[J].安徽工程科技学院学报,2006,21(1):84-88.

[368] 夏虹,曹欣荣,王兆祥.基于传感器融合的机械设备故障诊断的方法与系统[J].哈尔滨工程大学学报,1998,19(4):52-57.

[369] 夏虹,曹欣荣,彭敏俊,等.基于数据融合的设备故障诊断系统[J].核动力工程(专辑),2001,10:108-110.

[370] 夏虹,刘群.设备故障诊断中数据融合的计算模型[J].哈尔滨工程大学学报,2002,23(3):40-44.

[371] 谢春丽,夏虹,刘永阔.基于神经网络 D-S 证据理论的汽轮机转子融合诊断系统研究[J].应用科技,2004,31(7):56-58.

[372] 谢春丽,刘永阔,夏虹.基于数据融合的核动力装置故障诊断方法[J].原子能科学技术,2009,43(11):1003-1008.

[373] Wang J A,Rao N S V.Information Fusion Method for Estimating Radiation Embrittlement of Reactor Pressure Vessel Steels[C]// China Nuclear Society.13th International Conference on Nuclear Engineering(ICONE13-50019).Beijing:Atomic Energy Press,2005:1-10.

[374] Basir O,Yuan Xiaohong.Engine fault diagnosis based on multi-sensor information fusion using Dempster-Shafer evidence theory [J]. Information Fusion,2007,8:379-386.

[375] Fan Xianfeng,Zuo M J.Fault diagnosis of machines based on D-S evidence theory. Part 1:D-S evidence theory and its improvement[J].Pattern Recognition Letters,2006,27:366-376.

[376] 罗自来.基于信息融合的气缸套磨损故障诊断方法研究[D].武汉:海军工程大学,2007.

[377] Zhou Gang,Wang Xinye,Peng Wei,et al.Status monitoring for nuclear power plant using integrated neural networks[C]// Editorial Board.Toward Innovative Nuclear Safety and Simulation—Joint International Symposium of ISSNP2008/CSEPC2008/ISOFIS2008(2).Harbin:Harbin Engineering University Press,2008:195-201.

附录 A　主要符号说明

符号	含义
A、B、C、X、Y	集合
$\tilde{A}$、$\tilde{B}$、$\tilde{C}$、$\tilde{X}$、$\tilde{Y}$	模糊集集合
A_{CV}	汽轮机节流阀开度
A_{iV}	截止阀开度
$Bel_j(A)$	信任函数
c、$c(t)$	先驱核密度
c_{r}	先驱核相对密度
C_{D}	多普勒反应性反馈系数
C_{V}	空泡反应性反馈系数
C_{X}	关联常数
$C_R(X)$	粗糙度
dec	减少比例
e	偏差
$e\mathrm{g}$	误差精度
E	误差
E	目标函数
EC	误差变化
$Epoch$	迭代步数
f	映射、函数、系数
F_n	故障模式
G_{r}	单位长度的控制棒价值
$\boldsymbol{G}$	增益矩阵
Inc	增加比例

$\boldsymbol{J}$	Jacobian 矩阵
k_{eff}	中子有效倍增因数
l	中子一代时间
l_0	中子寿命
L	水位
$m(A)$	信度函数
MSE	平均平方误差
MW	兆瓦
n、$n(t)$	中子密度
n_{r}	中子相对密度
n	转速
$Pl_{\mathrm{j}}(A)$	似然函数
P	功率、压力
P_0	初始功率、稳态功率
Q_{w}	给水流量
Q_{s}	蒸汽流量
Q_{H}	额定流量
$\tilde{R}$	模糊关系、模糊矩阵
$R\_(X)$、$R^{-}(X)$	X 的 R 下近似集、上近似集
s	复变量
T	周期
T_{fav}	反应堆燃料平均温度
T_{cav}	一回路冷却剂平均温度
T_{out}	反应堆冷却剂出口温度
T_{in}	反应堆冷却剂入口温度
red(P)	P 的简化集
t/h	吨/小时
U	论域
U	控制量

u	控制量
$\boldsymbol{X}$、$\boldsymbol{Y}$、$\boldsymbol{V}$、$\boldsymbol{W}$、$\boldsymbol{a}$、$\boldsymbol{b}$、$\boldsymbol{P}$	矩阵向量
$X\times Y$、$A\times B$	直积空间
z_{r}	控制棒移动速度
α	动量因子
α	空泡份额
β_i	缓发中子份额
β	缓发中子的总份额
γ	融合函数
λ	衰变常数、系数
ρ	反应性
$\mu_{\tilde{A}}$	隶属度、隶属度函数
Ω	反应堆燃料与冷却剂之间的传热系数
τ	时间常数
η	学习率
Θ	论域
$\wedge$	与、合取
$\vee$	或、析取

附录 B 主要缩写说明

AANN,Auto-Associative Neural Network,自联想神经网络
ABWR,Advanced Boiling-Water Reactor,先进沸水堆
ACNFC,Adaptive Critic-based Neurofuzzy Control,基于自适应评判的神经模糊控制
ACNFC,Adaptive Critic-based Neurofuzzy Controller,基于自适应评判的神经模糊控制器
ADAS,Accident Diagnosis Advisory System,事故诊断咨询系统
ADIOS,Alarm and Diagnosis-Integrated Operator Support System,报警与诊断的操作员专家系统
AFDS,Alarm filtering and diagnostic system,报警滤波与诊断系统
AFMPC,Adaptive Fuzzy Model Based Predictive Control,自适应模糊模型预测控制
AI,Artificial Intelligence,人工智能
AIS,Artificial Immune System,人工免疫系统
AMNN,Associative Memory Neural Networks,联想记忆神经网络
ANN,Artificial Neural Network,人工神经网络
ANFIS,Adaptive Neuro-Fuzzy Inference System,自适应神经模糊推理系统
ASICS,Automatic Startup Intelligent Control System,自动启堆智能控制系统
ART,Adaptive Resonance Theory,自适应共振理论
ARTD,Autonomous Recursive Task Decomposition,自动递归任务分解
Autoassociative Memory,自联想记忆
BIOA,Bionic Intelligent Optimization Algorithm,仿生智能算法
BP,Back Propagation 反向传播(算法)
BP-NN,Back Propagation Neural Network,BP 神经网络
BNM,Basic Neural Module,基本的神经网络模块
CAMC,Cerebellar Model Articulation Controller,小脑模型关节控制器
CARIMA,Controlled Auto-regressive Integrated Moving Average,受控自回归积分滑动平均
CHNN,连续型 Hopfield 神经网络
Counter Propagation,对向传播
CPN,Counter Propagation Networks,对向传播神经网络
CRHPC,Constrained Receding Horizon Predictive Control,约束回程预测控制
CWT,Continue Wavelet Transform,连续小波变换
DBPA,Dynamic Backpropagation Algorithm,动态反向传播算法
DCS,Distributed Collector System,分布式控制系统,集散控制系统
DF,Data Fusion,数据融合

DFNN,Dynamic Neuro-Fuzzy Network,动态模糊神经网络
DHNN,Discrete Hopfield Neural Network,离散型 Hopfield 神经网络
Diophantine,丢番图
DMC,Dynamic Matrix Control,动态矩阵控制
DNN,Dynamic Neural Network,动态神经网络
DNNAM,Dynamic Neural Network Aggregation Model,动态神经网络综合模型
DRNC,Diagonal Recurrent Neural Network Controller,对角回归神经网络控制器
DRNI,Diagonal Recurrent Neural Network Identifier,对角回归神经网络辨识器
DRNN,Diagonal Recurrent Neural Network,对角递归神经网络
D-S,Dempster-Shafer(谢费,人名)
DTNN,Delay Time Neural Network,时延神经网络
DWT,Discrete Wavelet Transform,离散化小波变换
EBPA,BP,Error Back Propagation Algorithm,误差反向传播算法
EC,Evolutionary Computation,进化计算
EDF,Electricite de France,法国电力公司
Elman-NN,Elman Neural Network,Elman 神经网络
ENEA,European Nuclear Energy Association,欧洲核能协会
ES,Expert System,专家系统
ESAPD,Expert System for Multiple Alarm Processing and Diagnosis,多报警处理与诊断专家系统
F,Fuzzy,模糊
FAROC,Fuzzy Adaptive Robust Optimal Controller,模糊自适应鲁棒逻辑控制器
FARSMC,fuzzy-adapted recursive sliding-mode controller,模糊自适应滑模递归控制器
FC,Fuzzy Control,Fuzzy Controller,模糊控制,模糊控制器
FCM,Fuzzy C-Means,模糊 C-均值
FFNN,Feed Forward Neural Network,多层前馈神经网络
FLB,Feedwater Line Break,给水管道破裂
FLC,Fuzzy Logic Control,Fuzzy Logic Controller,模糊逻辑控制,模糊逻辑控制器
FLCS,Fuzzy Logic Control System,模糊逻辑控制系统
FLM,Fuzzy Logic Module,模糊逻辑模块
FMPC,Fuzzy Model Predictive Control,模糊模型预测控制
FNN,Fuzzy Neural Network,模糊神经网络
FRB,Rule Base of Fuzzy Logic Model,模糊模型规则库
FS,Fuzzy Set,模糊集
FWC,Feedwater Flow Control,给水流量控制
GA,Genetic Algorithm,遗传算法
GNN,Grey Neural Network,灰色神经网络
GPC,Generalized Predictive Control,广义预测控制
Heteroassociative Memory,异联想记忆

HP,high-pressure,高压

HPIS,High Pressure Injection System,高压注射系统

HYPOSS,Hybrid Knowledge Based Plant Operation Supporting System,基于混合知识的电厂运行支持系统

I&C,Instrumentation and Control,仪表与控制

IA,Immune Algorithm,免疫算法

IF,Information Fusion,信息融合

INN,Integrated Neural Networks,集成神经网络

INNM,独立集成神经网络模块

IP,intermediate-pressure,中压

ISIF,International Society of Information Fusion,国际信息融合学会

JDL,Joint Directors of Laboratories,实验室理事联席会

JDLDFS,Joint Directors of Laboratories Data Fusion Subpanel,实验室数据融合小组联合指导委员会(美国)

KMRR,Korea Mutipurpose Research Reactor,韩国多用途研究堆

LAM,Linear Associative Memory,线性联想记忆

LMS,Least Mean Square,最小平均平方

LMSE,MSE,Least Mean Square Error,最小平均平方误差

LMBP,Levenberg— Marququardt BP,Lerenberg-Marquardt 反向传播(算法)

LOCA,Loss of Coolant Accident,冷却剂丧失事故

LPIS,Low Pressure Injection System,低压注射系统

LQG/LTR,linear quadratic gaussian with loop transfer recovery,线性二次高斯/回路传输恢复

LTI,Linear Time-invariant,线性时变

MAC,Model Algorithmic Control,模型算法控制

MDNN,Modified Dynamic Neural Network,修改的动态神经网络

MIMO,Multi-Input Multi-Output,多输入多输出

MLP,Multilayer Perceptron,多层感知器

M-NN,Multi-Neural Networks,多神经网络

MPC,Model Predictive Control,模型预测控制

MRA,Multi-resolution Analysis,多分辨分析

MSP,Multistep-Ahead Predict,多步预测

MSP,Multistep-Ahead Predictor,多步预测器

MVFC,Multiple Variable Fuzzy Controller,多变量模糊控制器

NARMA,Nonlinear Autoregressive Moving Average,非线性自回归滑动平均模型

NARX,Nonlinear Autoregressive with Exogenous Inputs,非线性自回归外输入

NFC,Neurofuzzy Control,神经模糊控制

NFLC,Neurofuzzy Logic Controller,神经模糊逻辑控制器

NN,Neural Network,神经网络

NNC,Neural Network Controller,神经网络控制器
NNE,Neural Network Ensemble,神经网络集成
NNES,核电厂混合监测系统
NNI,Neural Network Identifier,神经网络为辨识
NNI,Neural Network Identification,神经网络为辨识器
OECD Organization for Economic Cooperation and Development,经济合作与发展组织
OLS,Orthogonal Least Square,正交最小二乘(算法)
PCS,Primary Coolant System,一回路冷却剂系统
PHWR,Pressurized Heavy Water Reactor,重水堆
PM,Parallel Model,并联模型
PNN,Probabilistic Neural Network,概率神经网络
PR,Pressure Regulation,压力调节
PSO,Particle Swarm Optimization,粒子群优化
RBF,Radial Basis Function,径向基函数
RBF-NN,RBF Neural Network,RBF 神经网络
RFC,Recirculation Flow Control,再循环流量控制
RNN,Recurrent Neural Networks,递归神经网络
RNNE,Recurrent Neural Network Ensemble,递归神经网络集成
ROSTR,Robust Optimal Self-tuning Regulator,鲁棒最优自校正调节器
RS,Rough Sets,粗糙集
RSMC,recursive sliding-mode controller,递归滑模控制器
RSNN,Rough Set Neural Network,粗糙集神经网络
SA,Simulated Annealing,模拟退火(算法)
S-ANN,Superposed Neural Network,叠加神经网络
SCS,Secondary Coolant System,二回路系统
SG,Steam Generator,蒸汽发生器
SGTR,Steam Generator Tube Rupture,蒸汽发生器传热管破裂
SI,Swarm Intelligence,群智能
SLR,Steam Line Rupture,蒸汽管道破裂
SM,Series Model,串联模型
SMC,Sliding-Mode Control,滑模控制
S-NN,Single-Neural Network,单神经网络
SOM,Self-Organizing Feature Map,自组织特征映射
SOFM-NN,Self-Organizing Feature Map Neural Network,自组织特征映射神经网络
SOFLC,Self Organizing Fuzzy Logic Controller,自组织模糊逻辑控制器
Steepest Descent Back Propagation Algorithm,最速下降反传算法
SVFC,Single Variable Fuzzy Controller,单变量模糊控制器
SVM,Support Vector Machine,支持向量机
TDL,Tapped Delay Line,按拍延迟线

TPDES,Thermal Performance Diagnostics Expert System,热性能诊断专家系统
TS,Takagi-Sugeno,日本人名组合
TSK,Takagi-Sugeno-Kang,日本人名组合
WRLS,Weighted Recursive Least Square,加权递归最小二乘(算法)